TURING 图灵程序设计丛书

HOW LINUX WORKS, 3RD EDITION
WHAT EVERY SUPERUSER SHOULD KNOW

精通Linux

（第3版）

[美] 布赖恩·沃德（Brian Ward）◎著
王风燕　门佳 ◎译

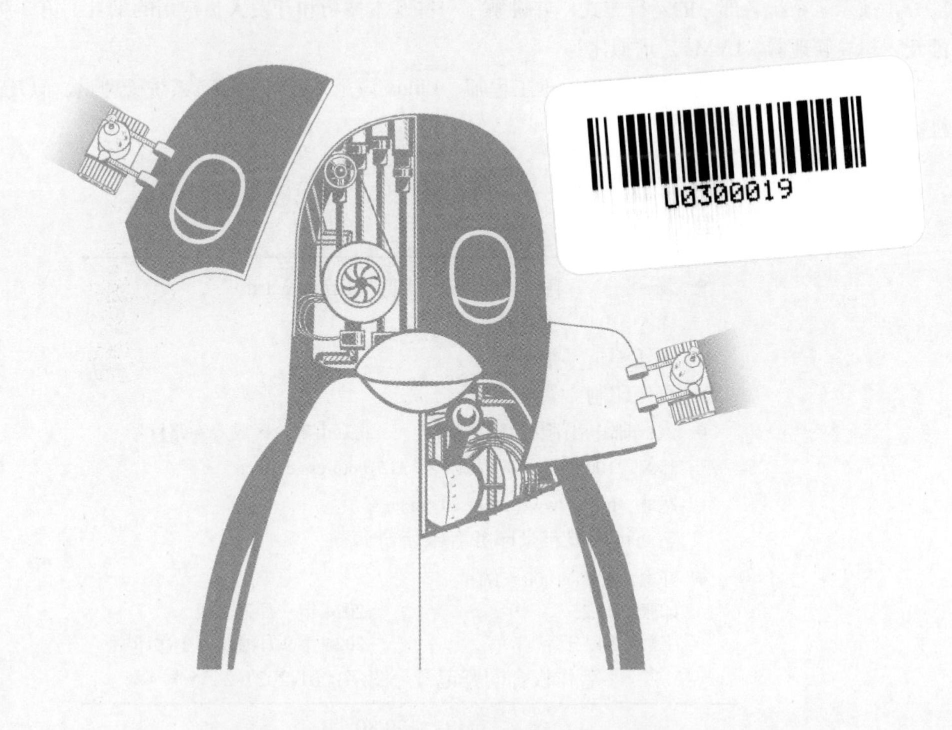

人民邮电出版社
北　京

图书在版编目（CIP）数据

精通Linux ：第3版 /（美）布赖恩•沃德
(Brian Ward) 著 ；王风燕，门佳译．-- 北京 ：人民邮
电出版社，2024. --（图灵程序设计丛书）. -- ISBN
978-7-115-65169-3

Ⅰ．TP316.85

中国国家版本馆CIP数据核字第20244EZ963号

内 容 提 要

Linux是了解操作系统工作机制的出色平台。我们大多数人用了多年计算机，但对其背后的工作机制一无所知，而本书就是解除这一困惑的绝好途径。本书讲解了Linux操作系统的工作机制以及运行Linux系统所需的常用工具和命令。根据系统启动的大体顺序，本书深入地介绍了从设备管理到网络配置的各个部分，演示了系统各部分的运行方式，并讲解了一些基本技巧和开发人员常用的工具。第3版的新增内容涉及逻辑卷管理器（LVM）、虚拟化等。

本书适合初级和中级Linux系统运维工程师、Linux应用开发工程师、系统管理员，以及想成为Linux极客的技术爱好者阅读。

◆ 著　[美] 布赖恩 · 沃德（Brian Ward）
译　王风燕　门　佳
责任编辑　张海艳
责任印制　胡　南

◆ 人民邮电出版社出版发行　北京市丰台区成寿寺路11号
邮编　100164　电子邮件　315@ptpress.com.cn
网址　https://www.ptpress.com.cn
三河市中晟雅豪印务有限公司印刷

◆ 开本：800×1000　1/16
印张：23.25　2024年9月第1版
字数：549千字　2024年9月河北第1次印刷

著作权合同登记号　图字：01-2021-2455号

定价：129.80元

读者服务热线：(010)84084456-6009　印装质量热线：(010)81055316

反盗版热线：(010)81055315

广告经营许可证：京东市监广登字20170147号

前　言

计算机系统不应该是个神秘的世界。你应该让软件听你的指挥，而不是靠什么黑魔法。获得这种力量的关键在于理解软件的来龙去脉，这正是本书的目的。你压根儿不必同计算机斗智斗勇。

Linux 是一个出色的学习平台，因为它从来不试图对你有所隐藏。尤其是，你可以找到大多数的系统配置细节，而且全都是易读的纯文本文件形式。唯一棘手的地方就是弄清楚各部分的用途，以及这些部分是如何协作的。

目标读者

学习 Linux 工作原理的理由可能有很多。在专业领域，运维人员和 DevOps 人员需要熟知本书中的几乎所有内容。Linux 软件架构师和开发人员也是一样，以便充分运用操作系统。经常使用 Linux 系统的研究人员和学生也会发现，本书清晰地解释了各种工作原理。

还有一些爱折腾的用户，摆弄计算机就是出于乐趣或利益，或两者兼有。他们想知道为什么有些事做得了，有些事做不了，还想知道如果换个地方做同样的事会发生什么。你大概也是个爱折腾的人吧。

阅读要求

尽管 Linux 是程序员的最爱，但不必非得是程序员才能阅读本书，只要大概了解计算机的基础知识就够了。也就是说，你应该了解图形用户界面（尤其是 Linux 发行版的安装程序和设置界面），知道什么是文件和目录（文件夹）。当然，也要做好随时查看系统和网上文档的准备。最重要的还是你愿意摆弄计算机。

如何阅读本书

理解技术问题的关键在于积累必要的知识。而要把软件系统的工作原理解释清楚并非易事。细节太多会让人一头雾水，难以理解重要的概念（人类的大脑无法一次接受太多新概念）；细节太少又会让读者不知所以然，无法为学习后续内容打好基础。

本书大部分章节先讲解最重要的内容，这些内容又是学习后续部分的基础。在有些地方，为了保持重点，我做了简化处理。随着学习的深入，你会看到更多的细节，一般集中在最后几节。这些内容需要立刻掌握吗？大多数情况下不需要。我会在适合之处注明这一点。如果你觉得概念太多，细节太多，有点头昏脑胀，别犹豫，直接跳到下一章或者休息一下，等缓过来劲的时候回头再看。

准备动手

无论如何，阅读本书时你面前应该有一台安装了 Linux 的计算机，最好可以让你随意折腾。你可能更喜欢用虚拟机来安装，我自己就使用 VirtualBox 测试了本书中的很多例子。另外还得有超级用户（root）权限，不过大多数时候只要普通用户身份就够了。你主要是在终端窗口或远程会话中使用命令行。如果以前没有在这种环境下工作过也没问题，第 2 章会让你快速上手。

本书中的命令通常类似于下面这样：

```
$ ls /
[这里是输出结果]
```

粗体是输入的命令，非粗体是执行命令的输出。$是普通用户的命令行提示符。如果你看到#，说明你的身份是超级用户（详见第 2 章）。

本书内容

本书包含三个部分。首先，本书将给出系统的概览，提供一些工具的实际操作方法，只要你使用 Linux，就离不开这些工具。接下来，你将更详细地探索系统的各个部分，从设备管理到网络配置，以及系统启动的一般顺序。最后，我们将介绍系统运行起来的各个部分，学习一些基本技能，并深入了解程序员使用的工具。

除了第 2 章，大部分前面的章节涉及 Linux 内核，但是随后你就会接触到用户空间。（如果你不知道我在这里说的是什么，不用担心，我会在第 1 章解释。）

书中的内容尽可能不依赖特定的发行版。话虽如此，涵盖系统软件的各种变体会很麻烦，所以我选择了两类主流发行版：Debian（包括 Ubuntu）和 RHEL/Fedora/CentOS。此外，我们还会区分桌面安装和服务器安装。嵌入式系统的很多组成部分也脱胎于 Linux，比如 Android 和 OpenWRT，这些平台之间的差异就留给你去发现了。

第 3 版有什么新内容

本书第 2 版在出版时正值 Linux 系统过渡期。一些传统组件当时正面临被取代，这使得某些相关主题难以取舍，因为读者可能会遇到各种各样的配置。但如今，新组件（尤其是 systemd）几乎已经被普遍采用，因此很多内容得以简化。

内核在 Linux 系统中所扮演的角色依然是重点。这部分内容广受欢迎，你与内核接触的程度可能出乎自己的意料。

第 3 版新增了一章，介绍虚拟化知识。虽然 Linux 在虚拟机（比如云服务）上一直流行，但本书讲的不是这种虚拟化，因为系统在虚拟机上的运作方式与在物理机上几乎一样。我们的讨论主要集中在各种术语方面。自第 2 版出版以来，容器越来越受欢迎，我将其也放到了这一章，因为容器包含了一系列的 Linux 特性，也就是本书其他章所介绍的。容器大量使用了 cgroup，第 3 版中也对其进行了深入介绍。

其他主题（不一定与容器相关）也都做了扩展，包括逻辑卷管理器、journald 日志系统，以及联网相关内容中的 IPv6。

尽管新增了大量内容，本书依然保持了合理的篇幅。我希望为读者提供快速入门所需的信息，这包括解释某些可能不易理解的细节，但同时也不想让本书厚得你都拿不动。只要你掌握了重要主题，应该不难找出和理解更多的细节。

为了突出重点，第 1 版中的历史信息后来被我删除了。如果你对 Linux 及其与 Unix 的关系感兴趣，可以阅读 Peter H. Salus 所著的 *The Daemon, the Gnu, and the Penguin*（Reed Media Services，2008）。该书很好地讲述了我们使用的软件是如何一路演变而来的。

关于术语

关于操作系统中某些组件应该叫什么，一直都存在大量争论，甚至连“Linux”这个词也难以幸免。究竟是叫“Linux”，还是应该叫“GNU/Linux”，以反映操作系统还包含了 GNU 项目的成果？本书尽量使用通用术语，避免拗口的词汇。

目录

第1章

概　述

1

乍看起来，像 Linux 这样的现代操作系统非常复杂，内部有多得令人眼花缭乱的各种组件在时刻运行和相互通信。例如，Web 服务器要与数据库服务器通信，后者要用到很多其他程序也在使用的共享库。整个系统究竟是怎样运作的，我们又该如何理解它呢？

理解操作系统工作原理最有效的方法是**抽象**。换句话说，你可以暂时忽略大部分细节，重点关注基本用途和操作。就像坐车一样，通常你不会去在意车内固定发动机的装配螺栓，也用不着关心承载车的公路是谁修筑和养护的。你真正需要知道的就是车辆的用途（能将你载往其他地方）以及车辆的一些基本操作（怎么开关车门，怎么系好安全带）。

如果你只是乘客，这种抽象级别应该已经够了。但如果你是驾驶员，那就需要更深入一些，将抽象分为若干部分。至少要把认知扩展到三个领域：车辆本身（如尺寸和性能）、操控装置（方向盘、加速踏板等），以及道路状况。

当你试图排查和解决问题时，抽象能帮上大忙。假设你正在开车，行驶过程中很不平稳。你可以快速评估刚才提到的那三个与车辆相关的基本抽象，确定问题的根源。如果前两个抽象概念（车辆本身或操控装置）都没有问题，那么直接可以将其排除在外，这样就把问题缩小到道路本身。你可能会发现，道路是不平的。现在，如果你愿意的话，可以进一步深入道路的抽象，找出道路损坏的原因。或者，如果是新修的路，为什么建筑工人干的活这么糟糕？

软件开发人员在开发操作系统和应用程序时使用抽象作为工具。有很多术语来描述计算机软件中的抽象，比如**子系统**、**模块**和**包**。在本章中，我们采用**组件**这个简单的术语。在软件组件的开发过程中，开发人员通常不会过多考虑其他组件的内部结构，只关心可用的组件（这样就不必额外编写不必要的软件）及其用法。

本章概述了构成 Linux 系统的组件。虽然每一个组件都包含纷繁复杂的实现细节，但我们暂时将其忽略，专注于这些组件在系统中的作用。这些组件的具体细节将在后续章节中讨论。

1.1 Linux操作系统中的抽象级别和分层

在组织得当的前提下，通过抽象将系统分解为组件，有助于我们理解系统的工作机制。根据组件在用户和硬件之间所处的位置，我们将组件划分为不同的**层次**或**级别**。Web浏览器、游戏等位于最高层，计算机硬件（0和1）位于最底层。操作系统则占据了这两层之间的多层。

Linux系统主要分为三层。图1-1展示了这几层以及每层中的部分组件。**硬件**位于最底层，包括内存以及用于计算和读写内存的一个或多个CPU（中央处理单元）。磁盘、网卡等设备也属于硬件。

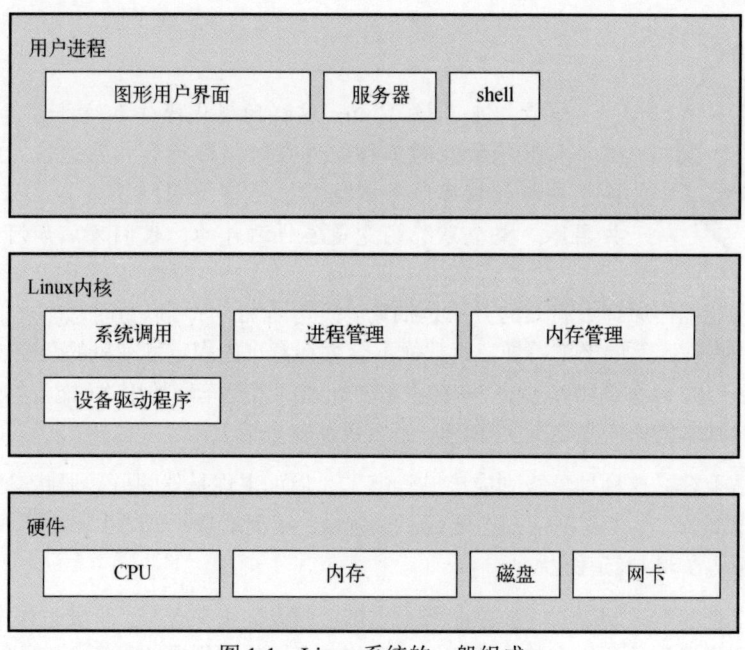

图1-1　Linux系统的一般组成

向上一层是**内核**，也就是操作系统的核心。内核位于内存中，告诉CPU去哪里找要执行的下一个任务。作为中介，内核管理硬件（尤其是内存）并扮演硬件和运行程序之间的主要接口。

进程（由内核管理的运行中的程序）组成了系统的最高一层，即**用户空间**。（进程的一个更具体的术语是**用户进程**，无论用户是否直接与该进程交互。例如，所有Web服务器都作为用户进程运行。）

内核和用户进程在运行时有一处重要的不同：内核运行在**内核模式**中，用户进程运行在**用户模式**中。在内核模式中运行的代码可以不受限制地访问处理器和内存。这种特权强大但危险，使得内核能够轻而易举地对整个系统造成破坏，甚至导致系统崩溃。只能由内核访问的内存区域称为**内核空间**。

相比之下，用户模式仅限于访问部分内存（通常是很小一部分）和安全的 CPU 操作。**用户空间**指的是用户进程能够访问的那部分内存。如果进程出错或崩溃，所造成的影响也有限，内核会负责后续的清理工作。这意味着 Web 浏览器崩溃并不会让你在后台运行了数天的科学计算毁于一旦。

理论上，用户进程失控不会对系统的其他部分造成严重损害。实际上，这取决于你如何定义什么是“严重损害”以及进程的特定权限，因为有些进程被允许比其他进程做更多的事情。例如，用户进程会完全破坏磁盘上的数据吗？如果用户拥有相应的权限，确实会。你可能会认为这相当危险。别担心，操作系统提供了相关的安全防范措施，而且大多数进程不具备这种造成严重破坏的能力。

注意　Linux 内核可以运行内核线程，这种线程看起来很像进程，但可以访问内核空间。kthreadd 和 kblockd 就是两个例子。

1.2　硬件：理解内存

在计算机系统的所有硬件中，**内存**可能是最重要的。究其根本，内存就是存储一大堆 0 和 1 的区域，其中每个存储 0 或 1 的位置称为**比特**。内核和进程就在内存中运行，因此内存不过是庞大的比特集合而已。外围设备的所有输入和输出同样是以比特序列的形式流入内存。CPU 只是内存的操作员，从存储器中读取指令和数据，将数据写回内存。

在谈及内存、进程、内核以及计算机其他部分的时候，你经常会听到**状态**这个术语。严格来说，状态是若干比特的特定排列。如果内存中有 4 个比特，那么 0110、0001、1011 就代表了 3 种不同的状态。

内存中的进程动辄由数百万个比特组成，在讨论状态时使用抽象术语往往更为方便。我们可以使用进程已结束或进程正在运行来描绘进程状态。例如，“进程在等待输入”或“进程正在执行启动的第 2 阶段”。

注意　因为通常都是使用抽象术语代替实际的比特排列来指代状态，所以术语**镜像**专门用于指代比特的特定物理排列。

1.3　内核

为什么要讨论内存和状态？内核所做的几乎每一件事都与内存相关。内核的任务之一是将内存划分为若干部分，自始至终维护这些部分的状态信息。每个进程都会获取一部分属于自己的内存，内核必须确保每个进程拥有属于自己的内存。

内核管理以下4项任务。

- **进程**　内核负责决定允许哪个进程使用CPU。
- **内存**　内核需要跟踪所有的内存，包括当前已分配给某个进程的内存、在进程间共享的内存，以及空闲内存。
- **设备驱动程序**　内核作为硬件（比如磁盘）和进程之间的接口，其常见任务是操作硬件。
- **系统调用和支持**　进程通常使用系统调用与内核通信。

下面我们将简要探讨上述每一个领域。

注意　如果你对内核的工作细节感兴趣，有两本优秀的教科书值得一看：Abraham Silberschatz、Peter B. Galvin和Greg Gagne合著的*Operating System Concepts, 10th Edition*（Wiley，2018）以及Andrew S. Tanenbaum和Herbert Bos合著的*Modern Operating Systems, 4th Edition*（Prentice Hall，2014）。

1.3.1　进程管理

进程管理涉及进程的启动、暂停、恢复、调用以及终止。启动和终止进程很好理解，但是描述进程在正常操作过程中如何使用CPU就有点儿复杂了。

在现代操作系统中，有很多进程在“同时”运行。例如，你可能在桌面计算机上使用Web浏览器的同时还打开了电子表格。但是，事情并非看起来那样：这些应用程序的进程通常并不是真的完全在同时运行。

考虑一个配备了单核CPU的系统。能使用CPU的进程可能存在多个，但在特定时刻，真正使用CPU的进程只有一个。实际上，每个进程使用CPU的时间只有一秒的很小一部分，然后暂停；接着由另一个进程使用，之后再换下一个进程，以此类推。一个进程将CPU控制权交给另一个进程的行为称为**上下文切换**。

每一段时间（称为**时间片**）足够让进程执行重要的计算（实际上，进程往往在单个时间片内就能完成当前任务）。但因为时间片非常短，人类无法感知到，所以系统看起来就像是有多个进程在同时运行（这种能力称为**多任务**）。

内核负责进行上下文切换。为了理解上下文切换的工作原理，让我们来考虑一个场景：有一个进程运行在用户模式中，但该进程的时间片已经用完了。这时候会发生以下事件。

(1) CPU（硬件）根据内部计时器中断当前进程，切换至内核模式，将控制权转交给内核。

(2) 内核记录CPU和内存的当前状态，这些信息对于恢复被中断的进程是必不可少的。

(3) 内核执行在前一个时间片期间出现的任务（比如从输入和输出操作中获取数据）。

(4) 内核分析已经准备就绪的进程，从中挑选出一个进程。

(5) 内核为该进程分配内存和CPU。

(6) 内核告知 CPU 新进程的时间片长度。

(7) 内核将 CPU 切换至用户模式并将 CPU 的控制权交给新进程。

上下文切换回答了一个重要的问题：内核是在什么时候运行的？答案是，内核是在时间片之间运行的。

在多 CPU 系统的情况下，就像如今的大多数计算机一样，事情略微复杂一些。这是因为内核无须交出当前 CPU 的控制权就可以让进程在不同的 CPU 上运行，而且多个进程能够同时运行。但是，为了最大限度地利用所有可用的 CPU，内核通常还是会执行上述步骤（并可能使用某些技巧来为自己多争取一些 CPU 时间）。

1.3.2 内存管理

内核必须在上下文切换期间管理内存，这可不是一项简单的工作，必须要满足以下条件。

- 内核必须拥有用户进程无法访问的私有内存区域。
- 每个用户进程要有自己的内存区域。
- 一个用户进程不能访问另一个进程的私有内存区域。
- 用户进程之间能够共享内存。
- 用户进程的某些内存区域可以是只读的。
- 系统可以将磁盘空间作为辅助手段，使用比物理内存更多的内存空间。

内核其实不直接管理内存。现代 CPU 都配备了 MMU（Memory Management Unit，内存管理单元），支持称为虚拟内存的内存访问机制。在使用虚拟内存时，进程不会直接访问物理内存。而是让每个进程好像拥有所有内存。MMU 会截获进程的内存访问操作，使用内存地址映射表将进程视角的内存地址转换为实际的物理内存地址。内核仍必须初始化并持续维护和更改此内存地址映射表。例如，在上下文切换过程中，内核必须将被中断进程的映射表更改为待运行进程的映射表。

注意 内存地址映射表的实现称为**页表**。

你将在第 8 章了解更多关于如何查看内存性能的内容。

1.3.3 设备驱动程序和管理

内核对于设备的管理相对简单。设备通常只能在内核模式中访问，因为错误的访问（比如用户进程要求关闭电源）会导致计算机崩溃。一个难题是，不同的设备很少有相同的编程接口，哪怕这些设备的功能都是一样的（例如，两块网卡）。因此，设备驱动程序传统上作为内核的一部分竭力为用户进程提供统一的接口，简化软件开发者的工作。

1.3.4 系统调用和支持功能

内核可供用户进程使用的功能还有很多。例如，系统调用（system call或syscall）能够完成单凭用户进程无法做好甚至是无法做到的任务。文件的打开、读取、写入全都涉及系统调用。

fork()和exec()这两个系统调用对于理解进程如何启动非常重要。

- **fork()** 进程调用fork()时，内核会创建一个与该进程几乎一模一样的副本。
- **exec()** 进程调用exec(program)时，内核会载入并启动program，用其替换当前进程。

除了init（参见第6章），Linux系统中所有新的用户进程都是通过fork()启动的。大部分时候，也可以使用exec()启动新进程，而不是运行现有进程的副本。一个非常简单的例子就是在命令行运行ls命令来显示目录内容。当你打开终端窗口并输入ls时，运行在其中的shell调用fork()创建该shell的一个副本，然后副本shell调用exec(ls)来运行ls。图1-2展示了启动ls涉及的进程以及系统调用流程。

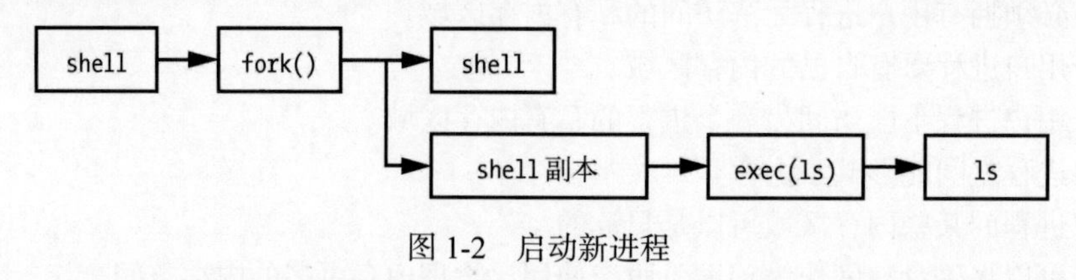

图1-2 启动新进程

> **注意** 系统调用通常用括号表示。在图1-2展示的例子中，进程必须使用fork()系统调用请求内核创建另一个进程。这种表示法源自C语言代码中系统调用的方式。阅读本书不要求有C语言的知识，只要记住系统调用是进程和内核之间的交互方式即可。此外，书中简化了部分系统调用。例如，exec()实际上指的是一系列具有相似功能，但用法有所不同的系统调用。还有称为线程的进程变体，我们会在第8章中介绍。

除了传统的系统调用，内核还为用户进程提供了其他支持功能，其中最常见的就是**虚拟设备**。虚拟设备对于用户进程而言与其他设备无异，但完全是以软件形式实现的。这意味着虚拟设备在技术上不需要存在于内核中，但出于实用性考虑，往往还是能在内核中发现它们的身影。例如，内核的随机数生成器设备（/dev/random）就很难由用户进程安全实现。

> **注意** 从技术上来说，访问虚拟设备的用户进程必须使用系统调用打开设备，所以进程无法完全避开系统调用。

1.4 用户空间

如前所述，内核为用户进程分配的内存称为**用户空间**。因为进程不过是内存状态（或镜像）

而已，所以用户空间也可以指代所有运行进程占用的内存。（你也可能听过用户空间另一个不怎么正式的术语——**用户域**，有时它也表示在用户空间运行的程序。）

Linux 系统中的大多数实际操作发生在用户空间内。尽管在内核视角，所有的进程都没什么两样，但就作用而言，它们负责为用户执行不同的任务。用户进程所代表的各种系统组件具备一种基本的服务级别（或层）结构。图 1-3 展示了一组示例组件在 Linux 系统中是如何彼此结合并交互的。基础服务位于底层（最接近内核），实用服务在中间，和用户打交道的应用居于顶层。图 1-3 做了很大程度的简化，仅在其中显示了 6 个组件，但是你可以看到最上面的组件（用户界面和 Web 浏览器）离用户最近，中间的组件包括 Web 浏览器使用的域名缓存服务器，底部还有一些小组件。

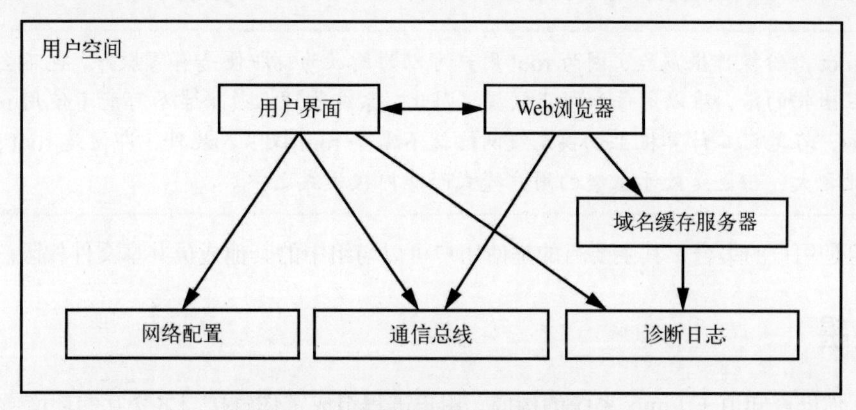

图 1-3　进程类型及其之间的交互

底层往往由执行简单任务的小组件组成。中间层则包含较大的组件，比如邮件、打印和数据库服务。顶层的组件则执行通常由用户直接控制的复杂任务。组件也会用到其他组件。一般而言，如果一个组件想要使用另一个组件，后者要么处于相同的服务级别，要么处于更低的服务级别。

但是，图 1-3 只是对用户空间的大致描述。在现实中，用户空间内并没有严格的规定。例如，很多应用程序和服务会写入称为日志的诊断消息。大多数程序使用标准的系统日志服务写入日志，但有些程序更喜欢自己实现。

此外，有些用户空间组件很难归类。服务器组件（比如 Web 服务器和数据库服务器）由于承担的任务往往比较复杂，可被视为高级别应用，因此在图 1-3 中可以将其置于顶层。但用户应用程序可能会依赖这些服务器来执行自身无法完成的任务，这样一来，将服务器组件置于中间层也是说得过去的。

1.5　用户

Linux 内核支持传统的 Unix 用户概念。用户是能够运行进程并拥有文件的实体。用户通常有一个与之关联的**用户名**。例如，系统可以有一个名为 billyjoe 的用户。然而，内核并不是通过用户名来管理用户，而是使用数字形式的**用户 ID** 来标识各个用户。（第 7 章将介绍更多用户名与用户 ID之间对应关系的内容。）

引入用户主要是为了支持权限管理。每个用户空间进程都有一个用户作为**所有者**，进程以所有者的身份运行。用户可以终止或修改属于自己的进程的行为（在一定范围内），但无法干扰其他用户的进程。此外，用户拥有文件并可以选择是否与其他用户共享。

除了与使用系统的真人对应的用户，Linux 系统通常还拥有大量其他用户，相关内容详见第 3 章。但要知道的是，最重要的用户是 root。root 用户无视先前提到的那些规则，可以随意终止和修改其他用户的进程，访问本地系统的任何文件。正因为如此，root 也叫作**超级用户**。在传统的 Unix 系统中，以 root 身份操作（拥有 root 访问权限）的人称为管理员。

注意　以 root 身份操作很危险，因为 root 用户可以为所欲为，即便是有害操作，也不会被阻止。一旦出错的话，难以定位和纠正错误。因此，系统管理人员通常尽可能不使用 root 权限。例如，在笔记本计算机上切换无线网络就不需要 root 权限。此外，即便是 root 用户威力如此之大，但还是处于系统的用户模式而非内核模式之中。

用户组是用户的集合，其主要目的是使用户可以与组中的其他成员共享文件权限。

1.6　展望

至此，你已经知道了 Linux 系统的构成。用户进程组成了你直接与之交互的环境，内核负责管理进程和硬件。内核和进程都位于内存中。

基础知识固然重要，但你不能只靠阅读来了解 Linux 系统的细节，得自己动手才行。下一章将介绍一些用户空间的基础知识，借此开启你的 Linux 之旅。在这段旅程中，你会学习本章没有提及的持久存储（磁盘、文件等），这是 Linux 的一个主要部分。毕竟，你需要找个地方保存程序和数据。

第2章

基础命令和目录层次结构

本章介绍全书将用到的Unix命令及实用工具。这是一份初级材料，你可能已经知道了其中不少内容。即使你认为自己已经有了一定的基础，为了避免有所遗漏，最好还是花点时间翻阅一下本章，尤其是2.19节中涉及目录层次结构的部分。

为什么说是Unix命令，这不是一本关于Linux的书吗？当然是的，但Linux本质上是一种类Unix系统。Unix这个词在本章中出现的频率要高于Linux，因为你可以将所学的内容直接应用于BSD和其他类Unix系统。我们尽量不涉及太多特定于Linux的扩展命令，不仅是考虑到为其他操作系统打下更好的基础，还因为这些扩展往往不稳定。只要你学会了核心命令，适应新的Linux发行版根本不在话下。此外，了解这些命令可以加深对内核的理解，因为许多命令直接对应于系统调用。

注意 如果初学者想了解更多有关Unix的细节，可以考虑阅读*The Linux Command Line, 2nd Edition*（No Starch Press，2019）、*UNIX for the Impatient, 2nd edition*（Addison-Wesley Professional，1995），以及*Learning the UNIX Operating System, 5th Edition*（O'Reilly，2001）。

2.1 Bourne shell：/bin/sh

shell是Unix系统最重要的部分之一，它是一个程序，负责运行用户在终端窗口中输入的命令。这些命令可以是其他程序或shell的内建功能。shell也可以用作一种小型编程环境。Unix程序员经常将日常任务分解成比较小的任务，使用shell管理任务并组织协作。

系统的很多重要部分其实是**shell脚本**，也就是包含一系列shell命令的文本文件。如果你用过MS-DOS，可以将shell脚本看成功能强大的.BAT批处理文件。鉴于shell脚本的重要性，我们将在第11章专门进行讲解。

在本书的阅读和实践过程中，你的 shell 命令知识会不断增加。shell 最大的一个优点就是如果出现了误操作，你可以很容易地看到输入的内容，找出错误所在，然后再重新尝试。

有很多不同的 Unix shell，全都衍生自 Bourne shell（/bin/sh），后者是贝尔实验室为 Unix 早期版本开发的标准 shell。所有的 Unix 系统都需要 Bourne shell 才能正常工作。

Linux 使用的是 Bourne shell 的增强版 bash（"Bourne-again" shell）。bash shell 是大多数 Linux 发行版的默认 shell，/bin/sh 是 bash 的符号链接。你应该使用 bash shell 运行本书中的示例。

注意 你所在组织的系统管理员可能没有将 bash 设为你的默认 shell。可以使用 chsh 命令更改 shell 或是寻求系统管理员的帮助。

2.2 使用 shell

在安装 Linux 时，你应该创建至少一个普通用户作为个人账户。在本章中，应该以普通用户身份登录。

2.2.1 shell 窗口

登录后，打开一个 shell 窗口（通常称为终端）。在 Gnome 或 KDE 这样的图形用户界面中最简单的实现方法是打开终端应用，它会在新窗口中启动 shell。shell 启动之后，会在窗口顶部显示提示符，通常以$符号结尾。在 Ubuntu 中，提示符应该形如 name@host:path$，在 Fedora 中，则是[name@host path]$，其中 name 是你的用户名，host 是主机名，path 是当前工作目录（参见 2.4.1 节）。如果你熟悉 Windows，shell 窗口看起来有些像 DOS 命令行窗口。在 macOS 中，终端应用其实就是 Linux shell 窗口。

本书包含了很多需要在 shell 提示符处输入的命令，这些命令均以代表 shell 提示符的$起始。例如，输入以下命令（不包括$），然后按回车键：

```
$ echo Hello there.
```

注意 书中有不少 shell 命令以#起始。执行这些命令时需要使用超级用户（root）身份，因此务必多加小心。最好的做法是使用 sudo 执行这些命令，以此提供一定程度的保护，同时还能记录操作日志，方便日后排查可能出现的错误（具体参见 2.20 节）。

现在，输入以下命令：

```
$ cat /etc/passwd
```

该命令显示系统信息文件/etc/passwd 的内容，然后返回至 shell 提示符。目前不用关心这个文件到底是什么，第 7 章我们再学习。

命令通常以要运行的程序起始，随后可以跟上**参数**，告诉程序要操作的对象以及如何操作。在这里，要运行的程序是 cat，有一个参数/etc/passwd。选项是参数的一种形式，一般以连字符（-）开头，可用于修改程序的默认行为。你很快会在 ls 的讨论中看到各种选项。不过，这种命令结构也存在一些例外，比如 shell 的内建命令和临时使用环境变量。

2.2.2 cat

cat 命令非常简单：输出指定文件或其他输入源的内容。它的一般语法如下：

```
$ cat file1 file2 ...
```

运行该命令时，cat 会输出 file1、file2 以及指定的其他文件（在示例中以...表示）的内容，然后退出。之所以称为 cat，是因为它会将指定的多个文件的内容拼接（concatenation）在一起输出。使用 cat 的场景有很多，下面我们用它来探究 Unix I/O。

2.2.3 标准输入和标准输出

Unix 进程使用 I/O **流**读写数据。进程从输入流读取输入，将数据写入输出流。流的用法非常灵活。例如，文件、设备和终端窗口都可以作为输入流，甚至另一个进程的输出流都可以作为输入流。

要想查看实际工作中的输入流到底什么样子，输入 cat（不用指定参数），然后按回车键。这次，你不会立刻看到输出，也不会看到 shell 提示符，因为 cat 仍在运行。接着可以随意输入一些内容，在每行末尾按回车键。这时，cat 会输出你输入的任何内容。如果不想继续输入，在空行处按 CTRL-D 组合键终止 cat，返回至 shell 提示符。

cat 表现出的这种交互式行为与流有关。没有指定输入文件时，cat 从 Linux 内核提供的**标准输入**流而不是与文件关联的流读取输入。在本例中，与标准输入关联的是运行 cat 的终端。

注意 在空行处按 CTRL-D 组合键会使用 EOF（end-of-file）信号结束终端当前的标准输入（往往也会终止程序）。注意，CTRL-C 组合键用于终止程序，无论是否有输入或输出。

标准输出与此类似。内核会给每个进程分配一个标准输出流，用于向其中写入进程的输出。cat 命令始终将自身的输出写入标准输出。当你在终端运行 cat 时，标准输出与该终端相连，因此 cat 命令的输出也就出现在了终端中。

标准输入和标准输出通常分别简写为 stdin 和 stdout。很多命令和 cat 一样，如果不指定输入文件，则从 stdin 读取输入。输出有点不一样。有些程序（比如 cat）只会将输出写入 stdout，其他程序则提供了选项，可以将输出写入文件。

还有第三种标准 I/O 流：**标准错误**，我们会在 2.14.1 节介绍。

标准流的妙处之一就是你可以轻松地控制对终端之外的位置进行读写，具体参见 2.14 节。尤其是，你将从中学到如何将流连接到文件和其他进程。

2.3　基础命令

现在，让我们来介绍更多 Unix 命令。以下大部分命令接受多个参数，由于其中部分命令提供的选项数量众多，书中不再逐一列出。我们要讲的只是基础命令，不会涉及所有细节。

2.3.1　ls

ls 命令显示目录内容，默认为当前目录，不过也可以指定其他目录或文件作为参数，包括指定很多实用选项。例如，ls -l 可以显示详细的列表（长列表），ls -F 可以显示文件类型信息。下面的例子显示了文件信息的详细列表，其中包括文件的所有者（第 3 列）、用户组（第 4 列）、文件大小（第 5 列）以及修改日期/时间（第 5 列和文件名之间）。

```
$ ls -l
total 3616
-rw-r--r-- 1 juser users 3804    May 28 10:40 abusive.c
-rw-r--r-- 1 juser users 4165    Aug 13 10:01 battery.zip
-rw-r--r-- 1 juser users 131219  Aug 13 10:33 beav_1.40-13.tar.gz
-rw-r--r-- 1 juser users 6255    May 20 14:34 country.c
drwxr-xr-x 2 juser users 4096    Jul 17 20:00 cs335
-rwxr-xr-x 1 juser users 7108    Jun 16 13:05 dhry
-rw-r--r-- 1 juser users 11309   Aug 13 10:26 dhry.c
-rw-r--r-- 1 juser users 56      Jul  9 15:30 doit
drwxr-xr-x 6 juser users 4096    Feb 20 13:51 dw
drwxr-xr-x 3 juser users 4096    Jul  1 16:05 hough-stuff
```

2.17 节会详细介绍输出中的第 1 列。可以暂时忽略第 2 列，这是文件的硬链接数，我们会在 4.6 节中讲解。

2.3.2　cp

cp 命令最简单的用法就是复制文件。例如，要将 file1 复制为 file2，输入以下命令：

```
$ cp file1 file2
```

也可以将文件复制到其他目录，保持文件名不变：

```
$ cp file dir
```

要想将多个文件复制到名为 dir 的目录（文件夹），输入以下命令（复制 3 个文件）。

```
$ cp file1 file2 file3 dir
```

2.3.3 mv

mv（move）命令的用法和 cp 差不多。该命令最简单的用法是重命名文件。例如，将 file1 重命名为 file2：

```
$ mv file1 file2
```

也可以使用 mv 将文件移动到其他目录，用法和 cp 一样。

2.3.4 touch

touch 命令可以创建文件。如果目标文件已存在，touch 并不会修改该文件内容，而是更新文件的修改时间戳。例如，输入以下命令创建一个空文件：

```
$ touch file
```

对该文件运行 ls -l。你应该会看到如下输出，其中的日期和时间表明运行 touch 的时刻：

```
$ ls -l file
-rw-r--r-- 1 juser users 0 May 21 18:32 file
```

要想查看时间戳的更新，等待至少一分钟，然后再次运行同样的 touch 命令，并通过 ls -l 查看已更新后的时间戳。

2.3.5 rm

rm（remove）命令可以删除文件。删除文件之后，该文件通常就从系统中消失了，除非通过备份恢复，否则是无法找回的。

```
$ rm file
```

2.3.6 echo

echo 可以将其参数打印至标准输出：

```
$ echo Hello again.
Hello again.
```

echo 命令常用于查看 shell 通配符（比如*）和变量（比如$HOME）的扩展结果，相关内容我们会在本章随后部分讲到。

2.4 目录导航

Unix 目录层次结构以/（也称为**根目录**）起始。目录分隔符是斜线（/），不是反斜线（\）。根目录包含多个标准子目录，比如/usr，参见 2.19 节。

可以使用**路径**或**路径名**引用文件或目录。以/起始的路径（比如/usr/lib）称为**完整路径**或**绝对路径**。

路径中的两个点号（..）代表父目录。如果你位于/usr/lib，则路径..表示/usr，../bin 表示/usr/bin。

单个点号（.）指代当前目录。如果你位于/usr/lib，路径.仍表示/usr/lib，./X11 表示/usr/lib/X11。如果路径不以/起始，则默认相对于当前目录，所以你平时不会经常用到.（可以使用 X11 代替./X11）。

不以/起始的路径称为**相对路径**。大部分时候，我们距离所需的目录都不远，可以使用相对路径来访问。

现在你已经对目录机制有了基本的了解，下面我们将介绍一些基础的目录命令。

2.4.1 cd

当前工作目录是进程（比如 shell）所在的目录。除了大多数 Linux 发行版采用的默认 shell 提示符，也可以使用 2.5.3 节介绍的 pwd 命令查看当前工作目录。

每个进程都可以独立设置自己的当前工作目录。cd 命令用于更改 shell 的当前工作目录：

```
$ cd dir
```

如果忽略 dir，shell 会返回到用户主目录，即用户登录后所在的目录。有些程序使用~（波浪线）符号代表主目录。

注意　cd 是 shell 的内建命令，不能作为独立程序使用，因为作为子进程运行的话，（通常情况下）无法更改其父进程的当前工作目录。这一点似乎不是特别重要的区别，但知道这件事有时候能够避免困惑。

2.4.2 mkdir

mkdir 命令可以创建新目录 dir。

```
$ mkdir dir
```

2.4.3 rmdir

rmdir 命令可以删除目录 dir：

```
$ rmdir dir
```

如果 dir 不为空，该命令就会失败。如果你是个急性子，大概不会费时费力地先去删除 dir 中的所有文件和子目录。在这种情况下，可以使用 rm -r dir 一次性删除目录及其所有内容，但一定要小心！这是为数不多会造成严重破坏的命令之一，尤其是以超级用户身份运行的时候。-r 选项表示要**递归删除** dir 中的所有内容。不要将-r 选项与通配符（比如*）一起使用。运行该命令之前，一定要反复确认。

2.4.4 通配符匹配

shell 可以使用简单的模式匹配文件和目录名，该过程称为**通配符匹配**（globbing）。这类似于其他系统中通配符（wildcard）的概念。最简单的模式是*，它告诉 shell 匹配任意数量的任意字符。例如，以下命令打印出当前目录中的文件列表：

```
$ echo *
```

shell 会将包含通配符的参数匹配到文件名，将参数替换成匹配结果，然后运行由此得到的命令行。这种替换称为**扩展**（expansion），因为 shell 将一个简化表达式替换为所有匹配的文件名。下面是使用*扩展文件名的一些方式。

- at*扩展为以 at 起始的所有文件名。
- *at 扩展为以 at 结尾的所有文件名。
- *at*扩展为包含 at 的所有文件名。

如果通配符不匹配任何文件名，bash shell 则不执行任何扩展，使用作为普通字符（比如*）的通配符运行命令。例如，可以试试运行命令 echo *dfkdsafh。

注意　如果你用惯了 Windows 命令行提示符，可能会下意识地输入*.*来匹配所有文件。现在就改掉这个习惯。在 Linux 和其他类 Unix 系统中，必须使用*匹配所有文件。对于 Unix shell，*.*只能匹配名称中包含点号（.）的文件或目录，而 Unix 文件名不需要扩展名，往往也不带扩展名。

另一个 shell 通配符是问号（?），匹配任意单个字符。例如，b?at 匹配 boat 和 brat。

如果不想让 shell 扩展命令中的通配符，可以将其放入一对单引号（''）内。例如，命令 echo '*'会打印出一个星号。这对于下一节要讲到的一些命令很方便，比如 grep 和 find。（关于引号的更多内容参见 11.2 节。）

注意　shell 在运行命令**之前**执行通配符扩展。如果*在未经扩展的情况下成为命令的一部分，shell 不会对其做任何处理，由该命令决定后续操作。

shell 还提供了其他模式匹配功能，不过目前知道*和?就够了。2.7 节介绍了点号文件的通配符匹配行为。

2.5　中级命令

本节介绍了一些最基本的 Unix 中级命令。

2.5.1　grep

grep 命令可以打印出文件或输入流中匹配指定表达式的行。例如，要想打印出/etc/passwd 文件中包含文本 root 的行，输入以下命令：

```
$ grep root /etc/passwd
```

在一次性处理多个文件时，grep 命令尤为方便，因为除了匹配行，grep 还会打印出对应的文件名。如果你想检查/etc 中包含文本 root 的所有文件，可以使用以下命令：

```
$ grep root /etc/*
```

grep 最重要的两个选项是-i（不区分大小写）和-v（反转搜索，也就是打印出所有不匹配的行）。另外还有一个功能更强大的变体 egrep（等同于 grep -E）。

grep 支持**正则表达式**：一种基于计算机科学理论，在各种 Unix 实用工具中十分常见的模式。正则表达式比通配符形式的模式更强大，语法也不同。关于正则表达式，要记住三件重要的事。

- .*匹配任意数量（包括 0 个）字符（等同于通配符*）。

- .+匹配一个或多个字符。
- .匹配任意单个字符。

注意 grep(1)手册页详细地描述了正则表达式，但有些难懂。对正则表达式感兴趣的读者，可以参阅 Jeffrey E. F. Friedl 所著的 *Mastering Regular Expressions, 3rd Edition*（O'Reilly，2006），或者由 Tom Christiansen 等人合著的 *Programming Perl, 4th Edition*（O'Reilly，2012）一书中关于正则表达式的内容。如果你喜欢数学，对正则表达式的原理感兴趣，可以参阅 Jeffrey Ullman 等人合著的 *Introduction to Automata Theory, Languages, and Computation, 3rd Edition*（Prentice Hall，2006）。

2.5.2 less

当文件内容较多或者命令输出占用多屏时，less 命令可助你一臂之力。

要逐页查看某个大文件，如/usr/share/dict/words，可以使用命令 less /usr/share/dict/words。在 less 命令运行时，你可以一次一屏地查看文件内容。按空格键向前翻页，按小写字母 b 向后翻页。按 q，退出 less。

注意 less 命令是另一个比较古老的程序 more 的增强版。Linux 的桌面版和服务器版都提供了 less，但它在很多嵌入式系统和其他类 Unix 系统中并非标配。如果你碰到没法使用 less 的情况，不妨尝试 more。

在 less 中还可以搜索文本。例如，要向前搜索某个单词，输入/word；向后搜索，输入?word。如果找到了匹配，按 n 继续向下搜索。

在 2.14 节中我们会讲到，可以将几乎任何程序的标准输出直接发送到另一个程序的标准输入。在命令有大量输出且希望使用 less 查看时，这种方法非常有用。下面的例子将 grep 命令的输出发送给 less：

```
$ grep ie /usr/share/dict/words | less
```

自己试试这个命令，你应该会经常这样使用 less。

2.5.3 pwd

pwd（print working directory）会输出当前工作目录的名称。你可能好奇，既然大多数 Linux 发行版已经设置了在命令行提示符中显示当前工作目录，何必还要多此一举？有两个原因。

首先，并不是所有的命令行提示符中都包含当前工作目录，尤其是当你自定义命令行提示符时，由于当前工作目录占据了太多的空间，你可能希望将其去掉。如果是这样的话，那就需要 pwd 了。

其次，2.17.2 节中将要介绍的符号链接有时候会隐藏当前工作目录真正的完整路径。使用 pwd -P 能够解决这个问题。

2.5.4 diff

diff 可以显示两个文本文件之间的差异。

```
$ diff file1 file2
```

有一些选项可以控制输出格式，默认输出格式往往是人类用户最容易理解的。然而，大多数程序员在需要将输出结果发送给其他人时，更喜欢 diff -u 的输出，因为自动化工具更容易处理这种格式。

2.5.5 file

如果你不确定某个文件的格式，可以使用 file 命令让系统帮你检测：

```
$ file file
```

你可能会惊讶于这个看似简单的命令所能实现的功能。

2.5.6 find 和 locate

有时候你明明知道有个文件就在目录树中，但就是记不起来在哪里了。这时候可以像下面这样使用 find 命令在 dir 中查找 file：

```
$ find dir -name file -print
```

就像本节中的多数命令一样，find 也有一些令人惊叹的功能。然而，在你清楚命令格式并理解为什么需要-name 和-print 选项之前，请不要尝试像-exec 这样的选项。find 命令接受特殊的模式匹配字符，例如*，但是必须将其放入单引号内（'*'）以避免被 shell 自身的通配符匹配功能处理。（2.4.4 节介绍过，shell 会在运行命令之前扩展通配符。）

大多数系统还提供了 locate 命令，也可以用于查找文件。locate 并非实时搜索文件，而是从系统定期构建的索引记录中搜索，搜索速度比 find 快得多。但如果你要查找的文件的创建时间晚于当前的索引记录，locate 将无法找到该文件。

2.5.7 head 和 tail

head 和 tail 命令允许你快速查看部分文件或数据流。例如，head /etc/passwd 显示文件 passwd 的开头 10 行，tail /etc/passwd 显示文件 passwd 的末尾 10 行。

使用-n 选项可以更改要显示的行数，其中 n 是行数（例如，head -5 /etc/passwd）。要显示从第 n 行开始的内容，使用 tail +n。

2.5.8 sort

sort 命令可以快速地将文本行按照字母表顺序排序。如果文件以数字起始，你希望按照数字排序，使用-n 选项。-r 选项用于反转排序。

2.6 更改密码和 shell

使用 passwd 命令可以更改用户密码。系统会先询问你的旧密码，然后提示输入新密码两次。

最好的密码往往是容易记住的冗长“废话”。密码越长（就字符长度而言）越好，试试 16 个字符以上的密码。（很久以前，可以使用的字符数是有限制的，所以 Linux 会建议你加入一些奇怪的字符。）

使用 chsh 命令可以更改所用的 shell（比如改为 zsh、ksh 或 tcsh）。不过要记住，本书假定你使用的是 bash，如果你做过更改的话，有些例子可能会失效。

2.7 点号文件

将目录切换至主目录（如果你不在那里），输入 ls，观察一番，然后再运行 ls -a。有没有发现两次的输出不一样？如果不使用 ls 的-a 选项，你是看不到名为**点号文件**的配置文件的。这类文件和目录的名称均以点号（.）起始。常见的点号文件是.bashrc 和.login，另外也有点号目录，比如.ssh。

点号文件或点号目录并没有什么特殊之处。有些命令默认不会将其列出，这样在查看主目录内容时，就不会看到乱七八糟的一堆东西了。例如，ls 只有在指定-a 选项的情况下才会列出点号文件。另外，除非明确使用特定模式（比如.*），否则 shell 通配符不会匹配点号文件。

注意 在使用通配符匹配点号文件时，你会碰上麻烦，因为.*会匹配.和..（当前目录和父目录）。可以使用模式.[^.]*或.??*匹配除当前目录和父目录之外的其他所有点号文件。

2.8 环境变量和 shell 变量

shell 可以存储临时变量，我们称其为 **shell 变量**，其中包含文本字符串值。记录脚本运行中的各种数据离不开 shell 变量，有些 shell 变量还控制着 shell 的行为。（例如，bash shell 在显示提示符之前会读取 PS1 变量。）

可以使用等号（=）为 shell 变量赋值。来看一个简单的例子：

```
$ STUFF=blah
```

以上示例将变量 STUFF 的值设置为 blah。要访问该变量，使用$STUFF（例如，尝试执行 echo $STUFF）。第 11 章将介绍 shell 变量的众多用法。

注意　在对变量赋值时，不要在=两侧放置任何空白字符。

环境变量类似于 shell 变量，但并不特定于 shell。Unix 系统中的所有进程都能读取环境变量。环境变量与 shell 变量的主要不同在于，操作系统会将 shell 所有的环境变量传给 shell 中运行的程序，而 shell 变量无法在运行的程序中访问到。

可以使用 export 命令创建环境变量。如果想使 shell 变量$STUFF 成为环境变量，使用以下命令：

```
$ STUFF=blah
$ export STUFF
```

子进程会继承其父进程的环境变量，从中读取配置和选项。例如，可以把你喜欢用的 less 命令行选项放入 LESS 环境变量。这样当你运行 less 时，它就会使用其中的选项。（很多手册页包含 ENVIRONMENT 一节，描述相关的环境变量。）

2.9　命令路径

PATH 是一个特殊的环境变量，其中包含了**命令路径**（简称**路径**）。命令路径是一个系统的目录列表，shell 会在这些目录中查找要执行的命令。例如，运行 ls 时，shell 在 PATH 列出的目录中查找 ls 程序。如果有同名的程序出现在其中某个目录中，shell 会运行最先找到的程序。

运行 echo $PATH，你会看到各个目录之间以冒号（:）分隔。例如：

```
$ echo $PATH
/usr/local/bin:/usr/bin:/bin
```

要想让 shell 搜索更多的目录，修改环境变量 PATH 即可。例如，通过以下命令，可以将目录 dir 添加到目录列表之首，这样一来，shell 就会优先在目录 dir 中查找命令：

```
$ PATH=dir:$PATH
```

或者，也可以把目录名追加到 PATH 变量后面，让 shell 最后搜索 dir：

```
$ PATH=$PATH:dir
```

注意 在修改路径时，不小心可能会清空$PATH中的所有内容。如果出现这种情况，别慌！这种破坏不是永久性的，启动一个新 shell 就行了。（在编辑配置文件时出现错误才会造成持久的后果，不过即便如此也不难纠正。）最简单的恢复方法是关闭当前终端窗口，然后再打开一个新的。

2.10 特殊字符

当和别人讨论 Linux 时，你应该知道一些特殊字符。如果感兴趣，不妨看看“Jargon File”（在网上搜索这个关键词就能找到）或者由 Eric S. Raymond 所编著的 *The New Hacker's Dictionary, 3rd Edition*（MIT Press，1996）。

表 2-1 列出了一部分特殊字符，其中有不少你已经在本章中见过了。一些工具，比如 Perl 编程语言，用到了几乎所有这些特殊字符！（注意，表中给出了字符的美式英语名称。）

表 2-1 特殊字符

字符	名称	用途
*	星号（star、asterisk）	正则表达式、通配符
.	点号（dot）	当前目录、文件/主机名分隔符
!	叹号（bang）	逻辑非、命令历史记录
|	管道（pipe）	命令管道
/	斜线（forward slash）	目录分隔符、搜索命令
\	反斜线（backslash）	字面量、宏（非目录）
$	美元符号（dollar）	变量、行尾位置
'	单引号（tick、single quote）	字符串字面量
`	反引号（backtick、backquote）	命令替换
"	双引号（double quote）	半字符串字面量
^	脱字符（caret）	逻辑非、行首位置
~	波浪线（tilde、squiggle）	逻辑非、目录简写法
#	井字符（hash、sharp、pound）	注释、预处理器语句、替换
[]	方括号（square brackets）	范围
{}	花括号（braces、curly brackets）	语句块、范围
_	下划线（underscore、under）	在不想要或不允许出现空格或者为了不影响自动补全算法时，作为空格的简易替代

注意 你会经常看到以脱字符表示的控制字符，例如，^C 代表 CTRL-C。

2.11 命令行编辑

在使用 shell 时，你应该会注意到可以使用左右箭头来编辑命令行，还能通过上下箭头来翻看先前的命令。这是大多数 Linux 发行版的标准操作。

不过，最好还是把箭头键忘了，使用组合键来代替。只要掌握表 2-2 中所列的组合键，你会更好地在支持这些按键的 Unix 程序中编辑文本。

表 2-2　命令行组合键

组 合 键	操 作
CTRL-B	向左移动光标
CTRL-F	向右移动光标
CTRL-P	查看上一个命令（或向上移动光标）
CTRL-N	查看下一个命令（或向下移动光标）
CTRL-A	将光标移至行首
CTRL-E	将光标移至行尾
CTRL-W	删除前一个单词
CTRL-U	从光标当前位置删除至行首
CTRL-K	从光标当前位置删除至行尾
CTRL-Y	粘贴已删除的文本（例如粘贴通过 CTRL-U 删除的文本）

2.12 文本编辑器

说到编辑，是时候学习编辑器了。如果你打算认真地和 Unix 打交道，那就必须能够无损地编辑文本文件。系统的大部分配置文件（比如/etc 中的那些）都是纯文本格式。编辑文件不难，但考虑到这种操作经常要用到，你需要一个功能强大的工具。

提到 Unix 文本编辑器，有两个事实上的标准：vi 和 Emacs，可以挑选一个学习。大多数 Unix 高手热衷于自己选择的编辑器，不用管他们，自己打定主意就行了。选择的编辑器与自己的工作习惯契合更容易上手。以下是基本的选用参考。

- 如果你想找一款几乎无所不能且拥有丰富的在线帮助的编辑器，而且不介意使用相关功能的时候多敲一些键盘，那就用 Emacs。
- 如果你追求速度至上，那就用 vi，它“玩”起来有点儿像电子游戏。

Arnold Robbins、Elbert Hannah 和 Linda Lamb 合著的 *Learning the vi and Vim Editors, 8th Edition*（O'Reilly，2021）可以告诉你关于 vi 所需知道的一切。至于 Emacs，可以参考在线教程：启动 Emacs，按 CTRL-H 组合键，然后输入 T。或是阅读 Richard M. Stallman 所著的 *GNU Emacs Manual, 18th edition*（Free Software Foundation，2018）。

你可能会忍不住尝试更简单的编辑器，比如 nano、Pico，或是其他形形色色的 GUI 编辑器。但如果你容易习惯于最先上手的工具，还是一开始就选择 vi 或 Emacs 吧。

注意 编辑文本是你最先发现终端和 GUI 之间差异的地方。vi 等编辑器在终端窗口中运行，使用标准终端 I/O 接口。GUI 编辑器启动自己的窗口并呈现特有的界面，与终端相互独立。Emacs 默认在 GUI 中运行，不过也可以运行在终端窗口中。

2.13 获取在线帮助

Linux 包含大量的文档。对于基础命令，手册页（或 man 页面）提供了使用说明。例如，要想查看 ls 命令的手册页，运行以下 man 命令：

```
$ man ls
```

大多数手册页的内容主要是参考信息，可能还夹杂了一些例子和交叉参考，但仅此而已。别指望会有循序渐进的教程，也别期待什么引人入胜的文字介绍。

如果命令选项众多，手册页通常会按照某种系统方式（例如，依字母表顺序）列出这些选项，但不会告诉你重要的选项是哪些。如果你有耐心，通常能在手册页中找到所需的选项。如果耐不住性子，那就问问朋友吧，或者请人喝点什么，先交朋友再请教。

使用-k 选项可以按照关键字搜索手册页：

```
$ man -k keyword
```

如果你不太清楚想用的命令名，这个选项就能派上用场了。例如，查找排序命令：

```
$ man -k sort
--略--
comm (1) - compare two sorted files line by line
qsort (3) - sorts an array
sort (1) - sort lines of text files
sortm (1) - sort messages
tsort (1) - perform topological sort
--略--
```

以上输出包含手册页名称、手册页的节编号（随后会介绍）以及手册页内容的简要描述。

注意 如果你对先前讲过的命令有什么疑问，不妨使用 man 命令自己找出答案。

手册页都有相应的节编号。在指代某个手册页的时候，通常会在命令名旁边的括号内指明节编号，比如 ping(8)。表 2-3 列出了各节及其编号。

表 2-3　手册页的各节

节	描　述	节	描　述
1	用户命令	5	文件描述（系统配置文件）
2	内核系统调用	6	游戏
3	高级 Unix 编程库文档	7	文件格式、约定和编码（ASCII、后缀名等）
4	设备接口和驱动程序信息	8	系统命令和服务器

节 1、5、7、8 可以作为本书很好的补充。节 4 可能用处不大，节 6 的内容略显单薄。如果你不是程序员，估计也用不着节 3。在阅读完本书有关系统调用的部分后，你也许能理解节 2 中的一些内容。

有些常见术语可能会出现在手册页的不同节中。默认情况下，先在哪节中找到，man 就显示哪一节的内容。可以按节选择手册页。例如，要想阅读/etc/passwd 的文件描述（而非 passwd 命令），可以在手册页名称前加入节号：

```
$ man 5 passwd
```

手册页涵盖了基本内容，但除了上网搜索，还有很多方法可以获得在线帮助。如果你只想查找命令的某个选项，可以尝试在命令名后面加上--help 或-h（该选项视命令而异）。你可能会看到铺天盖地的帮助信息（比如 ls --help），也可能正好能找到需要的内容。

前段时间，GNU 项目对手册页很不满意，于是引入了另一种称为 info（或 Texinfo）的格式。info 通常比手册页内容更丰富，但也更复杂。要访问 info，使用 info 加命令名：

```
$ info command
```

如果你不喜欢 info 阅读器，可以将输出发送给 less（给上述命令加上| less 即可）。

有些软件包会将文档放入/usr/share/doc，而不是在线手册（比如 man 或 info）。如果你要查找文档，别忘了这个目录。当然，还可以上网搜索。

2.14　shell 输入和输出

现在，你已经熟悉了基础的 Unix 命令、文件以及目录，可以学习如何重定向输入和输出了。我们先从标准输出开始。

要想将 command 的输出发送至文件，而非终端，可以使用重定向操作符>：

```
$ command > file
```

如果 file 不存在，shell 会创建该文件。如果 file 存在，shell 会先清空其内容。（有些 shell

提供了能够阻止这种行为的选项。例如，可以在 bash 中输入 set -C，避免文件被清空。）

可以使用>>将命令的输出追加至文件末尾，而不是将原文件内容覆盖：

```
$ command >> file
```

当执行一系列相关命令时，这是一种将输出收集到一处的简便方法。

要想将一个命令的标准输出发送至另一个命令的标准输入，可以使用管道符号（|）。尝试以下两个命令，了解管道的工作原理：

```
$ head /proc/cpuinfo
$ head /proc/cpuinfo | tr a-z A-Z
```

可以通过任意数量的管道命令发送输出，只需在每个命令前加上管道符号即可。

2.14.1 标准错误

有时候你会发现，即便是已经重定向了标准输出，但程序输出依然出现在终端中。这其实是标准错误（stderr），即另一种用于诊断和调试的输出流。例如，以下命令会产生错误：

```
$ ls /ffffffffff > f
```

命令结束之后，f 应该是空的，但你仍会在终端中看到以下错误消息，即标准错误的输出：

```
ls: cannot access /ffffffffff: No such file or directory
```

如果你愿意，可以将标准错误重定向。例如，要想将标准输出发送至 f，将标准错误发送至 e，像下面这样使用 2>：

```
$ ls /ffffffffff > f 2> e
```

数字 2 指定了由 shell 修改的流 ID。标准输出的流 ID 是 1（默认值），标准错误的流 ID 是 2。

也可以使用>&将标准错误发送至与标准输出相同的地方。例如，以下命令将标准输出和标准错误均发送至文件 f。

```
$ ls /ffffffffff > f 2>&1
```

2.14.2 标准输入重定向

要想将文件重定向到程序的标准输入，可以使用<操作符：

```
$ head < /proc/cpuinfo
```

你偶尔会碰到需要这种重定向的程序，但因为大多数 Unix 命令接受文件名作为参数，所以这种用法并不常见。例如，上述命令也可以写作 head /proc/cpuinfo。

2.15　理解错误消息

当你在类 Unix 系统（比如 Linux）中遇到问题时，**一定要阅读错误消息**。不像其他操作系统给出的消息，Unix 的错误消息通常能够准确告诉你究竟出了什么问题。

2.15.1　剖析 Unix 错误消息

大多数 Unix 程序产生的错误消息都采用相同的基本形式，但不同的程序之间还是存在细微的差异。你肯定碰到过下面这种错误消息：

```
$ ls /dsafsda
ls: cannot access /dsafsda: No such file or directory
```

该消息由三部分组成。

- 程序名 ls。有些程序会忽略此标识信息，这在编写调试脚本时很不方便，不过也算不上什么大事。
- 文件名/dsafsda。这部分信息更具体。问题就出在该路径身上。
- 错误 No such file or directory。指示文件名有错。

将上述各部分信息综合起来，可以得出结论：ls 尝试打开/dsafsda，但由于该文件不存在，导致命令失败。这似乎是显而易见的，但如果你运行的脚本中包含其他出错命令，这些消息就可能会有些混乱。

在排查错误时，先解决最先出现的错误。有些程序会在报告其他错误之前先声明自己无法完成指定操作。假设你运行了一个名为 scumd 的虚构程序，看到了以下错误消息：

```
scumd: cannot access /etc/scumd/config: No such file or directory
```

后续的一大堆错误消息看起来很严重。别受干扰，你要做的不过就是创建一个/etc/scumd/config 文件而已。

注意　别把错误消息和警告消息搞混了。警告往往看似错误，但其中包含关键词“warning”。警告大多意味着有些地方出错了，但程序仍尝试继续运行。要解决警告消息中提到的问题，你可能得先终止相关进程。（2.16 节将介绍如何查看和终止进程。）

2.15.2 常见错误

你在 Unix 程序中碰到的许多错误通常是由文件和进程出错引起的，其中有相当一部分错误直接源于内核系统调用。通过观察这些错误，可以了解内核是如何将问题返回给进程的。

No such file or directory

这是出现频率位居首位的错误，出现在访问不存在的文件时。因为 Unix 文件 I/O 系统并不过多区分文件和目录，所以该错误适用于这两者。当你尝试读取不存在的文件、更改不存在的目录、写入目录中不存在的文件时都会产生这种错误，有时也将其称为 ENOENT（Error NO ENTity，目录项缺失错误）。

注意　如果你对系统调用感兴趣，ENOENT 通常是 open()返回的。要想了解更多相关错误，可参阅 open(2)手册页。

File exists

该错误说明你尝试创建的文件已经存在了。当你尝试创建一个和其他文件同名的目录或文件时，就会出现这种情况。

Not a directory 或 Is a directory

当你尝试将文件当成目录使用或是将目录用作文件时，就会出现这种错误。例如：

```
$ touch a
$ touch a/b
touch: a/b: Not a directory
```

注意，该错误消息仅针对 a/b 中的 a。如果你碰到了此问题，可能需要下点儿功夫，找出路径中被误作为目录的部分。

No space left on device

说明磁盘空间不足。

Permission denied

当你试图读或写一个没有访问权限的文件或目录时，会遇到这个错误。当你试图执行一个不可执行的文件（即使你有读的权限）时也会出现这个错误。我们会在 2.17 节详细介绍权限。

Operation not permitted

多发生在尝试终止不属于你的进程时。

Segmentation fault 或 Bus error

段故障（Segmentation fault）意味着你运行的程序本身存在问题。该程序尝试访问无权访问的内存区域，被操作系统终止。与此类似，**总线错误**（Bus error）意味着程序尝试以不适当的方式访问某些内存。碰到这两种错误，可能是因为你向程序提供了错误的输入。在极少数情况下，可能是内存硬件问题。

2.16 查看和操作进程

第 1 章讲过，进程就是正在运行的程序。系统中的每个进程都有一个数字形式的**进程 ID**（process ID，PID）。要想快速查看进程，只需要在命令行运行 ps 即可。此时可以看到类似于下面的进程列表。

```
$ ps
  PID TTY STAT TIME COMMAND
  520 p0  S    0:00 -bash
  545  ?  S    3:59 /usr/X11R6/bin/ctwm -W
  548  ?  S    0:10 xclock -geometry -0-0
 2159 pd  SW   0:00 /usr/bin/vi lib/addresses
31956 p3  R    0:00 ps
```

在上述列表中，各个字段的含义如下。

- PID：进程 ID。
- TTY：进程所在的终端设备，稍后详述。
- STAT：进程状态，也就是进程正在做什么，及其内存位于何处。例如，S 表示睡眠，R 表示运行。（所有缩写的描述参见 ps(1)手册页。）
- TIME：进程迄今为止累计占用的 CPU 时间（分钟及秒数）。换句话说，也就是进程在处理器上运行指令所花费的总时间。注意，因为进程并不是一直在运行，所以这个值不同于进程的启动时长（或“wall-clock time”）。
- COMMAND：该字段的含义显而易见，表示运行该程序的命令。但要注意，进程能够修改这个字段的原始值。此外，由于 shell 会执行通配符扩展，因此这里显示的是经过扩展后的命令，而不是你在命令行提示符处输入的命令。

注意　对于在系统中运行的每个进程，PID 是唯一的。但当进程终止之后，内核可以将其 PID 重新分配给新进程。

2.16.1 ps 命令选项

ps 命令选项众多。更让人困惑的是，你还能以不同的风格（Unix、BSD、GNU）指定选项。很多人觉得 BSD 风格的选项用起来最舒服（可能是因为敲键盘比较少），所以我们也在本书中使用该风格。下面是一些最有用的选项组合。

- ps x　显示当前用户所有正在运行的进程。

- ps ax 显示系统所有的进程，包括不属于你的那些进程。
- ps u 显示更详细的进程信息。
- ps w 显示完整的命令名，而不是仅限于一行内容。

和其他程序一样，你也可以组合多个选项，比如 ps aux 和 ps auxw。

要想检查特定进程，将 PID 作为 ps 命令的参数即可。例如，可以使用 ps u $$（$$是一个 shell 变量，包含当前 shell 的 PID）检查当前 shell 进程。第 8 章将介绍管理命令 top 和 lsof，即便你不从事系统维护工作，这些命令也有助于找到进程。

2.16.2 终止进程

要想终止进程，需要使用 kill 命令发送**信号**（由内核向进程发送的消息）。在大多数情况下，你要做的就是：

```
$ kill pid
```

信号有多种类型，默认为 TERM。可以通过 kill 命令的其他选项发送不同的信号。例如，要想停止某个进程，可以使用 STOP 信号：

```
$ kill -STOP pid
```

被停止的进程仍在内存中，随时准备继续运行。使用 CONT 信号可以使该进程再次运行：

```
$ kill -CONT pid
```

注意 使用 CTRL-C 终止在当前终端中运行的进程，其效果等同于使用 kill 命令向进程发送 INT（interrupt）信号。

内核允许多数进程在接收到信号之后执行清理工作（通过**信号处理器**机制）。然而，有些进程可能会选择非终止操作来响应某个信号，拦截信号处理过程，或者干脆忽略信号，所以你可能会发现进程在被终止后仍在运行。如果出现这种情况，并且你确实需要终止进程，最直接的方式就是使用 KILL 信号。不像其他信号，KILL 信号不能被忽略。实际上，操作系统甚至都不会给进程忽略的机会，而直接终止进程并强制将其从内存中移除。请只在万不得已时再使用这种方法。

不应该不加分辨地终止进程，尤其是当你不清楚进程究竟是在干什么的时候。搞不好就会搬起石头砸自己的脚。

你也许会看到其他用户使用 kill 命令时输入数字而非信号名称。例如，使用 kill -9 代替 kill -KILL。这是因为内核使用数字代表不同的信号，如果你能记住要发送的信号编号，就可以这么做。运行 kill -l 显示信号编号对应的名称。

2.16.3　作业控制

shell支持**作业控制**（job control），这是一种通过使用各种按键和命令向进程发送TSTP（类似于STOP）和CONT信号的方法。它允许你挂起进程并在进程之间切换。例如，可以使用CTRL-Z组合键向进程发送TSTP信号，然后输入fg命令或bg命令（参见下一节）在前台或后台继续运行该进程。

注意　要想查看当前终端是否有进程被不小心挂起，可以使用jobs命令。

如果想运行多个程序，可以在单独的终端窗口中运行各个程序，将非交互式进程置于后台（参见下一节），并学习使用实用工具screen和tmux。

2.16.4　后台进程

正常情况下，当你通过shell运行Unix命令后，是看不到shell命令行提示符的。但是，可以将进程与shell脱离，即使用&将进程置于“后台”，这样就可以看到命令行提示符。如果要使用gunzip（参见2.18节）解压缩一个大文件，希望在解压缩的同时能做点别的事，可以运行以下命令：

```
$ gunzip file.gz &
```

shell会打印出新的后台进程的PID，然后立刻返回命令行提示符，以便你继续接下来的工作。如果进程需要花费很长时间，它会在你注销后继续运行。当你必须运行一个涉及大量数值运算的程序时，将其置于后台就尤为方便了。如果进程在你注销或关闭终端窗口之前结束，shell通常会根据设置向你发出提醒。

注意　如果你远程登录系统，并且希望程序能在你退出登录之后继续运行，那么可以使用nohup命令，详见该命令的手册页。

后台进程的不便之处在于这类进程可能会使用标准输入（甚至是直接从终端读取输入）。如果后台进程尝试读取标准输入，会被卡住（此时可以使用fg将其带回前台）或终止。此外，如果进程写入标准输出或标准错误，输出会直接出现在终端窗口中，不管当中有没有其他内容，这意味着你在终端处理其他工作时会看到意想不到的输出。

确保后台进程不干扰正常工作的最好方法是将其输出重定向，参见2.14节。

如果你觉得后台进程的无用输出太碍事，可以重新绘制终端窗口的内容。bash shell和大多数全屏交互式程序支持使用CTRL-L组合键重新绘制整个屏幕。如果程序从标准输入中读取，CTRL-R组合键通常会重新绘制当前行，但如果在错误的时间按下了错误的组合键，结果只会火上浇油。例如，在 bash 的命令行提示符处按 CTRL-R 组合键会进入不区分大小写的反向搜索模式（按 ESC 退出该模式）。

2.17 文件模式和权限

所有的 Unix 文件都有一组**权限**，决定了你能否读取、写入或运行该文件。`ls -l` 命令可以显示出文件的相关权限。例如：

```
-rw-r--r--❶ 1 juser somegroup 7041  Mar 26 19:34  endnotes.html
```

文件的**模式**❶描述了文件的权限和一些额外的信息，默认分为 4 部分，如图 2-1 所示。

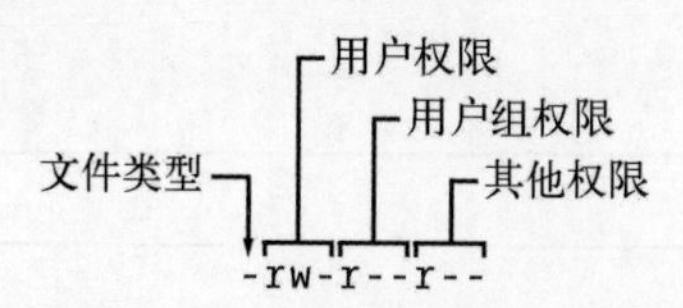

图 2-1 文件模式的各个部分

模式中的第一个字符代表**文件类型**。本例中连字符（-）表示普通文件，说明该文件没什么特殊之处，就是二进制或文本数据而已。这是迄今为止我们碰到的最常见的文件类型。目录同样也很常见，该类型以 d 表示。（3.1 节列出了其他的文件类型。）

文件模式的剩余部分包含权限信息，可划分为 3 组，依次为**用户**、**用户组**和**其他**。例如，本例中的 rw-就是用户权限，紧随其后的 r--是用户组权限，最后的 r--是其他权限。

每组权限有 4 种基本描述。

- r 表示该文件可读。
- w 表示该文件可写。
- x 表示该文件可执行（可以将其作为程序运行）。
- -表示"无"（就是未授予该位置所对应的权限）。

用户权限（第一组）对应于拥有该文件的用户，在本例中为 juser。用户组权限（第二组）对应于拥有该文件的用户组，在本例中为 somegroup。该组的成员都会自动获得这些权限。（groups 命令可以查看你所在的用户组，更多信息参见 7.3.5 节。）

其他权限（第三组）决定了系统中其他用户对于该文件的访问权限，有时也称为**全局权限**。

注意 表示读、写、执行权限的位置有时也称为权限位，原因在于操作系统在底层将其描述为一系列的二进制位。所以你可能会听到有人使用"读取位"称呼代表读权限的位。

有些可执行文件在用户权限部分使用 s 而非 x。这表明其设置了 setuid，意味着当你运行此文件时，是以文件所有者而不是你自己的身份。很多程序为了获取修改系统文件所需的权限使用了 setuid，以便以 root 身份运行。passwd 程序便是其中之一，它需要修改/etc/passwd 文件。

2.17.1　修改权限

chmod 命令可以修改文件或目录的权限。先确定要修改哪一组权限，然后再确定要修改哪一位权限。例如，要为 file 的用户组（g，代表“group”）和其他用户（o，代表“other”）添加读（r）权限，可以运行以下命令：

```
$ chmod g+r file
$ chmod o+r file
```

或者一步到位：

```
$ chmod go+r file
```

要去掉这些权限，用 go-r 代替 go+r 即可。

注意　不应该将文件权限设置为全局可写，因为这样任何人都能够修改文件。但是这会让网络上的人更改你的文件吗？恐怕不能，除非你的系统有网络安全漏洞。果真是这样的话，文件权限也无能为力。

你有时候可能会看到有人用数字修改权限，例如：

```
$ chmod 644 file
```

这称为**绝对权限模式**，因为该形式会一次性设置**所有**权限位。要想明白其原理，得知道如何使用八进制（每个数字代表一个基数为 8 的值，从 0 到 7，对应于一组权限）描述权限位。详见 chmod(1)的手册页或 info 手册。

如果你喜欢使用绝对权限模式，其实并不需要知道如何计算，只要记住最常用的那几种模式就行了，参见表 2-4。

表 2-4　绝对权限模式

模　式	含　义	用　途
644	用户：读/写；用户组、其他用户：读	文件
600	用户：读/写；用户组、其他用户：无	文件
755	用户：读/写/执行；用户组、其他用户：读/执行	目录、程序
700	用户：读/写/执行；用户组、其他用户：无	目录、程序
711	用户：读/写/执行；用户组、其他用户：执行	目录

目录也有权限。如果目录可读，意味着可以列出目录内容。如果目录可执行，意味着你能访问该目录中的文件。在大多数情况下你应该需要这两种权限。在使用绝对权限模式设置目录权限时，人们常犯的一个错误是不小心移除了执行权限。

最后，可以使用 umask 命令指定默认权限，该命令会将预定义好的权限应用于创建的新文件。一般而言，如果你希望所有人都能查看你创建的目录和文件，使用 umask 022；否则，使用 umask 077。如果想让指定的权限掩码应用于新的终端窗口和后续 shell 会话，需要将 umask 命令写入启动文件中，参见第 13 章。

2.17.2 使用符号链接

符号链接是指向其他文件或目录的文件，相当于创建了一个别名（类似于 Windows 中的快捷方式）。符号链接允许你快速访问复杂的路径。

在一个长目录列表中，符号链接如下所示（注意文件模式中的文件类型 l）：

```
lrwxrwxrwx 1 ruser users  11 Feb 27 13:52  somedir -> /home/origdir
```

如果你访问该目录中的 somedir，系统实际上访问的是/home/origdir。符号链接其实就是指向其他文件名称的文件。其所指向的路径和名称（如本例中的/home/origdir）不存在也没关系。

事实上，如果/home/origdir 不存在，访问 somedir 的程序会返回错误信息，报告文件或目录不存在（除了 ls somedir 命令还会告诉你 somedir 是 somedir）。这会让人感到不解，因为 somedir 明明就在眼前。

这并不是符号链接唯一令人困惑的地方。比如，你无法单凭查看符号链接名来分辨链接目标的特征。必须打开链接才能知道它指向的是文件还是目录，而且符号链接还可以指向另一个符号链接，这称为**链式符号链接**，这种链接是很讨厌的。

要想创建指向 target 的符号链接 linkname，可以使用 ln -s：

```
$ ln -s target linkname
```

其中，linkname 是符号链接名，target 是符号链接指向的文件或目录的路径，-s 指明要创建的是符号链接（注意下文中的“警告”部分）。

在创建符号链接时，一定要再三检查命令，因为容易出错的地方不止一处。例如，不小心弄反了参数顺序（ln -s linkname target），而 target 是一个已存在的目录，那就有意思了。如果真出现这种情况（确实会出现），ln 会在 target 中创建一个名为 linkname 的符号链接，该链接指向自己（除非 linkname 使用的是绝对路径）。当你为目录创建符号链接遇到问题时，记得检查一下这种情况。

没意识到符号链接的存在同样是一件让人头疼的麻烦事。例如，你以为你编辑的是文件副本，但实际上是原文件的符号链接。

警告 在创建符号链接时别忘了-s 选项。否则，ln 创建的是硬链接，相当于给文件又添加了另一个名称。新文件名和旧文件名的效果一样，直接指向（链接到）文件数据，而不是像符号链接那样指向另一个文件名。硬链接甚至比符号链接更让人摸不着头脑。除非你理解了 4.6 节的内容，否则别使用硬链接。

鉴于对符号链接有这么多提醒，你可能好奇为什么还有人使用这种东西。这是因为事实证明，其在组织文件方面带来的便利性远胜于自身的缺点，而且这些小问题纠正起来也不难。比如，当有程序想使用某个系统中已经存在的特定文件或目录时，你不想再创建副本，也无法修改程序，那么就可以创建一个符号链接，指向那个文件或目录的位置。

2.18 文件归档和压缩

学习过文件、权限以及可能出现的相关问题之后，我们再来看一下 gzip 和 tar。它们是对文件和目录进行压缩和归档时使用的工具。

2.18.1 gzip

gzip（GNU Zip）是当前 Unix 的标准压缩程序之一。以.gz 结尾的文件是 GNU Zip 压缩文件。使用 gunzip file.gz 解压缩 file.gz，使用 gzip file 可以再次压缩文件。

2.18.2 tar

不同于其他操作系统的 Zip 程序，gzip 并不会创建文件归档，即不会将多个文件和目录打包成单个文件。要想创建归档，得使用 tar：

```
$ tar cvf archive.tar file1 file2 ...
```

由 tar 创建的归档通常使用.tar 作为后缀名（这只是一种惯例，并非强制性要求）。例如，在上述命令中，file1、file2 等都是要归档入 archive.tar 的文件或目录名。c 选项代表**创建模式**。v 和 f 选项也有具体的用途。

v 选项可以启用详尽的诊断输出，使得 tar 在处理过程中打印出归档内的文件和目录名。再加一个 v，tar 会打印出更详尽的信息，比如文件大小和权限。如果不希望这么啰唆，忽略 v 选项即可。

f 选项表示文件。该选项之后的参数必须是 tar 要创建的归档文件（在本例中为 archive.tar）。除了磁带设备，文件名始终要出现在 f 选项之后。要想使用标准输入或标准输出，将连字符（-）作为文件名。

解包.tar文件

使用 tar 的 x 选项解包.tar 文件：

```
$ tar xvf archive.tar
```

在该命令中，x 选项将 tar 置于**提取/解包模式**。可以只提取其中部分文件，这需要在命令结尾列出要提取文件的名称。（为了确保文件名正确，可以先查看归档文件内容，具体方法参见下一节。）

注意 tar 在提取过归档文件内容后并不会删除.tar 文件。

内容预览模式

在解包之前，最好是先用 t 选项的**内容预览模式**检查一下.tar 文件的内容。该模式验证归档文件的基本完整性，打印其中所有文件的名称。如果在解包之前没有先检查，可能会在当前目录中留下一堆乱七八糟的文件，非常不好清理。

在使用 t 选项检查归档文件时，要验证目录结构是否合理，比如所有文件都在同一个目录。可以创建一个临时目录，先在其中试着解包看一看（如果符合预期，使用 mv * ..移出来即可）。

提取文件时可以考虑使用 p 选项覆盖用户的 umask 设置，保留归档文件的原始权限。对于超级用户，p 选项默认开启。在以超级用户身份提取文件时，要是碰到了权限和所有权方面的问题，确保一直等到命令终止并返回 shell 提示符。尽管你可能只是想提取归档中的一小部分文件，但是 tar 必须走完整个处理过程，千万不要半途打断，因为 tar 在检查过整个归档之后才会设置权限。

最好记住本节介绍过的所有 tar 选项和模式。为辅助记忆，可以制作一些卡片。听起来像小学生的做法，但是避免使用命令时犯错才是最重要的。

2.18.3 压缩归档文件（.tar.gz）

很多初学者对被压缩过的归档文件（文件名以.tar.gz 结尾）会感到费解。要解包压缩归档文件，需要从右向左处理：先搞定.gz，再解决.tar。例如，以下两个命令分别解压缩和解包 file.tar.gz：

```
$ gunzip file.tar.gz
$ tar xvf file.tar
```

刚开始的时候，按部就班就行了，先运行 gunzip 解压缩，然后运行 tar 来验证和解包。要压缩归档文件，把操作步骤反过来：先运行 tar，再运行 gzip。这样做多了，自然很快就能记住了。但就算不常用，敲这么多键盘也是烦人。接下来就让我们来看看便捷方法。

2.18.4　zcat

对于压缩归档文件，刚才介绍的方法既不是最快的，也不是最有效的 tar 使用方法，而且还浪费磁盘空间和内核 I/O 时间。更好的方法是使用管道将归档和压缩操作结合在一起。例如，以下管道命令可以解包 file.tar.gz：

```
$ zcat file.tar.gz | tar xvf -
```

zcat 命令等同于 gunzip -dc。-d 选项表示解压缩，-c 选项将结果发送至标准输出（在本例中是 tar 命令）。

因为会频繁用到 zcat，所以 Linux 自带的 tar 版本加入了一个便捷选项。可以使用 z 选项自动对归档文件调用 gzip。该选项适用于提取归档（与 x 或 t 配合使用）和创建归档（与 c 配合使用）。例如，以下命令可用于核实压缩归档文件：

```
$ tar ztvf file.tar.gz
```

不过，在求快的同时，别忘了你实际上执行的是两步操作。

注意　.tgz 文件和.tar.gz 文件一样。后缀名.tgz 主要针对 MS-DOS 的 FAT 文件系统。

2.18.5　其他压缩工具

另外两种压缩程序是 xz 和 bzip2，其压缩文件的后缀名分别是.xz 和.bz2。尽管比 gzip 略慢，但两者较多用于压缩文本文件。相应的解压缩程序是 unxz 和 bunzip2，选项和 gunzip 差不多，不需要再学什么新东西。

大多数 Linux 发行版自带的 zip 和 unzip 程序兼容 Windows 系统的 Zip 归档，可以处理普通的.zip 文件和以.exe 结尾的自提取归档。以.Z 结尾的文件是由 compress 程序创建的老古董，也曾经一度是 Unix 的标准。gunzip 程序可以解压缩这种文件，但是 gzip 无法创建这种文件。

2.19　Linux 目录层次基础

现在你已经知道如何检查文件、更改目录和阅读手册页，可以开始探索系统文件和目录了。FHS（文件系统层次结构标准，Filesystem Hierarchy Standard）描述了 Linux 目录结构的细节，但目前我们简单了解即可。

图 2-2 简要示意了 Linux 目录层次，展示了/、/usr 和/var 目录下的一些子目录。注意，/usr 下面包含一些和/下面相同的子目录。

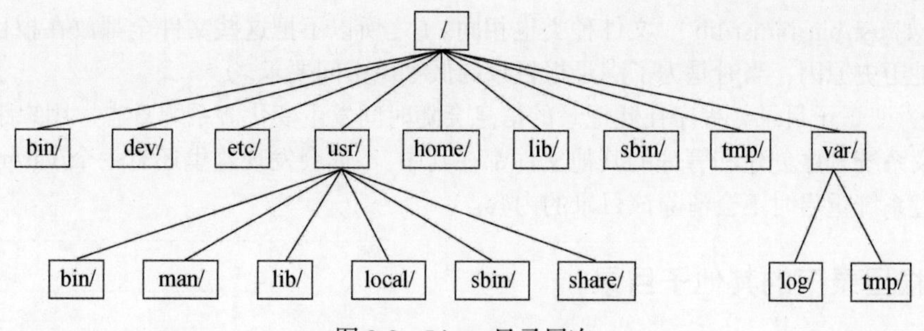

图 2-2 Linux 目录层次

以下是根目录下最重要的子目录。

- /bin：包含编译好的程序（也称为**可执行文件**），其中包括 ls、cp 等最基本的 Unix 命令。/bin 中的大多数程序是由 C 语言编译器生成的二进制格式，在现今的系统中也存在部分 shell 脚本。
- /dev：包含设备文件，详见第 3 章。
- /etc：这是核心的系统配置目录（读作“EHT-see”），其中包含用户密码、启动、设备、联网以及其他配置文件。
- /home：包含普通用户的主（个人）目录，大多数 Unix 版本也遵循该标准。
- /lib：是 library（库）的缩写，该目录下都是可执行文件要用到的库文件。库文件有两种：静态库和共享库。/lib 目录只应该包含共享库，其他库文件目录（比如/usr/lib）则可以包含这两种库以及其他辅助文件。（我们会在第 15 章详细讨论共享库。）
- /proc：通过可浏览的目录及文件接口提供系统统计信息。Linux 中的大部分/proc 子目录结构是独有的，但许多其他 Unix 变体也具有类似的功能。/proc 目录包含当前运行进程的相关信息以及一些内核参数。
- /run：包含系统特定的运行时数据，如进程 ID、套接字文件和状态记录，在许多情况下还有系统日志。该目录是根目录中一个相对较新的成员，在较旧的系统中，它位于/var/run；在较新的系统中，/var/run 是指向/run 的符号链接。
- /sys：该目录类似于/proc，提供了设备和系统接口，详见第 3 章。
- /sbin：包含系统可执行文件。/sbin 目录下的程序与系统管理有关，普通用户通常用不着，其中很多程序需要以 root 身份运行。
- /tmp：存放无关紧要的临时文件。任何用户都能读写/tmp，但可能没有权限访问其他用户的文件。很多程序将该目录当作工作区使用。不要在该目录下放置特别重要的文件，因为大多数发行版在系统重启时会清理/tmp，有些发行版甚至还会定期删除旧的临时文件。此外，也别让/tmp 的垃圾文件占用过多的存储空间，否则会搞得其他重要目录（比如根目录下的其他目录）没地方可用。
- /usr：尽管读作“user”，但这里并没有用户文件。相反，该目录包含另一个庞大的目录层次，Linux 系统的不少文件可以在此找到。/usr 下的很多目录名和根目录下的一样

（比如/usr/bin 和/usr/lib），文件种类也相同。（之所以不把这些文件全都放在根目录下，主要是历史原因，当时是为了满足根目录的低存储空间要求。）

- /var：变量子目录，程序在此记录的信息会随时间发生变化。系统日志、用户跟踪、缓存以及系统程序创建和管理的其他文件都在其中。（你会发现这里还有一个/var/tmp 目录，不过系统重启时不会清除该目录的内容。）

2.19.1 根目录下的其他子目录

除了上述子目录之外，还有其他一些子目录也值得注意。

- /boot：包含内核的启动加载器文件。这些文件仅用于 Linux 启动过程的最初阶段，所以在该目录下找不到 Linux 的服务启动信息。这方面的内容详见第 5 章。
- /media：用于可移除存储设备（比如 U 盘）的挂载点，在很多发行版中能找到。
- /opt：可能包含附加的第三方软件。很多系统并不使用/opt。

2.19.2 /usr 目录

/usr 目录乍一看还比较简洁，但/usr/bin 和/usr/lib 下的东西可不少。/usr 包含了大部分的用户空间程序和数据，其中除了/usr/bin、/usr/sbin、/usr/lib，还有以下子目录。

- /include：包含 C 语言编译器用到的头文件。
- /local：管理员可以在其中安装自己的软件，目录结构类似于/和/usr。
- /share：包含能够与其他 Unix 机器正常共享的文件，通常是程序和库按需读取的辅助数据文件。联网主机会共享文件服务器上的该目录，但如今已经很少以这种方式共享目录了，因为在现代计算机系统中，此类文件所需的存储空间根本不是问题。在 Linux 发行版中，你会在这里发现/man、/info 以及其他很多子目录，因为这是一种易于理解的约定。

2.19.3 内核位置

在 Linux 系统中，内核通常是二进制文件/vmlinuz 或/boot/vmlinuz。在系统启动时，**引导加载器**将该文件载入内存并运行。（引导加载程序详见第 5 章。）

一旦引导加载程序启动内核，就用不着主内核文件了。然而，你会发现内核会在正常的系统运行过程中按需加载和卸载许多模块。这些模块称为**可加载内核模块**，位于/lib/modules 之中。

2.20 以超级用户身份运行命令

在继续新内容之前，你得先学习如何以超级用户身份运行命令。也许你倾向于启动一个 root shell，但这种做法有很多缺点。

- ❑ 无法记录会更改系统的命令。
- ❑ 无法记录谁执行了更改系统的命令。
- ❑ 无法访问你自己的 shell 环境。
- ❑ 必须输入 root 密码（如果你知道的话）。

2.20.1 sudo

在大多数发行版中，管理员可以使用自己的普通账号登录，然后使用 sudo 来以 root 身份执行命令。例如，你将在第 7 章中学习使用 vipw 编辑/etc/passwd 文件，这时就可以使用 sudo：

```
$ sudo vipw
```

运行该命令时，sudo 会使用 local2 中 syslog 服务记录此次操作。关于系统日志的更多内容参见第 7 章。

2.20.2 /etc/sudoers

当然，系统肯定不会允许随便哪个用户都能以超级用户身份运行命令，你必须在/etc/sudoers 文件中配置那些特权用户。sudo 提供了众多选项（有些你可能压根儿没用过），这使得/etc/sudoers 的语法有些复杂。例如，以下配置赋予 user1 和 user2 无须输入密码就能以 root 身份执行任何命令的能力：

```
User_Alias ADMINS = user1, user2

ADMINS ALL = NOPASSWD: ALL

root ALL=(ALL) ALL
```

第 1 行为 user1 和 user2 指定了 ADMINS 别名，第 2 行用于授权。ALL = NOPASSWD: ALL 表示别名为 ADMINS 的用户可以使用 sudo 以 root 身份执行任意命令，其中的第 2 个 ALL 代表“任意命令”，第 1 个 ALL 代表“任意主机”。（如果你有多个主机，可以为每个主机或每组主机授予不同的访问权限，这个特性我们就不在此介绍了。）

root ALL=(ALL) ALL 表示 root 用户可以在任意主机上使用 sudo 运行任意命令。(ALL)表示 root 用户也能够以其他用户身份运行命令。你可以将(ALL)加入第 2 行，将此权限赋予 ADMINS 用户，如下所示：

```
ADMINS ALL = (ALL) NOPASSWD: ALL
```

注意 使用 visudo 命令编辑/etc/sudoers。该命令会在保存文件后检查其中的语法错误。

2.20.3　sudo 日志

我们会在本书后续部分详细讨论日志，目前你可以使用以下命令在大多数系统上找到 sudo 日志：

```
$ journalctl SYSLOG_IDENTIFIER=sudo
```

如果是比较陈旧的系统，则需要在/var/log 中查找日志文件，比如/var/log/auth.log。

对于 sudo，现在知道这么多就够了。如果需要使用更高级的特性，参见 sudoers(5)和 sudo(8)。（实际的用户切换机制会在第 7 章介绍。）

2.21　展望

现在你应该知道在命令行中运行程序、重定向输出、处理文件和目录、查看进程列表以及浏览手册页基本上是在 Linux 系统的用户空间中执行操作。另外，你应该也学会了如何以超级用户的身份运行命令。可能你还不太了解用户空间组件的内部细节或内核的来龙去脉，但是有了文件和进程的基础知识之后，掌握这些就不在话下了。在接下来的几章中，你将使用刚刚学到的命令行工具来跟内核和用户空间组件打交道。

第3章

设　备

本章介绍 Linux 系统内核提供的设备基础设施。纵观 Linux 历史，内核向用户呈现设备的方式经历了很多变化。我们先从传统的设备文件系统开始，看看内核如何通过 sysfs 提供设备配置信息。我们的目标是能够提取系统中的设备信息，以便理解一些基本操作。后续章节将更详细地讲解与特定类型设备的交互。

理解内核在呈现新设备时如何与用户空间交互很重要。udev 系统允许用户空间程序自动配置和使用新设备。我们将介绍内核如何通过 udev 向用户空间进程发送消息，以及进程如何处理这些消息。

3.1　设备文件

Unix 系统中的大多数设备很容易操作，因为内核将很多设备的 I/O 接口以文件的形式呈现给用户进程。**设备文件**有时也称为**设备节点**。除了程序员与设备打交道时使用的常规文件操作，一些设备也能被 `cat` 等标准程序访问，所以就算你不是程序员，照样可以使用设备。但是，文件接口也不是万能的，并非所有设备或设备功能都可以通过标准文件 I/O 访问。

Linux 采用了与其他类 Unix 系统一样的设备文件设计。设备文件位于/dev 目录，执行 `ls /dev` 就会发现其中包含了大量的文件。该怎么样使用设备呢?

先来看下面这个命令：

```
$ echo blah blah > /dev/null
```

和其他带有重定向输出的命令一样，该命令将来自标准输出的内容发送到指定文件。然而，这里的/dev/null 是设备文件，内核会绕过普通的文件操作，使用设备驱动程序将输入写入该设备。对于/dev/null，内核只是简单地接受输入数据，然后将其丢弃。

可以使用`ls -l`查看设备及其权限，比如：

```
$ ls -l
brw-rw----   1 root disk 8, 1 Sep  6 08:37 sda1
crw-rw-rw-   1 root root 1, 3 Sep  6 08:37 null
prw-r--r--   1 root root    0 Mar  3 19:17 fdata
srw-rw-rw-   1 root root    0 Dec 18 07:43 log
```

注意每行的第 1 个字符（也就是文件模式的首个字符）。如果该字符是 b、c、p 或 s，则表明该文件代表的是设备。这些字符分别表示**块设备**（block）、**字符设备**（character）、**管道设备**（pipe）和**套接字设备**（socket）。

块设备

程序按照固定大小的块访问块设备中的数据。上例中的 sda1 是**磁盘设备**，是块设备的一种。磁盘很容易被划分为数据块。因为块设备的总容量固定且易于索引，所以在内核的帮助下，进程可以快速地随机访问设备的任意块。

字符设备

字符设备处理的是数据流。从字符设备读取或向其写入时，只能以字符为单位，比如/dev/null。字符设备没有固定容量，对其读写时，内核执行相应的读写操作。直接与计算机连接的打印机就属于字符设备。要注意的是，在操作字符设备的过程中，对于已经传给设备或进程的数据，内核不会备份或再做检查。

管道设备

具名管道（named pipe）类似于字符设备，只不过 I/O 流的另一端是别的进程，而非内核驱动程序。

套接字设备

套接字是一种特殊用途的接口，多用于进程间通信。这类设备通常位于/dev 目录之外。套接字文件代表 Unix 域套接字，详见第 10 章。

在`ls -l`输出的块设备和字符设备文件列表中，日期字段之前的数字是内核用于标识设备的**主要**和**次要设备号**。相似设备的主设备号通常相同，比如 sda3 和 sdb1（两者均为硬盘分区）。

注意　并不是所有的设备都有设备文件，因为块设备和字符设备的 I/O 接口不适合于所有场景。例如，网卡就没有设备文件。理论上倒是也可以将网卡作为字符设备使用，但实现起来有难度，所以内核提供了其他 I/O 接口。

3.2　sysfs 设备路径

Unix 传统的/dev 目录为用户进程提供了一种便捷的方式来引用和操作内核支持的设备，不过这种方案过于简单。/dev 中的设备名称多少能告诉你一点关于该设备的信息，但帮助不大。另外，内核是按照检测顺序为设备命名的，这意味着同一个设备在系统重启之后可能会有不同的名称。

为了根据设备的实际硬件属性提供统一的视图，Linux 内核通过文件和目录系统提供了 sysfs 接口。设备的基础路径是/sys/devices，例如 SATA 硬盘/dev/sda 在 sysfs 中的路径可能如下：

```
/sys/devices/pci0000:00/0000:00:17.0/ata3/host0/target0:0:0/0:0:0:0/block/sda
```

相较于/dev/sda，这个路径太长了，而且还是个目录。但这两者没有可比性，因为目的不同。/dev 允许用户进程使用设备，而/sys/devices 用于查看信息和管理设备。如果列出上述设备路径中的内容，可能会看到：

```
alignment_offset  discard_alignment  holders   removable  size       uevent
bdi               events             inflight  ro         slaves
capability        events_async       power     sda1       stat
dev               events_poll_msecs  queue     sda2       subsystem
device            ext_range          range     sda5       trace
```

这些文件和子目录主要由程序而非人类用户读取，但你可以查看文件（比如 dev 文件）内容，了解其用途。执行 cat dev，显示数字 8:0，对应的是/dev/sda 的主设备号和次设备号。

/sys 目录中有一些快捷方式。例如，/sys/block 应该包含系统可用的所有块设备。但其中只是一些符号链接，执行 ls -l /sys/block 就会看到真正的 sysfs 路径。

想找出/dev 中设备对应的 sysfs 位置不太方便。像下面这样使用 udevadm 命令，可以看到指定设备的路径和其他一些值得注意的属性：

```
$ udevadm info --query=all --name=/dev/sda
```

3.5 节将详细介绍 udevadm 和 udev 系统。

3.3 dd 和设备

使用块设备和字符设备时，dd 命令非常有用。该命令唯一的功能是读取输入文件或流并将数据写入输出文件或流，期间可能会执行一些编码转换。对于块设备，一个特别有用的特性是可以直接处理位于文件中间部分的数据。

警告 dd 命令威力很大，务必确保你自己知道用它在做什么。一次无心之错，足以毁了你的文件和数据。如果没有把握，最好是将输出写入新文件。

dd 命令以固定大小的块为单位复制数据。来看看 dd 如何通过一些常用选项操作字符设备：

```
$ dd if=/dev/zero of=new_file bs=1024 count=1
```

dd 命令的选项格式不同于其他大多数 Unix 命令，它沿用了古老的 IBM 作业控制语言（Job Control Language，JCL）风格。选项没有采用连字符（-）作为起始，而是直接指定选项名称并使用等号（=）设置选项值。上述示例命令从/dev/zero（连续的 0 值字节流）读取一个 1024 字节的块，将其复制到 new_file。

下面是 dd 命令的一些重要选项。

- if=file：输入文件，默认为标准输入。
- of=file：输出文件，默认为标准输出。
- bs=size：块大小，dd 一次读写的字节数。如果数据量大，可以使用 b 和 k 分别代表 512 字节和 1024 字节。因此，上例也可以使用 bs=1k 代替 bs=1024。
- ibs=size 和 obs=size：输入块大小和输出块大小。如果二者大小相同，可以直接用 bs 选项代替；否则，要对输入和输出分别指定 ibs 和 obs。
- count=num：要复制的总块数。在处理大文件或无限数据流（比如/dev/zero）时，使用此选项能够使 dd 在某个位置处停止读取，否则可能浪费大量的磁盘空间和 CPU 时间。配合 skip 选项，可以从大文件或设备中复制一小部分数据。
- skip=num：跳过输入文件或流中的前 num 个块，不将其复制到输出。

3.4 设备名称总结

有时候查找设备名称不是件容易的事（例如，进行磁盘分区的时候）。下面给出了几种解决方法。

- 使用 udevadm 查询 udevd（参见 3.5 节）。
- 查找/sys 目录。
- 根据 journalctl -k 命令（打印内核消息）或内核系统日志（参见 7.1 节）猜测设备名称。命令输出可能会包含系统设备描述。
- 对于系统可见的磁盘设备，可以检查 mount 命令的输出。
- 执行 cat /proc/devices 命令，查看系统已经为其安装了驱动程序的块设备和字符设备。每行包含一个数字和名称，该数字就是 3.1 节中讲过的主设备号。如果你能根据名称猜出设备，可以使用其主设备号在/dev 中查找对应的字符设备或块设备文件。

在这些方法中，只有第一种方法靠得住，但是需要 udev。如果 udev 不可用，可以尝试其他方法，不过内核也可能没有你要查找硬件的设备文件。

下面几节列举了最常见的 Linux 设备及其命名约定。

3.4.1 硬盘：/dev/sd*

Linux 系统中大多数硬盘的设备名以 sd 作为前缀，比如/dev/sda、/dev/sdb 等。这些设备文件代表整个硬盘。磁盘分区有单独的设备文件，比如/dev/sda1 和/dev/sda2。

这种命名约定需要稍作解释。名称中的 sd 代表 SCSI disk（SCSI 磁盘）。SCSI（Small Computer System Interface，小型计算机系统接口）最初作为一种硬件和协议标准，用于计算机及其周边设备之间的通信。尽管大多数现代计算机没有配备传统的 SCSI 硬件，但 SCSI 协议因其适应性依然无处不在。例如，USB 存储设备通信使用的就是 SCSI 协议。SATA（Serial ATA，即串行 ATA，是 PC 上的一种常见存储总线）磁盘的情况略微复杂一些，但 Linux 内核在其通信期间仍会在特定时刻使用 SCSI 命令。

要想列出系统中的 SCSI 设备，可以使用工具遍历 sysfs 提供的设备路径。lsscsi 就是这样一款简洁的实用工具。其输出如下所示：

```
$ lsscsi
[0:0:0:0]❶  disk❷  ATA     WDC WD3200AAJS-2  01.0  /dev/sda❸
[2:0:0:0]   disk   FLASH   Drive UT_USB20    0.00  /dev/sdb
```

第 1 列❶是该设备在系统中的地址，第 2 列❷描述了该设备的种类，最后一列❸指明了设备文件的位置。其他列都是厂商信息。

Linux 按照设备驱动程序检测到设备的先后顺序为设备分配设备文件。因此，在上面的例子中，内核先检测到的是磁盘，然后是 USB 闪存设备。

这种设备分配方案往往会在你重新配置硬件时造成问题。假设你的系统配备了 3 块磁盘：/dev/sda、/dev/sdb 和/dev/sdc。如果/dev/sdb 出现故障，为了使系统正常工作必须将其拆除，先前的/dev/sdc 这时就变成了/dev/sdb，/dev/sdc 则不再存在。如果你在 fstab 文件（参见 4.2.8 节）中直接引用了设备名称，那就必须对文件作一些修改，以确保一切（基本）正常。为了解决这个问题，许多 Linux 系统使用 UUID（Universally Unique Identifier，通用唯一标识符，参见 4.2.4 节）和 LVM（Logical Volume Manager，逻辑卷管理器）维持稳定的磁盘设备映射关系。

上述讨论只触及了 Linux 系统中磁盘和其他存储设备使用方法的皮毛，更多内容详见第 4 章。本章后面将介绍 Linux 内核对 SCSI 的支持。

3.4.2 虚拟磁盘：/dev/xvd*和/dev/vd*

有些磁盘设备是为虚拟机（比如 AWS 实例和 VirtualBox）优化过的。Xen 虚拟化系统使用/dev/xvd 作为名称前缀，类似的还有/dev/vd。

3.4.3 非易失性内存设备：/dev/nvme*

部分系统现在使用 NVMe（Non-Volatile Memory Express）接口与某些固态存储设备通信。在 Linux 中，这些设备以/dev/nvme*的形式出现。可以使用 `nvme list` 命令获取此类设备的列表。

3.4.4 设备映射器：/dev/dm-*和/dev/mapper/*

在某些系统中，位于磁盘和其他直接块存储之上的是 LVM，后者使用称为设备映射器的内核系统。如果你看到以/dev/dm-起始的块设备和/dev/mapper 中的符号链接，你的系统可能使用了设备映射器，详情参见第 4 章。

3.4.5 CD 和 DVD 设备：/dev/sr*

Linux 将大多数光存储驱动器识别为 SCSI 设备/dev/sr0、/dev/sr1，以此类推。但如果设备使用的是旧式接口，可能会显示为 PATA 设备（参见下一节）。/dev/sr*属于只读设备，仅用于读取光盘。如果需要刻录功能，可以使用“通用”SCSI 设备，比如/dev/sg0。

3.4.6 PATA 硬盘：/dev/hd*

PATA（Parallel ATA，并行 ATA）是一种古老的存储设备总线。Linux 块设备/dev/hda、/dev/hdb、/dev/hdc 和/dev/hdd 在配备旧硬件的老版本内核中很常见。这是根据接口 0 和接口 1 上的主从设备固定分配的。如果你发现 SATA 设备被识别为此类设备，说明该 SATA 设备运行在兼容模式，这会影响其性能。检查 BIOS 设置，看看能否将 SATA 控制器切换为原生模式。

3.4.7 终端：/dev/tty*、/dev/pts/*和/dev/tty

终端设备负责在用户进程和 I/O 设备之间移动字符，通常是将文本输出到终端屏幕。终端设备接口由来已久，那时的终端是一种基于打字机的设备，一台计算机上连接多个终端。

如今的大多数终端属于**伪终端**设备，即理解真实终端的 I/O 特性的仿真终端。与软件通信的并不是真正的硬件，而是内核所呈现的 I/O 接口，比如 shell 终端窗口，你可以在其中输入各种命令。

两种常见的终端设备是/dev/tty1（虚拟控制台 1）和/dev/pts/0（伪终端设备 0）。/dev/pts 目录本身是一个专用的文件系统。

/dev/tty 设备是当前进程正在使用的终端。如果一个程序正在读写终端，那么/dev/tty 就是该终端。进程并不需要连接到终端。

显示模式和虚拟控制台

Linux 有两种主要的显示模式：**文本模式**和**图形模式**（第 14 章将介绍使用该模式的窗口化系

统）。尽管 Linux 系统传统上以文本模式启动，但现在大多数发行版会使用内核参数和临时图形显示机制（比如 plymouth）在系统启动时完全隐藏文本模式。在这种情况下，系统会使用全图形模式启动。

Linux 通过**虚拟控制台**实现显示器复用。每个虚拟控制台都可以在图形或文本模式下运行。在文本模式下，可以使用“ALT-功能键”组合在控制台之间切换。例如，ALT-F1 切换至/dev/tty1，ALT-F2 切换至/dev/tty2，等等。很多虚拟控制台可能会被运行登录提示符的 getty 进程占用，参见 7.4 节。

图形模式使用的虚拟控制台略有不同。虚拟控制台的分配不是由 init 配置指定的，而是由图形环境获取尚未被占用的虚拟控制台，除非被明确指定使用特定的控制台。如果 tty1 和 tty2 上运行着 getty 进程，则新的图形环境将获取 tty3。此外，一旦进入图形模式，就必须按“CTRL-ALT-功能键”组合而不是更简单的“ALT-功能键”组合来切换到另一个虚拟控制台。

因此，如果你想在系统启动后使用文本控制台，按 CTRL-ALT-F1 组合键。要返回到图形环境，按 ALT-F2、ALT-F3 组合键，以此类推，直到进入图形环境为止。

注意 有些发行版在图形模式下使用 tty1。如果是这种情况，你需要尝试其他控制台。

如果在切换控制台时由于输入机制的故障或其他情况遇到麻烦，可以尝试用 chvt 命令强制系统更改控制台。例如，要切换到 tty1，可以以 root 身份执行以下命令。

```
# chvt 1
```

3.4.8 串行端口：/dev/ttyS*、/dev/ttyUSB*和/dev/ttyACM*

老式的 RS-232 以及类似的串行端口被呈现为真正的终端设备。在命令行上对串行端口设备能做的事情不多，因为涉及的设置实在是太多了，比如波特率和流量控制。但你可以将设备路径作为参数，使用 screen 命令连接到终端。这可能需要对该设备有读写权限。有时候你可以通过将自己添加到特定的组（比如 dialout 组）来实现。

Windows 中的 COM1 端口对应于/dev/ttyS0，COM2 端口对应于/dev/ttyS1，以此类推。插入式 USB 串行适配器以 USB 和 ACM 出现，名称为/dev/ttyUSB0、/dev/ttyACM0、/dev/ttyUSB1、/dev/ttyACM1 等。

最值得注意的串行端口应用是微控板（microcontroller-based board），可以将其插入 Linux 系统进行开发和测试。例如，通过 USB 转串行端口设备访问 CircuitPython 微控板的控制台和“读取–求值–打印”循环。你要做的就是插入微控板，查找设备（通常是/dev/ttyACM0），然后使用 screen 连接该设备。

3.4.9 并行端口：/dev/lp0 和/dev/lp1

单向并行端口设备/dev/lp0 和/dev/lp1 代表已经在很大程度上被USB和网络取代的接口类型，对应于 Windows 中的 LPT1:和 LPT2:。可以使用 cat 命令将文件（比如要打印的文件）直接发送到并行端口，不过可能需要为打印机提供额外的换页或复位。CUPS 等打印服务器在处理打印机交互方面的表现要好得多。

双向并行端口是/dev/parport0 和/dev/parport1。

3.4.10 音频设备：/dev/snd/*、/dev/dsp、/dev/audio 等

Linux 有两组音频设备，分别归属于 ALSA（Advanced Linux Sound Architecture，高级 Linux 声音架构）系统接口和旧式的 OSS（Open Sound System，开放声音系统）。ALSA 设备位于/dev/snd 目录，但这些设备很难直接操作。如果加载了 OSS 内核支持，使用 ALSA 的 Linux 系统也能够向后兼容 OSS 设备。

对 OSS dsp 和音频设备可以进行一些基本操作。例如，计算机可以播放发送到/dev/dsp 的 WAV 文件。但如果频率不匹配，硬件未必能够按你的预期播放。而且，在大多数系统中，只要你登录，设备通常就处于占用状态。

> **注意**　由于涉及层面多，因此 Linux 音频处理很复杂。我们刚刚谈论的还只是内核级的设备，但通常还有用户空间服务器（比如 pulseaudio），用于管理不同音源的声音，同时作为声音设备和其他用户空间进程之间的中介。

3.4.11 创建设备文件

在比较新的 Linux 系统中，你不用自己动手创建设备文件，这件事已经由 devtmpfs 和 udev 包办了（参见 3.5 节）。不过，了解一下实现还是有意义的。某些情况下，你可能需要创建具名管道或套接字文件。

用 mknod 命令可以创建设备，但必须知道设备名称及其主编号和次编号。例如，可以像下面这样创建/dev/sda1：

```
# mknod /dev/sda1 b 8 1
```

b 8 1 指定了主编号为 8，次编号为 1 的块设备。对于字符设备或具名管道设备，使用 c 或 p 代替 b 即可（具名管道不需要主编号和次编号）。

在老版本的 Unix 和 Linux 中，维护/dev 目录是一个挑战。伴随着每一次重大的内核更新或驱动程序的添加，内核都能支持更多设备，这意味着会有一组新的主次编号被分配给设备文件。为

了解决这个维护难题，所有系统的/dev 目录中都有一个 MAKEDEV 程序，用于创建设备组。在升级系统时，你可以看看有没有更新过的 MAKEDEV，如果有的话，运行该程序来创建新的设备。

这种静态管理方式实在笨拙，所以出现了新的方法。第一种尝试是 devfs，这是/dev 的内核空间实现，包含了当前内核支持的所有设备。但该方法依然存在一些局限，进而催生了 udev 和 devtmpfs。

3.5 udev

我们已经讨论过内核中不必要的复杂性有多危险，因为很容易导致系统不稳定。设备文件管理就是一个例子：你可以在用户空间创建设备文件，那为什么还要在内核中这样做呢？Linux 内核可以在检测到新设备时（例如，当有人插入 USB 闪存设备时）向名为 udevd 的用户空间进程发送通知。udevd 进程检查新设备的特性，创建设备文件，然后执行必要的设备初始化。

注意 你会看到 udevd 以 systemd-udevd 的形式在系统中运行，因为这是第 6 章中要讲到的启动机制的一部分。

理论上如此。遗憾的是，这种方法还是有问题：启动前期就要用到设备文件，所以 udevd 必须提早启动。但是要创建设备文件，udevd 不能依赖任何应该由它创建的设备，而且需要非常迅速地完成初始化，避免拖累系统的其他部分。

3.5.1 devtmpfs

devtmpfs 文件系统（详见 4.2 节）的出现就是为了解决系统启动期间的设备可用性问题。该文件系统类似于旧的 devfs，但是更简单。内核根据需要创建设备文件，同时也会提醒 udevd 有新设备可用。接收到通知，udevd 不会创建设备文件，而是执行设备初始化，并设置权限，提醒其他进程有可用的新设备。此外，udevd 还会在/dev 中创建多个符号链接，进一步标识设备。你在目录/dev/disk/by-id 中就能找到这样的例子，其中每个磁盘都有一个或多个条目。

典型的磁盘（/dev/sda）及其分区在/dev/disk/by-id 中的符号链接如下所示：

```
$ ls -l /dev/disk/by-id
lrwxrwxrwx 1 root root 9 Jul 26 10:23 scsi-SATA_WDC_WD3200AAJS-_WD-WMAV2FU80671 -> ../../sda
lrwxrwxrwx 1 root root 10 Jul 26 10:23 scsi-SATA_WDC_WD3200AAJS-_WD-WMAV2FU80671-part1 -> ../../sda1
lrwxrwxrwx 1 root root 10 Jul 26 10:23 scsi-SATA_WDC_WD3200AAJS-_WD-WMAV2FU80671-part2 -> ../../sda2
lrwxrwxrwx 1 root root 10 Jul 26 10:23 scsi-SATA_WDC_WD3200AAJS-_WD-WMAV2FU80671-part5 -> ../../sda5
```

udevd 按照接口类型、生产厂商、型号信息、序列号和分区（如果有的话）来命名符号链接。

注意 devtmpfs 中的“tmp”表明该文件系统位于内存之中，用户空间进程可以对其进行读写。这一特点使得 udevd 能够创建这些符号链接，详见 4.2.12 节。

但是udevd如何知道创建哪些符号链接，又是如何创建的呢？下一节将介绍udevd的工作原理。不过，就算你不知道这些或是本章余下的内容，也不会影响你继续阅读本书。事实上，如果这是你第一次学习Linux设备，强烈建议你直接跳到下一章，开始学习如何使用磁盘。

3.5.2 udevd的操作和配置

udevd守护进程的操作如下。

(1) 内核通过内部网络链路向udevd发送通知事件uevent。

(2) udevd载入uevent中的所有属性。

(3) udevd解析其规则和过滤器，据此更新uevent并执行相应操作或设置更多的属性。

udevd从内核接收到的uevent类似于下面这样（3.5.4节将介绍使用udevadm monitor --property命令获取如下输出）：

```
ACTION=change
DEVNAME=sde
DEVPATH=/devices/pci0000:00/0000:00:1a.0/usb1/1-1/1-1.2/1-1.2:1.0/host4/
target4:0:0/4:0:0:3/block/sde
DEVTYPE=disk
DISK_MEDIA_CHANGE=1
MAJOR=8
MINOR=64
SEQNUM=2752
SUBSYSTEM=block
UDEV_LOG=3
```

这个事件表明设备有变化。接收到uevent之后，udevd就知道了设备名称、sysfs的设备路径以及相关的其他一些属性，现在就可以开始处理规则了。

规则文件位于/lib/udev/rules.d和/etc/udev/rules.d目录中。/lib内是默认规则，/etc内是覆盖规则。解释这些规则需要很长篇幅，可以参见udev(7)手册页，以下是udevd处理规则的基本操作。

(1) udevd从头到尾读取规则文件中的各个规则。

(2) 读取一条规则并执行可能的操作之后，udevd继续读取当前规则文件以获取更多适用规则。

(3) 有些指令（比如GOTO）可以在必要时跳过部分规则文件。这类指令通常放在规则文件的顶部，如果该文件与udevd正在配置的特定设备无关，则跳过整个文件。

我们来看一下3.5.1节的/dev/sda示例中的符号链接。这些链接是由/lib/udev/rules.d/60-persistent-storage.rules中的规则定义的。可以在其中看到以下几行：

```
# ATA
KERNEL=="sd*[!0-9]|sr*", ENV{ID_SERIAL}!="?*", SUBSYSTEMS=="scsi", ATTRS{vendor}=="ATA",
IMPORT{program}="ata_id --export $devnode"
```

```
# ATAPI devices (SPC-3 or later)
KERNEL=="sd*[!0-9]|sr*", ENV{ID_SERIAL}!="?*", SUBSYSTEMS=="scsi", ATTRS{type}=="5",ATTRS{scsi_
level}=="[6-9]*", IMPORT{program}="ata_id --export $devnode"
```

这些规则匹配的是通过内核 SCSI 子系统呈现的 ATA 磁盘和光学存储设备（参见 3.6 节）。你会看到部分规则用于匹配设备的不同表示形式，其思路是 udevd 尝试匹配以 sd 或 sr 开头但不包含数字的设备（KERNEL=="sd*[! 0-9]|sr*"）、子系统（SUBSYSTEMS=="scsi"）以及取决于设备类型的一些其他属性。如果所有这些规则中的条件表达式都满足，udevd 则执行最后的表达式：


```
IMPORT{program}="ata_id --export $tempnode"
```

这不是条件表达式，而是从/lib/udev/ata_id 命令导入变量的指令。如果你有相符的磁盘，可以尝试在命令行执行以下命令：

```
# /lib/udev/ata_id --export /dev/sda
ID_ATA=1
ID_TYPE=disk
ID_BUS=ata
ID_MODEL=WDC_WD3200AAJS-22L7A0
ID_MODEL_ENC=WDC\x20WD3200AAJS22L7A0\x20\x20\x20\x20\x20\x20\x20\x20\x20\x20
\x20\x20\x20\x20\x20\x20\x20\x20\x20
ID_REVISION=01.03E10
ID_SERIAL=WDC_WD3200AAJS-22L7A0_WD-WMAV2FU80671
--略--
```

导入指令负责设置环境，将上述输出中的所有变量设置为显示的值。例如，在此之后的所有规则均能将 ENV{ID_TYPE}识别为 disk。

在我们到目前为止看到的两条规则中，尤其值得注意的是 ID_SERIAL。在每条规则中，该条件都出现在第二位：

```
ENV{ID_SERIAL}!="?*"
```

如果 ID_SERIAL 未设置，该条件表达式为真。如果 ID_SERIAL 已设置，则该条件表达式为假，当前整个规则不再适用，udevd 转向下一条规则。

这里为什么要有这两条规则？其目的在于执行 ata_id，找出磁盘设备的序列号，然后将这些输入添加到 uevent 的当前工作副本中。在很多 udev 规则中能看到这种通用做法。

设置好 ENV{ID_SERIAL}，udevd 就能评估规则文件中随后出现的这条规则了，此规则查找任何已挂接的 SCSI 磁盘：

```
KERNEL=="sd*|sr*|cciss*", ENV{DEVTYPE}=="disk", ENV{ID_
SERIAL}=="?*",SYMLINK+="disk/by-id/$env{ID_BUS}-$env{ID_SERIAL}"
```

可以看到其中要求设置 ENV{ID_SERIAL}，此外还包含以下指令：

```
SYMLINK+="disk/by-id/$env{ID_BUS}-$env{ID_SERIAL}"
```

该指令告诉 udevd 为新加入的设备添加符号链接。现在你知道设备的符号链接是从哪里来的了吧。

你也许好奇如何区分条件表达式和指令：==和!=表示条件，=、+和:=表示指令。

3.5.3 udevadm

udevadm 程序是 udevd 的管理工具，使用它可以重新载入 udevd 规则并触发事件。但也许 udevadm 最强大的特性是搜索和探究系统设备，以及监控 udevd 从内核接收 uevent 事件。udevadm 的语法稍微有点复杂，大多数选项有长格式和短格式，我们在这里使用长格式选项。

先检查系统设备。回顾 3.5.2 节中的例子，为了查看所有使用和生成的 udev 属性以及设备（比如/dev/sda）规则，执行以下命令：

```
$ udevadm info --query=all --name=/dev/sda
```

命令输出如下所示：

```
P: /devices/pci0000:00/0000:00:1f.2/host0/target0:0:0/0:0:0:0/block/sda
N: sda
S: disk/by-id/ata-WDC_WD3200AAJS-22L7A0_WD-WMAV2FU80671
S: disk/by-id/scsi-SATA_WDC_WD3200AAJS-_WD-WMAV2FU80671
S: disk/by-id/wwn-0x50014ee057faef84
S: disk/by-path/pci-0000:00:1f.2-scsi-0:0:0:0
E: DEVLINKS=/dev/disk/by-id/ata-WDC_WD3200AAJS-22L7A0_WD-WMAV2FU80671 /dev/disk/by-id/scsi
-SATA_WDC_WD3200AAJS-_WD-WMAV2FU80671 /dev/disk/by-id/wwn-0x50014ee057faef84 /dev/disk/by
-path/pci-0000:00:1f.2-scsi-0:0:0:0
E: DEVNAME=/dev/sda
E: DEVPATH=/devices/pci0000:00/0000:00:1f.2/host0/target0:0:0/0:0:0:0/block/sda
E: DEVTYPE=disk
E: ID_ATA=1
E: ID_ATA_DOWNLOAD_MICROCODE=1
E: ID_ATA_FEATURE_SET_AAM=1
--略--
```

每一行的前缀表示设备的属性或其他特征。在本例中，最开始的 P:代表 sysfs 设备路径，N:代表设备节点（/dev 中文件的名称），S:代表符号链接，指向 udevd 根据其规则放在/dev 中的设备节点，E:代表在 udevd 规则中提取的额外设备信息。（本例的输出比显示在这里的要多得多，可以自己动手尝试这个命令，感受一下。）

3.5.4　设备监控

可以使用 udevadm 的 monitor 子命令监控 uevent：

```
$ udevadm monitor
```

插入 USB 闪存设备时（经过删减）的输出如下所示：

```
KERNEL[658299.569485] add /devices/pci0000:00/0000:00:1d.0/usb2/2-1/2-1.2 (usb)
KERNEL[658299.569667] add /devices/pci0000:00/0000:00:1d.0/usb2/2-1/2-1.2/2-1.2:1.0 (usb)
KERNEL[658299.570614] add /devices/pci0000:00/0000:00:1d.0/usb2/2-1/2-1.2/2-1.2:1.0/host15 (scsi)
KERNEL[658299.570645] add /devices/pci0000:00/0000:00:1d.0/usb2/2-1/2-1.2/2-1.2:1.0/
host15/scsi_host/host15 (scsi_host)
UDEV [658299.622579] add /devices/pci0000:00/0000:00:1d.0/usb2/2-1/2-1.2 (usb)
UDEV [658299.623014] add /devices/pci0000:00/0000:00:1d.0/usb2/2-1/2-1.2/2-1.2:1.0 (usb)
UDEV [658299.623673] add /devices/pci0000:00/0000:00:1d.0/usb2/2-1/2-1.2/2-1.2:1.0/host15 (scsi)
UDEV [658299.623690] add /devices/pci0000:00/0000:00:1d.0/usb2/2-1/2-1.2/2-1.2:1.0/
host15/scsi_host/host15 (scsi_host)
--略--
```

输出中的每条消息都有两个副本，因为默认行为是要同时打印来自内核（标记为 KERNEL）的传入消息和来自 udevd 的处理消息。如果仅想查看内核事件，使用--kernel 选项；如果仅想查看 udevd 处理事件，使用--udev 选项。要查看所有传入的 uevent，包括 3.5.2 节中显示的那些属性，使用--property 选项。--udev 和--property 选项合起来可以显示经过处理后的 uevent。

也可以按照子系统过滤事件。如果只想查看与 SCSI 子系统改动相关的内核消息，可以使用以下命令：

```
$ udevadm monitor --kernel --subsystem-match=scsi
```

关于 udevadm 的更多信息，可以参见 udevadm(8)手册页。

关于 udev 的内容还有很多。例如，有一个叫作 udisksd 的守护进程，它负责侦听自动挂接磁盘的事件并通知其他进程有新磁盘可用。

3.6　深入 SCSI 和 Linux 内核

本节将介绍 Linux 内核对于 SCSI 的支持，以此了解 Linux 内核架构。使用磁盘无须了解这些信息，要是你性子急，可以直接阅读第 4 章。此外，接下来的内容要比你先前学过的更深入、更理论化，如果你偏好实践操作，跳到下一章就行了。

我们先来介绍一些背景知识。传统的 SCSI 硬件设置是由一个主机适配器通过 SCSI 总线与一连串设备相连（如图 3-1 所示），主机适配器与计算机连接。设备和主机适配器各自均有 SCSI ID，每条 SCSI 总线可以有 8 或 16 个 ID（取决于 SCSI 版本）。有些管理员使用“SCSI 目标”指代设备及其 SCSI ID，因为在 SCSI 协议中会话的一端称为目标。

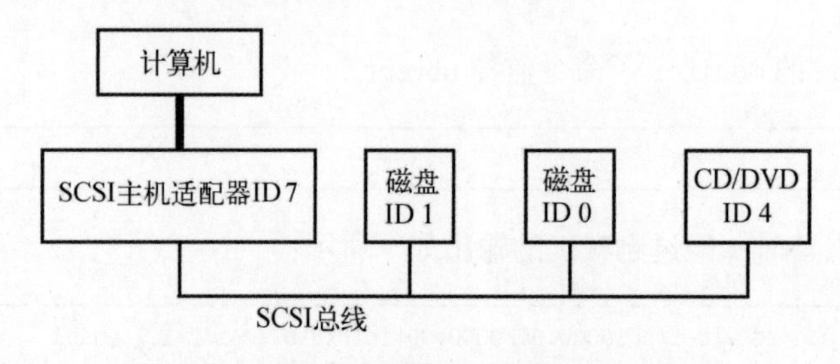

图 3-1　有主机适配器和设备的 SCSI 总线

设备之间通过 SCSI 命令集以对等关系通信。计算机并不与设备直接相连，与磁盘或其他设备通信必须通过主机适配器。通常情况下，计算机向主机适配器发送 SCSI 命令，后者将命令转发给设备，设备再通过主机适配器将响应转发给计算机。

更新版本的 SCSI，如 SAS（Serial Attached SCSI，串行连接 SCSI）性能更好，但大多数计算机中并没有真正的 SCSI 设备。更多的是使用 SCSI 命令的 USB 存储设备。此外，支持 ATAPI 的设备（比如 CD/DVD-ROM 设备）使用的是某个版本的 SCSI 命令集。

SATA 磁盘也会作为 SCSI 设备在系统中出现，不过还是略有一些不同，因为其中大多数是通过 libata 库的翻译层进行通信的（参见 3.6.2 节）。一些 SATA 控制器（尤其是高性能 RAID 控制器）由硬件负责翻译。

我们通过下面的例子来理解上面的内容：

```
$ lsscsi
[0:0:0:0]    disk    ATA      WDC WD3200AAJS-2  01.0  /dev/sda
[1:0:0:0]    cd/dvd  Slimtype DVD A DS8A5SH     XA15  /dev/sr0
[2:0:0:0]    disk    USB2.0   CardReader CF     0100  /dev/sdb
[2:0:0:1]    disk    USB2.0   CardReader SM XD  0100  /dev/sdc
[2:0:0:2]    disk    USB2.0   CardReader MS     0100  /dev/sdd
[2:0:0:3]    disk    USB2.0   CardReader SD     0100  /dev/sde
[3:0:0:0]    disk    FLASH    Drive UT_USB20    0.00  /dev/sdf
```

方括号中的数字，从左到右依次是 SCSI 主机适配器编号、SCSI 总线编号、设备的 SCSI ID 和 LUN（Logical Unit Number，逻辑元件编号）。在本例中，共有 4 个已连接的适配器（scsi0、scsi1、scsi2、scsi3），它们各自都有单独一条总线（总线编号均为 0），每条总线上只有一个设备（目标编号均为 0）。位于 2:0:0 的 USB 读卡器有 4 个逻辑单元，各对应于一种可插入的闪存卡。内核为每个逻辑单元分配不同的设备文件。

尽管不是 SCSI 设备，NVMe 设备有时候也会在 `lsscis` 的输出中出现，以 `N` 作为适配器编号。

注意　如果你想尝试 `lsscsi`，可能需要额外安装软件包。

图 3-2 展示了内核中该部分对应的驱动程序以及接口层次结构，包括单个设备驱动程序和块设备驱动程序，不包括 SCSI 通用驱动程序。

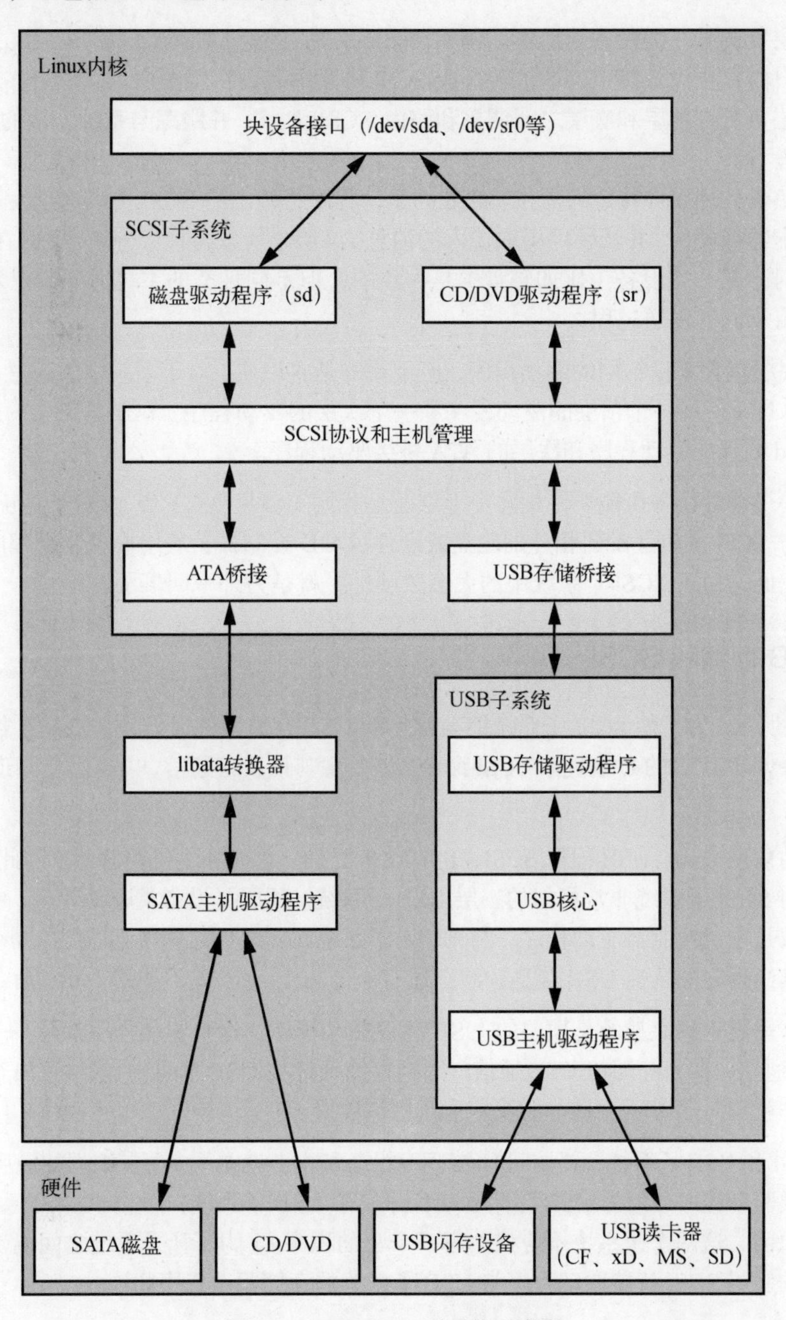

图 3-2　Linux SCSI 子系统示意图

尽管结构庞大，乍一看可能让人不知所措，但数据在其中的流动是非常线性化的。下面通过查看 SCSI 子系统及其三层驱动程序来逐一解析。

- 最顶层负责某一类设备的操作。例如，sd（SCSI 磁盘）驱动程序就在该层，它知道如何将来自内核块设备接口的请求转换成 SCSI 协议中磁盘特定的命令，反之亦然。
- 中间层负责在顶层和底层之间调控和路由 SCSI 消息，并跟踪与系统连接的所有 SCSI 总线和设备。
- 底层负责处理硬件特定的操作。此处的驱动程序将传出的 SCSI 协议消息发送到特定的主机适配器或硬件，并从硬件提取传入的消息。该层之所以与顶层分离，原因在于尽管 SCSI 消息对于某一类设备（比如磁盘）是一致的，但不同种类的主机适配器在发送相同的消息时有不同的发送过程。

顶层和底层包含大量不同的驱动程序，但重要的是要记住，对于系统中的任意设备文件，内核（基本上总是）使用一个顶层的驱动程序和一个次层的驱动程序。对于本例中的磁盘/dev/sda，内核用的是 sd 的顶层驱动程序和次层的 ATA 桥接驱动程序。

有时候一个硬件设备可能要使用多个上层驱动程序（参见 3.6.3 节）。对于真正的硬件 SCSI 设备，比如与 SCSI 主机适配器相连的磁盘或硬件 RAID 控制器，底层设备驱动程序直接与底层硬件通信。然而，对于 SCSI 子系统中的大多数硬件，就是另外一回事了。

3.6.1　USB 存储和 SCSI

如图 3-2 所示，为了使 SCSI 子系统能与常见的 USB 存储硬件通信，内核需要多个底层 SCSI 驱动程序。/dev/sdf 代表的 U 盘理解 SCSI 命令，但要想与该设备通信，内核需要知道如何同 USB 系统打交道。

从抽象的角度来看，USB 很像 SCSI，也有设备类别、总线和主机控制器。因此，Linux 内核也包含一个与 SCSI 子系统非常相似的三层 USB 子系统。顶层是设备类驱动程序，中间是总线管理核心，底层是主机控制器驱动程序。与 SCSI 子系统在其组件之间传递 SCSI 命令一样，USB 子系统也在其组件之间传递 USB 信息，甚至还有一个与 `lsscis` 差不多的 `lsusb` 命令。

我们在这里真正感兴趣的是顶层的 USB 存储驱动程序。这个驱动程序就是一个转换器：在一端与 SCSI 通信，在另一端与 USB 通信。因为存储硬件在 USB 消息中包含 SCSI 命令，所以驱动程序的工作就相对简单了，基本上就是重新打包数据。

有了 SCSI 和 USB 子系统，要访问 USB 闪存设备基本上就差不多了。缺失的最后一环是 SCSI 子系统的底层驱动程序，因为 USB 存储驱动程序属于 USB 子系统，而非 SCSI 子系统。（出于组织形式上的原因，这两个子系统不应该共享一个驱动程序。）为了让子系统之间能够相互通信，有一个简单的底层 SCSI 桥接驱动程序与 USB 子系统的存储驱动程序相连。

3.6.2 SCSI 和 ATA

图 3-2 中显示 SATA 磁盘和光驱使用的都是相同的 SATA 接口。和 USB 设备一样，为了将 SATA 驱动程序连入 SCSI 子系统，内核也使用了桥接驱动程序，只不过机制不同，也更复杂。光驱用的是 ATAPI，这是一种使用 ATA 协议编码的 SCSI 命令。然而，SATA 磁盘不使用 ATAPI，也不编码任何 SCSI 命令。

Linux 内核使用部分 libata 库来协调 SATA（和 ATA）设备与 SCSI 子系统。对于使用 ATAPI 的光驱，这项任务相对简单，就是从 ATA 协议中提取 SCSI 命令以及将 SCSI 命令打包进 ATA 协议。但是对于磁盘而言，事情就要复杂多了，因为库必须负责一整套命令的转换。

光驱的工作类似于把一本书的内容用键盘录入到计算机。你不用知道这本书讲的是什么就能完成这项工作，甚至都不需要懂英语。而磁盘的工作更像是将一本德语书翻译成英语并录入到计算机。在这种情况下，你不仅要懂得两门语言，还得看明白书的内容。

尽管有难度，libata 还是把 ATA/SATA 接口和设备连接到 SCSI 子系统。（通常涉及的驱动程序不止图 3-2 中所示的一个 SATA 主机驱动程序，图中进行了简化。）

3.6.3 通用 SCSI 设备

当用户空间进程与 SCSI 子系统通信时，一般是通过块设备层和（或）其他位于 SCSI 设备类驱动程序（比如 sd 或 sr）之上的内核服务来实现的。换句话说，大多数用户进程压根不需要知道 SCSI 设备及其命令。

然而，用户进程可以绕过设备类驱动程序，借助 SCSI **通用设备**直接发送 SCSI 协议命令。例如，考虑 3.6 节中描述的系统，但这一次，我们加入了 `lsscsi` 的-g 选项来显示通用设备，结果如下：

```
$ lsscsi -g
[0:0:0:0]    disk    ATA       WDC WD3200AAJS-2  01.0  /dev/sda ❶/dev/sg0
[1:0:0:0]    cd/dvd  Slimtype  DVD A DS8A5SH     XA15  /dev/sr0  /dev/sg1
[2:0:0:0]    disk    USB2.0    CardReader CF     0100  /dev/sdb  /dev/sg2
[2:0:0:1]    disk    USB2.0    CardReader SM XD  0100  /dev/sdc  /dev/sg3
[2:0:0:2]    disk    USB2.0    CardReader MS     0100  /dev/sdd  /dev/sg4
[2:0:0:3]    disk    USB2.0    CardReader SD     0100  /dev/sde  /dev/sg5
[3:0:0:0]    disk    FLASH     Drive UT_USB20    0.00  /dev/sdf  /dev/sg6
```

除了常见的块设备文件，每个条目在最后一列❶显示了对应的 SCSI 通用设备。例如，光驱 /dev/sr0 的通用设备是/dev/sg1。

为什么要使用通用设备？这与内核代码的复杂性有关。随着任务越来越复杂，最好将其从内核移出。比如 CD/DVD 的读写操作，读取光盘很简单，有一个专门的内核驱动程序负责此事。

但是，写光盘就比读光盘难多了，而且没有任何关键的系统服务依赖光盘写入操作。既然如此，就没必要让该活动威胁内核空间。因此，如果要在 Linux 中写入光盘，可以运行一个能够访问通用 SCSI 设备（比如/dev/sg1）通信的用户空间程序。这个程序可能比内核驱动程序效率略低，但更容易构建和维护。

3.6.4　访问一个设备的多种方法

图 3-3 展示了在 Linux SCSI 子系统中，从用户空间访问光驱的两个点：sr 和 sg（省略了 SCSI 以下所有的底层驱动程序）。进程 A 使用 sr 驱动程序读取设备，进程 B 使用 sg 驱动程序写入设备。然而，这两个进程通常不会同时访问同一个设备。

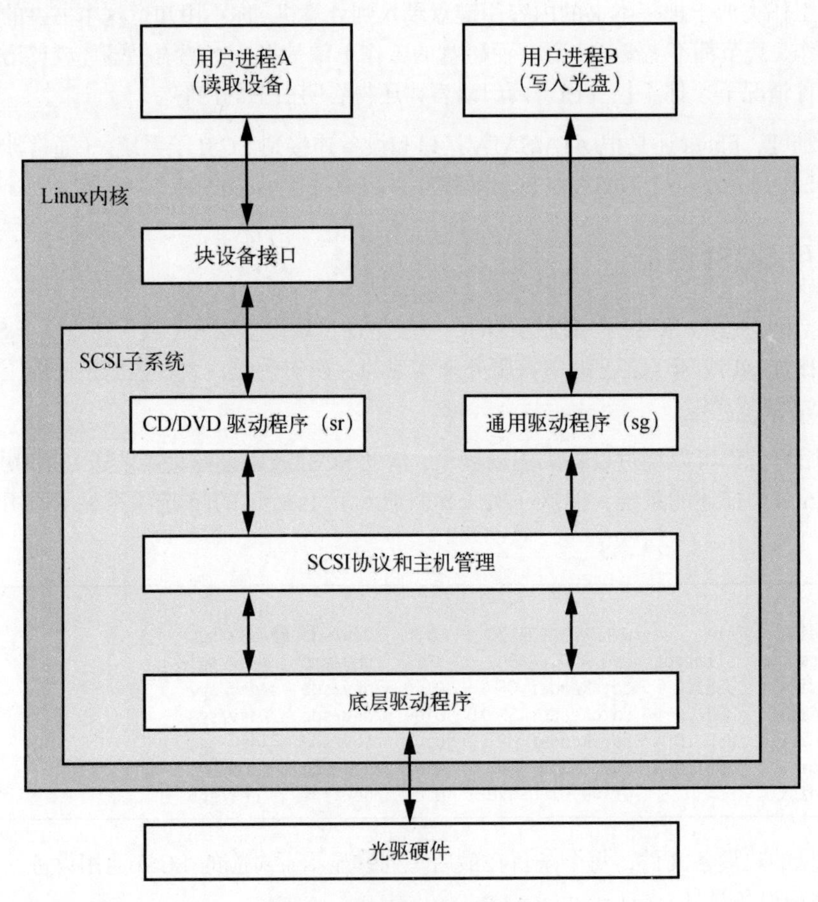

图 3-3　光驱驱动程序示意图

在图 3-3 中，进程 A 从块设备读取数据。但用户进程真是这样读取数据吗？一般不是，起码不是以这种直接的方式。在块设备之上还有很多层，甚至是更多的磁盘访问点，下一章将会介绍。

第 4 章

磁盘和文件系统

第 3 章介绍了内核提供的一些顶层磁盘设备。本章讨论如何在 Linux 系统中使用磁盘，包括如何为磁盘分区、创建和维护分区的文件系统以及处理交换空间。

回想一下，名为/dev/sda 的磁盘设备是 SCSI 子系统的第一个磁盘。这种块设备代表整个磁盘，但磁盘还包含很多不同的组件和分层。

图 4-1 是一个简单的 Linux 磁盘示意图（注意，该图并没有按照比例绘制）。随着本章的逐步深入，你将学习到其中的每一部分。

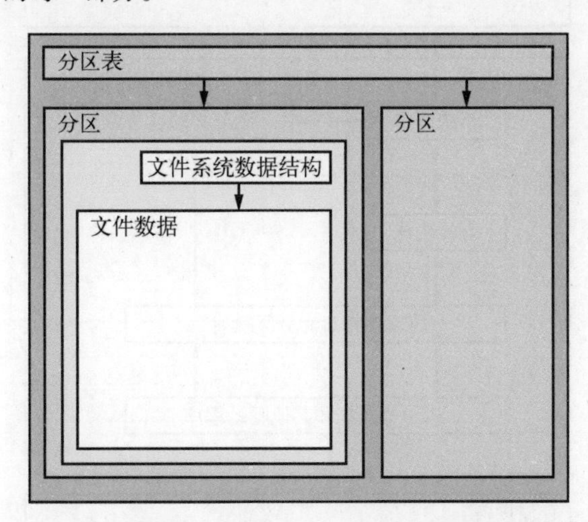

图 4-1　典型的 Linux 磁盘示意图

分区是对整个磁盘的进一步划分。在 Linux 中，分区以整个块设备之后的数字表示，其名称类似于/dev/sda1、/dev/sdb3 等。就像整个磁盘一样，内核也将每个分区以块设备形式呈现。各个分区由磁盘中一处叫**分区表**（也称**磁盘标签**）的区域定义。

注意　多分区曾经常见于配备了大容量磁盘的系统，因为老式 PC 只能从磁盘的某些区域启动。管理员也使用分区为操作系统保留部分存储空间，因为他们不希望用户把整个系统全部填满，导致关键服务无法工作。这种做法不是 Unix 独有的，你会发现很多新的 Windows 系统在单个磁盘上也划分了多个分区。此外，很多系统有独立的交换分区。

内核允许你同时访问整个磁盘及其某个分区，但通常不要这么做，除非你打算整盘复制。

Linux LVM（Logical Volume Manager，**逻辑卷管理器**）为传统的磁盘设备和分区加入了更多的灵活性，如今已经应用于很多系统。我们将在 4.4 节中介绍 LVM。

分区的上一层是**文件系统**，它是你要经常在用户空间与之打交道的文件和目录的数据库。我们将在 4.2 节研究文件系统。

如图 4-1 所示，如果你想访问文件数据，需要在分区表中找到文件所在分区的位置，然后在该分区的文件系统数据库中搜索所需的数据。

Linux 内核在访问磁盘数据时要用到图 4-2 所示的分层系统。SCSI 子系统和图 3-6 中的其他部分由一个矩形框代表。注意，你可以通过文件系统访问磁盘，也可以通过磁盘设备文件直接访问，这两种方法你都会在本章中看到。简单起见，图 4-2 中没有加入 LVM，但块设备接口中含有 LVM 的组件，在用户空间中也有其部分管理组件。

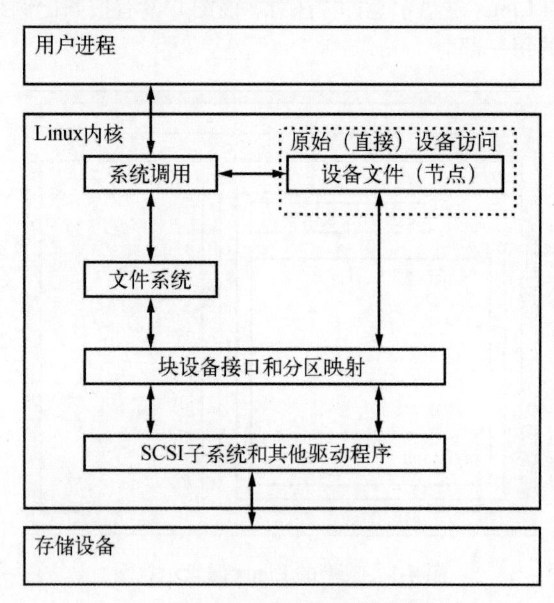

图 4-2　磁盘访问的内核示意图

为了解这一切是如何结合在一起的，让我们从底部的分区开始。

4.1 磁盘分区

分区表不止一种，其本身并没有什么特别之处，就是描述如何划分磁盘块的一组数据。

传统分区表可以追溯到 PC 时代，位于 MBR（Master Boot Record，**主引导记录**）内，有很多限制。大多数较新的系统现在使用的是 GPT（Globally Unique Identifier Partition Table，**全局唯一标识符分区表**）。

以下是几个 Linux 分区工具。

- parted（“partition editor”）：一款基于文本的分区工具，支持 MBR 和 GPT。
- gparted：parted 的图形化版本。
- fdisk：传统的基于文本的 Linux 磁盘分区工具。fdisk 的新版支持 MBR、GPT 以及很多其他类型的分区表，但是旧版本的 fdisk 仅支持 MBR。

因为 parted 支持 MBR 和 GPT 已经有一段时间了，加上只用一个命令就能获取分区表，所以我们打算使用该命令显示磁盘分区表。但在创建和修改分区表时，我们使用 fdisk。这将演示两种不同的界面，同时说明许多人更喜欢 fdisk 的原因就在于其界面的交互性。而且在你检查之前，它不会对磁盘做任何改动（我们很快会讨论这个问题）。

注意 分区和文件系统操作有关键性不同：分区表只是定义了磁盘内部的边界，而文件系统更偏重数据系统。为此，我们将使用单独的工具进行分区和文件系统创建（参见 4.2.2 节）。

4.1.1 查看分区表

可以使用 parted -l 查看系统分区表。以下输出显示了具有不同分区表的两个磁盘设备：

```
# parted -l
Model: ATA KINGSTON SM2280S (scsi)
❶ Disk /dev/sda: 240GB
Sector size (logical/physical): 512B/512B
Partition Table: msdos
Disk Flags:

Number  Start   End    Size    Type      File system     Flags
 1      1049kB  223GB  223GB   primary   ext4            boot
 2      223GB   240GB  17.0GB  extended
 5      223GB   240GB  17.0GB  logical   linux-swap(v1)


Model: Generic Flash Disk (scsi)
❷ Disk /dev/sdf: 4284MB
Sector size (logical/physical): 512B/512B
Partition Table: gpt
Disk Flags:
```

```
Number  Start   End     Size    File system  Name      Flags
 1      1049kB  1050MB  1049MB               myfirst
 2      1050MB  4284MB  3235MB               mysecond
```

第一个设备（/dev/sda）❶使用的是传统的 MBR 分区表（parted 称其为 msdos），第二个设备（/dev/sdf）❷使用的是 GPT。注意，两种分区表包含的参数并不相同。尤其是，MBR 分区表没有 Name 字段，因为这种分区方案压根就不存在名称。（我在 GPT 中随意选了两个名称 myfirst 和 mysecond。）

注意 查看分区表时要留意单位大小（unit size）。parted 输出显示的近似大小是基于 parted 认为最容易读取到的大小。另外，fdisk -l 输出显示的是精确的数字，但在大多数情况下，单位就是 512 字节的“扇区”，这可能会令人困惑，因为看起来像是磁盘和分区的实际大小增加了一倍。仔细观察 fdisk 输出的分区表视图也能从中发现扇区大小信息。

1. MBR 基础知识

本例中的 MBR 分区表包含主分区、扩展分区和逻辑分区。**主分区**是磁盘的子区域，分区 1 就是主分区。MBR 只能有 4 个主分区，如果你需要更多分区，必须将其中之一指定为**扩展分区**。扩展分区被进一步划分为**逻辑分区**，然后操作系统就可以像使用其他分区那样使用逻辑分区了。在本例中，分区 2 是扩展分区，包含了逻辑分区 5。

注意 parted 列出的文件系统类型未必与 MBR 条目中的 ID 字段相同。MBR 的系统 ID 只是标识分区类型的数字，如 83 代表 Linux 分区，82 代表 Linux 交换分区。然而，parted 尝试自行判定分区的文件系统类型来提供更多信息。如果一定要知道 MBR 的系统 ID，可以使用 fdisk -l。

2. LVM 分区

在查看分区表时，如果看到标记为 LVM（分区类型代码为 8e），设备名称为/dev/dm-*，或是指向了“device mapper”的分区，那就说明你的系统使用了 LVM。我们先从传统的直接磁盘分区开始讨论，它看起来与使用 LVM 的系统略有不同。

为了让你知道会发生什么，我们来快速看一下在使用了 LVM 的系统（在 VirtualBox 上全新安装的 Ubuntu）中执行 parted -l 的输出示例。首先是关于实际分区表的描述，除了 lvm 标志外，看起来和预想的也差不多：

```
Model: ATA VBOX HARDDISK (scsi)
Disk /dev/sda: 10.7GB
Sector size (logical/physical): 512B/512B
Partition Table: msdos
Disk Flags:
```

```
Number  Start   End     Size    Type     File system  Flags
 1      1049kB  10.7GB  10.7GB  primary               boot, lvm
```

然后是一些看似分区，但被称为磁盘的设备：

```
Model: Linux device-mapper (linear) (dm)
Disk /dev/mapper/ubuntu--vg-swap_1: 1023MB
Sector size (logical/physical): 512B/512B
Partition Table: loop
Disk Flags:

Number  Start  End     Size    File system     Flags
 1      0.00B  1023MB  1023MB  linux-swap(v1)

Model: Linux device-mapper (linear) (dm)
Disk /dev/mapper/ubuntu--vg-root: 9672MB
Sector size (logical/physical): 512B/512B
Partition Table: loop
Disk Flags:

Number  Start  End     Size    File system  Flags
 1      0.00B  9672MB  9672MB  ext4
```

一种简单的思考方式是，分区已经以某种方式从分区表中分离出来了。4.4 节会介绍这背后的来龙去脉。

注意 使用 fdisk -l 得到的输出细节要少得多。在前面的例子中，除了一个标记为 LVM 的物理分区之外，你看不到其他任何东西。

3. 内核初始化读取

最初读取 MBR 分区表时，Linux 内核会产生如下调试输出（记住可以使用 journalctl -k 查看）：

```
sda: sda1 sda2 < sda5 >
```

输出中的 sda2 < sda5 >部分表明/dev/sda2 是一个扩展分区，包含逻辑分区/dev/sda5。可以忽略扩展分区，因为我们通常只关心其中的逻辑分区。

4.1.2 修改分区表

查看分区表是一个相对简单且无害的操作。修改分区表相对来说也不难，但这种磁盘改动有一定的风险，要记住以下两点。

- 修改分区表使得被删除或重新定义的分区中的数据很难恢复，因为这样做会擦除这些分区的文件系统的位置。如果要进行分区的磁盘包含关键数据，务必确保有备份。
- 确保待分区的磁盘上没有分区处于使用状态，因为大多数 Linux 发行版会自动挂载已检测到的文件系统。（挂载和卸载详见 4.2.3 节。）

准备好之后，选择分区程序。如果打算使用 parted，可以选择命令行工具 parted 或图形界面的 gparted。fdisk 在命令行上也很容易使用。这些工具都有在线帮助，学起来并不难。（如果没有空闲磁盘，可以找一个闪存设备尝试一下这些命令。）

fdisk 和 parted 的工作方式有很大差异。使用 fdisk 可以在实际修改磁盘之前先设计好新的分区表，在退出程序时才使修改生效。但 parted 就不一样了，创建、修改和删除分区的操作在你发出命令那一刻就生效了，根本没有机会复查分区表。

上述差异也是理解这两个实用工具如何与内核交互的关键。fdisk 和 parted 都完全在用户空间修改分区，不需要为重写分区表提供内核支持，因为用户空间可以读取和修改整个块设备。

但在某些时候，内核只有读取分区表才能将分区以块设备形式呈现，以便用户使用。fdisk 使用了一种相对简单的方法。修改分区表后，fdisk 发出单个系统调用，告诉内核应该重新读取磁盘分区表（你很快就会看到 fdisk 的交互示例）。然后内核会生成调试输出，可以使用 journalctl -k 查看。如果你在/dev/sdf 中创建了两个分区，那么将会看到：

```
sdf: sdf1 sdf2
```

parted 没有使用磁盘范围的系统调用。相反，它会在单个分区发生更改时向内核发出信号。处理过单个分区的改动后，内核不会产生上述调试输出。

有几种方法可以查看分区更改。

- 使用 udevadm 监控内核事件变化。例如，命令 udevadm monitor --kernel 会显示旧分区被删除，新分区被添加。
- 检查/proc/partitions，获取完整的分区信息。
- 检查/sys/block/device，查看更改的分区系统接口；或是检查/dev，查看更改的分区设备文件。

强制重新载入分区表

如果你一定要确认分区表的修改结果，可以使用 blockdev 命令执行 fdisk 发出的旧式系统调用。例如，要想强制内核重新载入/dev/sdf 的分区表，可以执行以下命令。

```
# blockdev --rereadpt /dev/sdf
```

4.1.3 创建分区表

让我们将之前所学的理论应用于实践，在一个全新的空白磁盘上创建一个新的分区表。这个示例中包含以下场景。

- 容量为 4 GB 的磁盘（一个未使用的 USB 闪存设备。如果想按照这个例子做，那么手边任意大小的设备都行）。
- MBR 分区表。
- 采用 ext4 文件系统的两个分区，分别为 200 MB 和 3.8 GB。
- 磁盘设备/dev/sdd，需要使用 lsblk 找出所用设备的位置。

接下来我们使用 fdisk 进行分区。回忆一下，fdisk 是一个交互式命令，在确定磁盘没有被挂载之后，在命令行提示符处输入以下命令：

```
# fdisk /dev/sdd
```

你会看到一些介绍信息，然后是一个像下面这样的命令行提示符：

```
Command (m for help):
```

首先，使用 p 命令打印出当前分区表（fdisk 命令相当简洁）。结果如下所示：

```
Command (m for help): p
Disk /dev/sdd: 4 GiB, 4284481536 bytes, 8368128 sectors
Units: sectors of 1 * 512 = 512 bytes
Sector size (logical/physical): 512 bytes / 512 bytes
I/O size (minimum/optimal): 512 bytes / 512 bytes
Disklabel type: dos
Disk identifier: 0x88f290cc

Device     Boot Start     End Sectors Size Id Type
/dev/sdd1        2048 8368127 8366080   4G  c W95 FAT32 (LBA)
```

大多数设备已经包含了一个 FAT 分区，比如/dev/sdd1。因为我们打算在 Linux 下创建新分区（当然，要确定磁盘中先前的数据用不着了），所以可以删除现有分区：

```
Command (m for help): d
Selected partition 1
Partition 1 has been deleted.
```

记住，除非明确写入分区表，否则 fdisk 不会做出任何磁盘改动，所以这时候并没有修改磁盘。如果操作出错，无法恢复，那么使用 q 命令退出 fdisk 即可，一切都会安然无恙。

现在使用 n 命令创建第一个 200 MB 的分区：

```
Command (m for help): n
Partition type
   p   primary (0 primary, 0 extended, 4 free)
   e   extended (container for logical partitions)
Select (default p): p
Partition number (1-4, default 1): 1
First sector (2048-8368127, default 2048): 2048
Last sector, +sectors or +size{K,M,G,T,P} (2048-8368127, default 8368127): +200M

Created a new partition 1 of type 'Linux' and of size 200 MiB.
```

这里，fdisk会提示你MBR分区类型、分区编号、分区的起始以及结束扇区（或大小），默认值基本上就是你想要的。唯一需要修改的地方就是在选择分区结束位置时，使用+语法来指定大小和单位。

创建第二个分区的方法如出一辙，除了这次使用所有的默认值，所以我们就不再赘述了。分好区之后，使用p（print）命令复查一下：

```
Command (m for help): p
[--snip--]
Device     Boot  Start     End Sectors  Size Id Type
/dev/sdd1         2048  411647  409600  200M 83 Linux
/dev/sdd2       411648 8368127 7956480  3.8G 83 Linux
```

使用w命令写入分区表：

```
Command (m for help): w
The partition table has been altered.
Calling ioctl() to re-read partition table.
Syncing disks.
```

注意，fdisk不会进行二次确认，它在完成写入操作后会直接退出。

如果你对额外的诊断消息感兴趣，可以使用journalctl -k查看内核消息。但要记住，只有使用fdisk才能看到这些消息。

至此，你已经掌握了磁盘分区的所有基础知识。如果想了解更多关于磁盘的细节，请继续阅读。否则，直接跳到4.2节了解如何在磁盘上创建文件系统。

4.1.4　磁盘和分区的结构

任何有活动部件的设备都会给软件系统带来复杂性，因为难以对一些物理元素进行抽象化，硬盘也不例外。尽管可以把硬盘看作一个能够随机访问其中任意块的设备，但如果系统不注意如何在磁盘上布置数据，就会造成严重的性能问题。考虑图4-3所示的单盘片磁盘的物理特性。

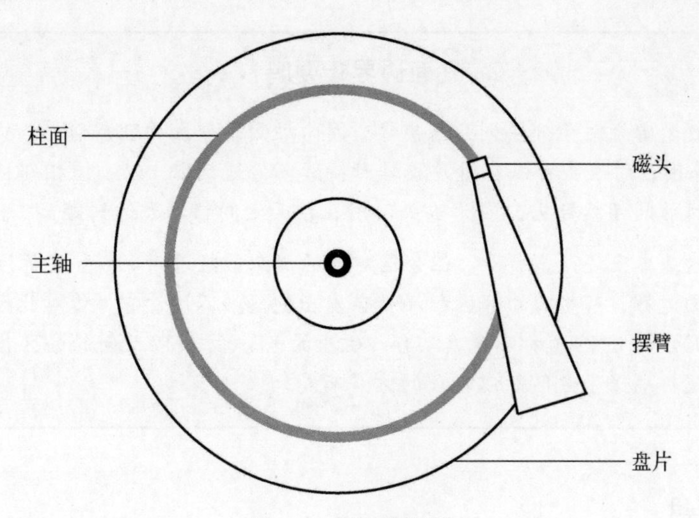

图 4-3 磁盘俯视图

磁盘由主轴上旋转的盘片组成，**磁头**（head）与可以扫过磁盘半径的摆臂连接。随着盘片在磁头下方旋转，磁头会读取数据。当摆臂处于特定位置时，磁头只能读取固定环形区域中的数据。这个环形区域被称为**柱面**（cylinder），因为大容量磁盘包含多个盘片，所有盘片都垂直堆叠在一起并绕着同一个主轴旋转。每个盘片配有一个或两个磁头，对应盘片的正面和背面，所有磁头都连接到同一个摆臂并一致移动。摆臂在移动过程中会划过盘片上的很多柱面，这些柱面的半径从盘片中心到边缘逐渐变大。最后，柱面再被进一步划分为多个**扇区**（sector）。磁盘的这种结构称为 CHS（Cylinder Head Sector）。在旧系统中，可以通过这 3 个参数找到磁盘中的任意部分。

注意 磁道（track）是单个磁头访问的那部分柱面，因此图 4-3 中的柱面也就是磁道，对此无须深究。

内核以及各种分区程序可以告诉你磁盘的柱面数。但是，对于如今的磁盘，这些值都是**虚构**的。传统的 CHS 寻址方案无法适应现代磁盘硬件，也没有考虑外圈柱面可以比内圈柱面容纳更多数据。支持 LBA（Logical Block Addressing，**逻辑块寻址**）的磁盘硬件可以通过块编号寻址磁盘位置（这种接口要直观得多），不过 CHS 并未彻底退出舞台。例如，MBR 分区表中既包含了 CHS 信息，也有对应的 LBA 地址，有些引导加载程序还是傻傻地只认 CHS 值（别担心，大多数 Linux 引导加载程序使用的是 LBA）。

注意 “扇区”这个词很容易引起混淆，因为 Linux 分区程序可以用它来表示不同的值。

柱面边界重要吗？

柱面的概念曾经对于分区划分很重要，因为柱面是分区的理想边界。从柱面读取数据非常快，原因在于磁头可以在盘片旋转时持续不停地读取。以一组相邻柱面分布的扇区还允许快速访问连续数据，因为磁头不用在柱面之间移动太远的距离。

尽管磁盘基本上还是老样子，但分区对齐的概念已经过时了。如果你没有把分区准确地置于柱面边界，有些旧的分区程序就会发出抱怨。不用管它，你对此无能为力，因为现代磁盘显示的CHS值都不是真实值。磁盘的LBA方案以及新的分区程序所采用的更好的处理逻辑确保了分区能以合理的方式布局。

4.1.5　固态硬盘

没有移动部件的存储设备，例如SSD（Solid-State Disk，**固态硬盘**），在访问特性方面与机械磁盘截然不同。对于 SSD 来说，随机访问不是问题，因为压根就不存在用来扫读盘片的磁头，但某些特性会改变SSD的操作方式。

影响SSD性能的最显著因素之一就是**分区对齐**。当你从SSD读取数据时，是以组块（称为**页**，千万别和虚拟内存页搞混了）为单位读取的。比如，一次读取4096字节或8192字节，读取位置必须从该大小的整倍数处开始。这意味着如果分区及其数据没有落在边界处，对于一些常见小操作，比如获取目录内容，本来只用读取一次，现在则可能要读取两次。

比较新的分区工具会选择适合的位置创建新分区，所以基本上不用担心分区有没有对齐。分区工具目前不做任何计算，只是简单选择在1 MB边界处（或者更准确地说，是2048个512字节的块）对齐分区。这种方法相当保守，因为无论页大小是4096、8192，还是1 048 576，都能在此处对齐。

如果想确保分区从边界处开始，可以很容易地在/sys/block 目录中找到相关信息。下面是查询分区/dev/sdf2的结果：

```
$ cat /sys/block/sdf/sdf2/start
1953126
```

这里的输出是该分区距离磁盘起始处的偏移，以512字节为单位（被Linux系统混乱地称为**扇区**）。如果这个 SSD 使用的页大小是 4096 字节，那么每页就共有 8 个扇区。你要做的就是看看分区偏移能否被8整除。在本例中，无法整除，因此该分区无法获得最优性能。

4.2 文件系统

对于磁盘来说，内核与用户空间之间的最后一环就是**文件系统**，也就是你使用 ls、cd 等命令与之打交道的对象。如前所述，文件系统是某种形式的数据库，它提供了相关的数据结构，将简单的块设备转换为用户能够理解的文件及子目录。

过去，所有文件系统都位于专门用作数据存储的磁盘和其他物理介质上。然而，文件系统的树状目录结构和 I/O 接口非常通用，所以如今的文件系统（比如你在/sys 和/proc 中看到的系统接口）可以执行各种任务。文件系统传统上是由内核实现的，但是来自 Plan 9 的创新之作 9P 催生了用户空间文件系统。FUSE（FileSystem in User Space，**用户空间文件系统**）特性实现了 Linux 中的用户空间文件系统。

VFS（Virtual FileSystem，**虚拟文件系统**）抽象层为文件系统实现画上了句号。就像 SCSI 子系统实现了不同设备类型和内核控制命令之间的标准化通信一样，VFS 确保了所有的文件系统实现都支持一种标准接口，使得用户空间程序能够以相同的方式访问文件和目录。有了 VFS，Linux 可以支持数量庞大的文件系统。

4.2.1 文件系统类型

Linux 支持专为 Linux 优化的原生文件系统，支持 Windows FAT 家族这样的外来文件系统，支持 ISO 9660 等通用文件系统，还支持很多其他类型的文件系统。下面列出了用于数据存储的常见文件系统。Linux 识别的类型名显示在文件系统名旁边的括号内。

- **第 4 扩展文件系统**（ext4，Fourth Extended Filesystem）是 Linux 原生文件系统系列的最新版本。**第 2 扩展文件系统**（ext2，Second Extended Filesystem）曾经在很长一段时间里是 Linux 的默认文件系统，它脱胎于 Unix 传统的文件系统，比如 Unix 文件系统（UFS，Unix File System）和快速文件系统（FFS，Fast File System）。**第 3 扩展文件系统**（ext3，Third Extended Filesystem）加入了日志特性（正常文件系统数据结构之外的一小块缓存），以增强数据完整性，提高启动速度。ext4 文件系统是一种增量改进，支持比 ext2 和 ext3 更大的文件以及更多的子目录。

  扩展文件系统系列有一定的向后兼容性。例如，可以相互挂载 ext2 和 ext3 文件系统，也可以将 ext2 和 ext3 文件系统挂载为 ext4，但不能将 ext4 挂载为 ext2 或 ext3。
- **Btrfs 或 B 树文件系统**（B-tree filesystem）是一种较新的 Linux 原生文件系统，旨在提供 ext4 以外的功能。
- **FAT 文件系统**（msdos、vfat、exfat）属于微软 Windows 系统。简单的 msdos 支持单字符 MS-DOS 系统。大多数可移动闪存存储设备，比如 SD 卡和 USB 闪存盘，默认包含 vfat（最大 4 GB）或 exfat（4 GB 及以上）分区。Windows 系统可以使用基于 FAT 的文件系统或更高级的 NT 文件系统（ntfs，NT File System）。

- ❑ XFS（xfs）是部分发行版（比如 Red Hat Enterprise Linux 7.0 及以上版本）默认使用的一种高性能文件系统。
- ❑ HFS+（hfsplus）是大多数苹果系统使用的默认文件系统。
- ❑ ISO 9660（iso9660）是 CD-ROM 的标准文件系统，大多数 CD-ROM 使用的是 ISO 9660 标准的某种变体。

Linux 文件系统的演进

扩展文件系统系列被大多数用户接受，长期以来一直都是事实上的标准，这充分证明了其实用性，也表明了其用户之广。Linux 开发社区希望彻底替换不能满足当前需求的组件，但是每当扩展文件系统遇到问题时，总有人站出来给出相应的升级。然而，由于要顾及向后兼容性，文件系统技术方面的很多进展无法纳入 ext4。这些进展主要涉及大量文件、大文件和类似场景中的可伸缩性增强。

在撰写本书时，Btrfs 已经成为某主流 Linux 发行版的默认文件系统。如果这被证明是成功的，那么 Btrfs 将有可能取代扩展文件系统系列。

4.2.2　创建文件系统

如果你正在准备新的存储设备，完成了 4.1 节描述的磁盘分区之后，就可以创建文件系统了。和分区一样，你将在用户空间中执行此操作，因为用户空间进程也可以直接访问和操作块设备。

mkfs 程序能够创建多种文件系统。例如，以下命令可以在/dev/sdf2 分区上创建 ext4 文件系统：

```
# mkfs -t ext4 /dev/sdf2
```

mkfs 程序会自动判断设备的块数并设置合理的默认值。除非你真的知道自己在做什么并且仔细阅读过文档，否则不要改动。

在创建文件系统时，mkfs 会一并打印出诊断消息，其中包括**超级块**的相关信息。超级块是文件系统数据库顶层的关键组件，mkfs 因此创建了超级块的多个副本，以防被误删。建议在 mkfs 运行时记下一些超级块备份编号，以便在发生磁盘故障时恢复超级块（参见 4.2.11 节）。

警告　创建文件系统应该仅在添加新磁盘或对旧磁盘重新分区之后进行。一般是对没有数据（或是不打算保留原数据）的分区进行此操作。在已有的文件系统上再创建新文件系统，会销毁先前所有的数据。

mkfs是什么？

mkfs是一系列文件系统创建程序mkfs.fs的前端，其中fs是一种文件系统类型。当你执行mkfs -t ext4时，实际执行的是mkfs.ext4。

不仅如此，检查这些命令背后的mkfs.*文件，你会发现：

```
$ ls -l /sbin/mkfs.*
-rwxr-xr-x 1 root root 17896 Mar 29 21:49 /sbin/mkfs.bfs
-rwxr-xr-x 1 root root 30280 Mar 29 21:49 /sbin/mkfs.cramfs
lrwxrwxrwx 1 root root     6 Mar 30 13:25 /sbin/mkfs.ext2 -> mke2fs
lrwxrwxrwx 1 root root     6 Mar 30 13:25 /sbin/mkfs.ext3 -> mke2fs
lrwxrwxrwx 1 root root     6 Mar 30 13:25 /sbin/mkfs.ext4 -> mke2fs
lrwxrwxrwx 1 root root     6 Mar 30 13:25 /sbin/mkfs.ext4dev -> mke2fs
-rwxr-xr-x 1 root root 26200 Mar 29 21:49 /sbin/mkfs.minix
lrwxrwxrwx 1 root root     7 Dec 19  2011 /sbin/mkfs.msdos -> mkdosfs
lrwxrwxrwx 1 root root     6 Mar  5  2012 /sbin/mkfs.ntfs -> mkntfs
lrwxrwxrwx 1 root root     7 Dec 19  2011 /sbin/mkfs.vfat -> mkdosfs
```

如你所见，mkfs.ext4只是指向mke2fs的符号链接。如果你在系统中没有找到某个特定的mkfs命令或是想查找特定文件系统的文档，别忘了这一点。每个文件系统创建程序都有自己的手册页，比如mke2fs(8)。这在大多数系统上应该不会有什么问题，因为访问mkfs.ext4(8)手册页应该会被重定向到mke2fs(8)手册页，记住就好。

4.2.3 挂载文件系统

在Unix中，将文件系统附加到正在运行的系统上称为**挂载**。在系统引导期间，内核读取配置数据，并据此挂载根目录（/）。

为了挂载文件系统，必须知道以下事项。

- 文件系统所在的设备、位置或标识符（比如存储文件系统数据的磁盘分区）。有些专用文件系统（比如proc和sysfs）并没有相应的位置。
- 文件系统类型。
- **挂载点**，即文件系统被附加在当前系统目录层次中的位置。挂载点就是一个普通的目录。例如，可以使用/music作为包含音乐的文件系统的挂载点。挂载点不必直接位于/之下，任何位置都可以。

在挂载文件系统时，我们常说“将设备挂载到某个挂载点”。要想知道系统的当前文件系统状态，执行mount即可。该命令的输出如下（内容可不少）：

```
$ mount
/dev/sda1 on / type ext4 (rw,errors=remount-ro)
```

```
proc on /proc type proc (rw,noexec,nosuid,nodev)
sysfs on /sys type sysfs (rw,noexec,nosuid,nodev)
fusectl on /sys/fs/fuse/connections type fusectl (rw)
debugfs on /sys/kernel/debug type debugfs (rw)
securityfs on /sys/kernel/security type securityfs (rw)
udev on /dev type devtmpfs (rw,mode=0755)
devpts on /dev/pts type devpts (rw,noexec,nosuid,gid=5,mode=0620)
tmpfs on /run type tmpfs (rw,noexec,nosuid,size=10%,mode=0755)
--略--
```

每行对应一个当前已挂载的文件系统，各字段的含义按照顺序如下所示。

(1) 设备（比如/dev/sda3）。注意，其中一些并不是真实设备（比如 proc），而是真实设备名称的替代品，因为这些专用文件系统不需要设备。
(2) 单词 on。
(3) 挂载点。
(4) 单词 type。
(5) 文件系统类型，通常是简写形式。
(6) 挂载选项（括号内）。详见 4.2.6 节。

要想手动挂载文件系统，可以使用 mount 命令并指定文件系统类型、设备以及挂载点：

```
# mount -t type device mountpoint
```

例如，要想将设备/dev/sdf2 上的 ext4 文件系统挂载到/home/extra，可以使用以下命令：

```
# mount -t ext4 /dev/sdf2 /home/extra
```

通常不需要指定-t type 选项，因为 mount 能猜出你想干什么。然而，有时候为了区分近似类型，比如各种 FAT 文件系统，还是有必要指定该选项。

umount 命令可以卸载文件系统：

```
# umount mountpoint
```

也可以指定文件系统所在的设备来代替挂载点，效果一样。

注意　几乎所有的 Linux 系统都包括一个临时挂载点/mnt，通常用于测试。练手的时候可以随意使用，但如果你打算挂载文件系统长期使用，最好还是另找或创建一个挂载点。

4.2.4　文件系统 UUID

之前讨论过的文件系统挂载方法依赖设备名称。然而，设备名称是会变化的，因为名称取决于内核发现设备的顺序。为了解决这个问题，可以通过 UUID 来识别并挂载文件系统。UUID 是唯一“序列号”的行业标准，用于标识计算机系统中的对象。文件系统创建程序（比如 mke2fs）在初始化文件系统结构时会生成 UUID。

可以使用 blkid（block ID）程序查看系统设备及其对应的文件系统和 UUID：

```
# blkid
/dev/sdf2: UUID="b600fe63-d2e9-461c-a5cd-d3b373a5e1d2" TYPE="ext4"
/dev/sda1: UUID="17f12d53-c3d7-4ab3-943e-a0a72366c9fa" TYPE="ext4"
PARTUUID="c9a5ebb0-01"
/dev/sda5: UUID="b600fe63-d2e9-461c-a5cd-d3b373a5e1d2" TYPE="swap"
PARTUUID="c9a5ebb0-05"
/dev/sde1: UUID="4859-EFEA" TYPE="vfat"
```

在这个例子中，blkid 发现了 4 个分区：2 个 ext4 文件系统分区、1 个交换分区和 1 个基于 FAT 的文件系统分区。Linux 原生分区都有标准 UUID，而 FAT 分区没有。可以使用 FAT 分区的卷序列号（在本例中是 4859-EFEA）指代该分区。

要想通过 UUID 挂载文件系统，需要使用 UUID 挂载选项。例如，以下命令可以将上述列表中第一个文件系统挂载在/home/extra：

```
# mount UUID=b600fe63-d2e9-461c-a5cd-d3b373a5e1d2 /home/extra
```

你通常不会像这样通过 UUID 手动挂载文件系统，毕竟你知晓设备，按照设备名称挂载远比使用 UUID 容易。一方面，UUID 是在启动期间自动挂载/etc/fstab 中非 LVM 文件系统的首选方法（参见 4.2.8 节）。另一方面，很多发行版在用户插入可移动存储设备时使用 UUID 作为挂载点。在上例中，闪存卡使用的是 FAT 文件系统。Ubuntu 系统在用户插入该闪存卡时将该分区挂载在/media/user/4859-EFEA。第 3 章讲过 udevd 守护进程负责处理设备插入的初始事件。

可以在必要时修改文件系统的 UUID（例如从其他地方复制了完整的文件系统，现在需要将其与原文件系统区分开）。参见 tune2fs(8)手册页，了解如何修改 ext2/ext3/ext4 文件系统的 UUID。

4.2.5 磁盘缓冲、缓存和文件系统

和其他 Unix 变体一样，Linux 会缓冲写入磁盘的数据。这意味着当进程请求改动时，内核通常不会立即将改动写入文件系统，而是将其保存在 RAM 中，直到其认为时机成熟，才会将改动实际写入磁盘。这种缓冲系统用户无感知，带来了非常显著的性能提升。

当使用 umount 卸载文件系统时，内核会自动**同步**磁盘，将缓冲区中的改动写入磁盘。也可以随时执行 sync 命令，强制内核进行同步操作，默认会同步所有的磁盘。如果出于某种原因无法在关闭系统前卸载文件系统，一定要先执行 sync。

此外，内核会使用 RAM 缓存从磁盘中读取的块。因此，如果一个或多个进程重复访问某个文件，内核就不必重复读取磁盘，只需简单读取缓存即可，从而节省时间和资源。

4.2.6　文件系统挂载选项

有很多选项可以改变 mount 命令的行为，在使用可移动存储设备或进行系统维护时往往需要用到这些选项。事实上，mount 的选项数量非常多。mount(8)手册页是一份不错的全面参考，但你很难知道从何处着手，哪些内容可以放心略过。本节将为你介绍最有用的一些选项。

mount 的选项可以粗略分为两类：通用选项和文件系统特定选项。通用选项适用于所有文件系统类型，具体类型可以使用-t 指定。相比之下，文件系统特定选项只适用于某些文件系统类型。

要想启用文件系统选项，可以在-o 选项后指定相应的参数。例如，-o remount,rw 将已挂载为只读的文件系统以读写模式重新挂载。

1. 短选项

通用选项比较短，其中最重要的选项如下。

- -r：以只读模式挂载文件系统。从写保护到系统启动，该选项的用法众多。在访问 CD-ROM 等只读设备时无须指定-r 选项，系统会为你代劳（同时还会告知只读状态）。
- -n：确保 mount 不更新系统运行时的挂载数据库/etc/mtab。默认情况下，如果不能写入此文件，mount 命令就会失败。因为 root 分区（包括挂载数据库）在系统引导期间是只读的，所以该选项非常重要。在单用户模式中修复系统问题时，你也会发现这个选项的方便之处，因为挂载数据库这时可能不可用。
- -t：-t type 选项可以指定文件系统类型。

2. 长选项

面对日益增长的挂载选项数量，像-r 这样的短选项就太受限了，字母表中的字母就那么几个，根本容纳不了所有可能的选项。短选项的另一个麻烦之处在于难以根据单个字母判断选项的含义。很多通用选项和所有的文件系统特定选项都采用了更长、更灵活的选项格式。

在-o 之后加入以逗号分隔的关键字即可在命令行上使用 mount 的长挂载选项。如下所示：

```
# mount -t vfat /dev/sde1 /dos -o ro,uid=1000
```

这里的两个挂载选项分别是 ro 和 uid=1000。ro 指定了只读模式，效果与短选项-r 一样。uid=1000 告诉内核将 UID 为 1000 的用户视为该文件系统中所有文件的所有者。

最有用的挂载选项如下。

- exec、noexec：允许或禁止执行文件系统中的程序。
- suid、nosuid：允许或禁止 setuid 程序。
- ro：以只读模式挂载文件系统（等同于短选项-r）。
- rw：以读写模式挂载文件系统。

4

注意 Unix 和 DOS 的文本文件并不一样，主要区别在于文本行的结束方式。在 Unix 中，行尾只有一个换行符（\n, ASCII 0x0A），而 DOS 在换行符之后又加上了一个回车符（\r, ASCII 0x0D）。很多在文件系统级别进行自动转换的尝试会有问题。vim 等文本编辑器可以自动检测文件的换行方式并适当维护，这样更容易保持风格一致。

4.2.7　重新挂载文件系统

有时候你需要更改已挂载文件系统的挂载选项，最常见的是在崩溃恢复时将只读文件系统改为可写。为此，你得重新将文件系统挂载到相同的挂载点。

以下命令以读写模式重新挂载根目录（需要指定-n 选项，因为当根目录为只读时，mount 命令无法写入系统挂载数据库）：

```
# mount -n -o remount /
```

该命令假定/etc/fstab（下一节讨论）中/对应的设备是正确的。否则必须额外指定该设备。

4.2.8　文件系统表/etc/fstab

为了在系统启动时挂载文件系统，免除手动输入 mount 命令的麻烦，Linux 系统在/etc/fstab 中保存了一个永久的文件系统和选项列表。这是一个格式非常简单的纯文本文件，如列表 4-1 所示。

列表 4-1　/etc/fstab 中的文件系统和选项列表

```
UUID=70ccd6e7-6ae6-44f6-812c-51aab8036d29 / ext4 errors=remount-ro 0 1
UUID=592dcfd1-58da-4769-9ea8-5f412a896980 none swap sw 0 0
/dev/sr0 /cdrom iso9660 ro,user,nosuid,noauto 0 0
```

每行对应一个文件系统，分为 6 个字段，从左到右依次如下。

- **设备或 UUID**：当前大多数 Linux 系统已经不使用/etc/fstab 中的设备，而是使用 UUID。
- **挂载点**：指明在哪里挂载文件系统。
- **文件系统类型**：你可能不认识列表中的 swap，它是一个交换分区（参见 4.3 节）。
- **选项**：由逗号分隔的一系列文件系统挂载选项。
- **供 dump 命令使用的备份信息**：dump 命令是一个过时已久的备份实用工具，这个字段已经没什么用了，应该始终将其设置为 0。
- **文件系统完整性测试顺序**：为确保 fsck 始终先在根目录上运行，将根文件系统设置为 1，将其他本地挂载的硬盘或 SSD 上的文件系统设置为 2。使用 0 禁止其他文件系统的启动检查，包括只读设备、交换分区和/proc 文件系统（参见 4.2.11 节的 fsck 命令）。

在使用 mount 时，如果打算使用的文件系统包含在/etc/fstab 中，有一些简便写法可用。例如，要挂载 CD-ROM 且/etc/fstab 的内容如列表 4-1 所示，只需执行 mount /cdrom 即可。

也可以使用如下命令同时挂载/etc/fstab 中的所有不包含 noauto 选项的条目：

```
# mount -a
```

列表 4-1 引入了几个新选项：errors、noauto 和 user，它们不能应用于/etc/fstab 文件之外。另外，你还会经常看到 defaults 选项。这些选项的含义如下。

- defaults：设置 mount 的默认值包括读写模式、允许设备文件、允许执行文件系统中的程序、setuid 位等。如果你不想指定任何特殊的文件系统挂载选项，又不想让/etc/fstab 中的某个字段空着，可以指定该选项。
- errors：这个 ext2/3/4 特定的选项用于设置在系统遇到挂载问题时的内核行为。默认值通常为 errors=continue，意思是内核应该返回错误码并继续运行。如果想让内核再次尝试以只读模式挂载，可以使用 errors=remount-ro。errors=panic 告诉内核（以及系统）在遇到挂载问题时直接停止。
- noauto：该选项告诉 mount -a 命令忽略此条目。可以用其阻止在系统引导时挂载可移动存储设备，比如闪存存储设备。
- user：该选项允许非特权用户对特定条目执行 mount 命令，以方便访问可移动存储设备。因为用户可以用另一个系统在可移动存储设备上放置 setuid-root 文件，所以这个选项也设置了 nosuid、noexec 和 nodev（不允许特殊设备文件）。记住，对于可移动存储设备和其他一般情况，此选项目前的作用有限，因为大多数系统使用 ubus 和其他机制来自动挂载插入的可移动存储设备。但在特殊情况下，当你想控制挂载特定目录时，该选项还是用得着的。

4.2.9 /etc/fstab 的替代品

尽管/etc/fstab 是描述文件系统及其挂载点的传统方式，但还有两个替代品。一个是/etc/fstab.d 目录，其中包含单独的文件系统配置文件（一个文件对应一种文件系统）。这个思路与你将在本书中看到的其他很多配置目录非常相似。

另一个是配置文件系统的 **systemd 单元**。我们将会在第 6 章介绍 systemd 及其单元。然而，systemd 单元配置通常是从（或基于）/etc/fstab 文件生成的，所以两者可能会有一些重叠。

4.2.10 文件系统容量

df 命令可以查看当然已挂载文件系统的大小和使用情况。这个命令输出的内容非常多（由于专有文件系统，内容还在一直在增加），但实际存储设备的信息都应该包含在内了。

```
$ df
Filesystem           1K-blocks      Used Available Use% Mounted on
/dev/sda1            214234312 127989560  75339204  63% /
/dev/sdd2              3043836      4632   2864872   1% /media/user/uuid
```

df 输出中的各个字段简要描述如下。

- Filesystem：文件系统设备。
- 1K-blocks：文件系统总容量（以 1024 字节大小的块为单位）。
- Used：已使用的块数。
- Available：空闲块数。
- Use%：已使用的块数所占的百分比。
- Mounted on：挂载点。

注意 如果在 df 的输出中找不到对应特定目录的那一行，可以执行 df dir 命令，其中 dir 是你想检查的目录。这样会限制仅输出该目录所在的文件系统信息。一种常见用法是 df .，即仅输出当前目录所在设备（文件系统）的使用情况。

很容易看出两个文件系统的大小基本上分别为 215 GB 和 3 GB。但是总容量似乎有点不对劲，因为 127 989 560 加上 75 339 204 并不等于 214 234 312，而且 127 989 560 也不是 214 234 312 的 63%。对于这两种情况，原因在于总容量的 5%并未被统计在内。事实上，这部分空间并没有消失，而是被隐藏起来作为**保留块**。只有超级用户才能在文件系统快被填满的时候使用保留块。该特性避免了服务器在磁盘空间不足时立即出现故障。

获取磁盘占用清单

如果磁盘已满，你想知道哪些文件占用了大量的空间，可以使用 du 命令。如果不加选项，du 会从当前目录开始，打印出目录层次中每一个子目录所占用的磁盘情况。（这份清单很长，如果你想见识一下的话，执行 cd /; du。不耐烦的时候记得按 CTRL-C 组合键。）du -s 启动汇总模式，只打印总大小。要想查看特定目录中的明细（文件和子目录），切换到该目录并执行 du -s *。记住，该命令并不会统计点号文件和点号目录。

注意 POSIX 标准将块大小定义为 512 字节。然而，这个大小的可读性不好，因此默认情况下，大多数 Linux 发行版中的 df 和 du 使用的是 1024 字节的块。如果你坚持在显示块数量的时候使用 512 字节的块，可以设置 POSIXLY_CORRECT 环境变量。也可以使用-k 选项（df 和 du 均支持该选项）明确指定块大小为 1024 字节。df 和 du 同样提供了-m 选项和-h 选项，前者使用 1 MB 的块，后者根据文件系统的总容量自行选择最适合人类用户阅读的存储单位。

4.2.11 检查和修复文件系统

Unix 文件系统通过复杂的数据库机制实现优化。为了使文件系统流畅工作，内核必须认定挂载的文件系统没有错误，硬件能够可靠地存储数据。如果存在错误，可能会导致数据丢失和系统崩溃。

除了硬件问题，文件系统错误往往是由于用户粗暴地关闭了系统（例如，直接拔掉电源线）。在这种情况下，先前的文件系统缓存可能与磁盘数据不一致，系统也许正在更改文件系统。尽管很多文件系统支持日志功能，大大降低了文件系统损坏的概率，但还是应该坚持正确关闭系统。不管使用什么样的文件系统，还是要不时地检查文件系统，确保一切正常。

检查文件系统的工具是 fsck。和 mkfs 一样，fsck 也有不同的版本，对应于 Linux 系统支持的各种文件系统类型。例如，当你对扩展文件系统系列（ext2/ext3/ext4）执行 fsck 时，fsck 能识别出文件系统类型并执行 e2fsck。因此通常不必自己输入 e2fsck，除非 fsck 无法识别文件系统类型或是你要查阅 e2fsck 手册页。

本节内容针对扩展文件系统系列以及 e2fsck。

要想以手动交互模式执行 fsck，可以指定设备或挂载点（如/etc/fstab 中所示）作为参数，例如：

```
# fsck /dev/sdb1
```

警告　绝不要对已挂载的文件系统使用 fsck。否则，在检查文件系统的同时，内核可能会修改磁盘数据，造成运行时数据不匹配，甚至导致系统崩溃并损坏文件。只有一种例外情况：如果你是在单用户模式中以只读形式挂载根分区，那倒是可以对其使用 fsck。

在手动模式中，fsck 会详细地打印出各趟处理时的状态报告，如果文件系统没有问题的话，输出内容如下：

```
Pass 1: Checking inodes, blocks, and sizes
Pass 2: Checking directory structure
Pass 3: Checking directory connectivity
Pass 4: Checking reference counts
Pass 5: Checking group summary information
/dev/sdb1: 11/1976 files (0.0% non-contiguous), 265/7891 blocks
```

如果 fsck 在手动模式中发现问题，就会暂停并询问相关的修复问题。这些问题与文件系统的内部结构有关，比如重新连接脱离的 i 节点（**i 节点**是文件系统的基础组成部分，详见 4.6 节）以及清理块。如果 fsck 问你是否要重新连接 i 节点，说明它找到了一个没有名称的文件。在重新连接这种文件时，fsck 会将该文件保存在文件系统的 lost+found 目录内，使用数字作为文件名。

这就需要你根据文件内容来猜测是什么文件了，原先的文件名可能已经没有了。

一般来说，如果只是因为没有正常关闭系统，没必要坐等 fsck 的修复过程，因为 fsck 可能有很多小错误要修复。幸运的是，e2fsck 提供了-p 选项，能够自动修复普通问题，不会中途发出询问；如果碰到严重错误，则会中止。事实上，Linux 发行版在启动期间执行的就是某种形式的 fsck -p。（你可能也见到过 fsck -a，两者的效果一样。）

如果怀疑系统发生了重大问题，例如硬件故障或设备配置错误，你需要想清楚接下来的一系列措施，因为 fsck 确实有可能会帮倒忙。（如果 fsck 在手动模式下询问很多问题，则表明你的系统存在严重问题。）

如果你认为发生了非常糟糕的事情，尝试执行 fsck -n 检查文件系统，不要做任何改动。如果你觉得能修复设备配置问题（比如电缆松动或分区表中的块数不正确），先修复，然后再执行 fsck，否则有可能会丢失大量数据。

如果你怀疑只有超级块损坏（例如，有人向磁盘分区起始处写入了数据），可以通过 mkfs 创建的超级块备份来恢复文件系统。执行 fsck -b num，使用第 num 个块替换掉受损的超级块，然后但愿一切顺利。

如果你不知道超级块备份在哪里，可以对指定设备执行 mkfs -n，在不破坏数据的情况下查看包含超级块备份的块编号。（同样，**务必确保**你使用的是 mkfs -n，否则**真的会**损坏文件系统。）

1. 检查 ext3/ext4 文件系统

通常不用手动检查 ext3 和 ext4 文件系统，因为日志会确保数据完整性（回想一下，日志是一小块缓存，其中的数据尚未被写入文件系统）。如果你没有正确关闭系统，日志中可能会包含一些数据。为了将 ext3 或 ext4 文件系统的日志写到常规文件系统数据库，执行 e2fsck 命令，如下所示：

```
# e2fsck -fy /dev/disk_device
```

不妨将受损的 ext3 或 ext4 文件系统挂载为 ext2，因为内核不会挂载包含日志的 ext3 或 ext4 文件系统。

2. 最坏的情况

面对更严重的磁盘问题，只有以下几个选择。

- 使用 dd 从磁盘提取整个文件系统的镜像，将其转移到另一个相同大小的磁盘的分区上。
- 尽可能尝试修补文件系统，以只读模式挂载，能救回多少是多少。
- 试试 debugfs。

对于前两种情况下，在挂载文件系统之前仍需要先修复，除非你想徒手处理原始数据。如果真打算这么做，可以输入 fsck -y，对 fsck 提出的所有问题回答 y。但这是最后一招，因为在修复过程中可能会出现一些你更愿意手动处理的问题。

debugfs 工具允许浏览文件系统中的文件并将其复制到其他地方。默认情况下，debugfs 以只读模式打开文件系统。如果你正在恢复数据，最好别改动文件，以免事情变得更糟。

如果真的走投无路了，比如说碰到了灾难性的磁盘故障，也没有备份，那只能寄希望于专业服务商施以援手。

4.2.12　专用文件系统

并非所有文件系统都代表物理介质上的存储。大多数 Unix 版本提供了作为系统接口的文件系统。也就是说，这种文件系统不仅可用于存储设备数据，还可以描述系统信息，比如进程 ID 和内核诊断消息。这一思路可以追溯到/dev 机制，后者是使用文件作为 I/O 接口的早期模型。/proc 的概念来自 Research Unix 第 8 版，由 Tom J. Killian 实现，在贝尔实验室（其中有很多 Unix 的原设计者）开发 Plan 9 时得以推进。Plan 9 这款研究型操作系统将文件系统抽象提升到了一个全新的高度。

Linux 中常见的专用文件系统有以下这些。

- proc：挂载在/proc。proc 是 process（进程）的缩写。/proc 中的每个数字编号目录指代当前系统中的进程 ID，目录中的文件涉及相应进程的方方面面。目录/proc/self 代表当前进程。Linux 的 proc 文件系统在/proc/cpuinfo 等文件中包含了大量内核以及硬件的额外信息。记住，内核设计指南建议将与进程无关的信息从/proc 移至/sys，所以/proc 中的系统信息未必是最新的接口。
- sys：挂载在/sys（第 3 章介绍过）。
- tmpfs：挂载在/run 和其他位置。有了 tmpfs，就能够使用物理内存和交换空间作为临时存储。可以将 tmpfs 挂载到任意位置，使用长选项 size 和 nr_blocks 控制大小。但是，注意不要什么东西都一股脑地往 tmpfs 里塞，否则系统最终将因内存不足导致程序崩溃。
- squashfs：一种只读文件系统，其内容以压缩格式存储，根据需要通过环回设备（loopback device）提取。其应用之一就是 snap 软件包管理系统，它将软件包挂载在/snap 目录。
- overlay：一种将多个目录堆叠在一起的文件系统。容器经常会用到该文件系统，详见第 17 章。

4.3　交换空间

并非所有磁盘分区都包含文件系统，磁盘空间也可以用来为 RAM 扩容。如果物理内存不足，Linux 虚拟内存系统会自动在内存和磁盘之间移入/移出数据。这个过程称为**交换**，因为部分空闲进程会被换出到磁盘，同时将磁盘上待运行的进程换入内存。用于存储换出的内存页数据的磁盘区域称为**交换空间**。

free 命令的输出包括当前交换空间的使用情况（以 KB 为单位）。

```
$ free
        total      used      free
--略--
Swap:   514072    189804    324268
```


4.3.1 使用磁盘分区作为交换空间

要使用整个磁盘分区作为交换空间，操作步骤如下。

(1) 确保该分区为空。

(2) 执行 mkswap dev，其中 dev 是该分区的设备文件。该命令为分区添加**交换签名**，将其标记为交换空间（而非文件系统或其他）。

(3) 执行 swapon dev，向内核注册此交换空间。

创建好交换分区之后，可以在/etc/fstab 文件中加入新条目，使系统在启动时尽快使用此交换空间。下面是使用/dev/sda5 作为交换分区的示例：

```
/dev/sda5 none swap sw 0 0
```

交换标签有相应的 UUID。记住，很多系统现在使用的是 UUID，而非原始设备名称。

4.3.2 使用文件作为交换空间

如果不想为了创建交换分区而被迫对磁盘进行重新分区，那么可以使用常规文件作为交换空间，效果是一样的。

使用如下命令创建一个空文件，将其初始化为交换文件并添加至交换池：

```
# dd if=/dev/zero of=swap_file bs=1024k count=num_mb
# mkswap swap_file
# swapon swap_file
```

其中，swap_file 是新交换文件的名称，num_mb 是所需的文件大小，以 MB 为单位。

swapoff 命令可以将交换分区或文件从内核的交换池中删除。系统必须有足够的空闲内存（物理内存加上交换空间）来容纳从交换池中删除的那部分交换空间内的活跃页面。

4.3.3 决定交换空间大小

Unix 传统观点曾经认为，应该始终保留至少两倍于物理内存的交换空间。如今，巨大的可用磁盘和内存容量不仅模糊了这个问题，也改变了我们使用系统的方式。一方面，磁盘空间如此充裕，分配内存大小两倍以上的交换空间颇具吸引力。另一方面，因为有这么多的物理内存，你甚至可能从来没有使用过交换空间。

“双倍物理内存”规则可以追溯到多用户登录同一台计算机的日子。尽管不是所有用户都处于活跃状态，能够在活跃用户需要更多内存的时候将非活跃用户占用的内存换出，还是能提供不少方便的。

对于单用户计算机也是同理。如果有多个进程，将部分非活跃进程甚至是活跃进程的非活跃部分换出内存通常是个不错的选择。然而，如果由于大量活跃进程想同时使用内存而导致频繁访问交换空间，会引发严重的性能问题。这是因为磁盘I/O（即便是SSD）和系统其余部分之间的速度相差太大。解决方案是，要么买更多的内存，要么终止某些进程，要么只能抱怨。

有时，Linux内核可能会选择换出进程以支持更多的磁盘缓存。为了防止这种行为，一些管理员将某些系统配置为不使用交换空间。例如，高性能服务器永远不应该使用交换空间，并且尽可能避免访问磁盘。

注意　不给通用计算机配置交换空间是件很危险的事。如果计算机完全耗尽了物理内存和交换空间，Linux内核会调用OOM终结器杀死进程，释放部分内存。你肯定不希望这种事情发生在桌面应用程序上。另外，高性能服务器包括复杂的监控、冗余以及负载均衡系统，以确保永远不会触及红线。

第8章将介绍更多有关内存系统工作机理的内容。

4.4　LVM

至此，我们介绍了通过分区直接管理和使用磁盘，以及指定数据在存储设备上的具体位置。根据/dev/sda的分区表，访问像/dev/sda1这样的块设备会被引向特定设备的某个位置，而确切的位置可能由硬件决定。

这通常没什么问题，但也存在一些缺点，尤其是要对安装好的磁盘进行改动时。如果你想升级磁盘，那就得换一个新磁盘，然后分区，创建文件系统，可能还要做一些修改引导加载程序等其他工作，最后再切换到新磁盘。这个过程容易出错，需要多次重启。如果你想额外添加一个磁盘以获得更多的容量，情况可能更糟：你必须为该磁盘上的文件系统选择新的挂载点，手动在新旧磁盘之间分配数据。

LVM解决这些问题的方法是在物理块设备和文件系统之间加入另一层抽象。其思路是选择一组**物理卷**（通常是块设备，比如磁盘分区）组成**卷组**，后者充当某种通用数据池。然后，从卷组中划分**逻辑卷**。

图4-4展示了卷组的组成。图中给出了多个PV（物理卷）和逻辑卷，但很多基于LVM的系统只有一个PV和两个逻辑卷（对应于根目录和交换空间）。

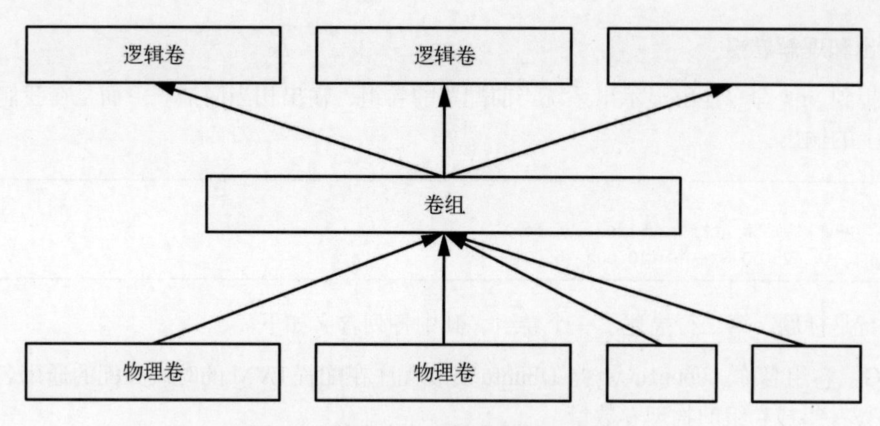

图 4-4 物理卷、逻辑卷与卷组的关系

逻辑卷只是块设备，通常包含文件系统或交换签名，因此可以将卷组与其逻辑卷之间的关系类比为磁盘与其分区之间的关系。关键区别在于，你通常不用定义逻辑卷在卷组中的布局方式，一切全由 LVM 负责。

LVM 实现了一些功能强大且极为实用的操作。

- 向卷组添加更多的 PV（比如另一块磁盘），增加总容量。
- 删除 PV，只要剩下的容量足够容纳卷组内的逻辑卷。
- 调整逻辑卷大小（同时使用 fsadm 相应地调整文件系统大小）。

这一切无须重启计算机，大多数情况下也不用卸载任何文件系统。尽管添加新的物理磁盘硬件需要关机，但云计算环境通常允许动态添加新的块存储设备。对于这种灵活性有需求的系统，LVM 可谓是一种极佳的选择。

我们接下来对 LVM 进行适度地详细探讨。首先介绍如何操作逻辑卷和相关组件，然后深入学习 LVM 的工作原理及其依赖的内核驱动程序。不过，这里的讨论对于理解本书的其他部分并非必不可少，所以如果你觉得不好理解，直接跳到第 5 章就行了。

4.4.1 使用 LVM

LVM 提供了多种用于管理卷和卷组的用户空间工具，其中大部分基于交互式通用命令 lvm。有多个单独的命令（只是指向 lvm 的符号链接）用于执行特定任务。例如，vgs 命令的效果与在交互式命令 lvm 的提示符 lvm>处输入 vgs 一样，你会发现 vgs（通常位于/sbin）其实就是指向 lvm 的符号链接。在本书中，我们选择使用独立命令。

在接下来的几节中，我们将介绍用到了逻辑卷的系统组件。第一个例子取自采用 LVM 分区的标准 Ubuntu 安装版，所以很多地方会出现单词 Ubuntu。但是具体的技术细节并不局限于该发行版。

1. 列出和理解卷组

先前提到 vgs 命令能够显示出系统当前配置的卷组，输出相当简洁。下面是在我们的 LVM 安装示例上的输出：

```
# vgs
  VG        #PV #LV #SN Attr   VSize   VFree
  ubuntu-vg   1   2   0 wz--n- <10.00g 36.00m
```

第一行是标题，第二行描述了一个卷组，其中各列含义如下。

- VG：卷组名称。ubuntu-vg 是 Ubuntu 安装程序在配置 LVM 的时候分配的通用名。
- #PV：组成卷组的物理卷数量。
- #LV：卷组内的逻辑卷数量。
- #SN：逻辑卷快照数量。我们对此不讨论。
- Attr：卷组的一系列状态属性，其中，w（writeable，可写）、z（resizable，大小可调整）、n（normal allocation policy，普通分配策略）都是启用的。
- VSize：卷组大小。
- VFree：卷组的未分配空间。

这里的卷组概要对于大多数用途来说已经足够了。如果想更深入地了解卷组，可以使用 vgdisplay，该命令非常有助于了解卷组属性。下面是对上述卷组使用 vgdisplay 的输出：

```
# vgdisplay
  --- Volume group ---
  VG Name               ubuntu-vg
  System ID
  Format                lvm2
  Metadata              Areas 1
  Metadata Sequence No  3
  VG Access             read/write
  VG Status             resizable
  MAX LV                0
  Cur LV                2
  Open LV               2
  Max PV                0
  Cur PV                1
  Act PV                1
  VG Size               <10.00 GiB
  PE Size               4.00 MiB
  Total PE              2559
  Alloc PE / Size       2550 / 9.96 GiB
  Free  PE / Size       9 / 36.00 MiB
  VG UUID               OzsOTV-wnT5-laOy-vJOh-rUae-YPdv-pPwaAs
```

上面输出中的一些属性在上个例子中已经见到过，不过也出现了一些新属性。

- ❑ Open LV：当前使用的逻辑卷数量。
- ❑ Cur PV：组成卷组的物理卷数量。
- ❑ Act LV：卷组中活跃物理卷的数量。
- ❑ VG UUID：卷组的 UUID。系统中的多个卷组可能有相同的名称，在这种情况下，UUID 能够帮助你识别特定卷组。大多数 LVM 工具（比如 vgrename）接受 UUID 代替卷组名称。注意，你会看到很多不同的 UUID，LVM 的每个组件都有对应的 UUID。

物理范围（physical extent，在 vgdisplay 输出中缩写为 PE）是物理卷的一小部分，非常类似于块，只不过要大得多。在本例中，PE 的大小为 4 MB。可以看到，该卷组的大部分 PE 正在使用中，不过用不着惊慌。这只是为逻辑分区分配的卷组空间（在本例中是文件系统和交换空间），并不反映文件系统的实际使用情况。

2. 列出逻辑卷

和卷组类似，输出逻辑卷简略信息的命令是 lvs，输出详细信息的命令是 lvdisplay。下面是 lvs 的示例：

```
# lvs
  LV     VG        Attr       LSize   Pool Origin Data% Meta% Move Log Cpy%Sync Convert
  root   ubuntu-vg -wi-ao----  <9.01g
  swap_1 ubuntu-vg -wi-ao---- 976.00m
```

对于基础的 LVM 配置，只需要理解前 4 列即可，后几列可能为空，就如本例中所示（这些属性我们不再讨论）。相关列含义如下。

- ❑ LV：逻辑卷名称。
- ❑ VG：逻辑卷所在的卷组。
- ❑ Attr：逻辑卷属性。本例中为 w（writeable，可写）、i（inherited allocation policy，继承的分配策略）、a（active，活跃）、o（open，打开）。在更高级的卷组配置中，还会启用更多的属性，尤其是第 1 个、第 7 个和第 9 个。
- ❑ LSize：逻辑卷的大小。

更详细的 lvdisplay 命令可以指明逻辑卷在系统中的位置，下面是其中一个逻辑卷的输出。

```
# lvdisplay /dev/ubuntu-vg/root
  --- Logical volume ---
  LV Path                /dev/ubuntu-vg/root
  LV Name                root
  VG Name                ubuntu-vg
  LV UUID                CELZaz-PWr3-tr3z-dA3P-syC7-KWsT-4YiUW2
  LV Write Access        read/write
  LV Creation host, time ubuntu, 2018-11-13 15:48:20 -0500
  LV Status              available
  # open                 1
  LV Size                <9.01 GiB
```

```
Current LE              2306
Segments                1
Allocation              inherit
Read ahead sectors      auto
- currently set to      256
Block device            253:0
```

输出中有不少值得注意的地方，大部分属性的含义不言自明（注意，逻辑卷及其卷组的UUID是不一样的），其中最重要的属性可能是你尚未见过的“LV Path”，这是逻辑卷的设备路径。有些系统（但不是全部）使用它作为文件系统或交换空间的挂载点（在systemd挂载单元或/etc/fstab中）。

即便是可以看到逻辑卷的块设备的主、次设备号（本例中是253和0），以及一些看起来像设备路径的东西，那其实也不是内核使用的路径。快速查看/dev/ubuntu-vg/root，你会发现：

```
$ ls -l /dev/ubuntu-vg/root
lrwxrwxrwx 1 root root 7 Nov 14 06:58 /dev/ubuntu-vg/root -> ../dm-0
```

如你所见，这只是指向/dev/dm-0的符号链接而已。我们来简要讲解一下。

3. 使用逻辑卷设备

一旦设置好LVM，就可以使用/dev/dm-0、/dev/dm-1等逻辑卷块设备了，具体顺序可能会变。由于无法预测这些设备的准确名称，LVM还会根据卷组和逻辑卷创建指向设备的符号链接，这些符号链接具有固定的名称，你在上一节看到的/dev/ubuntu-vg/root便是如此。

在大多数实现中，符号链接也存在于另一个位置：/dev/mapper。此处的名称格式同样基于卷组和逻辑卷，但是没有目录层次，形式类似于ubuntu--vg-root。在这里，udev将卷组中的单连字符变成了双连字符，然后使用单连字符分隔卷组名和逻辑卷名。

很多系统在/etc/fstab、systemd以及启动加载器配置中使用/dev/mapper内的链接，目的在于将系统指向用于文件系统和交换空间的逻辑卷。

无论怎样，这些符号链接都指向逻辑卷的块设备，处理方法和其他块设备一样：创建文件系统、创建交换分区，等等。

注意　如果观察/dev/mapper，你会发现一个名为control的文件。你也许会对这个文件感到好奇，同样还有为什么真实的块设备文件均以dm-起始，这与/dev/mapper是否有某种巧合？这个问题我们到本章最后再讨论。

4. 使用物理卷

要研究的LVM最后一个主要部分是**物理卷**（PV）。卷组由一个或多个PV构成。尽管PV看起来似乎是LVM系统中最易懂的部分，但它所蕴含的信息要比表面上看起来多一些。和卷组及逻辑卷一样，查看 PV 的 LVM 命令是 pvs（精简输出版）和 pvdisplay（详细输出版）。下面是示例系统中 pvs 命令的输出：

```
# pvs
  PV         VG        Fmt  Attr PSize   PFree
  /dev/sda1  ubuntu-vg lvm2 a--  <10.00g 36.00m
```

然后是 pvdisplay 的输出：

```
# pvdisplay
  --- Physical volume ---
  PV Name               /dev/sda1
  VG Name               ubuntu-vg
  PV Size               <10.00 GiB / not usable 2.00 MiB
  Allocatable           yes
  PE Size               4.00 MiB
  Total PE              2559
  Free PE               9
  Allocated PE          2550
  PV UUID               v2Qb1A-XC2e-2G4l-NdgJ-lnan-rjm5-47eMe5
```

根据先前卷组和逻辑卷的讨论，你应该能够理解大部分输出内容。下面是一些需要注意的地方。

- 除了块设备外，PV 没有特殊名称，也不需要有。引用逻辑卷所需的所有名称都在卷组以及更高的级别。不过，PV 确实有 UUID，这是组成卷组所必需的。
- 在本例中，PE 的数量与卷组中描述的一样（vgdisplay 的输出），因为这是卷组中唯一的 PV。
- 有一点空间被 LVM 标记为不可用，因为其大小不够一个完整的 PE。
- pvs 输出的 Attr 列中的 a 对应于 pvdisplay 输出中的 Allocatable，意思是如果你想为卷组中的一个逻辑卷分配空间，LVM 可以选择使用这个 PV。但是在本例中，只有 9 个未分配的 PE（共计 36 MB），因此可用于新逻辑卷的空间不多。

如前所述，PV 不仅提供了卷组要用到的信息，还包含**物理卷元数据**，描述了其卷组和逻辑卷的全面信息。我们马上将讨论 PV 元数据，不过在此之前，我们先来实践一下学到的理论知识。

5. 搭建逻辑卷系统

下面来看看如何使用两个磁盘设备创建一个新卷组和一些逻辑卷。我们将大小分别为 5 GB 和 10 GB 的两个磁盘组合成卷组，然后将存储空间划分为两个各为 10 GB 的逻辑卷。如果没有 LVM，这几乎是不可能实现的任务。这个示例中使用的是 VirtualBox 虚拟磁盘，尽管容量很小，但足够演示之用。

图 4-5 展示了整个逻辑卷系统的示意图。新磁盘位于/dev/sdb 和/dev/sdc，新卷组名为 myvg，两个逻辑卷名为 mylv1 和 mylv2。

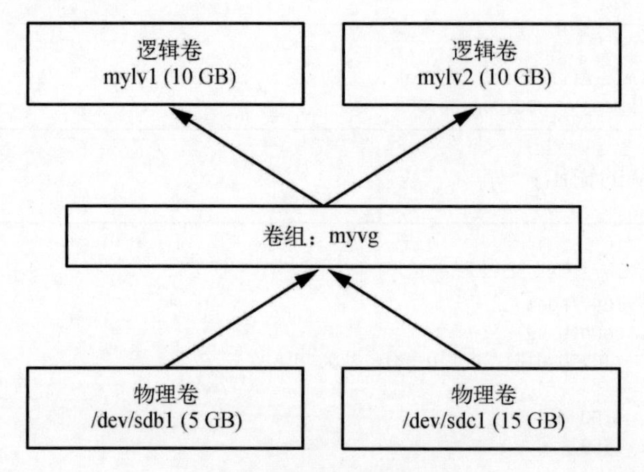

图 4-5　搭建逻辑卷系统

第一个任务是在每个磁盘上创建一个分区并将其标记为 LVM。使用分区程序（参见 4.2 节）完成此任务，分区类型 ID 为 8e，分区表如下所示：

```
# parted /dev/sdb print
Model: ATA VBOX HARDDISK (scsi)
Disk /dev/sdb: 5616MB
Sector size (logical/physical): 512B/512B
Partition Table: msdos
Disk Flags:

Number  Start   End     Size    Type     File system     Flags
 1      1049kB  5616MB  5615MB  primary                  lvm
# parted /dev/sdc print
Model: ATA VBOX HARDDISK (scsi)
Disk /dev/sdc: 16.0GB
Sector size (logical/physical): 512B/512B
Partition Table: msdos
Disk Flags:

Number  Start   End     Size    Type     File system     Flags
 1      1049kB  16.0GB  16.0GB  primary                  lvm
```

PV 不一定非得是磁盘分区，任何块设备，甚至是整个磁盘（比如/dev/sdb）都可以作为 PV。然而，分区允许从磁盘启动，并且还提供了一种将块设备标识为 LVM 物理卷的方法。

6. 创建物理卷和卷组

有了新分区/dev/sdb1 和/dev/sdc1，接下来第一步就是将其中一个分区指定为 PV 并将其分配给新卷组，vgcreate 命令可用于执行该任务。下面演示了如何使用/dev/sdb1 作为初始 PV，创建名为 myvg 的卷组：

```
# vgcreate myvg /dev/sdb1
  Physical volume "/dev/sdb1" successfully created.
  Volume group "myvg" successfully created
```

注意 也可以单独使用 pvcreate 命令先创建 PV。但如果当前没有 PV，vgcreate 会在指定分区上创建 PV。

这时，大多数系统会自动检测到新卷组。执行 vgs 命令核实一下（除了刚刚创建的卷组，系统中可能还会有其他卷组）：

```
# vgs
  VG    #PV #LV #SN Attr   VSize  VFree
  myvg    1   0   0 wz--n- <5.23g <5.23g
```

注意 如果没有看到新卷组，尝试先执行 pvscan。如果系统没能自动检测到 LVM 的变化，则需要在每次作出改动时执行 pvscan。

现在使用 vgextend 命令将/dev/sdc1 作为第二个 PV 添加至卷组：

```
# vgextend myvg /dev/sdc1
  Physical volume "/dev/sdc1" successfully created.
  Volume group "myvg" successfully extended
```

执行 vgs，现在可以看到有两个 PV，大小是两个分区之和。

```
# vgs
  VG    #PV #LV #SN Attr   VSize   VFree
  myvg    2   0   0 wz--n- <20.16g <20.16g
```

7. 创建逻辑卷

在块设备层面，最后一步是创建逻辑卷。如前所述，我们打算创建两个 10 GB 的逻辑卷，不过你也可以随意尝试其他形式，比如创建一个大的逻辑卷或者多个较小的逻辑卷。

lvcreate 命令可以在卷组内创建一个新的逻辑卷。对于创建简单的逻辑卷，唯一真正复杂的是当每个卷组有多个逻辑卷时确定其大小并指定逻辑卷的类型。记住，PV 被划分成若干个 PE，可用的 PE 数量可能与你想要的逻辑卷大小不完全一致，但应该会足够接近。不用担心，如果你是第一次和 LVM 打交道，其实根本就用不着关注 PE。

在使用 lvcreate 时，可以通过--size 选项以字节为单位指定逻辑卷大小，或通过--extents 选项以 PE 个数指定逻辑卷大小。

为了理解原理，完成图 4-5 中示意的逻辑卷系统，我们使用--size 选项创建逻辑卷 mylv1 和 mylv2：

```
# lvcreate --size 10g --type linear -n mylv1 myvg
  Logical volume "mylv1" created.
# lvcreate --size 10g --type linear -n mylv2 myvg
  Logical volume "mylv2" created.
```

此处指定的类型是线性映射，如果不需要冗余或其他特殊功能，这就是最简单的类型（本书中不会使用其他类型）。在本例中，--type linear 是可选的，因为这是默认映射。

执行过上述命令之后，使用 lvs 命令核实逻辑卷，然后使用 vgdisplay 仔细观察卷组的当前状态：

```
# vgdisplay myvg
  --- Volume group ---
  VG Name               myvg
  System ID
  Format                lvm2
  Metadata Areas        2
  Metadata Sequence No  4
  VG Access             read/write
  VG Status             resizable
  MAX LV                0
  Cur LV                2
  Open LV               0
  Max PV                0
  Cur PV                2
  Act PV                2
  VG Size               20.16 GiB
  PE Size               4.00 MiB
  Total PE              5162
  Alloc PE / Size       5120 / 20.00 GiB
  Free  PE / Size       42 / 168.00 MiB
  VG UUID               1pHrOe-e5zy-TUtK-5gnN-SpDY-shM8-Cbokf3
```

注意，有 42 个空闲的 PE，因为我们选择的逻辑卷大小无法完全占用卷组中所有可用的 PE。

8. 操作逻辑卷：创建分区

有了新的逻辑卷，就可以在上面创建文件系统，像正常的磁盘分区那样进行挂载了。先前提到过，在/dev/mapper 和卷组的/dev/myvg 目录（本例）中会有指向设备的符号链接。因此，可以执行下列 3 个命令创建文件系统、将其临时挂载并查看逻辑卷的存储空间使用情况。

```
# mkfs -t ext4 /dev/mapper/myvg-mylv1
mke2fs 1.44.1 (24-Mar-2018)
Creating filesystem with 2621440 4k blocks and 655360 inodes
Filesystem UUID: 83cc4119-625c-49d1-88c4-e2359a15a887
```

```
Superblock backups stored on blocks:
        32768, 98304, 163840, 229376, 294912, 819200, 884736, 1605632
Allocating group tables: done
Writing inode tables: done
Creating journal (16384 blocks): done
Writing superblocks and filesystem accounting information: done
# mount /dev/mapper/myvg-mylv1 /mnt
# df /mnt
Filesystem               1K-blocks  Used Available Use% Mounted on
/dev/mapper/myvg-mylv1    10255636 36888   9678076   1% /mnt
```


9. 删除逻辑卷

我们还没有对另一个逻辑卷 mylv2 执行任何操作，下面我们就来看一看怎么删除它。假设你发现自己其实并没有使用第二个逻辑卷，所以决定将其删除，同时调整第一个逻辑卷的大小，纳入剩余的卷组空间。图 4-6 展示了我们想实现的效果。

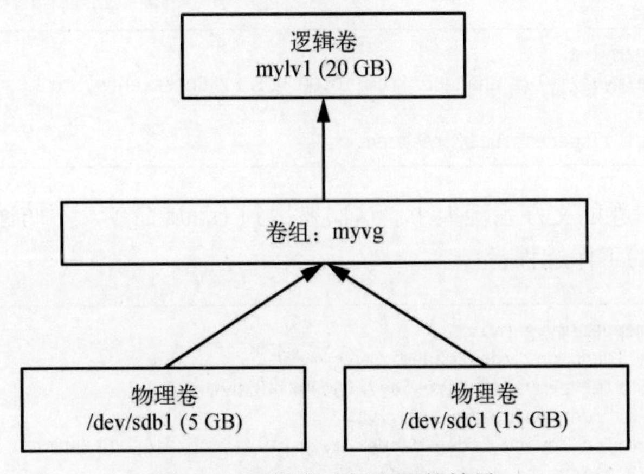

图 4-6　逻辑卷重新配置的结果

假设你已经移动或备份了待删除的逻辑卷中的重要文件，而且系统当前也未使用该逻辑卷（也就是说，你已经卸载过了），先使用 lvremove 将其删除。在使用该命令处理逻辑卷时，要换另一种语法指定逻辑卷，即使用斜线分隔卷组和逻辑卷名称（myvg/mylv2）：

```
# lvremove myvg/mylv2
Do you really want to remove and DISCARD active logical volume myvg/mylv2?
[y/n]: y
  Logical volume "mylv2" successfully removed
```

警告　执行 lvremove 的时候一定要小心，因为先前的其他 LVM 命令都没有使用这种语法，你可能会不小心将斜线写成了空格。如果在该命令中犯了这种错误，lvremove 会认为你想一并删除卷组 myvg 和 mylv2 中的所有逻辑卷（虽然可以肯定不会有名为 mylv2 的卷组，但这不是目前最大的问题）。所以，如果你不注意，结果就是删除了一个卷组中的所有逻辑卷。

从命令的执行过程可以看到，为了避免出错，lvremove 反复确认你是否真的打算删除指定的逻辑卷。该命令不会删除正在使用的逻辑卷。但是，对任何问题最好确认之后再回答。

10. 调整逻辑卷和文件系统的大小

现在就可以调整第一个逻辑卷 mylv1 的大小了。即便是该逻辑卷正在使用中且文件系统已被挂载，也不影响调整其大小。但重要的是，此操作分为两个步骤：要想扩大逻辑卷，第一步要调整卷，第二步要调整其中的文件系统（不用卸载）。这是一种常见操作，用于调整逻辑卷大小的 lvresize 命令提供了-r 选项，可以同时调整文件系统大小。

出于演示的目的，我们使用两个命令来展示操作过程。指定逻辑卷大小变化的方法有好几种，在本例中，最直接的方法就是把卷组中所有空闲的 PE 全都添加到现有的逻辑卷。回想一下，空闲 PE 的数量可以在 vgdisplay 的输出中找到。在我们的例子中，这个数字是 2602。lvresize 命令的用法如下所示：

```
# lvresize -l +2602 myvg/mylv1
  Size of logical volume myvg/mylv1 changed from 10.00 GiB (2560 extents) to
20.16 GiB (5162 extents).
  Logical volume myvg/mylv1 successfully resized.
```

接下来，调整逻辑卷的文件系统大小。这次要用到 fsadm 命令。不妨通过其详细模式（使用-v 选项）观察该命令的工作过程：

```
# fsadm -v resize /dev/mapper/myvg-mylv1
fsadm: "ext4" filesystem found on "/dev/mapper/myvg-mylv1".
fsadm: Device "/dev/mapper/myvg-mylv1" size is 21650997248 bytes
fsadm: Parsing tune2fs -l "/dev/mapper/myvg-mylv1"
fsadm: Resizing filesystem on device "/dev/mapper/myvg-mylv1" to 21650997248
bytes (2621440 -> 5285888 blocks of 4096 bytes)
fsadm: Executing resize2fs /dev/mapper/myvg-mylv1 5285888
resize2fs 1.44.1 (24-Mar-2018)
Filesystem at /dev/mapper/myvg-mylv1 is mounted on /mnt; on-line resizing
required
old_desc_blocks = 2, new_desc_blocks = 3
The filesystem on /dev/mapper/myvg-mylv1 is now 5285888 (4k) blocks long.
```

从输出中可以看到，fsadm 只是一个脚本，它会将脚本参数转换为文件系统特定工具（比如 resize2fs）使用的参数。默认情况下，如果你不指定大小，fsadm 会直接将大小调整为适合整个设备。

看到了调整逻辑卷大小的操作细节，你可能想知道有没有更便捷的方法。更简单的方法是使用另一种表示大小的语法，让 lvresize 为你调整：

```
# lvresize -r -l +100%FREE myvg/mylv1
```

无须卸载就可以扩展 ext2/ext3/ext4 文件系统的大小确实不错。但遗憾的是，反过来就行不通了。如果文件系统已挂载，则无法收缩其大小。不仅必须先卸载文件系统，而且收缩逻辑卷的操作也得按照相反的步骤进行。因此，在手动调整的时候，需要先调整分区，再调整逻辑卷，确保新的逻辑卷仍有足够的空间容纳文件系统。同样，使用指定了`-r`选项的`lvresize`要容易得多，该命令会为你协调文件系统和逻辑卷大小。

4.4.2 LVM 实现

有了 LVM 的实践操作基础，现在我们就可以简要地了解 LVM 的实现了。和本书中几乎所有其他主题一样，LVM 也包含了多个分层以及部件，在内核部分和用户空间部分之间做了相当仔细的划分。

你很快会看到，通过查找 PV 来发现卷组和逻辑卷结构的过程比较复杂，Linux 内核并不打算处理这种事情。这种事情没有任何理由发生在内核空间中，PV 只是块设备而已，用户空间就可以随机访问块设备。事实上，LVM（更确切地说，是目前系统中的 LVM2）本身只是一组知晓 LVM 结构的用户空间实用工具的名称。

另外，内核负责将对逻辑卷的块设备上的某个位置发出的请求路由到实际设备的真实位置。执行此项工作的驱动程序是**设备映射器**（device mapper，有时候也简写为 devmapper），这是夹在普通块设备和文件系统之间的一个新层。顾名思义，设备映射器的任务类似于按图索骥。可以把该过程想象成将街道地址转换为类似于全球经纬度坐标的绝对位置。（这是一种虚拟化，本书后面介绍的虚拟内存也采用了类似的概念。）

在 LVM 用户空间工具和设备映射器之间有一些承上启下的实用工具，它们在用户空间内运行，管理内核中的设备映射。让我们从 LVM 开始，看看 LVM 端和内核端。

1. LVM 实用工具和扫描物理卷

在执行任何操作前，LVM 实用工具都会先扫描可用的块设备以查找 PV。LVM 在用户空间内必须执行的操作步骤大致如下。

(1) 查找系统中的所有 PV。
(2) 通过 UUID，查找 PV 所属的所有卷组（该信息包含在 PV 中）。
(3) 核实是否一切都已就绪（也就是说，属于该卷组的所有必需的 PV 都存在）。
(4) 查找卷组中的所有逻辑卷。
(5) 找出将数据从 PV 映射到逻辑卷的方案。

每个 PV 的起始处都有一个头部，标识了该物理卷以及其中的卷组和逻辑卷。LVM 实用工具可以将这些信息汇集在一起，确定卷组（及其逻辑卷）必需的所有 PV 是否都存在。如果一切正常，LVM 就可以将信息传递给内核。

注意　如果对 PV 的 LVM 头部信息感兴趣，可以执行以下命令：

```
# dd if=/dev/sdb1 count=1000 | strings | less
```

在本例中，我们使用/dev/sdb1 作为 PV。输出格式不一定美观，但能显示 LVM 所需的信息。

不管是哪种 LVM 实用工具，比如 pvscan、lvs 或 vgcreate，都能扫描和处理 PV。

2. 设备映射器

LVM 根据所有的 PV 头部确定了逻辑卷结构之后，就会与内核的设备映射器驱动程序通信，目的在于初始化逻辑卷的块设备并载入映射表。这是通过对/dev/mapper/control 设备文件调用 ioctl(2)实现的，后者是一个常用的内核接口。监控此过程其实没什么用处，不过你要是真的想了解其中细节，可以使用 dmsetup 命令。

dmsetup info 命令可以获得设备映射器当前服务的映射设备清单。下面是本章先前创建的其中一个逻辑卷的结果：

```
# dmsetup info
Name:              myvg-mylv1
State:             ACTIVE
Read Ahead:        256
Tables present:    LIVE
Open count:        0
Event number:      0
Major, minor:      253, 1
Number of targets: 2
UUID: LVM-1pHrOee5zyTUtK5gnNSpDYshM8Cbokf3OfwX4TOw2XncjGrwct7nwGhpp7l7J5aQ
```

主、次设备号对应于映射设备的/dev/dm-*设备文件，这个设备映射器的主设备号是 253。因为次设备号是 1，所以设备文件被命名为/dev/dm-1。注意，对于映射设备，内核也有相应的名称和另一个 UUID。LVM 将这些提供给内核（内核 UUID 只是卷组和逻辑卷 UUID 的拼接）。

注意　还记得形如/dev/mapper/myvg-mylv1 这样的符号链接吗？udev 使用我们在 3.5.2 节中看到的规则文件创建这些链接，以响应来自设备映射器的新设备。

也可以通过 dmsetup table 命令查看 LVM 交给设备映射器的表。在我们之前的示例中，有两个 10 GB 的逻辑卷（mylv1 和 mylv2）分布在 5 GB（/dev/sdb1）和 15 GB（/dev/sdc1）的两个物理卷上，该命令输出如下：

```
# dmsetup table
myvg-mylv2: 0 10960896 linear 8:17 2048
myvg-mylv2: 10960896 10010624 linear 8:33 20973568
myvg-mylv1: 0 20971520 linear 8:33 2048
```

每行提供了特定映射设备的一个映射区段。对于设备 myvg-mylv2，共有两个区段；对于 myvg-mylv1，则只有一个。名称之后的字段，依次如下。

(1) 映射设备的起始偏移。单位是 512 字节的“扇区”或其他很多设备中常见的普通块大小。
(2) 区段长度。
(3) 映射方案。这里使用的是简单的一对一的线性方案。
(4) 源设备的主、次设备号，也就是 LVM 标识物理卷的方式。在本例中，8:17 对应/dev/sdb1，8:33 对应/dev/sdc1。
(5) 源设备的起始偏移。

值得注意的是，在我们的示例中，LVM 选择将/dev/sdc1 的空间用于我们创建的首个逻辑卷（mylv1）。LVM 决定以连续的方式布置第一个 10 GB 的逻辑卷，唯一的实现方法就是选用/dev/sdc1。然而，在创建第二个逻辑卷（mylv2）时，LVM 别无选择，只能将其分散到两个 PV 的两个区段中。图 4-7 展示了这种布局方式。

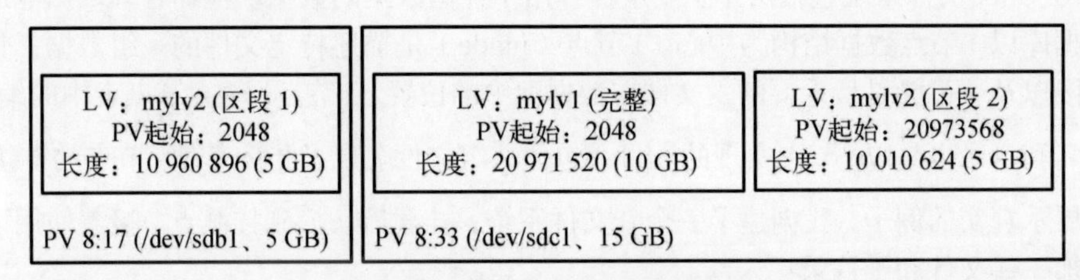

图 4-7 mylv1 和 mylv2 的布局

再进一步，当我们删除 mylv2 并扩展 mylv1 来填充卷组剩余空间时，PV 中原先的起始偏移保持不变，还是和/dev/sdc1 一样，但其他值均发生变化，以涵盖 PV 剩余的空间：

```
# dmsetup table
myvg-mylv1: 0 31326208 linear 8:33 2048
myvg-mylv1: 31326208 10960896 linear 8:17 2048
```

图 4-8 展示了新的布局方式。

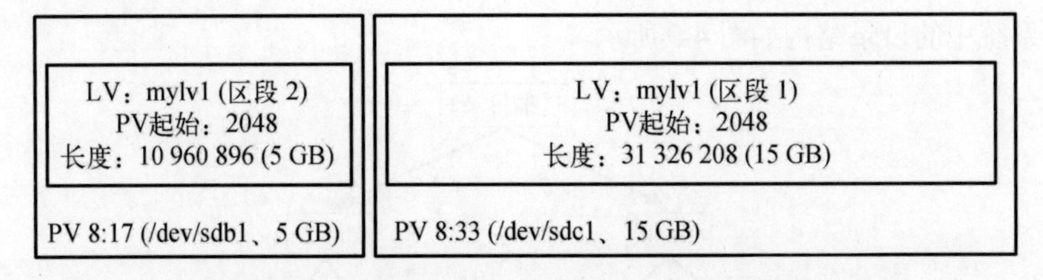

图 4-8 删除 mylv2 并扩展 mylv1 后的布局

可以使用虚拟机试验逻辑卷和设备映射器，看看映射效果如何。包括软件 RAID 和加密磁盘在内的很多功能是建立在设备映射器之上的。

4.5　展望：磁盘和用户空间

在与磁盘相关的 Unix 系统组件中，用户空间和内核之间的界限很难描述。如你所见，内核处理设备的原始块 I/O（raw block I/O），用户空间的工具通过设备文件使用块 I/O。然而，用户空间通常仅将块 I/O 用于初始化操作，比如分区、创建文件系统和交换空间。在一般用途中，用户空间只使用内核在块 I/O 之上提供的文件系统支持。同样，在处理虚拟内存系统中的交换空间时，内核也会处理大部分烦琐的细节。

本章余下部分将简要介绍 Linux 文件系统的内部结构，这属于更高级的主题，并不是非知道不可。如果你是初次接触，完全可以直接跳到下一章，开始学习 Linux 的启动过程。

4.6　深入传统文件系统

传统的 Unix 文件系统包括两个主要组件：用于存储数据的数据块池和管理数据池的数据库系统，数据库以 **i 节点**数据结构为中心。i 节点（inode）是描述特定文件的一组数据，包括文件类型、权限以及（可能是最重要的）文件在数据池中的位置。i 节点通过 i 节点表中的编号标识。

文件名和目录也是以 i 节点实现的。目录包含一组文件名以及指向其他 i 节点的链接。

为了展示真实的例子，我创建了一个新文件系统，挂载后切换到挂载点。接着使用以下命令在其中添加一些文件和子目录：

```
$ mkdir dir_1
$ mkdir dir_2
$ echo a > dir_1/file_1
$ echo b > dir_1/file_2
$ echo c > dir_1/file_3
$ echo d > dir_2/file_4
$ ln dir_1/file_3 dir_2/file_5
```

注意，dir_2/file_5 是 dir_1/file_3 的硬链接，这意味着两个文件名实际代表的是同一个文件（稍后我们会详述）。不妨自己动手尝试一下，不一定非得在新文件系统上操作。

新文件系统中的目录结构如图 4-9 所示。

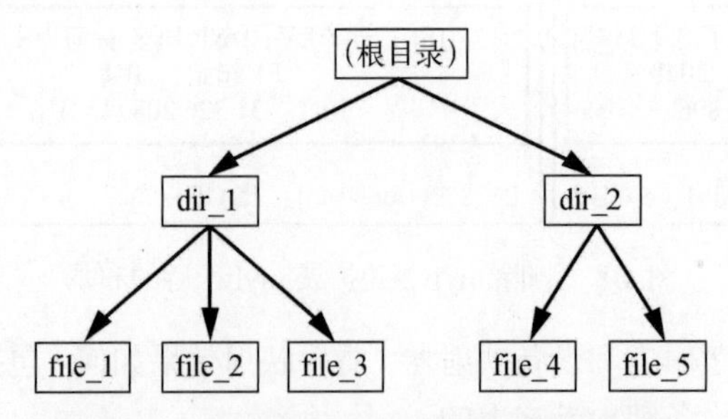

图 4-9　文件系统在用户层面的表现形式

注意　如果你在自己的系统上练习，i 节点号可能不一样，尤其是在现有文件系统上创建文件和目录时。具体的 i 节点号并不重要，重要的是其指向的数据。

以 i 节点集合为基础的文件系统布局如图 4-10 所示，看起来没有用户层面的表现形式那么清晰。

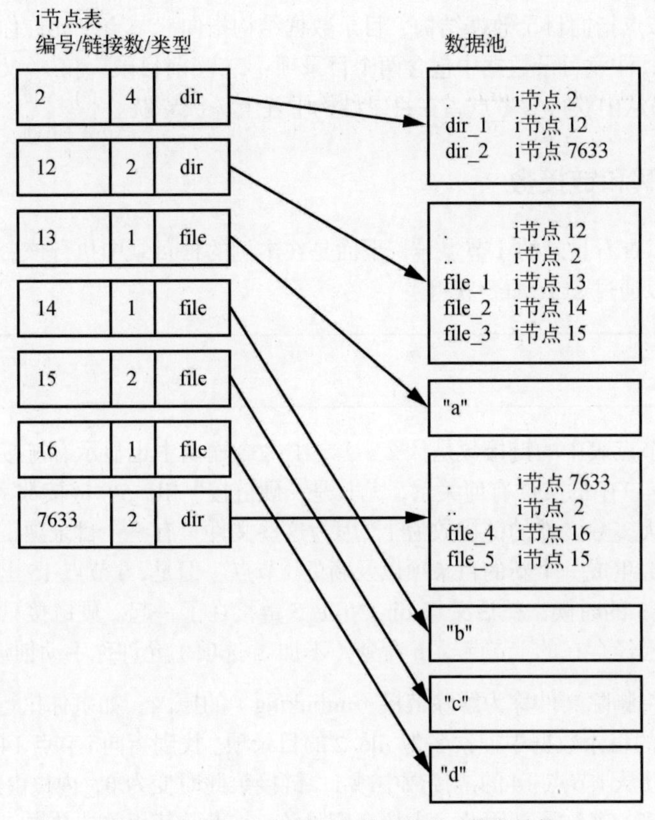

图 4-10　图 4-9 中所示文件系统的 i 节点结构

这应该怎么理解？对于 ext2/3/4 文件系统，从编号为 2 的 i 节点开始，这是根目录的 i 节点（别和系统的根文件系统搞混了）。从图 4-10 中的 i 节点表可知，该 i 节点指向的是目录（dir），跟随箭头来到数据池，可以看到根目录的内容：两个目录项 dir_1 和 dir_2 分别指向 i 节点 12 和 7633。为了探究这些目录项，返回 i 节点表，查看其中一个目录项。

要想检查文件系统中的 dir_1/file_2，内核会执行以下操作。

(1) 确定路径的各个组成部分：目录 dir_1，接着是 file_2。

(2) 跟随根目录的 i 节点访问目录数据。

(3) 在 i 节点 2 指向的目录数据中找到名称 dir_1，该目录项指向 i 节点 12。

(4) 在i节点表中查找i节点12，核实该i节点指向的是目录。

(5) 跟随i节点12，读取其所指向的目录信息（数据池部分中从上到下第2个方框）。

(6) 在i节点12所指向的目录数据中找到路径的第2部分file_2，该项指向i节点14。

(7) 在目录表中查找i节点14，该i节点指向的是文件。

至此，内核已经知道了文件的相关属性，并可以通过i节点14的数据链接打开该文件。

这套系统（i节点指向目录数据结构，目录数据结构指向i节点）允许你创建常见的文件系统层次结构。此外，注意目录数据中包含两个目录项：.（当前目录）和..（父目录，根目录没有此项）。这样很容易从中获得参考点，在目录结构中往上一级导航。

4.6.1 i节点详解和链接数

`ls -i` 命令可以查看目录的i节点号。下面是在本例的根目录中执行该命令的结果（更详细的i节点信息，可以通过 `stat` 命令获得）：

```
$ ls -i
  12 dir_1 7633 dir_2
```

你可能好奇i节点表中的**链接数**是什么。`ls -l` 命令输出中也显示有链接数，但你大概没有在意。链接数与图4-9中的文件有何关系，尤其是"硬链接"file_5？链接数字段是指向某个i节点的目录项总数。大多数文件的链接数为1，因为这些文件只有一个目录项，这并不奇怪。通常在你创建文件时，会生成一个新的目录项以及新的i节点。但是，i节点15出现了两次。第一次是在创建dir_1/file_3的时候，然后又与dir_2/file_5链接在了一起。硬链接只是手动在目录中创建的目录项，指向已经存在的i节点。`ln` 命令（不加-s选项）允许你手动创建新的硬链接。

这也是有时候将删除文件称为**解除链接**（unlinking）的原因。如果你执行 `rm dir_1/file_2`，内核会在i节点12的目录数据中搜索名为file_2的目录项。找到指向i节点14的file_2目录项之后，内核将其删除并从i节点14的链接数中减1，链接数此时变为0，内核由此知道i节点14已经没有任何与之链接的名称了。因此，内核会删除该i节点及其相关的数据。

但如果你执行 `rm dir_1/file_3`，结果则是i节点15的链接数从2变为1（因为dir_2/file_5仍指向该i节点），内核知道此刻还不能删除i节点。

链接数对目录的作用大致相同。注意i节点12的链接数为2，因为有两个i节点链接：一个是i节点2所指向的目录数据中的dir_1，另一个是自引用目录项（.）。如果你创建新目录dir_1/dir_3，i节点12的链接数会增至3，因为新目录包含指向该i节点的父目录项（..），就像i节点12中指向i节点2的父目录项一样。

链接数有一个小例外。根目录的i节点2的链接数为4。然而，图4-10只显示了3个目录项链接。第4个链接位于文件系统的超级块，因为超级块可以告诉你到哪里去找根目录的i节点。

不用担心该实验会对你的系统造成什么影响。创建目录结构，然后使用 `ls -i` 或 `stat` 遍历各个部分完全没有问题。你也不需要切换到 root（除非你要创建并挂载新文件系统）。

4.6.2 分配块

我们的讨论还没结束。在从数据池为新文件分配块时，文件系统怎么知道哪些块已被占用，哪些块可用？一个最基本的方法是额外使用一种称为**块位图**的管理数据结构。在该方案中，文件系统保留若干字节，其中每一位对应数据池中的一个块：0 代表该块空闲，1 代表该块已被占用。因此，分配块和释放块就只需翻转位即可。

如果 i 节点数据表与块分配数据不一致或链接数不正确，文件系统就会产生问题。例如，当你没有正确关闭系统时，便会出现这种情况。因此，在检查文件系统时，如 4.2.11 节所述，`fsck` 程序会遍历 i 节点表和目录结构，生成新的链接数和新的块分配信息（比如块位图），然后与文件系统比对。如果不匹配，`fsck` 就会修复链接数，并决定如何处理在检查目录结构时没有出现过的 i 节点和（或）数据。大多数 `fsck` 程序会将新创建的“孤儿”文件放置在文件系统的 lost+found 目录内。

4.6.3 在用户空间使用文件系统

在用户空间使用文件系统时不用过多关心底层实现。进程会通过内核系统调用访问已挂载的文件系统内的文件和目录。不过有意思的是，你也能访问某些似乎不应该出现在用户空间中的文件系统信息，尤其是 `stat()`系统调用返回的 i 节点编号和链接数。

如果文件系统不用你维护，那还用不用知道 i 节点编号、链接数和其他实现细节？一般来说用不着。用户模式程序之所以能访问到这些数据主要是出于向后兼容的考虑。而且，不是市面上所有 Linux 文件系统都有这类内部数据。VFS 接口确保系统调用始终返回 i 节点编号和链接数，但这些数字未必有实际意义。

不能对非传统文件系统执行传统 Unix 文件系统操作。例如，无法在已挂载的 VFAT 文件系统上使用 `ln` 创建硬链接。这是因为 VFAT 的目录项结构是针对 Windows 而非 Unix/Linux 设计的，前者不支持硬链接的概念。

幸运的是，Linux 用户空间可用的系统调用为便利的文件访问提供了足够的抽象，因此不需要知道任何底层的实现细节就可以访问文件。此外，文件名格式灵活、允许大小写混合，使其很容易支持其他层次化文件系统。

记住，特定的文件系统支持不一定非得由内核实现。例如，在用户空间文件系统中，内核只是充当系统调用的通道而已。

Linux 内核的启动

我们已经介绍了 Linux 系统的物理和逻辑结构、内核，以及如何与进程打交道。本章将介绍内核的**启动**，即从内核被载入内存到第一个用户进程启动的过程。

以下是简化后的启动过程。

(1) BIOS 或启动固件加载并运行引导加载程序。
(2) 引导加载程序在磁盘上找到内核映像，将其载入内存并启动。
(3) 内核初始化设备及其驱动程序。
(4) 内核挂载根文件系统。
(5) 内核启动名为 init 的程序，其进程 ID 为 1，此时**用户空间启动**。
(6) init 启动余下的系统进程。
(7) init 还会启动一个用户登录进程，通常是在启动过程接近尾声的时候。

本章涉及前几个阶段，重点是引导加载程序和内核。第 6 章接着从用户空间开始详细讲解 systemd，这是 Linux 系统中最广泛使用的 init 版本。

理解启动过程对于将来修复启动问题和理解整个系统大有帮助。然而，很多 Linux 发行版的默认启动过程让人很难分辨最初的几个阶段，只有在启动完成并登录之后才有机会探究。

5.1 启动消息

传统 Unix 系统会在启动时生成大量与启动过程相关的诊断消息。这些消息先后来自内核以及 init 启动的进程和初始化例程。然而，这些消息可读性差，格式也不一致，有些情况下甚至提供不了太有价值的信息。此外，硬件的升级使得内核的启动速度远远快于以往，输出的消息都是一闪而过，很难看清楚到底发生了什么。因此，大多数 Linux 发行版在系统启动时会使用启动画面或其他形式分散你的注意力。

要查看内核的启动及运行时诊断消息，最好的方法是使用 journalctl 命令检索内核日志。journalctl -k 命令能够显示此次启动的相关消息，不过也可以使用-b 选项查看先前的消息。我们将在第 7 章详细讲解日志。

如果你没有使用 systemd，可以检查日志文件（比如/var/log/kern.log）或执行 dmesg 命令查看**内核环形缓冲区**的消息。

以下是 journalctl -k 命令的输出示例：

```
microcode: microcode updated early to revision 0xd6, date = 2019-10-03
Linux version 4.15.0-112-generic (buildd@lcy01-amd64-027) (gcc version 7.5.0
(Ubuntu 7.5.0-3ubuntu1~18.04)) #113-Ubuntu SMP Thu Jul 9 23:41:39 UTC 2020 (Ubuntu
4.15.0-112.113-generic 4.15.18)
Command line: BOOT_IMAGE=/boot/vmlinuz-4.15.0-112-generic root=UUID=17f12d53-c3d7-4ab3-
943ea0a72366c9fa ro quiet splash vt.handoff=1
KERNEL supported cpus:
--略--
scsi 2:0:0:0: Direct-Access     ATA      KINGSTON SM2280S 01.R PQ: 0 ANSI: 5
sd 2:0:0:0: Attached scsi generic sg0 type 0
sd 2:0:0:0: [sda] 468862128 512-byte logical blocks: (240 GB/224 GiB)
sd 2:0:0:0: [sda] Write Protect is off
sd 2:0:0:0: [sda] Mode Sense: 00 3a 00 00
sd 2:0:0:0: [sda] Write cache: enabled, read cache: enabled, doesn't support DPO or FUA
 sda: sda1 sda2 < sda5 >
sd 2:0:0:0: [sda] Attached SCSI disk
--略--
```

内核启动后，用户空间启动例程通常会生成各种消息。由于在大多数系统中这些消息并没有集中在一个日志文件里，因此更不方便查看。启动脚本原本会向控制台发送消息，但启动后这些消息就不见了。但这在 Linux 系统上不是问题，因为 systemd 会捕获通常会发送到控制台的启动和运行时诊断消息。

5.2　内核初始化和启动选项

Linux 内核按照以下顺序进行初始化。

(1) 检查 CPU。
(2) 检查内存。
(3) 发现设备总线。
(4) 发现设备。
(5) 辅助内核子系统设置（联网等）。
(6) 挂载根文件系统。
(7) 启动用户空间。

前两步没什么可说的，但在涉及设备时会出现一些依赖问题。例如，磁盘设备驱动程序也许依赖总线支持和 SCSI 子系统支持（参见第 3 章）。随后在初始化过程中，内核必须在启动 init 之前挂载根文件系统。

一般来说，除非一些必要组件没放在主内核里，而是作为可加载内核模块，否则不必担心依赖关系。有些系统可能需要在真正的根文件系统被挂载之前加载这些内核模块。我们将在 6.7 节讨论这个问题以及最初 RAM 文件系统（initrd）解决方案。

内核发出以下这些消息表明已经准备好启动第一个用户进程：

```
Freeing unused kernel memory: 2408K
Write protecting the kernel read-only data: 20480k
Freeing unused kernel memory: 2008K
Freeing unused kernel memory: 1892K
```

内核不仅会清理一些未用的内存，还会保护自己的数据。如果你运行的内核版本比较新，会看到内核将启动第一个用户空间进程 init：

```
Run /init as init process
   with arguments:
    --略--
```

随后应该能看到挂载根文件系统，以及 systemd 启动并将自身产生的一些消息发送到内核日志：

```
EXT4-fs (sda1): mounted filesystem with ordered data mode. Opts: (null)
systemd[1]: systemd 237 running in system mode. (+PAM +AUDIT +SELINUX +IMA
+APPARMOR +SMACK +SYSVINIT +UTMP +LIBCRYPTSETUP +GCRYPT +GNUTLS +ACL +XZ +LZ4
+SECCOMP +BLKID +ELFUTILS +KMOD -IDN2 +IDN -PCRE2 default-hierarchy=hybrid)
systemd[1]: Detected architecture x86-64.
systemd[1]: Set hostname to <duplex>.
```

此时，用户空间已经启动了。

5.3　内核参数

Linux 内核启动时会接收一系列文本形式的内核参数，其中包含额外的系统细节。这些参数指定了多种行为，比如内核应该生成的诊断消息数量以及设备驱动程序特定的选项。

可以通过/proc/cmdline 文件查看启动时传给内核的参数：

```
$ cat /proc/cmdline
BOOT_IMAGE=/boot/vmlinuz-4.15.0-43-generic root=UUID=17f12d53-c3d7-4ab3-943e
-a0a72366c9fa ro quiet splash vt.handoff=1
```

这些参数有的是一个词，比如 ro 和 quiet，有的是 key=value 这样的键-值对，比如 vt.handoff=1，其中很多参数并不重要，比如显示启动画面的 splash 标志。但 root 参数至关重要，它指定了根文件系统的位置，如果缺失，内核将无法正确启动用户空间。

可以使用设备文件指定根文件系统：

```
root=/dev/sda1
```

在大多数现代系统中，还有另外两种更常见的替代方式。一种是使用逻辑卷：

```
root=/dev/mapper/my-system-root
```

另一种是使用 UUID（参见 4.2.4 节）：

```
root=UUID=17f12d53-c3d7-4ab3-943e-a0a72366c9fa
```

推荐这两种方式，因为它们不依赖具体的内核设备映射。

ro 参数指示内核在启动用户空间时以只读模式挂载根文件系统。这是正常操作，只读模式用以确保在执行重要操作之前 fsck 能够安全地检查根文件系统。检查过后，内核再以读写模式重新挂载根文件系统。

在碰到无法识别的参数时，内核会将其保留，随后在启动用户空间时交给 init。如果向内核参数中加入了-s，内核会将-s 传给 init，指明以单用户模式启动。

如果想了解基本的启动参数，可以参考 bootparam(7)手册页。如果想了解具体细节，可以阅读 kernel-params.txt，这是 Linux 内核自带的参考文件。

有了这些基础知识，你可以提前跳到第 6 章学习用户空间启动、初始化 RAM 盘，以及被内核作为首个进程的 init 程序。本章余下部分将详细讲解内核是如何被载入内存并启动的，包括如何获得内核参数。

5.4 引导加载程序

在启动过程伊始、内核和 init 启动之前，由引导加载程序负责启动内核。引导加载程序的工作听起来挺简单：将位于磁盘某处的内核载入内存，然后使用一组内核参数启动内核。然而，这项工作远比看起来复杂，因为引导加载程序必须回答两个问题。

- 内核在哪里？
- 内核启动时应该传入哪些参数？

答案是：内核及其参数一般位于根文件系统内的某个地方。听起来内核参数应该很容易找到，但别忘了，这时候内核本身还没运行呢。而要找文件，需要内核遍历文件系统。更糟糕的是，此时用于访问磁盘的内核驱动程序也不可用。这就是一个“鸡生蛋，蛋生鸡”的问题，真实情况甚至比这里描述的还要复杂。现在，我们先来看看引导加载程序如何解决驱动程序和文件系统的问题。

引导加载程序访问磁盘需要驱动程序，但此驱动程序与内核使用的不同。在 PC 中，引导加载程序使用传统的 BIOS（Basic Input/Output System，**基本输入/输出系统**）或 UEFI（Unified Extensible Firmware Interface，**统一可扩展固件接口**）来访问磁盘（5.8.2 节将介绍可扩展固件接口）。现代磁盘硬件配备了相关固件，允许 BIOS 或 UEFI 通过 LBA（Logical Block Addressing，**逻辑块寻址**）访问附加的存储硬件。LBA 是一种通用的访问磁盘数据的简单方法，但性能不好。不过这不是问题，因为引导加载程序通常是唯一必须使用该模式访问磁盘的程序。在此之后，内核会使用自己的高性能驱动程序访问磁盘。

注意　可以使用 efibootmgr 命令判断系统使用的是 BIOS 还是 UEFI。如果该命令输出一组启动目标，说明系统使用的是 UEFI。如果被告知不支持 EFI 变量，则说明系统使用的是 BIOS。或者也可以检查/sys/firmware/efi 是否存在，存在则为 UEFI。

解决了访问磁盘原始数据的问题后，引导加载程序还必须在文件系统中确定所需数据的位置。大多数常见的引导加载程序可以读取分区表，自身支持以只读方式访问文件系统。因此，引导加载程序能够找到并读取将内核载入内存所需的文件。这种能力让动态配置和增强引导加载程序更方便。但 Linux 的引导加载程序并非都具有这个能力，此时配置引导加载程序就比较困难。

总的来说，存在这样一种模式：每当内核添加了新特性（尤其存储相关的特性），引导加载程序也要随之加入这些特性的独立、简化版本。

5.4.1　引导加载程序的任务

引导加载程序的核心功能如下。

- 选择多个内核中的某一个。
- 在多组内核参数之间切换。
- 允许用户手动覆盖和编辑内核映像名和参数（例如，进入单用户模式）。
- 支持启动其他操作系统。

自 Linux 内核问世以来，引导加载程序已经变得相当先进，具有命令行历史记录和菜单系统等特性，但最基本的需求始终是灵活选择内核映像及参数。（一个有趣的现象是，有些需求实际上已经消失了。例如，由于可以通过 USB 存储设备进行紧急或恢复性启动，因此很少还需要关心手动输入内核参数或进入单用户模式。）现今的引导加载程序提供了比以往更多的功能，如果你想构建自定义内核或调优参数的话会特别方便。

5.4.2 引导加载程序概述

下面是一些主流引导加载程序。

- GRUB：几乎是 Linux 系统的通用标准，包括 BIOS/MBR 和 UEFI 版本。
- LILO：最早的 Linux 引导加载程序之一，ELILO 是其 UEFI 版本。
- SYSLINUX：可以通过配置从不同的文件系统启动。
- LOADLIN：从 MS-DOS 启动 Linux 内核。
- systemd-boot：一个简单的 UEFI 引导加载程序。
- coreboot（前身是 LinuxBIOS）：PC BIOS 的高性能替代，可包含内核。
- Linux Kernel EFISTUB：一个内核插件，可用于直接从 EFI/UEFI 系统分区（EFI/UEFI System Partition，ESP）加载内核。
- efilinux：一个 UEFI 引导加载程序，作为其他 UEFI 引导加载程序的模型和参考。

本书只涉及 GRUB。选择其他引导加载程序的理由无非就是配置方法比 GRUB 更简单、速度更快，或是提供了某些特殊功能。

进入引导提示符，输入内核名称和参数，可以学到很多关于引导加载程序的知识。为此，你得知道如何进入引导提示符或菜单。遗憾的是，因为 Linux 发行版深度定制了引导加载程序，仅凭观察引导过程往往无法知道某个发行版使用的是哪种引导加载程序。

下一节我们将介绍如何进入启动提示符来设置内核名称和参数，然后学习如何设置和安装引导加载程序。

5.5 GRUB 简介

GRUB 指大一统引导加载程序（Grand Unified Boot Loader）。我们要介绍的是 GRUB 2。还有一个名为 GRUB Legacy 的旧版本，目前已不再使用。

GRUB 最重要的功能之一就是文件系统导航，可以轻松地选择内核映像及配置。了解 GRUB 的最佳途径就是查看它的菜单。GRUB 界面易于操作，但你很可能从未见过。

要想访问 GRUB 菜单，在 BIOS 自检画面首次出现时按住 SHIFT 键。如果系统配备的是 UEFI，则按住 ESC 键。不然的话，引导加载程序在载入内核之前可能不会暂停。图 5-1 展示了 GRUB 菜单。

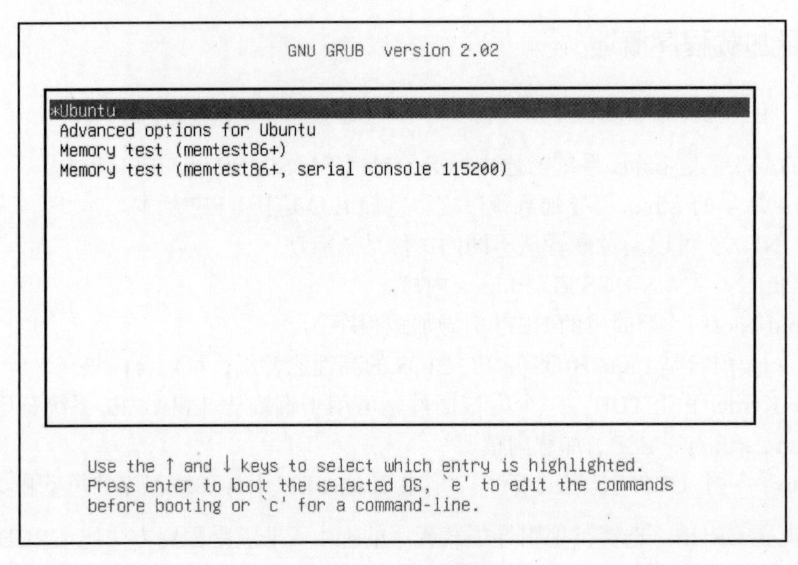

图 5-1 GRUB 菜单

可以按照以下步骤查看引导加载程序。

(1) 打开或重启 Linux 系统。

(2) 在 BIOS 自检时按住 SHIFT 键或在固件的启动画面出现时按住 ESC 键，以显示 GRUB 菜单。（自检画面或启动画面有时候并不可见，所以你只能猜测什么时候该按键。）

(3) 按 E 键查看默认启动选项的引导加载程序配置命令。你应该会看到类似于图 5-2 的画面（可能需要向下滚动才能看到所有内容）。

```
GNU GRUB  version 2.02

setparams 'Ubuntu'
        recordfail
        load_video
        gfxmode $linux_gfx_mode
        insmod gzio
        if [ x$grub_platform = xxen ]; then insmod xzio; insmod lzopio; \
fi
        insmod part_msdos
        insmod ext2
      ❶set root='hd0,msdos1'
      ❷search --no-floppy --fs-uuid --set=root 8b92610e-1db7-4ba3-ac2f-\
30ee24b39ed0
        linux      ❸/boot/vmlinuz-4.15.0-45-generic root=UUID=8b92610e-\
1db7-4ba3-ac2f-30ee24b39ed0 ro  quiet splash $vt_handoff
        initrd     ❹ /boot/initrd.img-4.15.0-45-generic                ↓

Minimum Emacs-like screen editing is supported. TAB lists
completions. Press Ctrl-x or F10 to boot, Ctrl-c or F2 for a
command-line or ESC to discard edits and return to the GRUB
menu.
```

图 5-2 GRUB 配置编辑器

如图 5-2 所示，在该配置中，使用 UUID 设置根文件系统，内核映像为/boot/vmlinuz-4.15.0-45-generic，内核参数包括 ro、quiet、splash。初始 RAM 文件系统为/boot/initrd.img-4.15.0-45-generic。如果你从未见过这些配置，可能会想：为什么有多处提到 root，为什么每一处都不同？这里 insmod 是怎么回事？如果你以前看到过，可能会记得这是一个通常由 udevd 运行的 Linux 内核特性。

我来解释一下，因为 GRUB 并不**使用** Linux 内核，只是**启动**内核。你看到的配置信息都是由 GRUB 的内部功能和命令组成的，完全自成一体。

造成这种混乱的部分原因在于 GRUB 从很多地方借用了术语。GRUB 有自己的“内核”，也有自己的 insmod 命令，用于动态载入 GRUB 模块，与 Linux 内核没有任何牵连。很多 GRUB 命令和 Unix shell 命令差不多，甚至还有罗列文件的 ls 命令。

注意 有一个专门用于 LVM 的 GRUB 模块，用于引导位于逻辑卷内的内核。你的系统中可能就有该模块。

到目前为止，最令人困惑的是 GRUB 对 root 这个词的使用。通常情况下，你认为的 root 就是系统的根文件系统。在 GRUB 的配置中，root 则是一个内核参数，位于 linux 命令的映像名称之后。

配置中其他提到 root 的地方说的都是 GRUB root，此概念仅存在于 GRUB 内部，是指 GRUB 在其中搜索内核以及 RAM 文件系统映像文件的文件系统。

在图 5-2 中，GRUB root 一开始被设置为 GRUB 相关设备（hd0,msdos1），这是该配置的默认值❶。在下一个命令中，GRUB 搜索具有特定 UUID 的分区❷。如果找到，将 GRUB root 设置为该分区。

总而言之，linux 命令的第一个参数（/boot/vmlinuz-...）是 Linux 内核映像文件的位置❸。GRUB 从 GRUB root 加载此文件。initrd 命令类似，为第 6 章讲过的初始 RAM 文件系统指定文件❹。

可以在 GRUB 内编辑此配置，这通常是临时修复启动故障最简单的方法。要想永久解决启动问题，需要修改配置文件（参见 5.5.2 节）。不过目前让我们先深入 GRUB 内部，看看其命令行界面。

5.5.1 使用 GRUB 命令行浏览设备和分区

如图 5-2 所示，GRUB 有自己的一套设备寻址方案。例如，检测到的第一个磁盘被命名为 hd0，然后是 hd1，以此类推。设备名的分配并不固定，但好在 GRUB 可以通过 UUID 进行搜索，找出内核所在的分区，如图 5-2 中的 search 命令那样。

1. 列出设备

要知道 GRUB 引用系统设备的方法，在启动菜单或配置编辑器中按 C 键，进入 GRUB 命令行：

```
grub>
```

可以输入在配置中出现的任意命令，我们先从诊断命令 ls 开始。如果不加参数，该命令输出 GRUB 已知的设备列表：

```
grub> ls
(hd0) (hd0,msdos1)
```

在本例中，有一个主磁盘设备（hd0）和一个分区（hd0,msdos1）。如果还有交换分区，同样也会一并显示，比如（hd0,msdos5）。分区的 msdos 前缀表明磁盘包含的是 MBR 分区表。如果是 UEFI 系统的 GPT 分区表，前缀是 gpt。（如果分区内包含 BSD 磁盘标签映射，甚至还会出现带有第 3 个标识符的更长组合。不过通常不必关心这一点，除非你在同一台计算机上安装了多个操作系统。）

要想获得更详细的信息，可以使用 ls -l。该命令会显示分区文件系统的 UUID，因此特别有用，例如：

```
grub> ls -l
Device hd0: No known filesystem detected - Sector size 512B - Total size
32009856KiB
        Partition hd0,msdos1: Filesystem type ext* - Last modification time
          2019-02-14 19:11:28 Thursday, UUID 8b92610e-1db7-4ba3-ac2f-
30ee24b39ed0 - Partition start at 1024Kib - Total size 32008192KiB
```

这个磁盘的第一个 MBR 分区使用的是 Linux ext2/3/4 文件系统。如果有交换分区，会显示为另一个分区，但无法从命令输出中获知其类型。

2. 文件导航

现在来看看 GRUB 的文件系统导航功能。使用 echo 命令确定 GRUB root（回想一下，GRUB 会在其中查找 Linux 内核）：

```
grub> echo $root
hd0,msdos1
```

要想使用 GRUB 的 ls 列出其中的文件和目录，可以在分区末尾加上斜线：

```
grub> ls (hd0,msdos1)/
```

手动输入实际的 GRUB root 分区不太方便，可以使用 root 变量：

```
grub> ls ($root)/
```

这会输出该分区文件系统中文件和目录的简短列表，比如 etc/、bin/、dev/。现在展现的是 GRUB 的 ls 命令另一种完全不同的功能。你先前使用 ls 列出的是设备、分区表，可能还有一些文件系统头部信息，现在则是查看文件系统的内容。

可以使用类似方式进一步查看分区的文件和目录。例如，浏览/boot 目录：

```
grub> ls ($root)/boot
```

注意 上、下箭头键可用于前后翻看 GRUB 命令历史，左、右箭头键可用于编辑当前命令行。标准的 readline 组合键（CTRL-N、CTRL-P 等）也可以使用。

也可以使用 set 命令查看当前所有已设置的 GRUB 变量：

```
grub> set
?=0
color_highlight=black/white
color_normal=white/black
--snip--
prefix=(hd0,msdos1)/boot/grub
root=hd0,msdos1
```

其中最重要的是$prefix，它指定 GRUB 要从中查找其配置文件和辅助支持信息的文件系统及目录。下一节我们会讨论 GRUB 配置。

按 ESC 键可以从 GRUB 命令行界面返回到 GRUB 菜单。如果你设置过了用于启动的必要配置（包括 linux 以及可能的 initrd 变量），可以输入 boot 命令，以该配置重新启动系统。我们接下来研究 GRUB 的配置，这最好在有完整的可用系统时进行。

5.5.2 GRUB 配置

GRUB 配置目录通常是/boot/grub 或/boot/grub2，其中包括主配置文件 grub.cfg、含有可加载模块（以.mod 为后缀）的特定架构目录（比如 i386-pc），以及字体和区域化信息等。我们不直接修改 grub.cfg，而是使用 grub-mkconfig 命令（在 Fedora 中为 grub2-mkconfig）。

1. 查看 grub.cfg

首先，快速浏览一下 grub.cfg，看看 GRUB 如何初始化菜单和内核选项。你会看到该文件由 GRUB 命令组成，通常先是一些初始化操作，接着是一系列用于不同内核和启动配置的菜单项。初始化并不复杂，但是一开始的大量条件判断可能会让你觉得没那么简单。第一部分由若干函数定义、默认值和显示设置命令组成：

```
if loadfont $font ; then
  set gfxmode=auto
  load_video
  insmod gfxterm
  --略--
```

注意　许多变量（比如$font）来自 grub.cfg 开头附近的 load_env 调用。

配置文件后面，还有以 menuentry 命令开头的启动配置。根据上一节的内容，你应该能读懂下列配置：

```
menuentry 'Ubuntu' --class ubuntu --class gnu-linux --class gnu --class os $menuentry_id_option
'gnulinux-simple-8b92610e-1db7-4ba3-ac2f-30ee24b39ed0' {
        recordfail
        load_video
        gfxmode $linux_gfx_mode
        insmod gzio
        if [ x$grub_platform = xxen ]; then insmod xzio; insmod lzopio; fi
        insmod part_msdos
        insmod ext2
        set root='hd0,msdos1'
        search --no-floppy --fs-uuid --set=root 8b92610e-1db7-4ba3-ac2f-30ee24b39ed0
        linux   /boot/vmlinuz-4.15.0-45-generic root=UUID=8b92610e-1db7-4ba3-ac2f-30ee24b39ed0
ro quiet splash $vt_handoff
        initrd  /boot/initrd.img-4.15.0-45-generic
}
```

看看你的 grub.cfg 文件中有没有包含多个 menuentry 命令的 submenu 命令。对于老版本的内核，很多发行版会使用 submenu 命令，以避免 GRUB 菜单过于拥挤。

2. 生成新的配置文件

要修改 GRUB 配置，别直接编辑 grub.cfg 文件，因为该文件是自动生成的，偶尔会被系统覆盖。可以在别处设置好新配置，然后执行 grub-mkconfig 生成新配置。

要了解配置生成的工作原理，可以查看 grub.cfg 的开头。应该会有这么一行注释：

```
### BEGIN /etc/grub.d/00_header ###
```

你会发现，/etc/grub.d 中的几乎每个文件都是 shell 脚本，用于生成 grub.cfg 文件的某一部分。grub-mkconfig 命令本身也是一个 shell 脚本，负责运行/etc/grub.d 中的所有文件。记住，GRUB 自身不会在启动时运行这些脚本。我们是在用户空间运行脚本来生成 GRUB 使用的 grub.cfg 文件。

切换到 root 用户自己尝试一下，不用担心会覆盖当前配置。不加任何选项和参数的 grub-mkconfig 命令只会向标准输出打印配置信息。

```
# grub-mkconfig
```

如果想向 GRUB 配置中添加菜单项和其他命令该怎么办？简单来说，可以把自定义内容写入 GRUB 配置目录中的新文件 custom.cfg（比如/boot/grub/custom.cfg）。

展开说就有点复杂了。/etc/grub.d 配置目录提供了两种选择：40_custom 和 41_custom。40_custom 是一个脚本，你可以自行编辑。但系统升级有可能会破坏之前的配置改动，所以该方法不太保险。41_custom 更简单一些，只包含一系列命令，用于在 GRUB 启动时加载 custom.cfg。如果选择这种方法，你所做的改动不会出现在配置文件中，GRUB 会在启动期间自动处理。

注意 文件名前的数字会影响处理顺序，数字小的会在配置文件中先出现。

刚才介绍的自定义配置文件的两种选择并没有广泛应用，因为你完全可以添加自己的脚本来生成配置数据。你可能在/etc/grub.d 目录中看到一些针对特定发行版的脚本，例如 Ubuntu 就在其中加入了启动期间的内存测试脚本（memtest86+）。

可以使用 grub-mkconfig -o 选项将配置文件写入 GRUB 的目录：

```
# grub-mkconfig -o /boot/grub/grub.cfg
```

记得备份旧配置文件，确保将新配置文件安装到正确的目录。

现在我们将深入了解 GRUB 和引导加载程序的一些技术细节。如果你不想继续深入研究，可以直接阅读第 6 章。

5.5.3 安装 GRUB

GRUB 的安装比配置更费事。好在发行版已经帮你搞定了，所以一般不用考虑安装的问题。但如果你想克隆或恢复可启动磁盘，或是自行决定启动顺序，可能就需要自己安装 GRUB。

在此之前，可以先阅读 5.4 节，了解 PC 的启动过程，决定使用 MBR 还是 UEFI 启动。接着，构建 GRUB 软件集、指定 GRUB 目录的位置（默认为/boot/grub）。如果所用的发行版已经替你构建好了 GRUB，那就不用再自己动手了。否则，阅读第 16 章，学习如何从源代码构建软件。务必确保构建目标正确，MBR 启动和 UEFI 启动是不一样的（甚至 32 位 EFI 和 64 位 EFI 也不一样）。

1. 安装 GRUB

安装引导加载程序需要你或安装程序确定以下事项。

- 当前运行系统上的目标 GRUB 目录。如前所述，该目录通常为/boot/grub，但如果你在别的磁盘安装用于其他系统的 GRUB，目录位置可能会有所不同。
- GRUB 目标磁盘对应的设备。

- 如果是 UEFI 启动，还要有 EFI 系统分区的当前挂载点（通常是/boot/efi）。

GRUB 是一个模块化系统，为了加载模块，必须读取包含 GRUB 目录的文件系统。你的任务是构建能够读取该文件系统的 GRUB 版本，以便加载其余的配置（grub.cfg）和所需的模块。在 Linux 中，这通常意味着构建预加载了 ext2.mod 模块（可能还有 lvm.mod）的 GRUB 版本。构建好之后，剩下的事情就是将其置于磁盘的可启动部分，将所需的其余文件放入/boot/grub 目录。

幸运的是，GRUB 提供了一个名为 `grub-install` 的实用工具（别和 `install-grub` 搞混了，后者可能会出现在一些比较旧的系统中），为你执行安装 GRUB 文件和配置的大部分工作。例如当前磁盘为/dev/sda，你想使用当前的/boot/grub 目录将 GRUB 安装在该磁盘的 MBR，可以执行以下命令：

```
# grub-install /dev/sda
```

警告　错误地安装 GRUB 可能会破坏系统的启动顺序，所以不要轻易使用该命令。如果你有顾虑，研究一下怎么使用 dd 备份 MBR，同时备份其他已安装的 GRUB 目录，确保有应急计划。

2. 在外部存储设备的 MBR 中安装 GRUB

要在当前系统之外的存储设备中安装 GRUB，必须手动指定该设备上的 GRUB 目录。假设目标设备为/dev/sdc，其中包含/boot 的根文件系统（如/dev/sdc1）被挂载在当前系统的/mnt。这意味着当你安装 GRUB 时，GRUB 文件会出现在/mnt/boot/grub 之中。执行 `grub-install`，指定文件的安装位置：

```
# grub-install --boot-directory=/mnt/boot /dev/sdc
```

在大多数 MBR 系统中，/boot 是根文件系统的一部分，但有些发行版会给/boot 安排独立的文件系统。确保你清楚/boot 究竟位于何处。

3. 在 UEFI 系统中安装 GRUB

UEFI 安装应该更容易，因为你要做的就是将引导加载程序复制到适当的位置。但你还需要使用 `efibootmgr` 命令向固件注册引导加载程序，也就是将引导加载程序配置保存至 NVRAM。`grub-install` 命令会执行该命令（如果可用），所以通常可以像下面这样在 UEFI 系统中安装 GRUB：

```
# grub-install --efi-directory=efi_dir --bootloader-id=name
```

其中，`efi_dir` 是当前系统中 UEFI 目录所在的位置（通常是/boot/efi/EFI，因为 UEFI 分区多挂载在/boot/efi），`name` 是引导加载程序的标识符。

遗憾的是，很多问题会在安装 UEFI 引导加载程序时接踵而来。假设你安装了引导加载程序的磁盘最终将出现在另一个系统中，那就得想办法将其告知新系统的固件。此外，在可移动存储设备上安装 UEFI 引导加载程序的方法也不一样。

但是，最麻烦的一个问题是 UEFI 安全启动。

5.6 UEFI 安全启动的问题

影响 Linux 安装的一个新问题与近来 PC 中添加的**安全启动**特性有关。如果启用了该特性，UEFI 机制要求所有的引导加载程序必须经过可信机构的数字签名才能运行。微软要求硬件供应商在随 Windows 8 及后续版本发售的硬件中启用安全启动。如果你在这些系统上安装未经签名的引导加载程序，固件会拒绝加载器载入操作系统。

主流 Linux 发行版已经集成了经过签名的引导加载程序（通常是基于 UEFI 的 GRUB 版本），所以在安全启动方面不存在什么问题。通常在 UEFI 和 GRUB 之间有个签名垫片（shim），UEFI 运行垫片，后者再运行 GRUB。如果你的计算机处于不可信的环境或需要满足某些安全要求，那么避免启动未经授权的软件是一项重要功能，因此有些发行版更进一步，要求整个引导序列（包括内核）都要经过数字签名。

安全启动系统也有问题，尤其是对于那些自行构建引导加载程序的人来说。在 UEFI 设置中禁用该特性可以规避安全启动要求。但这样又无法满足双启动系统，因为如果不启用安全启动，Windows 将无法运行。

5.7 链式加载其他操作系统

UEFI 使得支持加载其他操作系统更容易，因为可以在 EFI 分区安装多个引导加载程序。但是较旧的 MBR 不支持此功能。而且就算是有 UEFI，还需要一个独立的分区，其中包含你想要使用的 MBR 形式的引导加载程序。不用配置和运行 Linux 内核，GRUB 就可以加载和运行特定分区的引导加载程序，这称为**链式加载**。

要实现链式加载，需要在 GRUB 配置文件中创建一个新菜单项（使用 5.5.2 节介绍的方法）。下面是在磁盘第 3 个分区上启动 Windows 系统的例子：

```
menuentry "Windows" {
        insmod chain
        insmod ntfs
        set root=(hd0,3)
        chainloader +1
}
```

选项+1 告知 chainloader 加载分区的第一个扇区。也可以直接加载文件，下面的例子指定

chainloader 加载 MS-DOS 的引导加载程序 io.sys。

```
menuentry "DOS" {
        insmod chain
        insmod fat
        set root=(hd0,3)
        chainloader /io.sys
}
```

5.8　引导加载程序细节

我们简单了解一下引导加载程序的技术内幕。要理解 GRUB 等引导加载程序的工作原理，必须先弄清楚 PC 加电之后究竟发生了什么。立足于解决传统 PC 启动机制的不足，引导加载方案主要有两种：MBR 和 UEFI。

5.8.1　MBR 启动

除了 4.1 节中描述的分区信息，MBR 还包括一小块 441 字节的区域，在 PC 加电自检（Power-On Self-Test，POST）之后，BIOS 会加载并运行其中的代码。遗憾的是，这部分空间不足以容纳其他大多数引导加载程序，所以必须使用额外的空间，结果就有了**多阶段引导加载程序**。在这种情况下，MBR 中的初始代码只是为了载入余下的引导加载程序代码，而后者多位于 MBR 与磁盘第一个分区之间。这并不十分安全，因为谁都可以覆盖其中的代码，包括 GRUB 在内的大多数引导加载程序会这样做。

在 MBR 之后插入引导加载程序代码的方案不适合使用 BIOS 引导的 GPT 分区磁盘，因为 GPT 信息位于 MBR 之后的区域。（出于向后兼容的目的，GPT 保留了传统的 MBR。）GPT 的解决方法是创建一个名为 **BIOS 启动分区**的小分区（其 UUID 为 21686148-6449-6E6F-744E-656564454649），将完整的引导加载程序代码置于其中。但这种配置方式并不常见，因为 GTP 通常是和 UEFI 而非传统的 BIOS 配合使用。该做法多见于配备了大容量磁盘（大于 2 TB）的旧系统，MBR 无法处理此类磁盘。

5.8.2　UEFI 启动

PC 制造商和软件公司认识到了传统的 PC BIOS 严重的局限性，决定开发作为替代的 EFI（Extensible Firmware Interface，可扩展固件接口），本章前面也提及过。EFI 的普及花一些时间，如今已经司空见惯了，尤其是在微软要求必须具备 Windows 所需的安全启动特性的背景下。当前的标准是 UEFI（Unified EFI，即统一可扩展固件接口），加入了内建 shell 以及读取分区表和文件系统导航等特性。GPT 分区方案是 UEFI 标准的组成部分。

UEFI 系统的启动过程与 MBR 截然不同，其中大部分步骤并不难理解。这次不再是执行位于文件系统之外的启动代码，而是专门创建了一个采用特殊的 VFAT 文件系统的 ESP（EFI System Partition，EFI 系统分区）。在 Linux 系统中，ESP 通常挂载在/boot/efi，因此你会发现大多数的 EFI 目录结构以/boot/efi/EFI 起始。每种引导加载程序都有自己的标识符以及相应的子目录，比如 efi/microsoft、efi/apple、efi/ubuntu、efi/grub。引导加载程序的文件后缀名为.efi，和其他支持文件一起位于上述某个子目录中。如果你想打探一番，会在其中发现诸如 grubx64.efi（GRUB 的 EFI 版本）和 shimx64.efi 等文件。

注意 ESP 和 5.8.1 节介绍的 BIOS 引导分区不是一回事，两者的 UUID 也不一样。你应该不会在系统中同时碰到两者。

不过还有一个小问题：不能将旧式的引导加载程序代码放入 ESP，因为过去的代码是针对 BIOS 接口编写的。你必须提供专门为 UEFI 编写的引导加载程序。例如，在使用 GRUB 时，必须安装 GRUB 的 UEFI 版本，而不是 BIOS 版本。并且，如 5.5.3 节所述，必须向固件注册新的引导加载程序。

此外，如 5.6 节中介绍的那样，我们还会面临一些安全启动方面的问题。

5.8.3 GRUB 的工作原理

让我们来总结一下 GRUB 的工作方式。

(1) PC BIOS 或固件初始化硬件并按照存储设备的启动顺序在其中搜索启动代码。
(2) 找到启动代码之后，BIOS/固件加载并运行代码，GRUB 此时介入。
(3) 加载 GRUB 核心。
(4) 初始化 GRUB 核心，此时 GRUB 可以访问磁盘和文件系统。
(5) GRUB 识别启动分区，从中加载配置文件。
(6) GRUB 允许用户此时修改配置。
(7) 超时或用户修改之后，GRUB 执行配置文件（按照 grub.cfg 文件中的命令顺序，参见 5.5.2 节）。
(8) 在执行配置文件期间，GRUB 可能会加载启动分区中的其他代码（模块）。有些模块可能会被预加载。
(9) GRUB 执行 `boot` 命令，加载并运行由配置文件中的 `linux` 命令指定的内核。

由于传统 PC 启动机制的不足，加载 GRUB 核心的第 3 步和第 4 步会比较复杂。最大的问题就是“GRUB 核心在哪里？”存在三种可能性。

- 部分位于 MBR 和第一个分区起始位置之间。
- 位于普通分区。
- 位于特殊的启动分区，如 GPT 启动分区、ESP 或其他地方。

除非你有 UEFI/ESP，否则 PC BIOS 都会从 MBR 加载 512 字节，GRUB 从此开始。这一小部分（从 GRUB 目录中的 boot.img 演化而来）并非 GRUB 核心，但其中包含了核心的起始位置，要从这里加载核心。

如果有 ESP，GRUB 核心会以文件形式出现。固件在 ESP 中查找并直接执行 GRUB 或其他操作系统的引导加载程序。（ESP 中可能会有垫片，先于 GRUB 之前处理安全启动，不过原理是一样的。）

还是那句话，在大多数系统中，这并非是全貌。在加载和运行内核之前，引导加载程序可能还需要将初始 RAM 文件系统载入内存。具体可以参见 6.7 节 `initrd` 的配置参数。但在学习初始 RAM 文件系统之前，我们需要先学习用户空间的启动。

第 6 章

开启用户空间

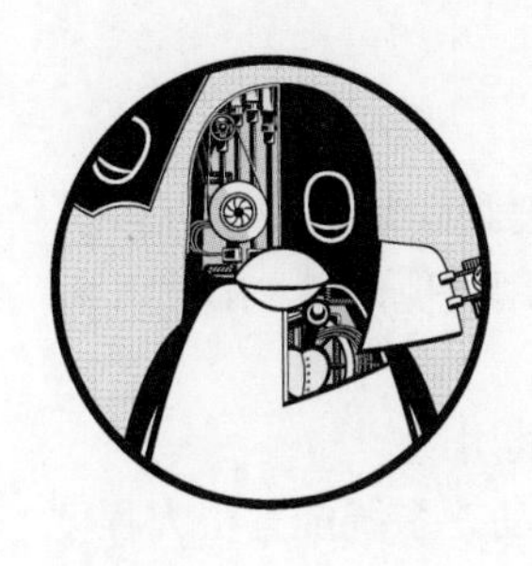

内核启动其第一个用户空间进程 init 的时机很重要。不仅因为内存和 CPU 此时终于准备好进行正常的系统操作，而且你还能看到系统的其余部分是如何形成一个整体的。在此之前，内核遵循由一小部分软件开发人员定义好的受控执行路径。相比之下，用户空间的模块化和可定制程度则要高得多，观察其中进程的开启和操作也更容易。对于好奇心强的用户，这可是一件好事，因为理解和修改用户空间的开启用不着任何底层编程知识。

开启用户空间的大致步骤如下。

(1) init。

(2) 基础的底层服务，比如 udevd 和 syslogd。

(3) 网络配置。

(4) 中高层服务，比如 cron、打印等。

(5) 登录提示符、GUI、高层应用程序（比如 Web 服务器）。

6.1 init 简介

和 Linux 系统的其他程序一样，init 也是一个用户空间程序，位于/sbin 目录中。init 主要负责启动和停止系统的基础服务进程。

在目前所有的主流 Linux 发行版中，init 的标准实现是 systemd。本章重点关注 systemd 的工作原理以及使用方法。

在旧系统中，你可能会碰到 init 的其他两种变体：System V 和 Upstart。System V 属于传统的顺序式 init（Sys V 通常读作“sys-five”，源自 Unix System V），见于 Red Hat Enterprise Linux（RHEL）7.0 之前版本以及 Debian 8。Upstart 则是 Ubuntu 15.04 之前版本中的 init。

此外还存在其他版本的init，尤其是在嵌入式平台。例如，Android就有自己的init，名为runit，常见于轻量级系统。BSD也有自己的init，但在现代Linux系统中已经很少见到了（有些发行版通过修改System V init配置来模拟BSD风格）。

不同的init实现是为解决System V init的不足。为理解这一点，可以看看传统init的工作原理：基本上是由init运行一系列脚本，按照顺序一次运行一个。每个脚本通常启动一项服务或配置系统的一部分。在大多数情况下，解决依赖关系相对比较容易，另外还可以通过修改脚本来满足特殊的启动要求，灵活性颇佳。

然而，该方案存在一些明显的局限性，可以归结为"性能问题"和"系统管理麻烦"，其中最突出的一些表现如下。

- 启动任务不能并行，性能不好。
- 系统管理起来麻烦。每个启动脚本会启动一个服务守护程序。而要找到某个服务的PID，可能要使用ps，也可能要使用特定于该服务的某种方法，或者使用其他记录PID的半标准化系统，比如/var/run/myservice.pid。
- 启动脚本往往包含大量标准的"样本"代码，有时候很难理清楚其用途。
- 几乎没有按需服务和配置的概念。大多数服务随着系统启动而启动，系统配置很大程度上也在那时候设定了。曾经有一个传统的inetd守护进程能够处理按需网络服务，不过现在已基本不再使用。

如今的init系统可以通过改变服务启动方式、监管方式以及配置依赖关系来处理这些问题。你很快会看到systemd的做法，不过首先得先确保运行了systemd。

6.2　确定init

确定系统的init版本通常并不难。查看init(1)手册页就能找到答案，要是你不确定，可以按照以下步骤检查系统。

- 如果有/usr/lib/systemd和/etc/systemd这两个目录，说明使用的是systemd。
- 如果有包含多个.conf文件的/etc/init目录，有可能使用的是Upstart（除非你运行的是Debian 7或更旧的版本，在这种情况下，可能是System V init）。本书不涉及Upstart，因为它已经被systemd广泛取代。
- 如果上述情况都不符合，但系统里有/etc/inittab文件，则可能使用的是System V init。参见6.5节。

6.3　systemd

systemd是Linux最新的init实现之一。除了处理常规启动过程，systemd还整合了一些标准的Unix服务，比如cron和inetd。systemd的部分设计灵感来自Apple系统的launchd。

systemd 真正超越前代的地方是其先进的服务管理能力。与传统的 init 不同，systemd 可以在单个服务守护进程启动后对其进行跟踪，并将与服务相关联的多个进程划归在一起，帮助你更全面深入地了解系统当前确切的运行状况。

systemd 是以目标为导向的。简单理解，就是为某个系统任务定义目标，称为**单元**。单元包含操作指令和依赖，操作指令用于完成常见的启动任务，比如启动守护进程，依赖则是其他单元。当启动（或激活）一个单元时，systemd 也会激活其依赖，进而处理该单元的细节。

启动服务时，systemd 并不遵循严格的顺序，只要有准备就绪的单元，就将其激活。启动结束之后，systemd 通过激活其他单元来处理系统事件（比如第 3 章中讲到的 uevents）。

下面我们先来看看单元、激活、初始启动过程。然后讲解具体的单元配置及各种单元依赖。在这期间，你将学会如何查看和控制运行系统。

6.3.1 单元和单元类型

systemd 比以前版本的 init 更有野心的地方在于，它不仅能运行进程和服务，还能管理文件系统挂载、监控网络连接请求、运行计时器等。systemd 的每种能力称为**单元类型**，每个特定功能（比如服务）称为**单元**，启动单元称为**激活**单元。每个单元都有自己的配置文件，我们将在 6.3.3 节探究这些文件。

这些是在典型 Linux 系统中执行启动时任务的最重要的单元类型。

- service 单元：控制 Unix 系统的服务守护进程。
- target 单元：控制其他单元，通常是对其他单元分组。
- socket 单元：描述传入的网络连接请求位置。
- mount 单元：描述系统挂载的文件系统。

注意 在 systemd(1)手册页中可以找到完整的单元类型清单。

---

service 和 target 单元最常见，也最容易理解。让我们看看两者在系统启动时是如何相互配合的。

6.3.2 启动和单元依赖关系图

系统启动时会激活一个默认单元，通常是 target 单元 default.target，该单元将多个 service 和 mount 单元作为依赖项归集在一起，因此在某种程度上比较容易了解启动过程的来龙去脉。你可能以为单元之间的依赖关系会形成一个树状结构：某个单元在顶部，负责启动过程，后续阶段的多个分支单元出现在下方，但实际上形成的是图结构。在启动过程中较晚出现单元依赖于先前的多个单元，使得依赖树中的早期分支又重新合归一处。你甚至可以使用 `systemd-analyze dot` 命令绘制依赖关系图。在一个典型的系统中，完整的依赖关系图十分庞大（需要大量的算力来渲染），而且难以阅读。不过有一些方法可以进行单元过滤，集中展现个别部分。

图 6-1 显示了典型系统中 default.target 单元的依赖关系图的极小一部分。当你激活该单元时，位于其下的所有单元也会被激活。

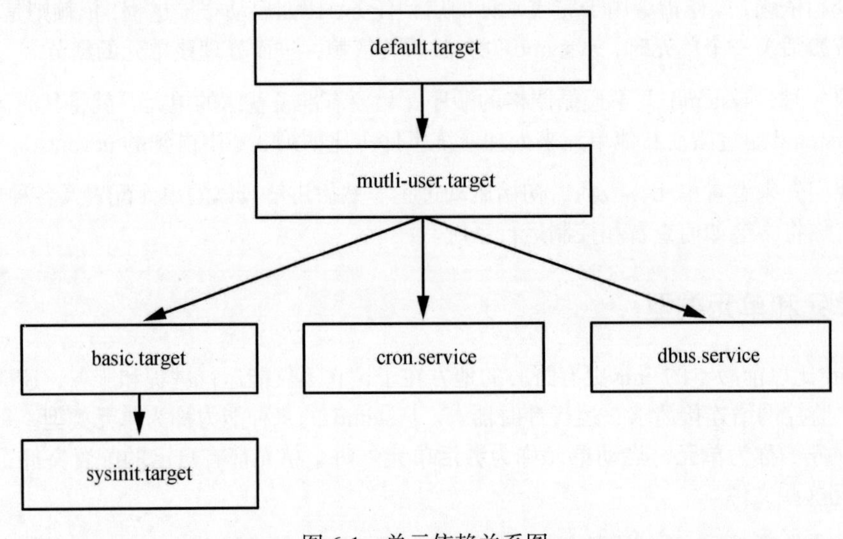

图 6-1　单元依赖关系图

注意　在大多数系统中，default.target 指向其他高层 target 单元（比如启动用户界面的单元）的链接。在图 6-1 所示的系统中，default.target 将启动 GUI 必需的单元划归在了一起。

图 6-1 做了很大程度的简化。在你自己的系统中，你会发现仅凭观察顶层的单元配置文件，然后向下顺藤摸瓜是不可能勾勒出整个依赖关系的。我们会在 6.3.6 节进一步讲解依赖关系。

6.3.3　systemd 配置

systemd 的配置文件分散在系统的多个目录中，如果想查找某个特定文件，估计得费点功夫。systemd 有两个主要的配置目录：系统单元目录（全局配置，通常位于/lib/systemd/system 或/usr/lib/systemd/system）和系统配置目录（局部配置，通常位于/etc/systemd/system）。

为了防止混淆，请遵守这条规则：不要修改系统单元目录，因为发行版会为你维护。对系统配置目录进行本地更改。这条一般规则也适用于整个系统范围。在可以选择修改/usr 和/etc 目录中的内容时，务必选择/etc。

可以使用以下命令检查当前的 systemd 配置搜索路径（包括优先级）：

```
$ systemctl -p UnitPath show
UnitPath=/etc/systemd/system.control /run/systemd/system.control /run/systemd/
transient /etc/systemd/system /run/systemd/system /run/systemd/generator /lib/
systemd/system /run/systemd/generator.late
```

要想查看系统单元和配置目录，可以使用以下命令。

```
$ pkg-config systemd --variable=systemdsystemunitdir
/lib/systemd/system
$ pkg-config systemd --variable=systemdsystemconfdir
/etc/systemd/system
```

1. 单元文件

单元文件的格式源自 XDG Desktop Entry 规范（用于.desktop 文件，非常类似于 Microsoft 系统的.ini 文件），方括号（[]）中是区段名，每个区段中包含（可选的）变量和赋值。

举个例子，下面是桌面总线守护进程的 dbus-daemon.service 单元文件：

```
[Unit]
Description=D-Bus System Message Bus
Documentation=man:dbus-daemon(1)
Requires=dbus.socket
RefuseManualStart=yes

[Service]
ExecStart=/usr/bin/dbus-daemon --system --address=systemd: --nofork --nopidfile
--systemd-activation --syslog-only
ExecReload=/usr/bin/dbus-send --print-reply --system --type=method_call --dest=
org.freedesktop.DBus / org.freedesktop.DBus.ReloadConfig
```

其中有 2 个区段：[Unit]和[Service]。[Unit]给出了单元的一些细节以及相关描述和依赖关系信息。尤其是该单元要求 dbus.socket 单元作为依赖项。

在这样的 service 单元中，[Service]部分包含该服务的相关细节，包括如何准备、启动以及重新加载服务。在 systemd.service(5)和 systemd.exec(5)手册页可以找到完整的清单，6.3.5 节讨论跟踪进程时也有介绍。

其他很多单元配置文件也不难理解。例如，service 单元文件 sshd.service 通过启动 sshd 允许远程安全 shell 登录。

注意 你自己系统中的单元文件可能略有不同。在本例中，Fedora 使用的名字是 dbus-daemon.service，但 Ubuntu 使用 dbus.service。实际文件内容可能也不一样，不过都很浅显易懂。

2. 变量

单元文件中经常包含各种变量。下列区段来自另一个单元文件（用于在第 10 章中讲到的安全 shell）：

```
[Service]
EnvironmentFile=/etc/sysconfig/sshd
ExecStartPre=/usr/sbin/sshd-keygen
ExecStart=/usr/sbin/sshd -D $OPTIONS $CRYPTO_POLICY
ExecReload=/bin/kill -HUP $MAINPID
```

以美元符号（$）起始的都是变量。尽管这些变量的语法相同，但来源不一样。作为命令选项的$OPTIONS 和$CRYPTO_POLICY（在激活单元时传入 sshd）是在 EnvironmentFile 所指定的文件中定义的。在本例中，可以查看/etc/sysconfig/sshd，判断变量是否设置，如果设置了，值是什么。

相比之下，$MAINPID 包含**被跟踪的服务进程**的 ID（参见 6.3.5 节）。在激活单元时，systemd 会记录并保存这个 PID，以便随后可以使用其操作特定的服务进程。当你想要重新加载配置时，sshd.service 单元文件使用$MAINPID 向 sshd 发送挂起（HUP）信号（这是处理 Unix 守护进程重新加载和重新启动的一种很常见的技术）。

3. 说明符

说明符（specifier）类似于变量，经常会在单元文件中出现。说明符以百分号（%）作为前缀。例如，%n 代表当前单元名称，%H 代表当前主机名。

也可以使用说明符为单个单元文件创建多个单元副本。一个例子是用于控制虚拟终端登录提示符的 getty 进程集合，比如 tty1 和 tty2。要使用该特性，需要在单元名称的末尾与单元文件名的点号之间添加一个@符号。

例如，在大多数发行版中，getty 单元文件名是 getty@.service，允许动态创建 getty@tty1 和 getty@tty2 这样的单元。@之后的部分称为实例。如果查看这些单元文件，也许还会看到%I 或%i。如果使用带有实例的单元文件激活服务，systemd 会将%I 或%i 替换为实例，以创建新的服务名称。

6.3.4 systemd 操作

与 systemd 的交互主要通过 systemctl 命令，该命令可用于激活和停止服务、显示状态、重新加载配置等。

最基本的命令可用于获得单元信息。例如，list-units 命令可以查看系统的活跃单元列表。（这是 systemctl 的默认命令，所以技术上并不需要明确写出 list-units。）

```
$ systemctl list-units
```

输出结果是典型的 Unix 信息列举命令采用的格式。例如，-.mount（根文件系统）的标题和内容如下所示：

```
UNIT                     LOAD   ACTIVE SUB         DESCRIPTION
-.mount                  loaded active mounted     Root Mount
```

由于典型系统中存在大量活跃单元，因此 systemctl list-units 默认会产生大量输出，但这仍然是一种简化形式，因为 systemctl 会将过长的单元名称截断。要想查看完整的单元名称，可以使用--full 选项；要想查看所有单元（不仅包括活跃单元），则使用--all 选项。

一个特别有用的 systemctl 操作是获取特定单元的状态。例如，下面是典型的 status 命令及其部分输出：

```
$ systemctl status sshd.service
· sshd.service - OpenBSD Secure Shell server
   Loaded: loaded (/usr/lib/systemd/system/sshd.service; enabled; vendor
preset: enabled)
   Active: active (running) since Fri 2021-04-16 08:15:41 EDT; 1 months 1 days
ago
 Main PID: 1110 (sshd)
    Tasks: 1 (limit: 4915)
   CGroup: /system.slice/sshd.service
           └─1110 /usr/sbin/sshd -D
```

其中可能还会伴随着不少日志消息。如果你习惯于传统的 init 系统，可能会对该命令所提供的大量实用信息感到惊讶。不仅有单元状态，还有与服务相关的进程、单元启动时间以及日志消息。

其他类型单元的输出也包括类似的有用信息。例如，mount 单元的输出中给出了挂载时间、具体的挂载命令以及退出状态。

输出中值得注意的部分是控制组（control group，cgroup）名称。在上例中，cgroup 是 /system.slice/sshd.service，组内的进程在下方列出。但是，如果单元（例如，mount 单元）的进程已经终止，也可能会看到名称以 systemd:/system 开头的控制组。可以使用 systemd-cgls 命令只查看与 systemd 相关的控制组。有关 systemd 如何使用控制组的更多内容参见 6.3.5 节，控制组的工作原理参见 8.6 节。

status 命令还会显示单元最近的诊断日志消息。可以像下面这样查看指定单元所有的消息：

```
$ journalctl --unit=unit_name
```

journalctl 命令的介绍详见第 7 章。

注意　取决于系统和用户配置，运行 journalctl 的时候可能需要超级用户权限。

1. 任务与启动、停止和重新加载单元的关系

命令 systemctl start、systemctl stop、systemctl restart 可用于激活、停止、重启单元。但如果修改了单元配置文件，则需要选择下列命令之一告诉 systemd 重新加载配置文件。

- systemctl reload unit 重新加载 unit 的配置。
- systemctl daemon-reload 重新加载所有单元的配置。

在 systemd 中，我们将激活、停止、重启单元称为**任务**（job），其本质是改变单元的状态。可以使用以下命令检查当前任务：

```
$ systemctl list-jobs
```

如果系统运行了一段时间，可以认为已经不存在活跃任务，因为系统启动所需的所有激活操作应该都已经执行完毕。但在启动期间，如果你登录速度够快的话，会看到一些慢吞吞启动的单元任务。例如：

```
JOB UNIT                         TYPE          STATE
  1 graphical.target             start         waiting
  2 multi-user.target            start         waiting
 71 systemd-...nlevel.service    start         waiting
 75 sm-client.service            start         waiting
 76 sendmail.service             start         running
120 systemd-...ead-done.timer    start         waiting
```

在本例中，任务 76（启动 sendmail.service 单元）耗时漫长。列出的其他任务都处于等待（waiting）状态，大家全在等着任务 76。当 sendmail.service 启动完成，完全进入活跃状态之后，任务 76 就结束了，其他任务也随之结束，任务列表清空。

注意　术语“任务”可能会令人困惑，尤其是因为其他一些 init 系统也使用这个词来指代更像 systemd 单元的特性。这些任务与 shell 的作业控制（job control）没有任何关系。

我们将在 6.6 节介绍如何关闭和重启系统。

2. 向 systemd 添加单元

向 systemd 添加单元主要就是创建单元文件，然后将其激活，其中可能还涉及启用单元文件。通常应该将自己的单元文件放入系统配置目录（/etc/systemd/system），避免与发行版自带的单元文件搞混，这样也不会在升级发行版时被覆盖掉。

创建什么都不做的 target 单元很容易，不妨动手一试。按照以下步骤，创建两个存在依赖关

系的 target 单元。

(1) 在/etc/systemd/system 中创建名为 test1.target 的单元文件。

```
[Unit]
Description=test 1
```

(2) 创建依赖 test1.target 的 test2.target 单元文件。

```
[Unit]
Description=test 2
Wants=test1.target
```

其中的 Wants 关键字定义了依赖关系，使得在激活 test2.target 的时候激活 test1.target。现在激活 test2.target。

```
# systemctl start test2.target
```

(3) 核实两个单元都处于活跃状态。

```
# systemctl status test1.target test2.target
· test1.target - test 1
   Loaded: loaded (/etc/systemd/system/test1.target; static; vendor
preset: enabled)
   Active: active since Tue 2019-05-28 14:45:00 EDT; 16s ago

May 28 14:45:00 duplex systemd[1]: Reached target test 1.

· test2.target - test 2
   Loaded: loaded (/etc/systemd/system/test2.target; static; vendor
preset: enabled)
   Active: active since Tue 2019-05-28 14:45:00 EDT; 17s ago
```

(4) 如果单元文件中有[Install]区段，需要先“启用”该单元，然后再激活。

```
# systemctl enable unit
```

[Install]区段是创建依赖关系的另一种方式，我们将在 6.3.6 节中更详细地研究它（以及整个依赖关系）。

3. 从 systemd 中删除单元

按照以下步骤删除单元。

(1) 停止单元（如果有必要）。

```
# systemctl stop unit
```

(2) 如果单元文件中包含[Install]区段，通过禁用该单元来删除由依赖系统创建的符号链接然后就可以删除单元文件了。

```
# systemctl disable unit
```

注意　禁用隐式启用的单元（也就是没有[Install]区段）没有任何效果。

6.3.5　systemd 进程跟踪和同步

要启动进程，systemd 需要获得足够数量的信息和控制权，这在过去很难做到。服务启动的方式多种多样，可以分叉（fork）出自身的新实例，甚至变成守护进程并同原始进程脱离。此外也无法知道服务器究竟生成了多少子进程。

为了便于管理已激活的单元，systemd 用到了先前提到过的控制组，这项 Linux 内核特性能够更精细地跟踪进程层次结构。控制组还有助于最大限度地减少包开发人员或管理员创建单元文件所需的工作量。在 systemd 中，不用关心每一种可能的启动行为，只需知道服务启动进程是否分叉即可。在服务单元文件中使用 Type 选项来指明启动行为。存在两种基本的启动方式。

- Type=simple 服务进程不会分叉和终止，始终作为主服务进程。
- Type=forking systemd 希望原始服务进程在分叉后终止。原始服务进程终止时，systemd 认为该服务已准备就绪。

Type=simple 选项没有考虑启动服务可能需要一些时间，因此 systemd 不知道什么时候启动需要此服务必须准备就绪的依赖单元。解决这个问题的方法之一是使用延迟启动（参见 6.3.7 节）。不过有些 Type 启动方式可以在服务准备就绪时通知 systemd。

- Type=notify 服务在就绪时使用特殊的函数调用向 systemd 发送通知。
- Type=dbus 服务在就绪时向 D-Bus（Desktop Bus）注册自身。

Type=oneshot 用于指定另一种服务启动方式：服务进程在完成任务后会彻底终止，没有子进程。这类似于 Type=simple，只不过 systemd 在该服务进程终止之前不会考虑启动其他服务。任何严格的依赖项（你很快就会看到）在其终止之前都不会启动。使用 Type=oneshot 的服务还会得到一个默认的 RemainAfterExit=yes 指令，即便是在服务进程终止之后，systemd 也会将该服务视为活跃状态。

最后一个选项是 Type=idle。该方式类似于 simple，但是会指示 systemd 在所有活跃任务结束之后再启动该服务。这样做的目的只是将服务启动时间推迟到其他服务启动之后，以防止服务之间的输出相互干扰。记住，一旦服务开始，启动该服务的 systemd 任务就会终止，为了避免出现启动冲突，最好等待其他所有任务结束。

如果你对控制组的工作原理感兴趣，请参见 8.6 节。

6.3.6 systemd 的依赖关系

系统要想在启动期间和操作依赖关系方面保持灵活，一定程度的复杂性在所难免，因为过于苛刻的规则会导致系统性能不佳和不稳定。假设你希望在启动数据库服务器后再显示登录提示符，于是在登录提示符与数据库服务器之间便有了严格的依赖关系。这意味着如果数据库服务器出现故障，登录提示符也会随之失败，你甚至无法登录系统来解决问题！

Unix 的启动时任务具有很强的容错性，就算是失败，往往也不会对标准服务造成严重影响。例如你移走了系统的数据磁盘，但是没有在/etc/fstab 中删除对应的条目（或是 systemd 中的 mount 单元），启动时文件系统挂载就会失败。尽管这可能会影响应用服务器（比如 Web 服务器），但通常不会妨碍标准的系统操作。

为了兼顾灵活性和容错性的需求，systemd 提供了多种依赖关系。我们先来看几种基本类型，分别以各自的关键字语法标示。

- `Requires` 强依赖关系。在激活包含 `Requires` 依赖项的单元时，systemd 会尝试激活这些依赖项。如果未能激活，systemd 会停止此单元。
- `Wants` 弱依赖关系。在激活某个单元时，systemd 也会激活其中为 `Wants` 的依赖项，但并不关心这些依赖项是否被成功激活。
- `Requisite` 单元必须已经处于活跃状态。在激活含有 `Requisite` 依赖关系的单元时，systemd 会先检查依赖项的状态。如果依赖项未处于活跃状态，则无法激活此单元。
- `Conflicts` 冲突依赖关系。在激活含有 `Conflicts` 依赖关系的单元时，如果依赖项是活跃状态，systemd 会自动将其停止。有冲突的单元不能同时处于活跃状态。

`Wants` 依赖关系尤其重要，因为这种依赖关系不会将故障传播给其他单元。systemd.service(5) 手册页指出应该尽可能以这种方式指定依赖项，其中原因并不难理解。这种行为能提高系统的稳健性，带给你传统 init 的优势：先启动的组件就算失败也不一定会妨碍后续组件的启动。

可以使用 `systemctl` 命令查看单元的依赖项，只须指定依赖关系即可，比如 `Wants` 或 `Requires`。

```
# systemctl show -p type unit
```

1. 指定顺序

到目前为止，我们看到的依赖关系语法并没有明确指定顺序。例如，激活大多数包含 `Requires` 或 `Wants` 依赖关系的单元会造成这些单元同时启动。这是最佳选择，因为你希望尽快启动尽可能多的服务，以减少启动时间。但是在某些情况下，单元必须一个接一个地启动。例如，在图 6-1 所示的系统中，default.target 单元被设置为在 multi-user.target 单元之后启动（这一处顺序上的区别没有在图中显示出来）。

下列依赖关系修饰符能够以特定顺序激活单元。

- Before 当前单元先于指定的单元激活。如果 foo.target 中出现 Before=bar.target，则 systemd 会在 bar.target 之前激活 foo.target。
- After 当前单元晚于指定的单元激活。

指定顺序时，systemd 会等到某个单元处于活跃状态后再激活其依赖单元。

2. 默认依赖和隐式依赖

在研究依赖关系（尤其是使用 systemd-analyze）时，你可能会注意到某些单元的依赖关系并未在单元文件或其他可见机制中明确说明。在包含 Wants 依赖关系的 target 单元中最有可能遇到这种情况：systemd 会为该关系的依赖项添加 After 修饰符。这些附加依赖项存在于 systemd 内部，在启动时处理，并未保存在配置文件中。

自动添加到单元配置中的 After 修饰符称为**默认依赖**，旨在避免常见错误并保持较小的单元文件。这些依赖关系根据单元类型而变化。例如，systemd 不会为 target 单元添加与 service 单元相同的默认依赖。这些差异在单元配置手册页的 DEFAULT DEPENDENCIES 部分中列出，例如 systemd.service(5)和 systemd.target(5)。

可以在单元配置文件中加入 DefaultDependencies=no 来禁止该单元的默认依赖。

3. 条件依赖

可以使用多种**条件依赖**来测试操作系统（而非 systemd 单元）的不同状态。

- ConditionPathExists=p　　如果（文件）路径 p 存在，则为真。
- ConditionPathIsDirectory=p　如果 p 为目录，则为真。
- ConditionFileNotEmpty=p　　如果 p 为文件且长度不为 0，则为真。

当 systemd 尝试激活单元时，如果其中的条件依赖为假，则该单元不会被激活，不过这仅适用于条件依赖所在的单元。也就是说，如果要激活的单元包含条件依赖和单元依赖，无论条件依赖是否为真，systemd 都会尝试激活那些单元依赖。

其他依赖关系基本上都是先前介绍过的那些关系的变体。例如，在正常运行时，Requires-Overridable 就像 Requires 一样，但如果单元被手动激活，其作用则类似 Wants。完整的清单参见 systemd.unit(5)手册页。

4. [Install]区段和启用单元

到目前为止，我们一直在研究如何在依赖单元的配置文件中定义依赖关系。也可以“反其道而行之”，即在依赖项的单元文件中指定依赖单元。这可以通过在[Install]区段中添加 WantBy 或 RequireBy 来实现。该机制允许在不修改额外配置文件的情况下（比如当你不想编辑系统单元文件时）更改单元的启动时机。

考虑 6.3.4 节中的示例单元 test1.target 和 test2.target。test2.target 含有对 test1.target 的 Wants 依赖关系。经过修改后，test1.target 如下所示：

```
[Unit]
Description=test 1

[Install]
WantedBy=test2.target
```

而 test2.target 如下所示：

```
[Unit]
Description=test 2
```

因为单元中含有[Install]区段，所以在启动该单元之前需要使用 systemctl 将其**启用**。操作方法如下：

```
# systemctl enable test1.target
Created symlink /etc/systemd/system/test2.target.wants/test1.target → /etc/
systemd/system/test1.target.
```

注意这里的输出。启用某个单元其实就是在与依赖单元（本例中为 test2.target）对应的.wants 子目录中创建一个符号链接。现在，依赖关系已经就位，可以使用 systemctl start test2.target 同时启动这两个单元。

注意 *启用单元并不会将单元激活。*

要想禁用单元（并删除符号链接），按照以下方式使用 systemctl：

```
# systemctl disable test1.target
Removed /etc/systemd/system/test2.target.wants/test1.target.
```

可以借用本例中的这两个单元尝试不同的启动场景。例如，看看只启动 test1.target 会怎样，或是在不启用 test1.target 的情况下启动 test2.target 又会怎样。要么试试把 WantedBy 改为 RequiredBy。（别忘了可以使用 systemctl status 检查单元的状态。）

在正常操作期间，systemd 会忽略单元中的[Install]区段，但会注意到其存在，同时默认将该单元视为禁用。启用的单元在系统重启后依然有效。

[Install]区段通常负责系统配置目录（/etc/systemd/system）内的.wants 和.requires 目录。但是，单元配置目录（[/usr]/lib/systemd/system）也包含.wants 目录，可以添加与单元文件中的[Install]区段无关的链接。这种手动操作是添加依赖关系的一种简单方法，无须修改将来可能被覆盖的单元文件（比如软件升级），但考虑到手动添加很难追踪，所以并不特别鼓励这么做。

6.3.7 systemd的按需和资源并行启动

systemd的特性之一是能够延迟单元到绝对需要的时候启动。典型的设置如下。

(1) 为你要提供的系统服务创建一个systemd单元（单元A）。

(2) 确定单元A用来提供服务的系统资源，比如网络端口/套接字、文件或设备。

(3) 创建另一个代表资源的systemd单元（单元R）。这些单元被划分为不同的类型，比如socket单元、path单元、device单元。

(4) 定义单元A和单元R之间的关系。这通常是基于单元名称的隐式关系，但也可以是显式关系，我们很快就会看到。

准备工作完成之后，后续操作如下。

(1) 激活单元R后，systemd会监控该资源。

(2) 当外界尝试访问该资源时，systemd会阻塞资源并缓冲资源的输入。

(3) systemd激活单元A。

(4) 一旦准备就绪，单元A的服务接管资源，读取已缓冲的输入并正常运行。

这里有几处需要注意。

- 必须确保资源单元覆盖服务提供的所有资源。这一般不是问题，因为大多数服务只有一个访问点。
- 确保资源单元与相关服务单元之间的关联，隐式或显式皆可。在某些情况下，systemd可以使用各种选项以不同的方式切换服务单元。
- 并非所有的服务器都知道如何与systemd提供的资源单元交互。

如果你对 inetd、xinetd、automount 等传统实用工具有所了解，就会发现它们之间存在很多相似之处。事实上，这一概念并不新鲜，systemd甚至还支持automount单元。

1. socket单元和服务示例

我们来看一个简单的网络echo服务示例。这个例子有些难度，你可能得等到学过第9章的TCP、端口、侦听以及第10章的套接字之后才能完全理解，不过基本思路很简单。

echo服务会重复输出已连接的客户端发送的任何信息，该服务侦听TCP端口22222。我们先创建一个代表此端口的socket单元，echo.socket单元文件如下所示：

```
[Unit]
Description=echo socket

[Socket]
ListenStream=22222
Accept=true
```

注意，单元文件中并没有提及该套接字支持的服务单元。那么，对应的服务单元文件是什么？

答案是 echo@.service。两者之间的联系是通过命名约定建立的：如果服务单元文件与.socket文件有相同的前缀（这里是 echo），则当 socket 单元上有活动时，systemd 就知道激活该服务单元。在本例中，systemd 会在 echo.socket 有活动时创建 echo@.service 的实例。echo@.service 单元文件如下所示：

```
[Unit]
Description=echo service

[Service]
ExecStart=/bin/cat
StandardInput=socket
```

注意 如果你不喜欢基于前缀的隐式单元激活，或是需要使用不同的前缀关联单元，可以在单元文件中使用显式选项定义资源。例如，在 foo.service 中使用 Socket=bar.socket，使 bar.socket 将其套接字提供给 foo.service。

启动 echo.socket 单元：

```
# systemctl start echo.socket
```

现在使用 `telnet` 连接本地 TCP 端口 22222 来测试服务。该服务会将你输入的内容原封不动地输出一遍：

```
$ telnet localhost 22222
Trying 127.0.0.1...
Connected to localhost.
Escape character is '^]'.
Hi there.
Hi there.
```

如果要返回 shell，先按 CTRL-]组合键，再按 CTRL-D 组合键。要想停止服务，停止 socket单元即可：

```
# systemctl stop echo.socket
```

注意 你所用的发行版可能默认没有安装 `telnet`。

2. 实例和移交

因为 echo@.service 单元支持多个并发实例，所以名称中有一个@（回想一下，@表示参数化）。为什么需要多个实例？假设有多个网络客户端同时连接服务，你希望每个连接都有自己的实例。在本例中，服务单元必须支持多实例，因为我们在 echo.socket 中加入了 `Accept=true` 选项。

该选项指示 systemd 不仅要侦听指定端口，还要代表服务单元接受传入连接并移交给服务单元，为每个连接创建单独的实例。每个实例从连接中读取数据作为标准输入，不过实例并不需要知道数据来自网络连接。

注意　大多数网络连接需要更多的灵活性，而不仅仅是标准输入/输出的简单网关。不要指望能够用 echo@.service 这样的 service 单元文件创建复杂的网络服务。

如果 service 单元可以完成接受连接的工作，就不用在其单元文件名中添加@，也不用在 socket 单元中添加 `Accept=true`。在这种情况下，service 单元从 systemd 获得套接字的完全控制权，而 systemd 在 service 单元结束之前不会再尝试侦听网络端口。

可向 service 单元移交的资源和相关选项多种多样，我们很难给出一个分类汇总。不仅如此，这些选项的文档还分散在多份手册页中。对于面向资源的单元，请查看 systemd.socket(5)、systemd.path(5)、systemd.device(5)。对于 service 单元，systemd.exec(5)经常被人忽视，该文档包含了 service 单元在激活时如何接收资源的相关信息。

3. 使用辅助单元优化启动过程

systemd 的总体目标是简化依赖关系并缩短启动时间。像 socket 这样的资源单元提供了一种类似于按需启动的方法。我们仍然可以使用 service 单元和代表 service 单元所提供资源的辅助单元，只不过在这种情况下，systemd 会在激活辅助单元后立即启动 service 单元，而不是等待请求。

采用这种方案的原因在于，像 systemd-journald.service 这样关键的启动时 service 单元要花费一段时间来启动，其他很多单元依赖于这些单元。然而，systemd 能够快速地提供单元（比如 socket 单元）的基础资源，然后立即激活关键单元以及对其有依赖关系的单元。关键单元就绪后，就获得了资源的控制权。

图 6-2 展示了传统的顺序式系统的工作方式。在启动时间线中，服务 E 提供了基础资源 R。服务 A、B、C 均依赖于该资源（但彼此之间没有依赖关系），必须等待服务 E 启动。因为系统只有在启动了前一个服务之后才能启动新服务，所以要等待很久才能轮到服务 C 启动。

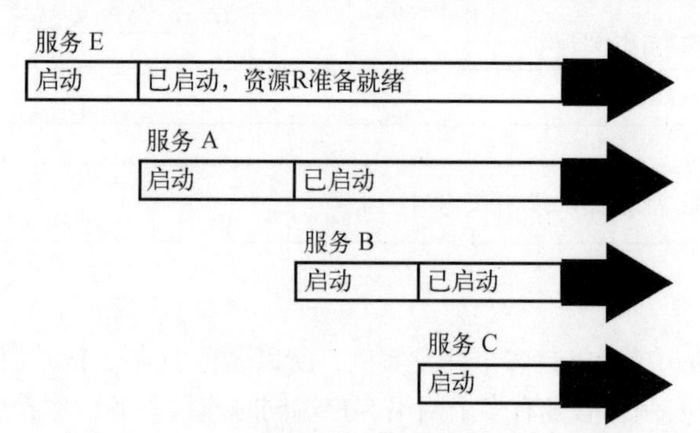

图 6-2　具有资源依赖关系的顺序式启动时间线

图 6-3 展示了一种可能的等效 systemd 启动配置。服务由单元 A、B、C、E 表示，新单元 R 表示单元 E 提供的资源。因为 systemd 在单元 E 启动的同时为单元 R 提供了接口，所以单元 A、B、C、E 可以同时启动。准备就绪后，单元 E 接管单元 R。这里值得注意的是，单元 A、B、C 在完成启动之前可能不需要访问单元 R 提供的资源。我们所做的就是为其提供尽早访问资源的选择权。

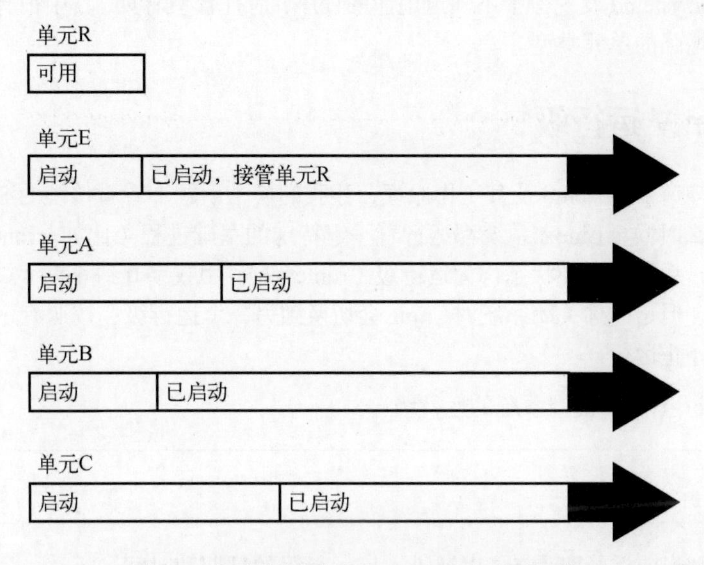

图 6-3 拥有资源单元的 systemd 启动时间线

注意 像这样并行启动时，由于大量的单元同时启动，系统可能会暂时变慢。

我们可以得出这样的结论：尽管你在本例中并未创建按需启动的单元，但是仍然用到了按需启动的特性。在日常操作中，可以在运行 systemd 的系统中查看 journald 和 D-Bus 配置单元，两者大多是以这种方式实现并行化。

6.3.8 systemd 的辅助组件

随着 systemd 越来越受欢迎，它已经直接或通过辅助兼容层支持一些与启动和服务管理无关的任务。你可能会注意到/lib/systemd 中有许多程序，它们是与这些功能相关的可执行文件。

一些特定的系统服务如下。

- udevd 我们在第 3 章已经介绍过了，它也是 systemd 的一部分。
- journald 日志服务，处理包括传统的 Unix syslog 服务在内的一些不同的日志机制。详见第 7 章。
- resolved 用于 DNS 的名称服务缓存守护进程，详见第 9 章。

所有这些服务的可执行文件均以 systemd-作为前缀。例如，systemd 集成的 udevd 服务叫作 systemd-udevd。

深入挖掘会发现其中部分程序其实不过是些简单的包装器，它们的功能是运行标准系统实用工具并将结果通知 systemd。systemd-fsck 就是一个例子。

如果你在/lib/systemd 发现一个不知道用途的程序，请查看手册页，其中很有可能描述了该程序的功用及其要增强的单元类型。

6.4　System V 运行级

现在你已经知道了 systemd 及其工作原理，让我们换个话题，看看传统的 System V init 的某些方面。无论什么时候，Linux 系统都运行着一组特定的基础进程（比如 crond 和 udevd）。在 System V init 中，系统的这种状态称为**运行级**（runlevel），用数字 0 到 6 表示。系统大部分时间处于某个运行级，但是当你关闭系统时，init 会切换到另一个运行级，按照有序的方式终止系统服务并告诉内核停止运行。

可以使用 who -r 命令检查系统的运行级：

```
$ who -r
run-level 5  2019-01-27 16:43
```

从输出中可知当前运行级为 5，以及进入该运行级的日期和时间。

运行级有多种用途，但最常见的是区分系统启动、关闭、单用户模式以及控制台模式。例如，大多数系统传统上将运行级 2 到 4 用于文本控制台，运行级 5 则表示系统启动了 GUI 登录。

不过运行级正在成为历史。尽管 systemd 仍未放弃支持，但传统的运行级不再适合作为系统的最终状态，而更倾向于使用 target 单元。就 systemd 而言，运行级的存在主要是为了启动那些只支持 System V init 脚本的服务。

6.5　System V init

System V init 是 Linux 最早使用的 init 实现之一，其核心思想是通过精心构建的启动序列来支持不同运行级的有序启动。System V init 如今在大多数服务器和桌面系统中并不常见，不过你可能会在 7.0 版本之前的 RHEL 以及嵌入式 Linux 环境（比如路由器和手机）中遇到它。此外，一些较老的包可能只提供为 System V init 设计的启动脚本，systemd 可以使用兼容模式处理这类脚本（参见 6.5.5 节）。我们将在此介绍一些相关的基础知识，但是请记住，本节所讲的内容你在现实中也许用不着。

典型的 System V init 实现包含两部分：核心配置文件和由众多符号链接扩充的一大堆启动脚本。一切都从配置文件/etc/inittab 开始。如果你使用 System V init，在 inittab 文件中找到下面这行：

```
id:5:initdefault:
```

这表明默认运行级是 5。

inittab 中的每一行均被冒号分隔为 4 个字段，每个字段的含义如下。

(1) 唯一标识符（一个短字符串，比如上例中的 id）。
(2) 运行级数字（可以有多个）。
(3) init 应该采取的操作（上例中是将默认运行级设为 5）。
(4) 要执行的命令（可选）。

要想知道 inittab 文件中的命令是如何工作的，考虑下面这行：

```
l5:5:wait:/etc/rc.d/rc 5
```

这一行非常重要，因为它触发了大多数的系统配置和服务。这里，wait 操作决定了 System V init 何时以及如何运行命令：在进入运行级 5 时运行一次/etc/rc.d/rc 5，然后等待该命令结束之后再执行其他操作。rc 5 命令执行/etc/rc5.d 中以数字开头的任何内容（按数字顺序）。我们稍后将对此展开详述。

下面是除 initdefault 和 wait 之外最常见的 inittab 操作。

- respawn：respawn 操作告诉 init 执行之后的命令，如果该命令已结束，则再执行一次。你可能会在 inittab 文件中看到以下内容：

  ```
  1:2345:respawn:/sbin/mingetty tty1
  ```

  getty 程序提供登录提示符。上面这行用于第一个虚拟控制台（/dev/tty1），也就是当你按下 ALT-F1 组合键或 CTRL-ALT-F1 组合键看到的控制台（参见 3.4.7 节）。respawn 操作会在你注销之后重新显示登录提示符。
- ctrlaltdel：ctrlaltdel 操作控制着在虚拟控制台中按下 CTRL-ALT-DEL 组合键时系统的处理方式。对于大多数系统，会使用 shutdown 命令重启系统（参见 6.6 节）。
- sysinit：sysinit 操作是启动时（在进入任何运行级之前）init 应该做的第一件事。

注意 更多可用操作，参见 inittab(5)手册页。

6.5.1 System V init：启动命令序列

现在让我们来看看在登录之前，System V init 是如何启动系统服务的。回想一下 inittab 中的这一行：

```
l5:5:wait:/etc/rc.d/rc 5
```

短短的一行会触发很多其他程序。事实上，rc 代表 run commands（运行命令），很多人也将命令称作脚本、程序或服务。但这些命令位于何处？

行中的 5 表明我们现在讨论的是运行级 5。命令可能位于/etc/rc.d/rc5.d 或/etc/rc5.d（运行级 1 使用 rc1.d，运行级 2 使用 rc2.d，以此类推）。例如，你可能会在 rc5.d 目录中发现以下条目：

```
S10sysklogd    S20ppp          S99gpm
S12kerneld     S25netstd_nfs   S99httpd
S15netstd_init S30netstd_misc  S99rmnologin
S18netbase     S45pcmcia       S99sshd
S20acct        S89atd
S20logoutd     S89cron
```

命令 rc 5 通过依次执行以下命令来启动 rc5.d 目录中的程序：

```
S10sysklogd start
S12kerneld start
S15netstd_init start
S18netbase start
--略--
S99sshd start
```

注意各个命令的 start 参数。命令名中的大写字母 S 表示该命令应该运行在 start 模式，数字（00 到 99）决定了 rc 启动该命令的顺序。rc*.d 命令通常是 shell 脚本，用于启动/sbin 或/usr/sbin 中的程序。

通常可以使用 less 或其他分页程序查看脚本，了解特定命令的用途。

注意　有些 rc*.d 目录中包含以 K（代表 kill，或者 stop 模式）起始的命令。在这种情况下，rc 使用 stop 参数代替 start 执行该命令。你最有可能在关闭系统的运行级中碰到 K 命令。

可以手动执行这些命令，不过通常是通过 init.d 目录而非 rc*.d 来执行，我们接下来会讲到。

6.5.2　System V init 链接池

rc*.d 目录实际上包含的是指向另一个目录 init.d 中文件的符号链接。如果要对 rc*.d 目录中的服务进行添加、删除或修改，就需要了解这些符号链接。rc5.*目录的长格式列表展示了以下结构：

```
lrwxrwxrwx . . . S10sysklogd -> ../init.d/sysklogd
lrwxrwxrwx . . . S12kerneld -> ../init.d/kerneld
lrwxrwxrwx . . . S15netstd_init -> ../init.d/netstd_init
lrwxrwxrwx . . . S18netbase -> ../init.d/netbase
```

```
--略--
lrwxrwxrwx . . . S99httpd -> ../init.d/httpd
--略--
```

像这样跨多个子目录的大量符号链接称为**链接池**。Linux 发行版包含这些链接是为了所有运行级使用相同的启动脚本。这是一种约定，并非要求，但是它简化了组织结构。

1. 启动和停止服务

可以使用 init.d 目录中的脚本手动启动和停止服务。例如，手动启动 Web 服务器程序 httpd 的方法是执行 `init.d/httpd start`。与此类似，要想停止服务，则使用 `stop` 参数（如 `httpd stop`）。

2. 修改启动顺序

在 System V init 中改变启动顺序通常是通过修改链接池实现的。最常见的改动是阻止 init.d 目录中的某些命令在特定运行级执行。然而，在选择实现方法时一定要小心。例如，你可能考虑删除相应的 rc*.d 目录中的符号链接。但如果你需要恢复该链接时，可能会发现已经记不住准确的名称了。一种不错的办法是在符号链接名开头加上一个下划线（_），就像这样：

```
# mv S99httpd _S99httpd
```

rc 会忽略_S99httpd，因为该文件名不是以 S 或 K 开头，但是原文件名依然能表明其用途。

要想添加服务，在 init.d 目录中创建一个类似的脚本，然后在相应的 rc*.d 命令中生成符号链接。最简单的方法是在 init.d 目录中找一个你能理解的脚本，复制并修改（关于 shell 脚本，详见第 11 章）。

添加服务时，在启动序列中选择一个合适的启动位置。如果该服务启动得太早，可能会由于依赖其他服务而无法工作。对于不重要的服务，大多数系统管理员更喜欢数字 90，这使得该服务排在大多数系统服务之后才启动。

6.5.3 run-parts

System V init 用于运行 init.d 脚本的机制已经被许多 Linux 系统所采用，无论是否使用的是 System V init。有一个名为 `run-parts` 的实用工具，它只做一件事：以某种可预测的顺序运行指定目录下的一堆可执行程序。你可以将 `run-parts` 想象成一个人，他在某个目录中输入 `ls` 命令，然后运行输出中列出的任何程序。

`run-parts` 的默认行为是运行目录中的所有程序，不过可以选择只运行其中部分程序。在某些发行版中，不需要过多地控制要运行的程序。例如，Fedora 就自带了一个非常简单的 `run-parts` 实用工具。

其他发行版（比如 Debian 和 Ubuntu）则提供了更为复杂的 `run-parts`。其特性包括能够基于正则表达式来匹配要运行的程序（例如，使用正则表达式 S[0-9]{2}运行/etc/init.d 运行级目录中的所有“启动”脚本）以及向程序传入参数。这种能力允许你以单个命令启动和停止 System V 运行级。

不需要了解 run-parts 的用法细节。事实上，大多数人甚至不知道还有这么个东西。要记住的就是，它会不时地出现在脚本中，其存在就是为了运行给定目录中的程序。

6.5.4 控制 System V init

有时候，你得给 init 一点提示，告诉它切换运行级、重新读取配置或关闭系统。要控制 System V init，可以使用 telinit 命令。例如，要切换到运行级 3：

```
# telinit 3
```

在切换运行级时，init 会尝试杀死 inittab 文件中未对应新运行级的进程，所以一定要小心。

如果需要添加或删除作业，或对 inittab 文件进行修改，必须告知 init，使其重新加载 inittab 文件。可以使用 telinit 命令实现：

```
# telinit q
```

也可以使用 telinit s 命令切换到单用户模式。

6.5.5 systemd 的 System V 兼容性

systemd 区别于其他新生代 init 系统的一个特性是，它试图更完整地跟踪由兼容 System V 的 init 脚本启动的服务，其工作方式如下。

(1) 首先，systemd 激活 runlevel<N>.target，其中 N 是运行级。

(2) 对于/etc/rc<N>.d 内的每个符号链接，systemd 会识别/etc/init.d 中的脚本。

(3) systemd 将脚本名称与服务单元关联（例如，/etc/init.d/foo 与 foo.service 关联）。

(4) systemd 激活服务单元并根据其在 rc<N>.d 中的名称使用 start 或 stop 参数运行脚本。

(5) systemd 尝试将脚本中的进程与服务单元关联。

由于 systemd 创建了与服务单元名称之间的关联，因此可以用 systemctl 来重启服务或查看其状态。但不要指望 System V 兼容模式能创造什么奇迹。例如，它仍然必须以串行方式运行 init 脚本。

6.6 关闭系统

init 控制着如何关闭和重启系统。不管你使用是哪个版本的 init，关闭系统的命令都是一样的。

关闭 Linux 系统的正确方法就是使用 shutdown 命令。

shutdown 有两种基本用法。如果你选择停机，则会关闭计算机并保持关机状态。下列命令可以让计算机立即停机：

```
# shutdown -h now
```

在大多数计算机和 Linux 版本上，停机会切断计算机的电源。也可以重启计算机，使用-r 代替-h 即可。

关闭系统要花费一些时间。在此过程中，不要复位或断电。

在上例中，now 是关闭系统的时间。时间参数必须指定，但指定方法有很多。如果希望系统在将来的某个时间关闭，可以使用+n，其中 n 是 shutdown 在执行前应该等待的分钟数。其他选项参见 shutdown(8)手册页。

要想让系统在 10 分钟后重启，可以输入：

```
# shutdown -r +10
```

在 Linux 中，shutdown 会提醒所有已登录的用户系统将要关闭，但仅此而已。如果你指定的时间参数不是 now，shutdown 会创建文件/etc/nologin。如果该文件存在，系统禁止超级用户之外的所有用户登录。

等系统关闭时间已到，shutdown 告诉 init 开始关闭操作。对于 systemd，这意味着激活 shutdown 单元；对于 System V init，则意味着将运行级改为 0（停机）或 6（重启）。不管 init 的实现或配置，该过程一般如下。

(1) init 要求所有进程妥善结束。
(2) 如果有进程没有按时响应，init 会先尝试使用 TERM 信号将其杀死。
(3) 如果 TERM 信号无效，init 则使用 KILL 信号。
(4) 锁定系统文件，完成系统关闭的其他准备工作。
(5) 卸载除根文件系统之外的其他所有文件系统。
(6) 重新将根文件系统以只读形式挂载。
(7) 使用 sync 程序将所有已缓冲的数据写入文件系统。
(8) 最后一步是使用 reboot(2)系统调用告诉内核重启或停机。这一步可以由 init 或辅助程序实现，比如 reboot、halt 或 poweroff。

根据调用方式的不同，reboot 和 halt 程序的行为也有所不同，这可能会造成混淆。默认情况下，这些程序使用-r 或-h 选项调用 shutdown。然而，如果系统的运行级已经处于 0（停机）或 6（重启），程序会告诉内核立即关闭。如果你着急关闭计算机，顾不上非正常关机可能造成的损坏，可以使用-f（force，强制）选项。

6.7 初始 RAM 文件系统

Linux 的大部分启动过程相当直观。然而，其中一个组件总是让人感到有些困惑：initramfs，即初始 RAM 文件系统。可以将其想象成一个小小的用户空间楔子（user-space wedge），出现在正常的用户模式开启之前。但首先，让我们谈谈为什么要有 initramfs。

这个问题源于许多不同种类的存储硬件的可用性。记住，Linux 内核不通过 PC BIOS 接口或 EFI 获取磁盘数据，所以为了挂载其根文件系统，内核需要获得能够支持底层存储机制的驱动程序。如果根目录挂载在与第三方控制器连接的 RAID 阵列，内核首先要有该控制器的驱动程序。遗憾的是，存储控制器的驱动程序太多了，发行版无法将它们全部纳入内核，因此许多驱动程序是作为可加载模块提供的。但是可加载模块是文件，如果内核没有事先挂载好文件系统，就无法加载所需的驱动程序模块。

解决方法是将内核驱动程序模块连同一些其他实用工具收集到一个归档文件中。在运行内核之前，由启动加载器将此文件载入内存。内核在启动时将归档文件的内容读入一个临时 RAM 文件系统（initramfs），后者被挂载在/目录，然后切换到 initramfs 中的 init。initramfs 中包含的实用工具允许内核为真正的根文件系统加载必要的驱动程序模块。最后，实用工具挂载真正的根文件系统并启动真正的 init。

具体实现方式各不相同，而且在不断发展。在某些发行版中，initramfs 中的 init 是一个非常简单的 shell 脚本，用于启动 udevd 来加载驱动程序，然后挂载真正的根文件系统并从中执行 init。对于使用 systemd 的发行版，你通常会在其中看到整个 systemd，但没有单元配置文件，只有一些 udevd 配置文件。

初始 RAM 文件系统有一个基本特点从始至终从未改变：你可以在不需要时绕过它。也就是说，如果内核包含了挂载根文件系统所需的全部驱动程序，就可以在启动加载器配置中省去初始 RAM 文件系统，这会略微缩短启动时间。你可以在启动时使用 GRUB 菜单编辑器删除 initrd 一行来尝试一下。（最好别修改 GRUB 配置文件，否则出错很难修复。）但是初始 RAM 文件系统逐渐变得难以绕过，因为通用发行版内核可能不具备按 UUID 挂载等特性。

可以查看初始 RAM 文件系统的内容，但多少要花点心思。大多数系统现在使用的是由 `mkinitramfs` 创建的归档，可以使用 `unmkinitramfs` 将其解开。其他系统可能会使用较旧的 `cpio` 压缩归档（参见 cpio(1) 手册页）。

初始 RAM 文件系统的 init 过程接近尾声时的“pivot”阶段尤为值得关注。这部分负责删除临时文件系统的内容（为了节省内存），并永久地切换到真正的根文件系统。

你通常不会自己动手创建初始 RAM 文件系统，因为这实在不是一个令人愉悦的过程。有很多实用工具可用于创建初始 RAM 文件系统映像（你的发行版可能就提供），其中最常见的是 `mkinitramfs` 和 `dracut`。

注意 术语“初始 RAM 文件系统（initramfs）”指的是使用 cpio 归档作为临时文件系统源的实现。还有一个旧版本叫“初始 RAM 磁盘（initrd）”，以磁盘映像作为临时文件系统基础。后者如今已经被弃用了，因为 cpio 归档更容易维护。不过，你经常会看到使用 initrd 指代基于 cpio 的初始 RAM 文件系统，文件名和配置文件中往往还会出现 initrd 的字眼。

6.8 紧急启动和单用户模式

当系统出现问题时，你的第一选择通常是使用发行版的即时映像或专用的恢复映像（比如 SystemRescueCD）来启动系统，这些映像都可以放置在可移动存储设备上。即时映像就是一个无须安装即可启动并运行的 Linux 系统，大多数发行版的安装映像大小是即时映像的两倍。常见的系统修复任务如下。

- 系统崩溃后检查文件系统。
- 重置遗忘的密码。
- 修复关键文件存在的问题，比如/etc/fstab 和/etc/passwd。
- 系统崩溃后恢复备份。

快速启动至可用状态的另一个选项是**单用户模式**。思路是系统不启动整套服务，而是快速启动到 root shell。在 System V init 中，单用户模式通常是运行级 1，在 systemd 中则由 rescue.target 表示。可能需要输入 root 密码才能进入单用户模式。

单用户模式的最大问题是不够便利。网络几乎不可用（就算可用，也基本没法用），GUI 就别想了，甚至连终端都可能无法正常工作。有鉴于此，即时映像基本上总是首选。

6.9 展望

你现在已经懂得了 Linux 系统的内核和用户空间启动阶段，以及 systemd 在此之后是如何跟踪各种服务的。接下来，我们将稍微深入用户空间，探索两个领域。首先是各种系统配置文件，所有的 Linux 程序在与用户空间的某些元素打交道时都会用到这些文件。然后再看看 systemd 启动的基本服务。

第7章

系统配置：日志、系统时间、批处理作业和用户

当你第一次翻看/etc目录，想研究一下系统配置时，里面的文件多得可能会让人有点不知所措。好在尽管大多数文件或多或少会影响系统运行，但值得关注的只是少数。

本章要介绍一些系统组件，有了它们，日常的用户级软件（参见第2章）便能够访问系统的基础设施（参见第4章）。我们将重点介绍以下内容。

- 系统日志。
- 系统库为获取服务器和用户信息而访问的配置文件。
- 系统引导时运行的部分服务程序（有时也称为守护进程）。
- 用于改动服务程序和配置文件的实用工具。
- 时间配置。
- 周期性任务调度。

随着 systemd 的广泛使用，典型 Linux 系统中独立的基础守护进程数量也得以减少。例如 systemd 内建的守护进程（journald）已经代替了系统日志守护进程（syslogd）。不过，一些传统的守护进程仍然还在，比如 crond 和 atd。

和前几章一样，本章不涉及联网的相关内容，网络作为系统独立的组成部分到第9章再介绍。

7.1 系统日志

大多数系统程序会将自己的诊断信息作为消息写入 syslog 服务。传统的 syslogd 守护进程的服务方式是等着消息到来，收到之后再将其发送至相应的通道，比如文件或数据库。在如今的大

多数系统中，这些工作基本上是由 journald（systemd 自带）负责。虽然本书的重点是 journald，但也兼顾了 syslog 的许多方面。

系统日志程序是系统最重要的组成部分之一。当你无法确定故障源头的时候，检查日志始终是明智之举。如果有 journald，可以借助 journalctl 命令检查日志，参见 7.1.2 节。如果系统比较陈旧，那就得自己动手了。不管是哪种情况，日志消息类似于下面这样：

```
Aug 19 17:59:48 duplex sshd[484]: Server listening on 0.0.0.0 port 22.
```

日志消息通常包含了进程名称、进程 ID、时间戳等重要信息。此外还可以再加上两个字段：**设施**（一般类别）和**严重性**（消息有多紧急）。我们稍后详述。

由于新旧软件混用，理解 Linux 系统的日志功能并非易事。有些发行版（比如 Fedora）默认只支持 journald，而其他发行版除了 journald，还会同时运行 syslogd 的某个旧版本（比如 rsyslogd）。更老一些的发行版和一些专用系统可能压根就不用 systemd，只配备了某个版本的 syslogd。此外，有些软件系统则完全绕过标准化日志记录功能，自主编写日志系统。

7.1.1 检查日志设置

先动手确认一下你自己用的是哪种日志系统。

(1) 如果你用了 systemd，那基本上可以肯定是 journalld。尽管你可以在进程列表中查找 journald，但最简单的方法是直接执行 journalctl 命令。如果 journald 正在运行，你就会看到分页显示的日志消息。

(2) 检查 rsyslogd。查找 rsyslogd 进程和/etc/rsyslog.conf 文件。

(3) 如果没找到 rsyslogd，那就查找目录/etc/syslog-ng，看看有没有 syslog-ng（syslogd 的另一个版本）。

继续在/var/log 中查找日志文件。如果你安装了某个版本的 sysylogd，该目录中应该会有不少文件，其中大多数是 syslog 守护进程创建的。不过，也有些文件由其他服务负责维护，比如 wtmp 和 lastlog，last 和 lastlog 等实用工具为了获取登录记录需要访问这些日志文件。

此外，在/var/log 中可能还有一些包含日志的子目录。这些日志几乎都来自其他服务，其中/var/log/journal 是 journald 存储其（二进制）日志文件的地方。

7.1.2 搜索和监控日志

除非你没有 journald，或者你搜索的日志文件是其他工具维护的，否则翻查日志是免不了的事。如果不指定参数，journalctl 会把日志中的所有消息按照时间先后（和在日志文件中出现顺序一样）一股脑全都吐出来。好在 journalctl 默认使用分页程序（比如 less）来显示信息，以免终端被日志消息淹没。分页程序可以用来搜索日志消息，journalctl -r 可以按照消息时间倒序输出，但还有更好的方法来搜索日志。

> **注意**　要获得对日志消息的完全访问权，你需要以 root 或 adm/systemd-journal 组成员的身份执行 journalctl 命令。大多数发行版的默认用户具有访问权限。

在命令行中加入日志字段，就可以按字段搜索日志。例如，journalctl _PID=8792 可以搜索 PID 为 8792 的进程所产生的消息。然而，依靠强大的过滤功能则可以应对更多的场面。你可以根据需要指定一个或多个搜索条件。

1. 按时间过滤

-S（since）是缩小特定时间范围最有用的选项之一。来看一种最简单有效的用法：

```
$ journalctl -S -4h
```

其中的-4h 貌似选项，但其实是一个时间规格，它告诉 journalctl 在当前时区中搜索过去 4 个小时的消息。你也可以使用特定的日期和/或时间组合：

```
$ journalctl -S 06:00:00
$ journalctl -S 2020-01-14
$ journalctl -S '2020-01-14 14:30:00'
```

-U（until）选项的工作方式相同，用于指定 journalctl 检索消息时的截止时间。不过该选项不怎么实用，因为你通常会翻页查看或搜索消息，找到想要的内容就退出了。

2. 按单元过滤

获取相关日志的另一种快速有效的方法是按 systemd 单元进行过滤。这要用到-u 选项，如下所示：

```
$ journalctl -u cron.service
```

按单元过滤时，通常可以忽略单元类型（本例中为.service）。

如果你不知道单元名称，可以尝试使用下列命令列出日志中的所有单元：

```
$ journalctl -F _SYSTEMD_UNIT
```

-F 选项显示日志中特定字段的所有值。

3. 查找字段

你有时候不知道要搜索哪个字段。下列命令可以列出所有的可用字段：

```
$ journalctl -N
```

以下划线开头的字段（比如上例中的_SYSTEMD_UNIT）都是可信字段，因为发送日志消息的客户端无法更改这些字段。

4. 按文本过滤

搜索日志文件的经典方法是对所有文件中运行 grep，以期在文件中找到相关的行或位置，从而获得更多信息。也可以使用-g 选项通过正则表达式搜索日志消息，如下所示，该命令返回内容中先后出现 kernel 和 memory 的消息：

```
$ journalctl -g 'kernel.*memory'
```

遗憾的是，如果按照这种方式搜索日志，你只能得到与指定正则表达式匹配的消息。重要信息往往可能就在相关时间点附近。因此，要尝试从匹配中挑选出时间戳，然后使用稍早的时间运行 journalctl -S，查看大约在同一时间出现的消息。

> **注意** 只有通过特定库构建的 journalctl 才能使用-g 选项，有些发行版并不包含支持该选项的版本。

5. 按启动过滤

你经常需要查看系统启动时或关闭（及重启）之前产生的日志。获取从开机到关机这段时间的消息并不难。使用-b 选项可以查看系统当前启动的相关消息：

```
$ journalctl -b
```

也可以加入偏移量，例如使用-1 查看从上次启动开始的相关消息：

```
$ journalctl -b -1
```

> **注意** 可以将-b 和-r（reverse）选项结合起来，快速检查系统上一次是否顺利关闭。如果命令输出如下所示，说明没有问题：
>
> ```
> $ journalctl -r -b -1
> -- Logs begin at Wed 2019-04-03 12:29:31 EDT, end at Fri 2019-08-02 19:10:14
> EDT. --
> Jul 18 12:19:52 mymachine systemd-journald[602]: Journal stopped
> Jul 18 12:19:52 mymachine systemd-shutdown[1]: Sending SIGTERM to remaining
> processes...
> Jul 18 12:19:51 mymachine systemd-shutdown[1]: Syncing filesystems and block
> devices.
> ```

也可以使用ID代替像-1这样的偏移量来查看某次启动。以下命令可以列出启动ID：

```
$ journalctl --list-boots
-1 e598bd09e5c046838012ba61075dccbb Fri 2019-03-22 17:20:01 EDT—Fri 2019-04-12
08:13:52 EDT
 0 5696e69b1c0b42d58b9c57c31d8c89cc Fri 2019-04-12 08:15:39 EDT—Fri 2019-08-02
19:17:01 EDT
```

最后，可以使用命令 journalctl -k 来显示内核消息（无论是否选择特定的启动）。

6. 按严重性/优先级过滤

有些程序产生的大量诊断消息会掩盖重要的日志。可以在-p选项之后指定一个从0（最重要）到7（最不重要）的值，按严重性进行过滤。例如，要获取0~3级的日志：

```
$ journalctl -p 3
```

如果只需要特定级别范围的日志，可以使用..语法：

```
$ journalctl -p 2..3
```

按严重性过滤听起来似乎能节省不少时间，但事实可能没你想得那么美好。大多数程序默认产生的日志有限，只有部分程序提供了配置选项，允许输出更详尽的日志。

7. 简单的日志监控

传统的日志监控方法之一是对日志文件使用tail -f或less的跟踪模式（less +F），实时查看系统日志服务生成的消息。这并不是一种非常有效的做法（容易漏看），但在排查问题，或是近距离实时观察启动行为和操作的时候还是能派上用场的。

tail -f不适用于journald，因为后者使用的不是纯文本文件，但可以使用journalctl -f实现相同的效果：

```
$ journalctl -f
```

这个简单的命令已经足以满足大部分需求。但如果系统源源不断地产生你不感兴趣的日志消息，不妨加入一些先前讲过的过滤选项。

7.1.3　日志文件轮替

当你使用syslog守护进程时，系统产生的日志消息都会被写入某个日志文件，这意味着你得时不时删除旧的日志消息，避免存储空间被消耗殆尽。在这一点上，不同发行版的处理方式各不相同，不过大多数选择logrotate实用工具。

logrotate 使用的机制称为**日志轮替**（log rotation）。在传统的文本日志文件中，最早的消息位于文件开头，最近的消息位于文件末尾，很难仅靠删除文件中较早的消息来释放存储空间。logrotate 的做法是将日志分成多个块。

假设/var/log 中有一个名为 auth.log 的日志文件，其中包含了最近的日志消息。该文件被分成 3 块：auth.log.1、auth.log.2、auth.log.3，消息越早，末尾的数字越大。当 logrotate 决定删除部分旧数据时，会按照以下方法“轮替”文件。

(1) 删除最早的文件 auth.log.3。

(2) 将 auth.log.2 重命名为 auth.log.3。

(3) 将 auth.log.1 重命名为 auth.log.2。

(4) 将 auth.log.重命名为 auth.log.1。

具体名称和细节因发行版而异。例如，Ubuntu 的配置规定 logrotate 应该压缩从位置“1”变为位置“2”的文件，所以在前面的例子中，你会得到 auth.log.2.gz 和 auth.log.3.gz。对于其他发行版，logrotate 使用日期后缀（比如-20240530）重命名日志文件。这种方案便于找出具体时间的日志文件。

你可能想知道，如果 logrotate 在另一个工具（比如 rsyslogd）写入日志文件的同时执行轮替会发生什么。假设日志程序打开日志文件写入，但在 logrotate 进行重命名时并没有关闭该文件。在这种不太常见的情况下，日志消息会被成功写入，因为在 Linux 中，一旦文件被打开，I/O 系统无法知道它是否被重命名。但注意，日志消息会出现在拥有新名称的文件中，比如 auth.log.1。

如果 logrotate 在日志程序打开文件前已经完成了重命名操作，open()系统调用会创建一个新的日志文件（比如 auth.log），就像没运行过 logrotate 一样。

7.1.4 日志维护

保存在/var/log/journal 中的日志无须轮替，因为 journald 本身能够识别和删除旧消息。与传统的日志管理不同，journald 通常根据日志所在文件系统的剩余空间、日志应占文件系统的百分比，以及所设置的最大日志大小来决定删除消息。还有其他一些日志管理选项，例如日志消息所允许的最长期限。你可以在 journald.conf(5)手册页中找到默认设置和其他设置的说明。

7.1.5 深入了解系统日志记录

现在你已经看到了 syslog 和日志的一些操作细节，是时候思考一下日志记录为什么采用这种方式了。接下来的讨论偏理论，你可以跳到下一个主题。

在 20 世纪 80 年代，出现了一处技术空白：Unix 服务器需要记录诊断信息，但当时缺少实现标准。当 syslog 伴随着 sendmail 电子邮件服务器一起出现时，其他服务的开发者也纷纷采用。RFC 3164 描述了 syslog 的演变历程。

syslog的机制十分简单。传统的syslogd侦听并等待接收发往Unix域套接字/dev/log的消息。syslogd的另一个强大之处在于除了/dev/log，还能侦听网络套接字，这使得客户端能够通过网络发送消息。

如此一来，就可以将整个网络的所有syslog消息汇集至单个日志服务器，syslog因此在网络管理员之间变得非常流行。很多网络设备，比如路由器和嵌入式设备，可以作为syslog客户端向服务器发送自己的诊断消息。

syslog采用经典的客户端-服务器架构，拥有自己的协议（目前由RFC 5424定义）。然而，该协议并非一开始就是标准，早期版本除了一些基本信息外并没有太多的结构。使用syslog的程序员需要自己设计一种具有描述性、清晰且简洁的日志消息格式。随着时间的推移，该协议在增加新特性的同时，仍尽可能保持向后兼容性。

1. 设施、严重性以及其他字段

因为syslog会将不同服务的各种消息发往不同的目标，所以需要设法对消息进行分类。传统方法是使用设施（facility）和严重性（severity）的编码值，这些值通常（但不总是）包含在消息中。除了文件输出，即便是非常旧的syslogd版本也能根据消息的设施和严重性将重要消息发往控制台，并直接发送给特定的登录用户。这便是早期的系统监控工具。

设施是对服务的一种分类，用于识别发送消息的对象。设施包括服务和系统组件，比如内核、邮件系统和打印机。

严重性是日志消息的紧急程度。分为8个等级，编号从0到7，通常按名称引用，不过这些名称不太一致，并且在不同的实现中有所不同：

```
0: emerg        4: warning
1: alert        5: notice
2: crit         6: info
3: err          7: debug
```

设施和严重性共同构成了**优先级**，打包成syslog协议中的一个数字。这些字段及其含义可以参考RFC 5424，如何在应用程序中指定相关字段可以参考syslog(3)手册页，如何匹配字段可以参考rsyslog.conf(5)手册页。但是，如果你想将这一套搬到journald的世界，可能会有些乱，因为严重性在这里被称为优先级（比如，可以看看journalctl -o json输出的机器可以处理的日志）。

遗憾的是，当你开始仔细研究协议中优先级部分的细节时，你会发现它没有跟上操作系统其他方面的变化和需求。严重性定义仍然适用，但可用的设施是固定的，并且包括很少用到的服务（比如UUCP），没有办法定义新的设施（只有local0到local7这些通用设施可供用户自定义使用）。

我们讨论了日志数据中的其他一些字段，但RFC 5424还包括对结构化数据的规定，即可供程序员自定义字段的"键-值"对集合。虽然这些数据可用于 journald，但需要额外的工作，更常见的做法是将其发送到其他类型的数据库。

2. syslog 和 journald 之间的关系

journald 在某些系统上已经完全取代了 syslog。你可能会问，为什么 syslog 还没有彻底消失？主要原因有两个。

- syslog 有一种定义明确的方法来聚合多个机器上的日志。当日志汇集一处时，监控起来要容易得多。
- 像 rsyslogd 这样的 syslog 版本实现了模块化，具有很多不同的输出格式（包括日志格式），还能输出到数据库。这使其更易于连接到各种分析和监控工具。

相比之下，jouranld 的重点在于采集单个机器的日志输出并将其组织成单一格式。

journald 能够将日志送入不同的日志记录器，当你想要执行更复杂的操作时，该功能带来了高度的灵活性。尤其是 systemd 可以收集 server 单元的输出并将其发送到 journald，这样一来，你可以访问到的日志数据甚至比应用程序发送给 syslog 的还要多。

3. 关于日志记录的最后说明

随着 Linux 系统的发展，日志记录功能发生了显著的变化。几乎可以肯定，这种演变还将继续。目前，在单个机器上采集、存储和检索日志的过程已经有了明确清晰的流程，但仍然还有尚未标准化的部分。

首先，当你想要在网络上聚合和存储日志时，可用的选项令人眼花缭乱。中央日志服务器不再是简单地将日志保存为文本文件，如今的日志可以进入数据库，而且中央服务器本身往往也被互联网服务所取代。

其次，日志的使用方式发生了变化。日志曾经并不被视为"真正的"数据，其主要用途就是作为人类管理员在出现故障时能够查阅的一种资源。然而，随着应用程序变得越来越复杂，日志记录相关的需求也与日俱增。新的需求包括搜索、提取、显示以及分析日志数据。尽管在数据库中存储日志的方法有很多，但在应用程序内的日志工具尚处于起步阶段。

最后，还要确保日志是可信的。最初的 syslog 没有任何认证，只是无条件相信任何应用程序和（或）机器发送的日志都是真实的。此外，日志也没有加密，很容易被网络嗅探。这在要求高安全性的网络中属于严重风险。当代的 syslog 服务器有一套标准方法对日志消息进行加密并认证来源。但就单个应用程序而言，情况就不那么明朗了。例如，你怎么肯定自称是 Web 服务器的那个家伙真的就是 Web 服务器呢？

本章随后会讨论一些比较高级的认证主题。但现在，我们先来了解一下系统中配置文件的基本组织方式。

7.2 /etc的结构

Linux 系统的大多数配置文件放在/etc 目录。过去每个程序或系统服务都有一个或多个配置文件，由于 Unix 系统的组件众多，/etc 内的配置文件数量也水涨船高。

这种组织方式存在两个问题：一是难以找到特定的配置文件，二是不便于维护系统配置。例如，想修改 sudo 的配置，得编辑/etc/sudoers。但是自定义配置在发行版升级后会全部消失，因为升级操作会覆盖/etc 中的所有配置文件。

多年来的习惯做法是将系统配置文件放在/etc 的子目录中，systemd 也是这么做的（使用/etc/systemd）。尽管/etc 中仍有一些单独的配置文件，但是如果你执行 `ls -F /etc`，会看到如今其中的大多数条目是子目录。

为了解决配置文件被覆盖的问题，可以将自定义配置放入配置子目录（比如/etc/grub.d）中的文件内。

哪些配置文件可以放入/etc？基本准则是：单机的自定义配置，比如用户信息（/etc/passwd）和网络参数（/etc/network）。一般的应用细节，比如发行版的用户界面默认值，则不属于/etc。不需要定制的系统默认配置文件通常也放在其他地方，比如预打包的 systemd 单元文件就在/usr/lib/systemd 中。

你已经见过了一些启动配置文件。接下来让我们继续介绍系统的用户配置文件。

7.3 用户管理文件

Unix 系统支持多个独立用户。在内核层面，用户就是一个数字（用户 ID）而已，因为名字比数字更好记，所以在管理 Linux 的时候通常使用的都是用户名（或登录名）。用户名仅存在于用户空间，凡是涉及用户名的程序在同内核打交道时都需要找出该用户名对应的用户 ID。

7.3.1 /etc/passwd文件

纯文本文件/etc/passwd 将用户名映射为用户 ID。该文件内容如清单 7-1 所示。

清单 7-1　/etc/passwd 中的用户列表

```
root:x:0:0:Superuser:/root:/bin/sh
daemon:*:1:1:daemon:/usr/sbin:/bin/sh
bin:*:2:2:bin:/bin:/bin/sh
sys:*:3:3:sys:/dev:/bin/sh
nobody:*:65534:65534:nobody:/home:/bin/false
juser:x:3119:1000:J. Random User:/home/juser:/bin/bash
beazley:x:143:1000:David Beazley:/home/beazley:/bin/bash
```

一个用户一行，每行被冒号分为 7 个字段。第 1 个字段是用户名。

第2个字段是加密后的用户密码，或者说至少曾经是密码。在大多数Linux系统中，密码不再保存在passwd文件内，而是被转入了shadow文件（参见7.3.3节）。shadow文件的格式类似于passwd，但普通用户没有shadow文件的读权限。passwd或shadow文件的第2个字段是经过加密后的密码，看起来就像是一堆乱码，比如 `d1CVEWiB/oppc`。Unix密码从来不会以明文保存。事实上，这个字段并不是密码本身，而是它的衍生物。在大多数情况下，想从中得到原始密码绝非易事（假设密码不容易被猜到）。

passwd文件的第2个字段中的x表明经过加密后的密码保存在shadow文件中。星号（*）表示用户无法登录。

如果密码字段为空（也就是连续出现两个冒号，就像`::`这样），表明不需要密码就可以登录。要小心这种空密码。绝不应该让用户能在没有密码的情况下登录。

passwd文件的其他字段如下。

- **用户ID**（UID），这是用户在内核中的标识。同一个用户ID在passwd文件中可以有不止一个条目，但这会把你（可能还包括软件）搞晕，所以务必要保持用户ID的唯一性。
- **组ID**（GID），这是/etc/group文件中的数字标识之一。组决定了文件权限，其他影响较小。这个组也称为用户的**首要组**（primary group）。
- 用户的真实姓名（通常称为GECOS字段）。这个字段中有时候会出现逗号，用于分隔房间号和电话号码。
- 用户的主目录。
- 用户的登录shell（用户打开终端会话时运行的程序）。

图7-1标出了清单7-1中所示条目的各个字段。

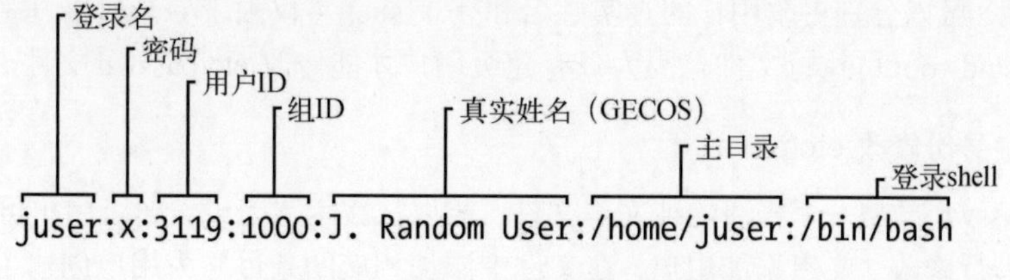

图7-1 passwd文件中的一个条目

/etc/passwd文件的语法相当严格，不允许出现注释或空行。

注意 /etc/passwd中的某个用户及其主目录通称为账户（account），但这只是用户空间的一种约定。passwd文件中的一个条目通常就足够用了。就算没有主目录，大多数程序也能识别账户。此外，还有一些方法可以向系统中添加用户，无须在passwd文件中明确写入信息。例如，使用NIS（Network Information Service，网络信息服务）或LDAP（Lightweight Directory Access Protocol，轻量级目录访问协议）从网络服务器添加用户的做法曾经就很常见。

7.3.2　特殊用户

/etc/passwd中有一些特殊用户。**超级用户**（root）的UID和GID始终分别为0，如清单7-1所示。有些用户（比如daemon）没有登录权限。nobody用户是一个非特权用户，有些进程以nobody身份运行，因为该用户（通常）没有写权限。

不能登录的用户称为**伪用户**。虽然无法登录，但系统可以使用他们的用户ID启动进程。像nobody这样的伪用户多是出于安全考虑而存在的。

同样，这都是用户空间的约定，内核对这些用户一视同仁。唯一对内核有特殊意义的用户ID是超级用户的0。赋予nobody用户对系统的完全访问权也不是不可能的事情。

7.3.3　/etc/shadow文件

Linux系统上的shadow密码文件（/etc/shadow）通常包含用户认证信息，包括/etc/passwd中用户对应的加密密码和密码过期信息。

shadow文件是为了提供更为灵活（可能也更为安全）的密码存储手段。它包括一组相关的库和实用工具，其中有不少很快就会被PAM（Pluggable Authentication Modules，可插拔认证模块，参见7.10节）所取代。PAM并没有为Linux引入一套全新的文件，依然沿用了/etc/shadow，但有些配置文件不再使用，比如/etc/login.defs。

7.3.4　管理用户和密码

普通用户使用`passwd`命令和其他一些工具与/etc/passwd打交道。`passwd`命令可以更改密码。`chfn`和`chsh`命令可以分别更改用户的真实姓名和登录shell（仅限于/etc/shells中列出的shell）。这些命令都是suid-root可执行文件，因为只有超级用户才能修改/etc/passwd文件。

以超级用户身份修改/etc/passwd

因为/etc/passwd只是一个普通的纯文本文件，所以从技术上来说，超级用户可以使用任何文本编辑器对其进行修改。要想添加用户，在文件中添加相应的条目并为用户创建主目录即可，反之可以删除用户。

然而，直接编辑passwd文件可不是什么好主意。不仅容易出错，而且如果有人同时也在修改该文件，还会碰上并发性问题。使用终端命令或是通过GUI进行改动要容易（也安全）得多。例如，要设置用户密码，可以以超级用户身份执行`passwd user`命令，而`adduser`和`userdel`可以分别添加和删除用户。

如果确实需要直接编辑passwd文件（例如，文件被破坏了），应该使用`vipw`。这个程序会在编辑文件的时候备份并锁定/etc/passwd，作为一种额外的预防措施。要想编辑/etc/shadow，可以使用`vipw -s`。（一般用不着这样做。）

7.3.5 使用组

Unix 中的组提供了一种在特定用户之间共享文件的方法。可以为某个组设置读或写权限，不属于该组的用户则不具备相应的权限。这个功能曾经很重要，因为许多用户共享一台机器或网络，但是随着近年来工作站共享频率的减少，这种用法也就没那么重要了。

/etc/group 文件定义了组 ID（在/etc/passwd 文件中出现过）。如清单 7-2 所示。

清单 7-2 /etc/group 文件示例

```
root:*:0:juser
daemon:*:1:
bin:*:2:
sys:*:3:
adm:*:4:
disk:*:6:juser,beazley
nogroup:*:65534:
user:*:1000:
```

和/etc/passwd 文件一样，/etc/group 的每一行都被冒号分隔成若干字段。各个字段的含义从左至右，如下所示。

- **组名**。该字段也会出现在 `ls -l` 命令的输出中。
- **组密码**。Unix 的组密码基本不怎么用，你最好也别用（在大多数情况下，`sudo` 是不错的替代方案）。可以设置为*或其他默认值。`x` 表示密码保存在/etc/shadow 中，*或!则表示禁用密码。
- **组 ID（数字值）**。组 ID 在 group 文件中必须是唯一的。这个数字也会出现在/etc/passwd 文件的用户组字段中。
- **属于该组的可选用户列表**。除了这里列出的用户之外，passwd 文件中含有该组 ID 的用户也属于此组。

图 7-2 标示出了 group 文件条目中的各个字段。

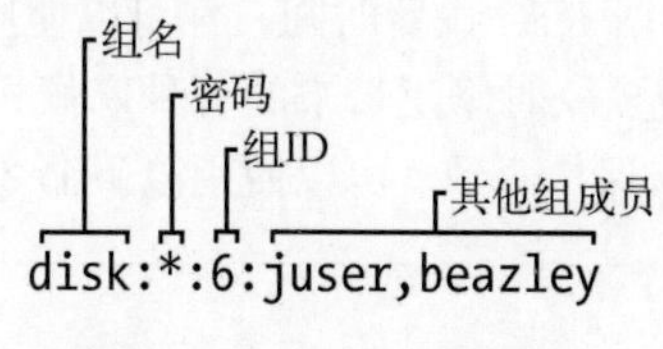

图 7-2 group 文件条目

可以使用 `groups` 命令查看所属的组。

注意 Linux 发行版通常会为每个新用户创建一个与该用户同名的新组。

7.4　getty 和 login

getty 程序连接到终端并显示登录提示符。在大多数 Linux 系统中，getty 并不复杂，因为系统仅用它来登录虚拟终端。gettty 在进程列表中通常看起来像这样（例如，在/dev/tty1 上运行时）：

```
$ ps ao args | grep getty
/sbin/agetty -o -p -- \u --noclear tty1 linux
```

在很多系统中，除非你使用类似于 CTRL-ALT-F1 组合键的操作访问虚拟终端，否则可能看不到 getty 进程。上例中出现的 agetty 是很多 Linux 发行版默认提供的版本。

输入登录名之后，getty 会被 login 程序替换，后者负责询问用户密码。如果输入的密码正确，login 会被 shell 替换（使用 exec()）。否则，你会在屏幕上看到“Login incorrect”消息。login 的大部分认证工作是由 PAM 处理的（参见 7.10 节）。

注意　在研究 getty 时，你可能会看到波特率 38400 这样的术语。这种设置已经过时了。虚拟终端会将其忽略，波特率仅在连接真正的串行线路的时候才用得着。

你现在知道了 getty 和 login 的用途，不过估计你压根就不需要对其进行配置或修改。事实上，你甚至极少会用到它们。这是因为大多数用户现在通过图形用户界面（比如 gdm）登录，或使用 SSH 远程登录，这两种方式都用不着 getty 和 login。

7.5　设置时间

Unix 系统依赖于精准的计时。内核维护着**系统时钟**，当你执行 date 等命令时就需要查询该时钟。也可以使用 date 命令设置系统时钟，不过最好别这么做，因为你根本无法将时间设置得分秒不差。系统时钟应该尽可能准确。

PC 硬件有一个由电池供电的 RTC（Real-Time Clock，**实时时钟**）。RTC 不是世界上最好的时钟，但总比没有好。内核通常在层时根据 RTC 设置时间，你可以使用 hwclock 命令将系统时钟重置为当前的硬件时间。为了避免时区或夏令时修正带来的各种麻烦，应该让硬件时钟与世界协调时间（Universal Coordinated Time，UTC）保持一致。可以使用以下命令将 RTC 设置为内核的 UTC 时钟：

```
# hwclock --systohc --utc
```

遗憾的是，内核在计时方面还不如 RTC，因为 Unix 系统一旦启动，往往会持续运行数月或数年，容易产生**时间漂移**（time drift）。时间漂移是内核时间与真实时间（由原子时钟或其他极为精确的时钟所定义）之间的误差。

不要试图使用 hwclock 修复时间漂移，这会影响基于时间的系统事件。可以借助 adjtimex

之类的实用工具来根据 RTC 平滑地更新时钟，不过通常最好是通过网络时间守护进程来保持正确的系统时间（参见 7.5.2 节）。

7.5.1 内核时间表示和时区

内核的系统时钟将当前时间表示为从 1970 年 1 月 1 日 00:00:00（UTC）至今累计的总秒数。以下命令可以查看这个数字的当前值：

```
$ date +%s
```

为了让人类用户能够理解该数字，用户空间程序将其更改为本地时间，并针对夏令时和各种罕见情况（比如居住在某个地方）进行修正。本地时区由文件/etc/localtime 控制。（这是个二进制文件，所以就别去尝试查看了。）

系统的时区文件位于/usr/share/zoneinfo。该目录内包含大量的时区文件和时区别名。要想手动设置系统时区，要么将/usr/share/zoneinfo 中的文件复制到/etc/localtime（或者创建符号链接），要么使用发行版提供的时区工具进行修改。命令行程序 tzselect 也许能帮助你识别时区文件。

要想在某次 shell 会话中使用非系统默认的时区，可以将环境变量 TZ 设置为/usr/share/zoneinfo 中的文件名，然后测试改动效果：

```
$ export TZ=US/Central
$ date
```

与其他环境变量一样，也可以使时区设置仅在某个命令的执行期间生效。

```
$ TZ=US/Central date
```

7.5.2 网络时间

如果计算机一直与互联网相连，可以运行网络时间协议（Network Time Protocol，NTP）守护进程，借助远程服务器来维护时间。这项工作曾经由 ntpd 守护进程负责，但和其他很多服务一样，systemd 使用 timesyncd 代替了该服务。大多数 Linux 发行版包含 timesyncd，而且默认是启用的。应该用不着对其进行配置，但如果你感兴趣的话，可以参考 timesyncd.conf(5)。最常见的改动是修改远程时间服务器。

要是想改用 ntpd，需要禁止已安装的 timesyncd。关于其操作方法可以通过官网查看，其中也包含在不同的服务器上使用 timesyncd 的信息。

如果计算机没有与互联网保持永久连接，可以使用 chronyd 等守护进程在离线期间维护时间。

为了让系统重新启动时保持时间一致性，可以根据网络时间来设置硬件时钟。很多发行版会自动完成这项任务，但要想手动实现的话，先通过网络设置好系统时间，然后运行以下命令。

```
# hwclock --systohc --utc
```

7.6　使用 cron 和 timer 单元调度重复任务

有两种方法可以重复运行程序：cron 和 systemd 的 timer 单元。这种能力对于自动化系统维护任务至关重要。一个例子是日志文件轮替工具，可以确保你的硬盘不会被陈旧的日志文件填满（如本章先前讨论的那样）。cron 服务长期以来一直是这项工作的事实标准，我们将对其展开详细讨论。不过，作为 cron 的替代方案，systemd 的 timer 单元在某些情况下具有前者所不具备的优势，我们也会展示 timer 单元的用法。

可以使用 cron 在任何时间运行任何程序。通过 cron 运行的程序称为 **cron 作业**（cron job）。要设置 cron 作业，需要使用 `crontab` 命令在 crontab 文件中创建一个条目。例如，以下 crontab 文件条目在每天的上午 9:15（本地时区）执行/home/juser/bin/spmake 命令：

```
15 09 * * * /home/juser/bin/spmake
```

由空白字符分隔的前 5 个字段指定了调度时间（参见图 7-3）。这 5 个字段的含义依次如下。

- 分钟（0-59），该 cron 作业被设置为 15 分。
- 小时（0-24），该 cron 作业被设置为 9 点。
- 天（1-31）。
- 月（1-12）。
- 星期几（0-7），0 和 7 都表示星期天。

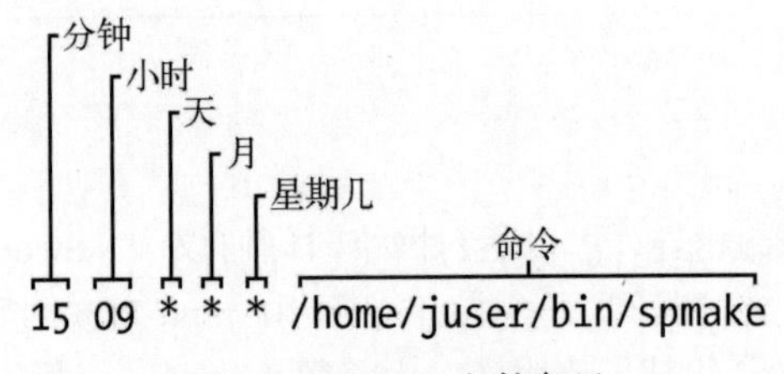

图 7-3　crontab 文件条目

字段中出现的星号（*）代表匹配任何值。先前的例子之所以能在每天执行 spmake 命令，原因就在于天、月、星期几这 3 个字段全都是星号，cron 将其理解为“在每个月的每个星期的每一天运行该作业”。

如果想在每个月的第 14 天执行 spmake 命令，可以使用以下 crontab 条目：

```
15 09 14 * * /home/juser/bin/spmake
```

每个字段可以指定多个值。例如，要想在每个月的第 5 天和第 14 天执行 spamke 命令，可以在第 3 个字段输入 5,14：

```
15 09 5,14 * * /home/juser/bin/spmake
```

注意 如果 cron 作业产生标准输出或错误，或是非正常退出，cron 应该将相关信息通过电子邮件发送给该作业的所有者（假定系统的电子邮件系统工作正常）。如果你不想接收邮件，可以将输出重定向至/dev/null 或其他日志文件。

crontab(5)手册页提供了 crontab 格式的完整描述。

7.6.1 安装 crontab 文件

每个用户都可以有自己的 crontab 文件，所以系统中经常会有很多个 crontab，通常位于/var/spool/cron/crontabs。普通用户没有该目录的写权限。`crontab` 命令可用于安装、罗列、编辑、删除用户的 crontab。

安装 crontab 最简单的方法是将 crontab 条目放入文件，然后执行 `crontab file`，将 `file` 安装为你的 crontab。crontab 命令会检查文件格式，确保没有语法错误。可以使用 `crontab -l` 列出 cron 作业。删除 crontab 可以使用 `crontab -r`。

创建好初始 crontab 之后，使用临时文件进行后续编辑比较麻烦。可以使用 `crontab -e` 直接编辑并安装 crontab。如果有错误，crontab 会告诉你出错位置，询问你是否想重新编辑。

7.6.2 系统 crontab 文件

很多由 cron 激活的系统任务是以超级用户身份运行的。不过，Linux 发行版通常会为整个系统设置一个/etc/crontab 文件，而不是通过编辑和维护超级用户的 crontab 来调度这些任务。不要用 `crontab` 命令编辑此文件，因为它有一个额外的字段（位于要执行的命令之前）用于指定运行该作业的用户。（这样可以将不是由同一用户运行的系统任务归为一组。）例如，在/etc/crontab 中定义的该 cron 作业会在每天早上 6:42 以超级用户身份（root ❶）运行：

```
42 6 * * * root❶ /usr/local/bin/cleansystem > /dev/null 2>&1
```

注意 一些发行版在/etc/cron.d 目录中额外保存了系统 crontab 文件。这些文件的名称不固定，但格式与/etc/crontab 相同。可能还有一些目录，比如/etc/cron.daily，这里的文件通常是些脚本，由/etc/crontab 或/etc/cron.d 中的特定 cron 作业运行。追踪这些作业的位置和运行时间有时候实在让人犯晕。

7.6.3 timer 单元

为周期性任务创建 cron 作业的另一种方法是构建 systemd 的 timer 单元。如果是全新的任务，必须创建两个单元：timer 单元和 service 单元。原因在于 timer 单元不包含所执行任务的任何细节，它只是运行 service 单元（或者另一种单元，但多用于 service 单元）的激活机制。

来看一对典型的 timer/servcice 单元，先从 timer 单元（loggertest.timer）开始。和其他自定义单元文件一样，我们把它放入/etc/systemd/system（参见清单 7-3）。

清单 7-3　loggertest.timer

```
[Unit]
Description=Example timer unit

[Timer]
OnCalendar=*-*-* *:00,20,40
Unit=loggertest.service

[Install]
WantedBy=timers.target
```

这个计时器每 20 分钟运行一次，OnCalendar 选项的语法与 cron 类似。在本例中，除了整点运行，每小时的第 20 分钟和 40 分钟也会运行。

OnCalendar 选项的时间格式为 year-month-day hour:minute:second。second 字段是可选的。和 cron 一样，*代表通配符，多个值之间以逗号分隔。使用/也没问题，比如在上例中，可以将*:00,20,40 改为*:00/20（每隔 20 分钟），效果一样。

> **注意**　OnCalendar 选项中表示时间的语法有很多便捷写法和变体。完整的描述参见 systemd.time(7)手册页中的 Calendar Events 一节。

与之关联的 service 单元叫作 loggertest.service（参见清单 7-4）。我们在 timer 单元的 Unit 选项中明确指明了该名称，不过也不是非得这么做，因为 systemd 会查找与 timer 单元文件的基础名（base name）相同的.service 文件。这个 service 单元也要放入/etc/systemd/system，内容与你在第 6 章中看到的 service 单元大同小异。

清单 7-4　loggertest.service

```
[Unit]
Description=Example Test Service

[Service]
Type=oneshot
ExecStart=/usr/bin/logger -p local3.debug I\'m a logger
```

其中的核心是 ExecStart 这行，这是服务被激活时执行的命令。这个例子会向系统日志发送一条消息。

注意，服务类型 oneshot 表示该服务属于一次性的，完成任务后就退出。在 ExecStart 指定的命令完成之前，systemd 不会认为服务已启动。timer 单元有以下优点。

- 可以在单元文件中指定多个 ExecStart 命令。我们在第 6 章中讲过的其他服务单元不允许这么做。
- 在使用 Wants 和 Before 依赖指令激活其他单元时，更容易控制严格的依赖顺序。
- 更好地在日志中记录单元的起止时间。

注意 在这个单元示例中，我们使用 logger 向 syslog 和 systemd 日志发送条目。从 7.1.2 节中可知，你可以按照单元查看日志消息。然而，该单元可能在 journald 有机会接收到消息之前就结束了。这是一种竞态条件，如果单元结束得太快，journald 会找不到与 syslog 消息相关的单元（通过进程 ID 实现）。因此，日志中写入的消息可能不包含单元字段，导致 journalctl -f -u loggertest.service 等过滤命令无法显示 syslog 信息。对于长期运行的服务，这通常不是问题。

7.6.4 cron 与 timer 单元比较

cron 实用工具是 Linux 系统最古老的组件之一，已经存在了数十年（比 Linux 岁数还大），其配置格式多年来并没有太大改变。当一件东西老旧成这样的时候，就得换换了。

刚才看到的 systemd 的 timer 单元似乎是一种合理的替代。事实上，许多发行版现在已经将系统级的周期性维护任务转移到了 timer 单元。但事实证明，cron 仍具有一些优势。

- 配置简单。
- 与很多第三方服务兼容。
- 便于用户安装自己的任务。

timers 单元则具有了以下优势。

- 通过 cgroup 更好地跟踪与任务/单元相关的进程。
- 更好地跟踪日志中的诊断信息。
- 控制激活时间和频率的额外选项。
- 能够使用 systemd 的依赖关系和激活机制。

像 mount 单元和/etc/fstab 那样的 cron 作业兼容层指不定哪天就会出现。然而，配置本身才是 cron 格式不太可能很快消失的原因。正如你将在下一节中看到的，实用工具 systemd-run 确实可以在不创建单元文件的情况下生成 timer 单元和相关服务，但由于管理和实现方式差异太大，很多用户还是更喜欢 cron。在我们讨论 at 时，你会看到部分相关内容。

7.7　使用 at 调度一次性任务

如果不想使用 cron，但又想在将来运行某个作业，可以考虑 at 服务。例如，以下命令会在晚上 10:30 运行 myjob：

```
$ at 22:30
at> myjob
```

按 CTRL-D 组合键结束输入（at 从标准输入读取命令）。

atq 可以检查被调度的作业，atrm 可以删除作业。也可以添加 DD.MM.YY 格式的日期将作业安排在将来的某天运行，例如 at 22:30 30.09.15。

除此之外，at 命令就没有太多要说的了。尽管并不常用，但有需要的时候，还是能助你一臂之力的。

等效的 timer 单元

你可以使用 systemd 的 timer 单元代替 at。这比你先前看到的周期性 timer 单元容易创建得多，执行以下命令：

```
# systemd-run --on-calendar='2022-08-14 18:00' /bin/echo this is a test
Running timer as unit: run-rbd000cc6ee6f45b69cb87ca0839c12de.timer
Will run service as unit: run-rbd000cc6ee6f45b69cb87ca0839c12de.service
```

systemd-run 命令创建了一个一次性 timer 单元，可以用 systemctl list-timers 命令查看。如果你不关心具体时间，可以使用--on-active 指定时间偏移（例如，--on-active=30m 表示 30 分钟后）。

注意　在使用--on-calendar 时，包括一个（未来的）日期和时间是很重要的。否则，timer 和 service 单元会被保留，timer 单元每天在指定的时间运行服务，就像先前创建的普通 timer 单元一样。该选项的语法与 timer 单元中的 OnCalendar 选项相同。

7.8　以普通用户身份运行 timer 单元

到目前为止，我们看到的所有 systemd timer 单元都是以 root 身份运行的。普通用户也可以通过 systemd-run 的--user 选项创建 timer 单元。

但是，如果你在单元运行之前注销，该单元并不会启动；如果你在单元结束之前注销，该单元则会终止。之所以如此，是因为 systemd 有一个与登录用户关联的用户管理器。你可以使用以下命令告诉 systemd 在你注销之后保留用户管理器：

```
$ loginctl enable-linger
```

作为 root 用户，也可以为其他用户启用管理器。

```
# loginctl enable-linger user
```

7.9 用户访问权限

本章剩余部分的主题包括用户如何获取到登录、切换用户，以及执行其他相关任务的权限。这部分内容有一定难度，如果你打算亲身感受一下进程的内部结构，可以直接跳到下一章。

7.9.1 用户 ID 和用户切换

我们讨论过允许临时切换用户的 setuid 程序（比如 sudo 和 su），也讲过控制用户访问的系统组件（比如 login）。你可能好奇它们的工作原理以及内核在用户切换过程中所扮演的角色。

当临时切换到其他用户时，其实只是改变了你的用户 ID。有两种实现方法，全部由内核负责处理。第一种方法是使用 setuid 可执行文件，我们在 2.17 节中介绍过。第二种是通过 setuid() 系列系统调用。为了适应与进程关联的各种用户 ID，该系统调用有几个不同的版本，参见 7.9.2 节。

一个进程能做什么不能做什么，内核对此有一些基本规则，其中有 3 个规则涉及 setuid 可执行文件和 setuid()。

- 只要进程有足够的文件权限，就可以运行 setuid 可执行文件。
- 以 root 身份（用户 ID 为 0）运行的进程可以使用 setuid()切换成任何用户。
- 不以 root 身份运行的进程在使用 setuid()时受到严格限制，在大部分情况下，根本用不了。

由于这些规则，如果你想将用户 ID 从普通用户切换到其他用户，往往需要综合运用多种方法。例如，sudo 可执行文件属于 setuid root，一旦运行，就可以调用 setuid()成为另一个用户。

注意　从本质上讲，用户切换与密码或用户名无关。就像你在 7.3.1 节的/etc/passwd 文件中第一次看到的那样，这些完全都是用户空间概念。更多的细节参见 7.9.4 节。

7.9.2 进程所有权、有效用户 ID、真实用户 ID 和暂存用户 ID

到目前为止，我们对于用户 ID 的讨论都做了简化。实际上，每个进程有不止一个用户 ID。你目前熟悉的是**有效用户 ID**（effective UID，或 euid），定义了进程的访问权限（最重要的是文件权限）。另一个是**真实用户 ID**（real UID，或 ruid），指明是谁启动了进程。通常情况下，这些 ID 都是一样的，但在 setuid 程序运行期间，Linux 会将 euid 设置为该程序的所有者，在 ruid 中保存你的原始用户 ID。

euid 和 ruid 之间的区别令人费解，很多关于进程所有权的文档是错误的。

你可以把 euid 和 ruid 分别看作**执行者**和**所有者**。ruid 是可以与进程交互的用户，能够杀死进程，向进程发送信号。如果用户 A 以用户 B 的身份（基于 setuid 权限）启动了一个新进程，用户 A 仍然拥有该进程，并且可以将其杀死。

大多数进程的 euid 和 ruid 是相同的。因此，ps 命令的默认输出以及其他系统诊断程序只显示 euid。要在系统上同时查看 euid 和 ruid，可以尝试以下命令，但如果你发现所有进程的这两个用户 ID 都是一样的，也别惊讶：

```
$ ps -eo pid,euser,ruser,comm
```

要想看点不一样的值，可以为 sleep 命令创建一个 setuid 副本，运行该副本一段时间，趁副本结束之前，在另一个终端窗口中执行前面的 ps 命令。

别急，让人头晕的事还没完呢。除了 euid 和 ruid 之外，还有一个**暂存用户 ID**（saved user ID，该用户 ID 多以全称形式出现，但为阅读方便我们使用 suid）。进程在运行过程中可以将其 euid 切换为 ruid 或 suid。[更复杂的是，Linux 又添加了另一个用户 ID：**文件系统用户 ID**（file system user ID，fsuid），定义了访问文件系统的用户，不过很少用到。]

1. setuid 程序的典型行为

ruid 的概念可能与你以往的理解有冲突。为什么不用经常跟其他用户 ID 打交道？例如，在使用 sudo 启动一个进程之后，如果想杀死该进程，还得使用 sudo；你没法以普通用户身份杀死它。问题来了，你这时的普通用户身份难道不应该就是 ruid 吗？怎么会没有权限呢？

造成这种行为的原因在于 sudo 和很多其他 setuid 程序会使用 setuid()系统调用来明确更改 euid 和 ruid。这么做是为了避免由于用户 ID 不匹配而导致的副作用和权限问题。

注意　如果你对用户 ID 切换的细节和规则感兴趣，可以阅读 setuid(2)手册页。还可以参考 SEE ALSO 部分列出的其他手册页，其中涉及很多针对不同情况的系统调用。

有些程序并不想使用 root 作为 ruid。为了避免 sudo 更改 ruid，可以将下面这行加入/etc/sudoers 文件（注意，这会影响到其他希望以 root 身份运行的程序）。

```
Defaults        stay_setuid
```

2. 安全影响

因为 Linux 内核通过 setuid 程序和相关的系统调用来处理用户切换（以及文件访问权限），所以系统开发人员和管理员必须对两件事格外小心：

- ❑ setuid 程序的数量和质量；
- ❑ 这些程序的用途。

如果你为 bash shell 创建了一个副本，setuid 为 root，所有本地用户都可以由此获得整个系统的控制权。就是这么简单。此外，即便是 setuid 为 root 的专用程序，如果出现 bug 同样会为系统带来风险。以 root 身份运行的程序自身的漏洞是入侵系统的主要手段，这样的例子数不胜数。

因为攻击手段众多，所以防止系统入侵需要多方面的考量。最重要方法之一就是强制使用用户名和足够强度的密码进行用户身份认证。

7.9.3 用户标识、认证和授权

多用户系统必须在三方面为用户安全提供基本的支持：**标识**（identification）、**认证**（authentication）和**授权**（authorization）。标识表明用户是谁，认证则要求用户证明自己就是声称的那个人，授权用于定义和限制用户可以做什么。

说到用户标识，Linux 内核眼中只有用于进程和文件所有权的数字形式用户 ID。内核知道运行 setuid 可执行文件以及使用 `setuid()`系列系统调用更改用户 ID 的授权规则。然而，内核对于认证一无所知，比如用户名、密码。实际上，与认证相关的一切都发生在用户空间。

我们在 7.3.1 节讨论过用户 ID 和密码之间的映射，现在我们将介绍用户进程如何使用这种映射关系。先从一个非常简单的例子开始：用户进程想要知道自己的用户名（对应于 euid）。在传统的 Unix 系统中，进程可以这样获取其用户名。

(1) 进程使用 `geteuid()`系统调用从内核处获取其 euid。

(2) 进程打开/etc/passwd 文件，从头开始读取。

(3) 进程从/etc/passwd 文件中读取一行。如果没有读取到，则获取用户名失败。

(4) 进程将读取到的行解析为字段（以冒号作为字段分隔符）。第 3 个字段是用户 ID。

(5) 进程将第(4)步获得的 ID 与第(1)步获得的 ID 进行比较。如果相同，那么第(4)步中解析出的第一个字段就是所需的用户名，进程停止搜索并将该用户名作为结果。

(6) 如果不同，进程继续读取/etc/passwd 文件的下一行，然后返回第(3)步。

这个过程比较烦琐，真正的实现往往更复杂。

7.9.4 使用库获取用户信息

如果每个想获取进程用户名的开发人员都不得不自行实现上述过程，系统将混乱不堪、漏洞百出、臃肿且难以维护。好在我们有标准库来执行这种重复性任务：从 `geteuid()`获得 euid 之后，你要做的就是调用类似 `getpwuid()`的标准库函数来获取相应的用户名（具体用法参见这些函数的手册页）。

标准库能在可执行文件之间共享，不用改动任何程序就可以对认证过程的实现进行大刀阔

斧的改动。例如，只需更改系统配置，就可以不再使用/etc/passwd管理用户，而是改用LDAP等网络服务。

用这种方法获取与用户ID相关联的用户名非常有效，但是处理密码更麻烦。7.3.1节讲到过加密后的密码在传统上属于/etc/passwd的一部分，如果你想核实用户输入的密码，需要先对用户输入的内容进行加密，然后再与/etc/passwd文件比较。

这种传统实现有很多局限性。

- 不允许设置系统范围的标准加密协议。
- 假定你有权访问加密的密码。
- 假定用户每次访问需要认证的资源时，你都要让用户输入密码（非常烦人）。
- 假定你要使用密码。如果你打算改用一次性令牌、智能卡、生物识别或其他形式的用户认证，只能自己添加相关的支持。

其中一些限制促成了shadow密码机制的出现（参见7.3.3节），迈出了建立系统层面密码配置的第一步。不过，PAM的设计和实现解决了上述大部分问题。

7.10　可插拔认证模块

为了实现灵活的用户认证，Sun Microsystems公司于1995年提出了一项名为PAM（Pluggable Authentication Modules，**可插拔认证模块**）的新标准，这是一套用于认证的共享库系统（Open Software Foundation RFC 86.0，1995年10月）。进行用户认证时，应用程序将该用户交给PAM，由后者来决定其能否成功地通过认证。这样比较容易加入新的认证技术支持，比如双重认证和物理密钥。除了认证机制支持之外，PAM还提供了有限的服务授权控制（例如，可以拒绝某些用户使用cron这样的服务）。

由于认证的应用场景众多，PAM使用了大量可动态加载的认证模块。每个模块都有自己的具体任务，可作为共享对象被进程动态加载并自己的进程空间中运行。例如，pam_unix.so模块负责检查用户密码。

这绝非易事。编程接口很复杂，PAM似乎也没有解决所有的问题。不过，Linux系统中几乎所有涉及认证功能的程序均支持PAM，而且大多数发行版也使用PAM。这是因为PAM基于现有的Unix认证API，客户端在集成PAM只需要很少的额外工作。

7.10.1　PAM配置

我们通过PAM的配置来介绍PAM的基本工作原理。PAM的配置文件通常位于/etc/pam.d目录（较老的系统可能使用/etc/pam.conf文件）。该目录中有很多文件，你可能不知道从哪里着手。有些文件名，比如cron和passwd，对应于你已经熟知的系统功能。

这些文件的具体配置在不同的发行版之间千差万别，很难找到一个通用的例子。我们来看 chsh（该程序用于更改 shell）配置文件中的一行：

```
auth        requisite   pam_shells.so
```

该行指明，要想顺利通过 chsh 的认证，用户使用的 shell 必须在/etc/shells 中列出。每行配置分为 3 个字段：功能类型、控制参数、模块。本例中的各个字段含义如下。

- **功能类型**。用户应用程序请求 PAM 执行的功能。在本例中是 auth，即用户认证。
- **控制参数**。控制 PAM 在操作成功或失败后做什么（本例中为 requisite）。我们很快会讲到。
- **模块**。指定要运行认证模块，决定要做什么。在本例中，pam_shells.so 模块检查用户的当前 shell 是否在/etc/shells 中列出。

PAM 配置详见 pam.conf(5)手册页。我们来看几处要点。

1. 功能类型

用户应用程序可以请求 PAM 执行以下四种功能。

- auth：认证用户（看看用户的身份是否如自己所言）。
- account：检查用户账户状态（例如，该用户是否有执行某种操作的授权）。
- session：仅为用户的当前会话执行某种操作（例如，显示当天的消息）。
- password：修改用户的密码或其他凭证。

对于任何配置行，模块和功能共同决定了 PAM 的操作。一个模块可以有多种功能类型，所以在确定配置行的用途时，务必将函数和模块结合起来考虑。例如，pam_unix.so 模块在执行 auth 功能时是检查密码，但在执行 password 功能时是设置密码。

2. 控制参数和规则堆叠

PAM 有一个重要特性：配置行指定的规则有堆叠效果，也就是说在执行某种功能时可以应用多个规则。这凸显了控制参数的重要性：某一行操作的成败会影响后续行甚至是整个功能的成败。

控制参数有两种形式：简单语法和高级语法。简单语法的控制参数主要有以下三种。

- sufficient：如果该规则成功，认证成功，PAM 也不再处理其他规则。如果该规则失败，PAM 继续处理其他规则。
- requisite：如果该规则成功，PAM 继续处理其他规则。如果该规则失败，认证失败，PAM 不再处理其他规则。
- required：如果该规则成功，PAM 继续处理其他规则。如果该规则失败，PAM 继续处理其他规则，但无论其他规则成功与否，最终的认证结果都是失败。

继续之前的例子，下面是 chsh 认证功能的规则堆叠：

```
auth        sufficient      pam_rootok.so
auth        requisite       pam_shells.so
auth        sufficient      pam_unix.so
auth        required        pam_deny.so
```

在这种配置下，当 chsh 命令要求 PAM 执行认证功能时，PAM 的工作流程如下（参见图 7-4）。

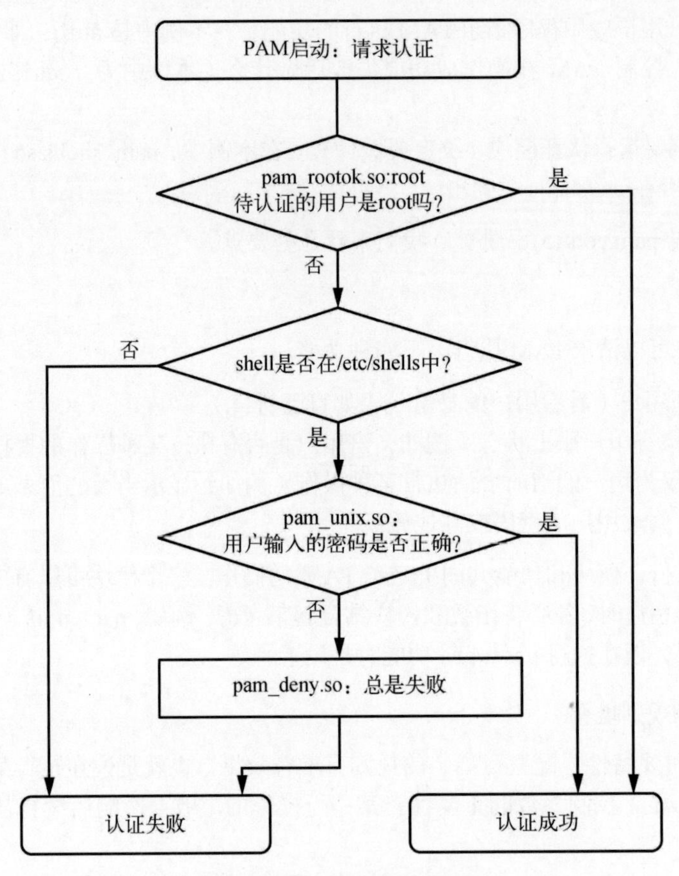

图 7-4　PAM 规则执行流程

(1) pam_rootok.so 模块检查待认证的用户是否为 root。如果是，认证立即通过且不再尝试后续认证。原因在于控制参数被设置为 sufficient，意味着该操作的成功足以使 PAM 立即通知 chsh 认证成功。否则，继续进行第(2)步。

(2) pam_shells.so 模块检查用户的 shell 是否在/etc/shells 中。如果没有，该模块返回认证失败，控制参数 requisite 指明 PAM 必须立即通知 chsh 此次失败，且不再尝试后续认证。否则，该模块返回认证通过并继续进行第(3)步。

(3) pam_unix.so 模块询问用户的密码并进行检查。控制参数被设置为 sufficient，该模块的成功（密码正确）足以使 PAM 通知 chsh 认证成功。如果密码不正确，PAM 继续进行第(4)步。

(4) pam_deny.so 模块总是返回失败，由于控制参数被设置为 required，PAM 会通知 chsh 认证失败。这是在没有其他规则情况下的默认操作。（注意，控制参数 required 不会导致 PAM 立即失败，它还是继续执行后续规则，但是无论怎样，PAM 最终都会通知应用程序认证失败。）

> **注意** 在使用 PAM 时，不要混淆术语**功能**和**操作**。功能是高层次的目标，即用户应用程序希望 PAM 做什么（如认证用户）。操作是 PAM 为实现功能所采取的具体步骤。只需要记住，用户应用程序首先调取功能，PAM 负责具体的操作。

高级参数语法使用方括号（[]）表示，可以根据模块的具体返回值（不仅仅是成功或失败）来手动控制相应的操作，详见 pam.conf(5)手册页。如果你理解了简单语法，高级语法应该也不在话下。

3. 模块参数

可以在 PAM 模块名称后面添加参数。在使用 pam_unix.so 模块时经常能碰到下面的用法：

```
auth        sufficient    pam_unix.so    nullok
```

其中的 nullok 参数指明用户可以没有密码（在默认情况下，如果用户没有密码则验证失败）。

7.10.2 PAM 配置语法小贴士

由于具有控制流能力以及模块参数语法，PAM 配置语法具备了编程语言的不少特性和功能。我们目前只是浅尝辄止而已，下面是一些 PAM 的小贴士。

- man -k pam_（别漏了下划线）可以找出系统中都有哪些 PAM 模块。模块位置很难跟踪。不妨试试 locate pam_unix.so 命令，观察命令输出。
- 手册页列举了每个模块的功能和参数。
- 很多发行版会自动生成某些 PAM 配置文件，所以直接修改/etc/pam.d 未必明智。在编辑之前先阅读/etc/pam.d 文件的注释，如果是生成的文件，注释会告诉你源头。
- /etc/pam.d/other 配置文件定义了默认配置，用于那些缺少自有配置文件的应用程序。默认通常是拒绝所有认证。
- 在 PAM 配置文件中包含其他配置文件的方法有很多种。@include 语法会加载整个配置文件，不过你也可以使用控制参数只加载特定的功能配置。具体用法视发行版而异。
- PAM 配置并不以模块参数结束。有些模块可以访问/etc/security 中的其他文件，通常用来配置针对某个用户的特定限制。

7.10.3 PAM和密码

由于多年来Linux密码验证方法的演变，期间产生的大量密码配置文件有时会造成混乱。首先要注意文件/etc/login.defs。这是最初的 shadow 密码族的配置文件，其中包含了/etc/shadow 密码文件的加密算法信息，但是配备了PAM的系统极少用到它，因为PAM配置已经包含了这些信息。如果碰到不支持PAM的应用程序，/etc/login.defs中的加密算法应该与PAM配置相匹配。

PAM从哪里获取密码加密算法信息呢？记住，PAM有两种密码处理方式：auth功能（核实密码）和password功能（设置密码）。最简单的方法就是查找密码设置参数。使用grep搜索即可：

```
$ grep password.*unix /etc/pam.d/*
```

匹配行应该包含 pam_unix.so，类似于下面这样：

```
password        sufficient      pam_unix.so obscure sha512
```

参数 obscure 和 sha512 告诉 PAM 该如何设置密码。PAM 先检查密码是否足够“晦涩”（比如，新旧密码不能太相似），然后PAM使用SHA512算法加密新密码。

但这仅发生在用户设置密码而不是在PAM核实密码的时候。PAM怎么知道认证时使用哪种算法呢？遗憾的是，从配置中找不到任何答案。对于 pam_unix.so 的 auth 功能而言，并不存在加密参数。手册页也没有提供任何信息。

事实上（在撰写本书时），pam_unix.so 仅仅是靠猜测算法，通常是让 libcrypt 库做些脏活累活，逐一尝试，直到找出答案，或者认输。核实加密算法的事通常不用你操心。

7.11 展望

至此，本书已经过半，我们介绍了Linux系统的很多关键组成部分。日志记录和用户的讨论展示了Linux系统如何将服务和任务分解为小而独立的部分，同时仍能保持一定程度的交互。

本章主要是用户空间方面的内容，现在我们需要更细致地观察用户空间进程及其消耗的资源。为此，第8章的主题将重新回到内核。

第 8 章

深入进程及其资源使用

本章将带你深入探索进程、内核、系统资源之间的关系。有三种基本的硬件资源：CPU、内存、I/O。这些资源是进程争夺的目标，内核负责公平地分配资源。内核本身属于软件资源，进程用户通过内核来执行各种任务，比如创建新进程、与其他进程通信等。

你在本章中所看到的很多工具可用于性能监控。这些工具擅长找出导致系统运行缓慢的原因。然而我们不需要过多关注系统性能。对于已经运行良好的系统，完全没有必要再去优化。大多数系统的默认设置是经过精心选择的，只有在非常特殊的情况下才有必要更改。你应该专注于理解工具的实际用途，以便深入理解内核的工作原理及其与进程的交互方式。

8.1 跟踪进程

2.16 节介绍了如何使用 ps 显示特定时刻系统中运行的进程。ps 命令会列出当前进程及其使用统计，但无法告诉你进程的动态变化。因此，你无法判断哪个进程占用了过多的 CPU 或内存。

top 程序提供了一个交互式界面，其中包含当前系统状态以及 ps 显示的多个字段，信息每 3 秒更新一次。最重要的是，top 会在界面顶部列出最活跃的进程（默认是占用 CPU 最多的进程）。

可以通过键盘向 top 发送命令。最常用的命令通常用于更改排序或过滤进程。

- 空格键立即更新显示。
- M 按照当前驻留内存（resident memory）占用量排序。
- T 按照总的（累积）CPU 使用率排序。
- P 按照当前 CPU 使用率排序（默认）。
- u 只显示单个用户的进程。
- f 选择显示不同的统计信息。
- ? 显示所有的 top 命令的用法汇总。

注意　top 命令区分大小写。

两个类似的工具 atop 和 htop 提供了一系列增强的视图和特性，其中大部分额外功能在其他工具中也能找到。例如，htop 与下一节要讲的 lsof 命令就有很多共同之处。

8.2　使用 lsof 查找打开的文件

lsof 命令可以显示出打开的文件以及使用这些文件的进程。文件是 Unix 系统的核心要素，lsof 则是最有用排错命令之一。但是，lsof 的功能并不仅限于常规文件，还能显示网络资源、动态库、管道等。

8.2.1　理解 lsof 的输出

lsof 通常会产生大量的输出。下面只展示了其中一小部分。这些输出（为了方便阅读略有调整）包括由 systemd（init）进程和 vi 进程打开的文件：

```
# lsof

COMMAND  PID   USER   FD    TYPE   DEVICE  SIZE/OFF     NODE NAME
systemd    1   root  cwd     DIR   8,1       4096          2 /
systemd    1   root  rtd     DIR   8,1       4096          2 /
systemd    1   root  txt     REG   8,1    1595792    9961784 /lib/systemd/systemd
systemd    1   root  mem     REG   8,1    1700792    9961570 /lib/x86_64-linux-gnu/libm-2.27.so
systemd    1   root  mem     REG   8,1     121016    9961695 /lib/x86_64-linux-gnu/libudev.so.1

--略--
vi      1994  juser  cwd     DIR   8,1       4096    4587522 /home/juser
vi      1994  juser   3u     REG   8,1      12288     786440 /tmp/.ff.swp

--略--
```

第一行中的各个字段含义如下。

- COMMAND：拥有文件描述符的进程所对应的命令名。
- PID：进程 ID。
- USER：运行该进程的用户。
- FD：该字段包含两种元素。在以上的大部分输出中，FD 字段显示的是该文件的用途。除此之外，还可以列出打开文件的描述符。文件描述符是一个数字，进程、系统库和内核共同使用该数字来识别和操作文件。最后一行出现了文件描述符 3。
- TYPE：文件类型（常规文件、目录、套接字等）。
- DEVICE：该文件所在设备的主次设备号。
- SIZE/OFF：文件大小。

- NODE：文件的 i 节点编号。
- NAME：文件名。

lsof(1)手册页提供了所有字段的相关信息，不过就算只看输出结果，应该也不难猜出含义。例如，查看 FD 字段为 cwd 的行。这些行指明了进程的当前工作目录。再看最后一行，显示了用户的 vi 进程（PID 1994）正在使用的临时文件。

> **注意** 可以以 root 或普通用户身份执行 lsof，前者能获得更多的信息。

8.2.2 使用 lsof

lsof 有两种基本运行方式。

- 输出完整结果，通过管道将其传入另一个命令（比如 less），然后搜索所需的信息。由于输出内容太多，这种方式得花点时间。
- 使用 lsof 的命令行选项有选择地输出结果。

可以使用命令行选项并提供文件名作为参数，lsof 只会列出匹配该参数的条目。例如，以下命令显示出/usr（包括所有子目录）中打开的文件：

```
$ lsof +D /usr
```

以下命令可以显示特定进程打开的文件：

```
$ lsof -p pid
```

lsof -h 可以显示出 lsof 的所有选项。大多数选项和输出格式有关。（lsof 的网络特性部分参见第 10 章。）

> **注意** lsof 高度依赖内核信息。如果发行版更新了内核和 lsof，在使用新内核重新启动系统之前，新版本的 lsof 可能无法正常工作。

8.3 跟踪程序执行和系统调用

到目前为止，我们介绍的工具都是针对活跃进程。然而，如果程序在启动后立即终止，lsof 也帮不上什么忙。事实上，很难运行 lsof 去查看失败的命令。

strace（系统调用跟踪）和 ltrace（库跟踪）命令可以帮助你弄清楚程序想要做什么。虽然这两个命令会产生非常多的输出，但只要确定要找什么，自然会有很多帮你查找的信息。

8.3.1　strace

回想一下，**系统调用**是用户空间进程请求内核执行的特权操作，比如打开文件并从中读取数据。strace 可以打印出进程发出的所有系统调用。尝试执行以下命令：

```
$ strace cat /dev/null
```

strace 默认会将输出发送至标准错误。如果你想将输出保存为文件，可以使用-o save_file 选项，也可以在命令行末尾添加 2> save_file 进行重定向，不过这样也会捕获到命令产生的标准错误。

在第 1 章中我们讲过，进程启动另一个新进程时会调用 fork()系统调用创建自身的副本，该副本再使用 exec()系统调用家族的成员之一来启动新程序。strace 命令在 fork()调用之后开始跟踪新进程（原始进程的副本）。因此，输出中的第一行应该为 execve()，然后是内存初始化调用 brk()：

```
execve("/bin/cat", ["cat", "/dev/null"], 0x7ffef0be0248 /* 59 vars */) = 0
brk(NULL)                               = 0x561e83127000
```

后续输出主要涉及加载共享库。如果你不打算深入研究共享库，这部分内容可以忽略：

```
access("/etc/ld.so.nohwcap", F_OK)      = -1 ENOENT (No such file or directory)
openat(AT_FDCWD, "/etc/ld.so.cache", O_RDONLY|O_CLOEXEC) = 3
fstat(3, {st_mode=S_IFREG|0644, st_size=119531, ...}) = 0
mmap(NULL, 119531, PROT_READ, MAP_PRIVATE, 3, 0) = 0x7fa9db241000
close(3) = 0

--略--
openat(AT_FDCWD, "/lib/x86_64-linux-gnu/libc.so.6", O_RDONLY|O_CLOEXEC) = 3
read(3, "\177ELF\2\1\1\3\0\0\0\0\0\0\0\0\3\0>\0\1\0\0\0\260\34\2\0\0\0\0\0"..
., 832) = 832
```

跳过 mmap 输出部分，靠近结尾处的几行如下：

```
fstat(1, {st_mode=S_IFCHR|0620, st_rdev=makedev(0x88, 1), ...}) = 0
openat(AT_FDCWD, "/dev/null", O_RDONLY) = 3
fstat(3, {st_mode=S_IFCHR|0666, st_rdev=makedev(0x1, 3), ...}) = 0
fadvise64(3, 0, 0, POSIX_FADV_SEQUENTIAL) = 0
mmap(NULL, 139264, PROT_READ|PROT_WRITE, MAP_PRIVATE|MAP_ANONYMOUS, -1, 0) =
0x7fa9db21b000
read(3, "", 131072)                     = 0
munmap(0x7fa9db21b000, 139264)          = 0
close(3)                                = 0
close(1)                                = 0
close(2)                                = 0
exit_group(0)                           = ?
+++ exited with 0 +++
```

这部分输出展示了命令的实际运作过程。首先是调用 openat()（open()的一个微小变体）打开文件。返回值 3 代表执行成功（3 是内核打开文件后返回的文件描述符）。接下来就是 cat 读取/dev/null（read()调用，同样使用文件描述符 3）。因为没有什么可读取的数据，所以 cat 关闭文件描述符并调用 exit_group()退出。

如果 strace 碰上错误会发生什么？试试 strace cat not_a_file，检查输出中的 open()调用：

```
openat(AT_FDCWD, "not_a_file", O_RDONLY) = -1 ENOENT (No such file or directory)
```

因为 open()无法打开文件，所以返回代表错误的-1。你可以看到 strace 报告的确切错误以及简短的错误描述。

文件丢失是 Unix 程序最常遇到的问题，如果系统日志和其他日志派不上用场，一时间又别无他法，strace 能帮上大忙，甚至还可以用于那些已经和源进程分离的守护进程。假设有一个虚构的守护进程 crummyd，输入以下命令可以跟踪 crummyd 的系统调用：

```
$ strace -o crummyd_strace -ff crummyd
```

在这个例子中，-o 选项将 crummyd 分叉子进程的操作记录在 crummyd_strace.pid 中，其中的 pid 是子进程的进程 ID。

8.3.2 ltrace

ltrace 命令跟踪共享库调用。该命令的输出和 strace 差不多，所以我们先讲 strace，不过 ltrace 不跟踪任何内核层面的调用。注意，共享库的调用数量要比系统调用多得多。你肯定需要过滤输出，ltrace 本身就提供了不少过滤选项。

注意 共享库的主题详见 15.13 节。ltrace 命令不适合静态链接程序。

8.4 线程

在 Linux 中，有些进程被进一步细分为多个线程。线程和进程类似，也有标识符（线程 ID，或 TID），内核也像进程那样调度和运行线程。与独立进程之间通常不共享系统资源（比如内存和 I/O 连接）不同，进程中的所有线程共享该进程的系统资源和一些内存。

8.4.1 单线程和多线程进程

很多进程只有一个线程，这种进程称为**单线程进程**，有多个线程的进程则称为**多线程进程**。所有进程都是以单线程启动的。这个启动线程通常称为**主线程**。主线程可以启动新的线程，使进程多线程化，类似于进程调用 fork()来启动新的进程。

注意　对于单线程进程，我们基本上不提线程这回事。除非多线程进程会产生实际影响，否则本书不会讨论线程。

多线程进程的主要优势在于，如果进程有大量计算任务，线程可以在多个处理器上同时运行，有可能提高计算速度。虽然也可以使用多个进程实现并行计算，但是线程比进程启动得更快，相较于通过网络连接或管道实现的进程间通信，使用共享内存实现的线程间通信要更简单高效。

有些程序使用线程解决多个 I/O 资源的管理问题。传统上，为了处理新的输入或输出流，进程有时会使用 fork()启动新的子进程。线程也提供了类似的机制，但省去了启动新进程的开销。

8.4.2　查看线程

ps 和 top 命令的默认输出仅显示进程。ps 的 m 选项可以显示线程信息。如清单 8-1 所示。

清单 8-1　使用 ps m 查看线程

```
$ ps m
  PID TTY      STAT   TIME COMMAND
 3587 pts/3    -      0:00 bash❶
    - -        Ss     0:00 -
 3592 pts/4    -      0:00 bash❷
    - -        Ss     0:00 -
12534 tty7     -    668:30 /usr/lib/xorg/Xorg -core :0❸
    - -        Ssl+ 659:55 -
    - -        Ssl+   0:00 -
    - -        Ssl+   0:00 -
    - -        Ssl+   8:35 -
```

命令输出显示了进程以及线程的相关信息。PID 列为数字的行（❶、❷、❸）代表进程，其内容和普通的 ps 输出一样。PID 列为连字符的行代表与进程关联的线程。在以上输出中，❶和❷处的进程各自只有一个线程，但❸处的进程（PID 为 12534）属于多线程进程，共有 4 个线程。

如果你想在 ps 的输出中查看 TID，需要使用自定义输出格式。清单 8-2 只显示了 PID、TID 以及相应的命令：

清单 8-2　使用 ps m 显示 PID 和 TID

```
$ ps m -o pid,tid,command
  PID   TID   COMMAND
 3587     -   bash
    -  3587   -
 3592     -   bash
    -  3592   -
```

```
12534     -     /usr/lib/xorg/Xorg -core :0
  - 12534     -
  - 13227     -
  - 14443     -
  - 14448     -
```

命令输出显示了与清单 8-1 对应的线程。注意，单线程进程的 TID 与 PID 是相同的，该线程即为进程的主线程。对于多线程进程（PID 为 12534），TID 为 12534 的线程则为主线程。

注意 不同于进程，你通常不会跟单个线程打交道。处理线程需要掌握大量的多线程编程知识，即便如此，这样做也未必是什么好主意。

线程会扰乱资源监控，因为多线程进程中的各个线程可能同时消耗资源。例如，top 默认不显示线程，只有按 H 键才开启显示。对于接下来将要介绍的大多数资源监视工具，你必须做一些额外的工作才能够显示线程。

8.5 资源监控简介

现在，我们要讨论一些资源监控方面的话题，其中包括 CPU 时间、内存、磁盘 I/O。另外还将在系统层面以及单个进程的基础上研究利用率。

许多人为了提高性能而去学习 Linux 内核的内部工作机理。但是，大多数 Linux 系统在发行版的默认设置下表现良好，你花费大把时间调优系统性能，到头来却没什么效果，尤其是在你搞不清楚目标的时候。因此，在练习本章中的工具时，与其把心思放在性能上，还不如多观察内核是如何在进程间分配资源的。

8.5.1 测量 CPU 时间

top 的-p 选项可以监控一个或多个指定进程，语法如下：

```
$ top -p pid1 [-p pid2 ...]
```

time 可以查看命令在执行期间占用了多少 CPU 时间。不过这里有一些混乱之处，因为大多数 shell 有一个内建命令 time，该命令只能提供一些基本的统计信息，另外还有一个系统实用工具/usr/bin/time。你先接触到的可能是 bash shell 的内建命令，所以我们先用它来测量一下 ls 命令：

```
$ time ls
```

ls 结束之后，time 的输出如下：

```
real    0m0.442s
user    0m0.052s
sys     0m0.091s
```

用户时间（user）是 CPU 运行程序自身代码花费的秒数。有些命令结束得非常快，CPU 时间接近于 0。**系统时间**（sys 或 system）是内核执行进程操作（例如，读取文件和目录）花费的秒数。**真实时间**（real）也称为**耗用时间**，是进程从头到尾花费的时间，其中包括 CPU 执行其他任务的时间。这个数字对于性能测量的用处不太大，但是从中减去用户时间和系统时间，就能知道进程在等待系统和外部资源上花费了多少时间。例如，等待网络服务器响应的这段时间会算在耗用时间内，但不会被记入用户时间或系统时间。

8.5.2　调整进程优先级

你可以更改内核的进程调度方式，给予进程更多或更少的 CPU 时间。内核根据调度**优先级**运行各个进程，调度优先级是一个介于–20 和 20 之间的数字，其中–20 是最高优先级。（你没看错，这一点容易让人犯晕。）

ps -l 命令可以列出进程的当前优先级，不过使用 top 命令更方便，如下所示：

```
$ top
Tasks: 244 total,   2 running, 242 sleeping,   0 stopped,   0 zombie
Cpu(s): 31.7%us,  2.8%sy,  0.0%ni, 65.4%id,  0.2%wa,  0.0%hi,  0.0%si,  0.0%st
Mem:   6137216k total,  5583560k used,   553656k free,    72008k buffers
Swap:  4135932k total,   694192k used,  3441740k free,   767640k cached
  PID USER      PR  NI  VIRT  RES  SHR S %CPU %MEM    TIME+  COMMAND
28883 bri       20   0 1280m 763m  32m S   58 12.7 213:00.65 chromium-browse
 1175 root      20   0  210m  43m  28m R   44  0.7  14292:35 Xorg
 4022 bri       20   0  413m 201m  28m S   29  3.4   3640:13 chromium-browse
 4029 bri       20   0  378m 206m  19m S    2  3.5  32:50.86 chromium-browse
 3971 bri       20   0  881m 359m  32m S    2  6.0 563:06.88 chromium-browse
 5378 bri       20   0  152m  10m 7064 S    1  0.2  24:30.21 xfce4-session
 3821 bri       20   0  312m  37m  14m S    0  0.6  29:25.57 soffice.bin
 4117 bri       20   0  321m 105m  18m S    0  1.8  34:55.01 chromium-browse
 4138 bri       20   0  331m  99m  21m S    0  1.7 121:44.19 chromium-browse
 4274 bri       20   0  232m  60m  13m S    0  1.0  37:33.78 chromium-browse
 4267 bri       20   0 1102m 844m  11m S    0 14.1  29:59.27 chromium-browse
 2327 bri       20   0  301m  43m  16m S    0  0.7 109:55.65 xfce4-panel
```

在 top 的输出中，PR（priority，优先级）列为进程的当前优先级。数字越大，内核将 CPU 分配给该进程的概率越小。然而，单凭调度优先级并不能决定内核将 CPU 分配给哪个进程，内核也可以在进程运行期间根据其占用的 CPU 时长改变优先级。

紧挨着优先级列的是 NI（nice value，友善值）列，用于向内核的调度器发出提示。如果你想干预内核的调度决策，应该留意这个值。内核会将进程的友善值与当前优先级相加，决定该进程的下一个时间片。友善值越大，对其他进程就越“谦让”，内核也会因此优先调度别的进程。

友善值默认为 0。假设你在后台运行了一个计算密集型进程，不想拖慢交互式会话。为了让该进程给其他进程让位，仅在后者空闲时才运行，你可以使用 renice 命令将其友善值改为 20（pid 是你要重设友善值的进程的 ID）：

```
$ renice 20 pid
```

如果你是超级用户，还可以将友善值设为负数，但是最好三思，系统进程可能因此无法获得充足的 CPU 时间。事实上，你可能并不需要过多地修改友善值，因为许多 Linux 系统是单用户，不会有太多的计算。（但如果系统中存在大量用户，友善值的重要性就凸显出来了。）

8.5.3　使用平均负载测量 CPU 性能

CPU 整体性能是比较容易测量的一个指标。**平均负载**是当前处于就绪状态的进程的平均数量。该指标可以衡量特定时刻有多少进程**能够**使用 CPU，这包括正在运行的进程和等待运行的进程。在考虑平均负载时，记住，系统的大多数进程通常在等待输入（例如，来自键盘、鼠标或网络的输入），这意味着这些进程尚未就绪，不应该记入平均负载。只有执行实际操作的进程才会影响平均负载。

1. 使用 uptime

uptime 命令可以显示 3 个平均负载值以及内核的运行时长：

```
$ uptime
... up 91 days, ... load average: 0.08, 0.03, 0.01
```

以粗体显示的 3 个数字分别代表过去 1 分钟、5 分钟、15 分钟的平均负载。如你所见，这个系统并不是特别繁忙：在过去的 15 分钟内，平均只有 0.01 个进程在所有处理器上运行。换句话说，如果你只有一个处理器，那么在过去的 15 分钟内，只有 1%的时间是在运行用户空间程序。

一般来说，除非你是在编译程序或玩游戏，否则大多数桌面系统的平均负载基本上是 0。平均负载为 0 通常是个好信号，说明处理器不忙，也节省了电力。

然而，如今桌面系统的用户界面组件比以往占用更多的 CPU。尤其是有些网站（及其广告）会导致网络浏览器变成资源消耗大户。

如果平均负载攀升到 1 左右，说明某个进程可能一直在霸占着 CPU。可以使用 top 命令把它找出：这种进程通常会出现在输出的最上方。

大多数现代系统配备了多个 CPU 或多核 CPU，可以轻松地同时运行多个进程。如果有两个核心，平均负载为 1，说明只有一个核心在工作；如果平均负载为 2，则说明两个核心都在工作。

2. 管理高负载

平均负载高不一定代表系统有问题。内存和 I/O 资源充足的系统能够轻松应对大量活跃进程。如果平均负载不低，但系统响应仍然良好，那就不用焦虑；这只是说明共享 CPU 的进程数量很多。进程之间必须竞争处理器时间，因此执行计算任务花费的时间比进程独占 CPU 的时候更多。对于 Web 服务器或计算服务器，高平均负载也属正常。在该场景中，进程启动和结束得很快，平均负载测量机制无法有效工作。

然而，如果平均负载非常高，你同时也感觉到了系统运行缓慢，这说明可能碰上了内存性能问题。如果系统内存不足，内核就会开始**颠簸**（thrash），或是快速地在内存和磁盘之间进行交换。这时候，那些已经变为就绪状态的进程，由于没有可用的内存，导致停留在就绪状态（记入平均负载）的时间要比正常情况下久得多。接下来，我们将更细致地研究内存，了解为什么会出现这种情况。

8.5.4　监控内存状态

要想了解系统整体内存状态，最简单方法是执行 `free` 命令或浏览/proc/meminfo 文件，查看有多少物理内存用于缓存（cache）和缓冲（buffer）。我们之前讲过，内存不足会导致性能问题。如果没有足够的缓存/缓冲（而且剩余的物理内存已被占用），你可能需要加些内存条了。但是，如果将所有的性能问题都归咎于内存不足那未免也太片面了。

1. 内存工作原理

我们在第 1 章讲过，CPU 配备的 MMU（Memory Management Unit，内存管理单元）为内存访问增添了灵活性。内核通过将进程使用的内存划分为称为**页**的更小的块来协助 MMU。内核维护了一个称为**页表**的数据结构，用于将进程的虚拟页地址映射为物理页地址。在进程访问内存时，MMU 根据内核的页表，将进程的虚拟地址转换为物理地址。

运行用户进程其实并不需要所有的内存页都立即可用。内核通常会在进程需要的时候加载和分配页面，这种机制称为**按需分页**。要想了解其工作原理，考虑程序是如何启动并作为新进程运行的。

(1) 内核将程序起始部分的指令代码载入内存页。
(2) 内核可能会为新进程分配一些内存页供其运行时使用。
(3) 进程执行过程中，可能其代码中的下一个指令在已加载的内存页面中不存在。这时候，由内核接管控制，加载所需的内存页，然后让进程恢复执行。
(4) 与此类似，如果进程需要更多的工作内存，内核负责查找空闲页面（或是创建新页面）并将其分配给进程。

可以通过查看内核配置了解系统的页面大小：

```
$ getconf PAGE_SIZE
4096
```

这个数字以字节为单位，4 KB 是大多数 Linux 系统的典型页面大小。

内核不会随意将物理内存页映射为虚拟地址。也就是说，内核不会将所有可用的内存页全都放入一个大的内存池并从中进行分配。物理内存被划分为多个区域，具体情况取决于硬件限制、内核对连续页面的优化以及其他因素。不过，现在你先不用关心这些。

2. 内存页故障

如果进程要用到某个内存页，但后者暂不可用，则会触发**内存页故障**。在这种情况下，内核会接管进程的 CPU 控制权，安排好所需的页面。有两种内存页故障：轻微页故障和严重页故障。

- **轻微页故障** 如果所需页面在内存中，但 MMU 不知道具体位置，就会发生**轻微页故障**。该情况出现在进程请求更多内存，或者 MMU 没有足够的空间保存进程所有页面位置的时候（MMU 内部的映射表容量非常小）。内核会将页面信息告知 MMU，并允许进程继续运行。不用担心轻微页故障，这种事在进程运行期间经常发生。
- **严重页故障** 如果所需页面不在内存中，就会发生**严重页故障**，这意味着内核必须从磁盘或其他低速存储设备加载该页面。大量的严重页故障会拖慢系统，因为内核必须执行大量操作来提供缺失的页面，从而减少了正常进程运行的机会。

  有些严重页故障不可避免，比如第一次运行程序，需要从磁盘加载代码的时候，就会出现这种情况。如果发生内存不足，内核不得不将工作内存页面换出到磁盘，以此为新页面腾出内存空间，进而引发颠簸，这才是最大的麻烦。

你可以用 ps、top、time 命令深入探究某个进程的页故障。记住，这里需要使用独立二进制文件版本的 time（/usr/bin/time），而不是 shell 内建的版本。来看一个简单的例子，展示 time 命令如何显示页故障（cal 命令的输出无关紧要，我们将其重定向到/dev/null，直接丢弃）。

```
$ /usr/bin/time cal > /dev/null
0.00user 0.00system 0:00.06elapsed 0%CPU (0avgtext+0avgdata 3328maxresident)k
648inputs+0outputs (2major+254minor)pagefaults 0swaps
```

从粗体显示的输出中可以看到，在程序运行时，发生了 2 次严重页故障和 254 次轻微页故障。严重页故障出现在内核第一次从磁盘加载程序的时候。如果再次执行该命令，可能就不会有严重页故障了，因为从磁盘读取的页面已经被内核缓存过了。

如果你想在进程运行的同时查看页故障，可以使用 top 或 ps。在运行 top 时，使用 f 更改显示的字段，选择 nMaj 列，显示严重页故障的数量。如果你在跟踪行为存疑的进程，选择 vMj 列（自上次更新之后的严重页故障数量）会有帮助。

在使用 ps 时，可以自定义输出格式来查看某个进程的页故障。来看 PID 为 20365 的进程示例：

```
$ ps -o pid,min_flt,maj_flt 20365
  PID  MINFL  MAJFL
20365 834182     23
```

MINFL 和 MAJFL 列显示了轻微页故障和严重页故障的数量。当然，可以将此与其他输出格式配合使用，具体参见 ps(1)的手册页。

查看进程的页故障有助于锁定有问题的组件。如果你对整个系统的性能感兴趣，则需要工具来汇总所有进程的 CPU 和内存操作。

8.5.5 使用 vmstat 监控 CPU 和内存性能

在众多系统性能监控工具中，vmstat 是最古老的命令之一，而且开销最小。该工具可以非常方便地获得内核换入/换出页面的频率、CPU 的繁忙程度以及 I/O 资源的使用情况。

解锁 vmstat 威力的诀窍在于理解其输出。例如，下面是 vmstat 2 的部分输出，每 2 秒刷新一次统计信息：

```
$ vmstat 2
procs -----------memory---------- ---swap-- -----io---- -system-- ----cpu----
 r  b   swpd   free   buff  cache   si   so    bi    bo   in   cs us sy id wa
 2  0 320416 3027696 198636 1072568    0    0     1     1    2    0 15  2 83 0
 2  0 320416 3027288 198636 1072564    0    0     0  1182  407  636  1  0 99 0
 1  0 320416 3026792 198640 1072572    0    0     0    58  281  537  1  0 99 0
 0  0 320416 3024932 198648 1074924    0    0     0   308  318  541  0  0 99 1
 0  0 320416 3024932 198648 1074968    0    0     0     0  208  416  0  0 99 0
 0  0 320416 3026800 198648 1072616    0    0     0     0  207  389  0  0 100 0
```

输出分为几类：procs（进程）、memory（内存用量）、swap（换入/换出的页数）、io（磁盘使用）、system（内核切换到内核代码的次数）、cpu（系统不同部分的 CPU 时间）。

以上输出在负载不大的系统中很常见。你可以从第二行开始观察。例如，该系统有 320 426 KB 的内存被换出至磁盘（swpd），空闲的物理内存（free）约 3 207 000 KB（3 GB）。即便是部分交换空间处于使用中，值为 0 的 si（swap-in，换入）和 so（swap-out，换出）列说明内核当前没有换入或换出过任何内容。buff 列表示内核用作磁盘缓冲区的内存量（参见 4.2.5 节）。

在最右侧的 CPU 标题下面，你会看到表示 CPU 时间的 us、sy、id、wa 列，分别是 CPU 花费在用户任务、系统（内核）任务、空闲时间、等待 I/O 上的时间百分比。在上例中，并没有太多的用户进程运行（最多使用了 1%的 CPU），内核基本上是空闲的，CPU 在 99%的时间里都没干什么事。

清单 8-3 展示了一个大型程序启动之后的情景。

清单 8-3 内存活动

```
procs -----------memory---------- ---swap-- -----io---- -system-- ----cpu----
 r  b   swpd   free   buff  cache   si   so    bi    bo   in   cs us sy id wa
 1  0 320412 2861252 198920 1106804    0    0     0     0 2477 4481 25  2 72  0 ❶
 1  0 320412 2861748 198924 1105624    0    0     0    40 2206 3966 26  2 72  0
 1  0 320412 2860508 199320 1106504    0    0   210    18 2201 3904 26  2 71  1
 1  1 320412 2817860 199332 1146052    0    0 19912     0 2446 4223 26  3 63  8
 2  2 320284 2791608 200612 1157752  202    0  4960   854 3371 5714 27  3 51 18 ❷
 1  1 320252 2772076 201076 1166656   10    0  2142  1190 4188 7537 30  3 53 14
 0  3 320244 2727632 202104 1175420   20    0  1890   216 4631 8706 36  4 46 14
```

在清单 8-3 的❶处，CPU 忙碌了一段时间，时间主要花在了用户进程身上。因为有足够的空闲内存，所以随着内核越来越多地使用磁盘，缓存和缓冲的用量也开始增加。

接下来，有些地方值得注意：在❷处，内核将一些曾经被换出的页面又换入了内存（si 列）。这意味着刚刚运行的程序可能访问了其他进程共享的一些页面。这种情况很常见，许多进程仅在启动时会用到某些共享库代码。

另外注意 b 列，其中可以看到有几个进程处于**阻塞**状态（无法运行），正在等待内存页。总的来说，空闲内存的数量正在减少，不过尚未耗尽。同时还有相当数量的磁盘活动，这一点可以从 bi（blocks in，从块设备接收到的数据块）和 bo（blocks out，发送到块设备的数据块）列中不断增加的数字看出。

当内存不足时，vmstat 的输出则大不相同。随着空闲内存被耗尽，缓冲和缓存用量逐渐减少，因为内核需要为用户进程分配内存。一旦内存用尽，随着内核开始将内存页换出到磁盘，你会发现 so 列的数字出现变动，这时候其他几乎所有的输出列都会发生相应的改变，反映出内核正在执行的操作。你会看到增加的系统时间、更多的数据进出磁盘，以及越来越多由于缺少可用内存（已经被换出至磁盘了）而被阻塞的进程。

我们没有逐一介绍 vmstat 输出的所有列，其具体含义可参见 vmstat(8)手册页，但要想理解相关内容，可能需要先从课堂或图书（比如 Silberschatz、Gagne 和 Galvin 合著的 *Operating System Concepts, 10th Edition*（Wiley，2018）中学习更多内核的内存管理知识。

8.5.6 I/O 监控

在默认情况下，vmstat 会显示一些常规的 I/O 统计信息。尽管 vmstat -d 能够提供非常详尽的磁盘分区资源使用情况，但该选项的输出实在是太多了。你可以尝试 I/O 专用工具 iostat。

注意 本节介绍的很多 I/O 实用工具在大多数发行版中并不是内置的，不过安装起来并不麻烦。

1. 使用 iostat

和 vmstat 一样，如果不使用任何选项，iostat 会显示当前的 I/O 统计信息：

```
$ iostat
[kernel information]
avg-cpu:  %user   %nice %system %iowait  %steal   %idle
           4.46    0.01    0.67    0.31    0.00   94.55

Device:            tps    kB_read/s    kB_wrtn/s    kB_read    kB_wrtn
sda               4.67         7.28        49.86    9493727   65011716
sde               0.00         0.00         0.00       1230          0
```

上方的 avg-cpu 部分显示的是 CPU 的利用率信息，这一点和本章介绍的其他实用工具一样，所以直接跳到下方，此处显示了各个设备的以下信息。

- tps：平均每秒的数据传输次数。
- kB_read/s：平均每秒数据读取量。
- kB_wrtn/s：平均每秒数据写入量。
- kB_read：数据读取总量。
- kB_wrtn：数据写入总量。

与 vmstat 的另一个相似之处是同样可以提供间隔参数，比如 iostat 2 指定每 2 秒刷新一次输出。在使用间隔时，你可以通过-d 选项只显示设备统计信息（比如 iostat -d 2）。

默认情况下，iostat 不输出分区信息。可以使用-p ALL 选项显示所有的分区信息。因为典型系统有多个分区，所以该选项的输出会很多。下面是部分输出内容：

```
$ iostat -p ALL
--略--
Device:            tps    kB_read/s    kB_wrtn/s    kB_read    kB_wrtn
--略--
sda               4.67         7.27        49.83    9496139   65051472
sda1              4.38         7.16        49.51    9352969   64635440
sda2              0.00         0.00         0.00          6          0
sda5              0.01         0.11         0.32     141884     416032
scd0              0.00         0.00         0.00          0          0
--略--
sde               0.00         0.00         0.00       1230          0
```

在这个例子中，sda1、sda2、sda5 是磁盘 sda 的所有分区，所以读/写列的数据会出现部分重叠。但是，分区列的总和不一定等于磁盘列。尽管从 sda1 读取的数据会被记入 sda，但别忘了，你也可以直接读取 sda，比如读取分区表数据。

2. 使用 iotop 查看单个进程的 I/O 利用率和监控

如果你需要更深入地查看单个进程使用的 I/O 资源，可以使用 iotop 工具。iotop 的用法和

top 差不多，同样会生成持续更新的数据，展示使用 I/O 资源最多的进程，另外在最上方也会给出汇总信息：

```
# iotop
Total DISK READ:       4.76 K/s | Total DISK WRITE:      333.31 K/s
  TID  PRIO  USER      DISK READ  DISK WRITE  SWAPIN     IO>    COMMAND
  260 be/3 root        0.00 B/s   38.09 K/s  0.00 %  6.98 % [jbd2/sda1-8]
 2611 be/4 juser       4.76 K/s   10.32 K/s  0.00 %  0.21 % zeitgeist-daemon
 2636 be/4 juser       0.00 B/s   84.12 K/s  0.00 %  0.20 % zeitgeist-fts
 1329 be/4 juser       0.00 B/s   65.87 K/s  0.00 %  0.03 % soffice.b~ashpipe=6
 6845 be/4 juser       0.00 B/s  812.63 B/s  0.00 %  0.00 % chromium-browser
19069 be/4 juser       0.00 B/s  812.63 B/s  0.00 %  0.00 % rhythmbox
```

注意，除了 USER、COMMAND、READ/WRITE 列，还有一个 TID 列（不是 PID）。otop 是为数不多显示线程而非进程的实用工具之一。

PRIO 列显示 I/O 优先级，类似于先前看到的 CPU 优先级，但它影响的是内核调度进程 I/O 读写的速度。该优先级的形式为 be/4，其中的 be 是**调度等级**，数字是**优先级**。和 CPU 优先级一样，数字越小，优先级越高。换句话说，内核允许优先级为 be/3 的进程比优先级为 be/4 的进程拥有更多的 I/O 时间。

内核使用调度等级来增加对 I/O 调度的控制。iotop 的输出中出现了 3 种调度等级。

- be：即 best effort（尽力）。内核尽力公平调用该等级的 I/O。大多数进程属于此等级。
- rt：即 real time（实时）。内核无论如何都会在其他 I/O 等级之前调度实时 I/O。
- idle：空闲。仅在没有其他 I/O 要完成的时候，内核才会执行此类 I/O。空闲调度等级没有优先级。

可以使用 ionice 实用工具检查和修改进程的 I/O 优先级，详见 ionice(1)手册页。不过，你可能压根用不着操心 I/O 优先级。

8.5.7 使用 pidstat 监控单个进程

你已经知道如何使用 top、iotop 等实用工具监控特定进程。但是，这些工具的输出结果会定时刷新，每次刷新都会覆盖先前的输出。pidstat 允许你以 vmstat 的方式查看一段时间内进程的资源消耗情况。下面是对进程 1329 的监控示例，每秒刷新一次：

```
$ pidstat -p 1329 1
Linux 5.4.0-48-generic (duplex)         11/09/2020      _x86_64_        (4 CPU)

09:26:55 PM   UID   PID    %usr %system  %guest    %CPU   CPU  Command
09:27:03 PM  1000  1329    8.00    0.00    0.00    8.00     1  myprocess
09:27:04 PM  1000  1329    0.00    0.00    0.00    0.00     3  myprocess
09:27:05 PM  1000  1329    3.00    0.00    0.00    3.00     1  myprocess
09:27:06 PM  1000  1329    8.00    0.00    0.00    8.00     3  myprocess
```

```
09:27:07 PM  1000  1329     2.00   0.00    0.00    2.00     3  myprocess
09:27:08 PM  1000  1329     6.00   0.00    0.00    6.00     2  myprocess
```

默认显示用户时间和系统时间的百分比以及 CPU 时间的总百分比，甚至还会告诉你进程在哪个 CPU 上运行。(其中的%guest 列有点奇怪，这是进程在虚拟机内运行所花费的时间百分比。如果你没有虚拟机，可以忽略该列。)

尽管 pidstat 默认显示 CPU 利用率，但它的能力可不止于此。例如，可以使用-r 选项监控内存，使用-d 选项监控磁盘。不妨自己动手试试，有关线程、上下文切换的更多选项以及我们尚未提及的其他内容，参见 pidstat(1)手册页。

8.6　控制组（cgroup）

至此，我们已经知道了如何查看和监控系统资源的使用情况，但如果你想要限制的资源超出了 nice 命令的控制范围，又该怎么办呢？有一些传统机制可以做到，比如 POSIX 的 rlimit 接口。不过对于 Linux 系统大多数类型的资源限制而言，如今最灵活的选择是内核的 cgroup（control group，控制组）特性。

基本思路是将多个进程放入一个 cgroup，然后你可以以组为基础管理进程使用的资源。例如，如果你想限制多个进程累计消耗的内存量，cgroup 就能做到。

创建好 cgroup 之后，就可以向其中添加进程，然后使用**控制器**更改进程的行为。例如，cpu 控制器可以限制进程的 CPU 时间，还有 memory 控制器等。

注意　尽管 systemd 广泛运用了 cgroup 的特性，而且系统大部分（即便不是全部）的 cgroup 可能是由 systemd 负责管理的，但 cgroup 位于内核空间，不依赖于 systemd。

8.6.1　区分不同的 cgroup 版本

cgroup 有两个版本：1 和 2。遗憾的是，两者目前均在使用，可以在系统中同时配置，这可能造成混乱。除了特性不同之外，版本之间还存在结构上的差异。

- 在 cgroup v1 中，控制器（cpu、memory 等）都有自己的一组 cgroup。进程可以属于每个控制器的某个 cgroup，这意味着进程与 cgroup 存在一对多的关系。例如，在 v1 中，一个进程可以同时属于 cpu cgroup 和 memory cgroup。
- 在 cgroup v2 中，一个进程只能属于一个 cgroup。你可以为每个 cgroup 设置不同类型的控制器。

为了直观地展示这种差异，我们以进程 A、B、C 为例。我们希望对每组进程使用 cpu 和 memory 控制器。图 8-1 显示了 cgroup v1 的示意图。我们共需要 6 个 cgroup，因为每个 cgroup 只能属于一个控制器。

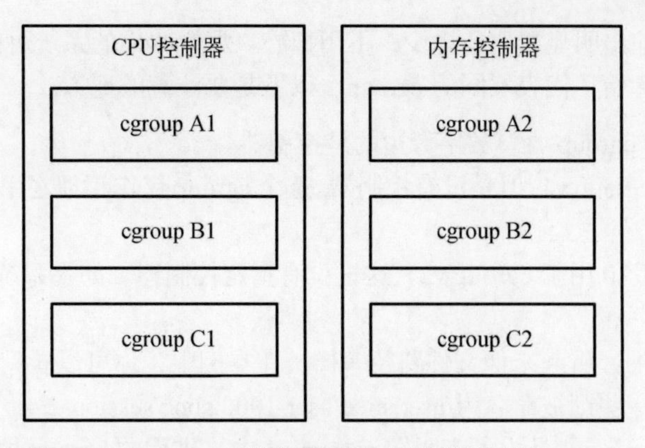

图 8-1 cgroup v1，进程可以属于控制器的某个 cgroup

图 8-2 显示了 cgroup v2 中的做法。我们只需要 3 个 cgroup，因为可以为每个 cgroup 设置多个控制器。

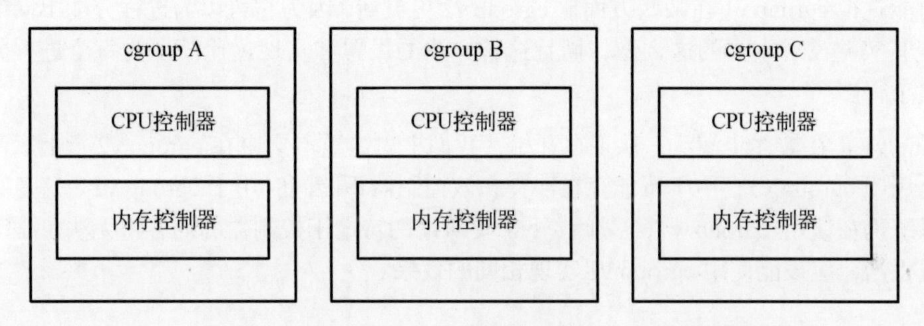

图 8-2 cgroup v2，一个进程只能属于一个 cgroup

通过查看/proc/中的 cgroup 文件，可以列出任意进程的 v1 cgroup 和 v2 cgroup。使用以下命令查看 shell 的 cgroup：

```
$ cat /proc/self/cgroup
12:rdma:/
11:net_cls,net_prio:/
10:perf_event:/
9:cpuset:/
8:cpu,cpuacct:/user.slice
7:blkio:/user.slice
6:memory:/user.slice
5:pids:/user.slice/user-1000.slice/session-2.scope
4:devices:/user.slice
3:freezer:/
2:hugetlb:/testcgroup ❶
1:name=systemd:/user.slice/user-1000.slice/session-2.scope
0::/user.slice/user-1000.slice/session-2.scope
```

如果你系统上的输出明显要比这里少，不用担心。那说明你的系统可能只有 cgroup v2。输出的每一行均以数字起始，代表不同的 cgroup。以下是要注意的地方。

- 数字 2-12 用于 cgroup v1。数字旁边的是控制器。
- 数字 1 也用于 cgroup v1，但是没有控制器。这个 cgroup 仅作管理之用（在本例中，由 systemd 负责配置）。
- 最后一行的数字 0 用于 cgroup v2。这里没有指定控制器。如果系统中没有 cgroup v1，那么输出只有这一行。
- 名称是分层级的，看起来像文件路径一样。在本例中，你可以看到一些 cgroup 被命名为 /user.slice，另一些则被命名为/user.slice/user-1000.slice/session-2.scope。
- 创建名称/testcgroup❶是为了表明在 cgroup v1 中，进程的 cgroup 可以完全独立。
- user.slice 之下含有 `session` 的名称是登录会话，由 systemd 分配。查看 shell 的 cgroup 时就会看到它们。系统服务的 cgroup 位于 system.slice 之下。

你可能觉得 cgroup v1 在某些方面比 cgroup v2 更灵活，因为它可以为进程分配不同的 cgroup 组合。但其实并没有人真的这么做，而且这种方法的设置和实现远比简单为每个进程分配一个 cgroup 复杂得多。

cgroup v1 正在被逐步淘汰；从现在开始，我们把讨论重点集中在 cgroup v2 身上。注意，如果控制器用于 cgroup v1，由于可能存在冲突，该控制器不能同时用于 cgroup v2。这意味着，如果你的系统仍在使用 cgroup v1，我们接下来要讨论的特定于控制器的内容将无法正常工作。但只要方法得当，应该能使用 cgroup v1 实现相同的效果。

8.6.2　查看 cgroup

不同于和内核交互的传统 Unix 系统调用接口，cgroup 完全通过文件系统访问，通常作为 /sys/fs/cgroup 下的 cgroup2 文件系统挂载。（如果你也使用了 cgroup v1，则有可能是在 /sys/fs/cgroup/unified 之下。）

让我们来研究一下 shell 的 cgroup 设置。启动 shell，从/proc/self/cgroup（如前所示）中找出它的 cgroup。然后查看/sys/fs/cgroup（或/sys/fs/cgroup/unified），你会在其中发现一个同名目录，进入该目录查看：

```
$ cat /proc/self/cgroup
0::/user.slice/user-1000.slice/session-2.scope
$ cd /sys/fs/cgroup/user.slice/user-1000.slice/session-2.scope/
$ ls
```

注意　桌面环境中的 cgroup 名称会非常长，因为要为每个运行的新应用程序创建一个新 cgroup。

这里有许多文件，其中主要的 cgroup 接口文件以 cgroup 开头。先查看 cgroup.procs（使用 cat 就行），该文件列出了 cgroup 中的进程。另一个类似的文件 cgroup.threads 中列出的是线程。

要想知道 cgroup 当前使用的控制器，可以查看 cgroup.controllers：

```
$ cat cgroup.controllers
memory pids
```

大多数用于 shells 的 cgroup 有这两个控制器，负责控制该 cgroup 中使用的内存量以及进程总数。要想与控制器交互，可以查找与控制器前缀匹配的文件。如果你想知道 cgroup 中运行的线程数量，查看 pids.current：

```
$ cat pids.current
4
```

要想知道 cgroup 能够使用的内存最大量，可以查看 memory.max：

```
$ cat memory.max
max
```

值为 max，意味着该 cgroup 没有限制。但因为 cgroup 是层级化的，所以子目录链中的某个 cgroup 可能会有所限制。

8.6.3 操作和创建 cgroup

尽管你可能永远不需要改动 cgroup，但真做起来也不难。要将进程加入 cgroup，以 root 身份将该进程的 PID 写入 cgroup.procs 文件即可：

```
# echo pid > cgroup.procs
```

就这么简单。如果你想限制 cgroup 的进程最大数量（比如，3000），只需这样：

```
# echo 3000 > pids.max
```

创建 cgroup 则有点棘手。从技术上来说并不难，就是在 cgroup 树的某个位置创建一个子目录。这时候，内核会自动创建接口文件。如果一个 cgroup 没有进程，即使存在接口文件，也可以用 rmdir 删除该 cgroup。会让你栽跟头的是 cgroup 的管理规则。

- 你只能将进程放入外层（“叶子”）cgroup。如果你有名为/my-cgroup 和/my-cgroup/my-subgroup 的 cgroup，那就不能将进程放入/my-cgroup，只能放入/my-cgroup/my-subgroup。（如果 cgroup 没有控制器，则是个例外，我们对此不做进一步的探讨。）

- cgroup 不能拥有其父 cgroup 没有的控制器。
- 必须明确为子 cgroup 指定控制器。这可以通过 cgroup.subtree_control 文件实现。如果你希望子 cgroup 拥有 cpu 和 pids 控制器，可以将+cpu +pids 写入该文件。

位于层级结构底部的根 cgroup 不用遵循以上规则，可以将进程放入此 cgroup。这样做可以使进程脱离 systemd 的控制。

8.6.4 查看资源使用情况

除了通过 cgroup 限制资源，还可以查看所有进程在其 cgroup 中的当前资源使用情况。即使没有启用控制器，也可以查看 cgroup 的 cpu.stat 文件，了解 CPU 使用情况。

```
$ cat cpu.stat
usage_usec 4617481
user_usec 2170266
system_usec 2447215
```

这是 cgroup 整个生命周期内的累计 CPU 使用情况，所以即使一个服务产生了很多子进程，你仍然可以看到该服务的处理器时间消耗。

如果启用了适合的控制器，还能查看其他类型的资源使用情况。例如，启用了 memory 控制器后，可以访问 memory.current 文件，了解当前的内存使用情况。memory.stat 文件则包含了 cgroup 生命周期内的内存数据明细，这些文件在根 cgroup 中不可用。

可以从 cgroup 中获取大量的信息。内核文档提供了各个控制器的详尽用法以及 cgroup 的所有创建规则。在网上搜索“cgroups2 documentation”，应该就能找到。

你现在应该对 cgroup 的工作原理有了比较清晰的认识。理解其基本操作有助于解释 systemd 是如何组织进程的。稍后学习容器的时候，你会看到 cgroup 另一种截然不同的用途。

8.7 展望

之所以有这么多测量和资源使用管理工具，原因之一在于不同类型的资源有不同的使用方式。本章讲解了被进程、进程内的线程和内核作为系统资源使用的 CPU、内存和 I/O。

另一个原因在于资源是有限的，系统组件必须竭力减少资源消耗，确保系统运行良好。在过去，许多用户共享一台计算机，必须保证每个用户公平地分享资源。而现在，尽管现代桌面计算机未必有那么多用户，但仍然有大量进程在争夺资源。同样，高性能网络服务器也少不了密集的系统资源监控，因为服务器要运行大量进程来同时处理多个请求。

关于资源监控和性能分析还有更多主题。

- sar（系统活动报告）：sar 拥有 vmstat 的很多持续监控功能，同时还能记录一段时间内的资源使用情况。可以通过 sar 回顾特定时间的系统操作。当你想分析过去的系统事件时会很方便。
- acct（进程统计）：acct 可以记录进程及其资源使用情况。
- quota（配额）：可以使用 quota 系统限制用户可用的磁盘空间。

如果你对系统调优和性能特别感兴趣，可以参阅 Brendan Gregg 所著的 *Systems Performance: Enterprise and the Cloud, 2nd Edition*（Addison-Wesley，2020）一书。

很多可用于监控网络资源使用情况的工具我们尚未涉及。不过在此之前，你得先理解网络是如何工作的，这正是我们接下来的主题。

第9章 理解网络及其配置

网络将计算机连接起来，并实现在彼此之间发送数据。听起来挺简单，但要想搞明白其中的来龙去脉，得先考虑两个基本问题。

- 发送方怎么知道往**哪里**发送？
- 接收方怎么知道接收到的是**什么**？

计算机使用一系列组件来解决这些问题，在发送、接收、识别数据的过程中，每个组件负责其中某一个环节。这些组件被划分为不同的组，即**网络分层**，分层堆叠在一起，从而形成了一个完整的系统。Linux 内核处理网络连接的方式类似于第 3 章描述的 SCSI 子系统。

因为每一层往往是独立的，所以可以使用不同的组件组合来构建网络。这正是网络配置异常复杂的原因所在。为此，我们先从一个简单网络中的各层开始。你将了解如何查看网络设置，等到理解各层的基本工作原理之后，再学习如何配置。最后，还有一些更高级的主题在等着你，比如自建网络和配置防火墙。（如果觉得累的话，可以先跳过，随时可以回来看。）

9.1 网络基础

在学习网络各层的理论知识之前，先看一个简单的网络，如图 9-1 所示。

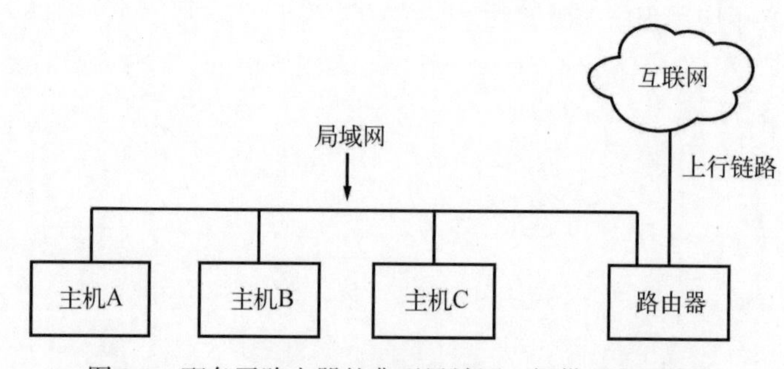

图 9-1 配备了路由器的典型局域网，提供互联网接入

这种网络无处不在。大多数家庭网络和小型办公网络的配置形式均是如此。连入网络的每台机器称为**主机**，其中一个主机是**路由器**，用于在不同的网络之间移动数据。在本例中，这4个主机（A、B、C、路由器）组成了一个LAN（Local Area Network，**局域网**）。LAN的连接可以是有线的，也可以是无线的。LAN本身并没有严格的定义。一个LAN中的机器通常在地理位置上接近，共享大量相同的配置和访问权限。你马上就会看到一个具体的例子。

路由器同时也连入了互联网，也就是图9-1中的云状物。这个连接称为**上行链路**或WAN（Wide Area Network，**广域网**）连接，因为它将小得多的LAN与更大的网络连接在了一起。由于路由器同时与LAN和互联网相连，因此LAN中的所有机器都可以通过路由器访问互联网。本章的目标之一就是学习路由器是如何提供这种访问服务的。

先从基于Linux的机器开始（比如图9-1所示的LAN中的主机A）。

9.2 数据包

计算机在网络上以小块**数据包**的形式传输数据。数据包由两部分组成：**头部**和**载荷**。头部包含标识信息，比如源主机、目的主机、基础协议。载荷则是计算机要发送的实际应用数据（如HTML或图片）。

主机可以按照任意顺序发送、接收和处理数据包，不管数据包来自哪里或去往何处，这使得多个主机可以“同时”进行通信。如果一个主机需要同时向另外两个主机传输数据，可以在发出的数据包中不断变换目标地址。将信息划分成较小的单元也更容易检测和纠正传输错误。

在大多数情况下，你不用关心数据包和应用程序数据之间的转换，操作系统会为你代劳。但是，了解数据包在网络分层中的作用还是有好处的。

9.3 网络分层

功能完善的网络包括一组称为**网络栈**的网络分层。凡是运转正常的网络都少不了网络栈。典型的互联网网络栈，从上往下的各层分别如下。

- **应用层**。定义了应用程序与服务器之间交流的“语言”，通常是某种形式的高层协议。常见的应用层协议包括HTTP（Hypertext Transfer Protocol，超文本传输协议，用于网页传输）、TLS（Transport Layer Security，传输层安全）、FTP（File Transfer Protocol，文件传输协议）。应用层协议往往会组合在一起。例如，TLS与HTTP二者共同形成了HTTPS。应用层是在用户空间进行处理的。
- **传输层**。定义了应用层的数据传输特性。该层包括数据完整性检查、源端口、目的端口以及在发送端将应用程序数据拆解为数据包（如果应用层没有这么做），以及在接收端重组数据包的相关规范。TCP（Transmission Control Protocol，传输控制协议）和UDP（User Datagram Protocol，用户数据报协议）是最常见的传输层协议。传输层有时候也称为**协议层**。

在 Linux 中，传输层及其下的所有层主要是由内核处理的，不过有时候也会将数据包发往用户空间进行处理，这属于例外情况。

- **网络层或网际层**。定义如何将数据包从源主机发往目的主机。这套规则称为 IP（internet protocol，网际协议）。因为我们在本书中只讨论互联网，所以关注点也只放在网络层。然而，由于网络层独立于硬件，因此你可以在单个主机上同时配置多个独立的网络层，比如 IP（IPv4）、IPv6、IPX、AppleTalk 等。
- **物理层**。定义如何在物理介质上（比如以太网或调制解调器）发送原始数据。有时也称为**链路层**或**网络接口层**。

理解网络栈的结构很重要，因为数据在抵达目的主机中的进程之前至少要穿过两次网络栈。如果你从主机 A 向主机 B 发送数据，如图 9-1 所示，数据会从主机 A 的应用层开始，先后经过传输层和网络层，最后进入物理层，通过传输介质到达主机 B 的物理层，再向上直至应用层。如果你是通过路由器向互联网主机发送数据，数据还会经过路由器以及途中其他设备的各层（不过通常并非所有层）。

这些层之间有时会以特别的方式相互渗透，因为逐层依次处理的话会降低效率。例如，曾经只处理物理层的设备为了快速过滤和路由数据，现在也会时不时查看传输层和网络层的数据。此外，术语本身也令人困惑。例如，TLS 代表传输层安全，但实际上它位于更高的应用层。（在学习基础知识时，不用关心这些细节。）

为了回答本章一开始提出的“往哪里发送”的问题，我们先从 Linux 机器如何连入网络开始。这涉及网络栈中较底层的部分，即物理层和网络层。稍后，我们再学习协议栈的上两层，回答“发送什么”的问题。

注意　你可能听说过另一种网络分层：OSI（Open Systems Interconnection，开放系统互连）参考模型。这是一种 7 层网络模型，多用于教学和网络设计，不过我们不打算介绍 OSI 模型，因为你直接打交道的就是上面提到的那 4 层。要想深入学习网络栈以及计算机网络知识，可以参阅 Andrew S. Tanenbaum 和 David J. Wetherall 合著的 *Computer Networks, 5th Edition*（Prentice Hall，2010）。

9.4　网络层

跳过网络栈中最下面的物理层，我们从网络层开始，这样更易于理解。互联网目前使用的是 IPv4 和 IPv6。网络层最重要的一点在于，该层是由软件实现的，对硬件或操作系统没有特别的要求。也就是说，你可以使用任何操作系统在任意种类的硬件上发送和接收数据包。

我们先从 IPv4 开始讨论，因为 IPv4 地址更易于阅读（以及理解其局限性），IPv4 与 IPv6 之间的主要差异也会讲到。

互联网采用去中心化的拓扑结构，由称为**子网**的多个更小的网络组成。所有子网以某种方式彼此相连。例如，图 9-1 中的 LAN 就是一个子网。

一个主机能连接到多个子网。如 9.1 节所述，如果该主机能够将数据从一个子网发送到另一个子网，就可以将其称为路由器（或**网关**）。图 9-2 对图 9-1 进行了细化，将 LAN 标记为子网并指定了各个主机和路由器的 IP 地址。图中的路由器有两个地址，本地子网地址 10.23.2.1 和连接互联网的链路（互联网链路的地址现在并不重要，所以只标记为上行链路地址）。我们先看地址，然后再看子网记法。

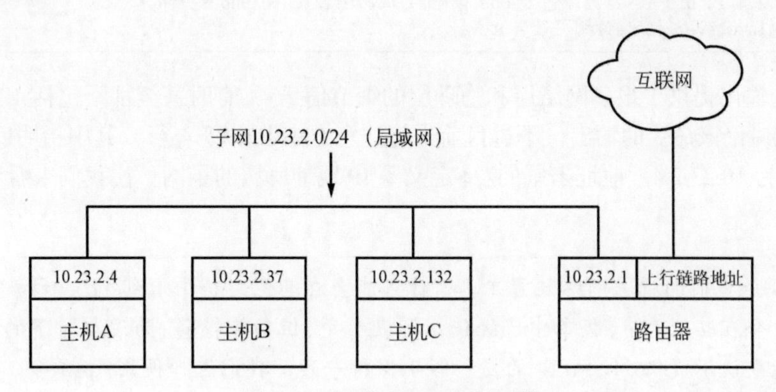

图 9-2 配置了 IP 地址的网络

每个主机至少都有一个数字形式的 **IP 地址**。IPv4 的地址形式为 a.b.c.d，比如 10.23.2.37。这种形式的地址称为**点分序列**。如果主机连接了多个子网，那么每个子网至少有一个地址。主机的 IP 地址在整个互联网范围内应该是唯一的，不过随后你就会看到，私有网络和 NAT（Network Address Translation，网络地址转换）使情况变得有点混乱。

不用在意图 9-2 中的子网记法，我们很快就会讲到。

注意 从技术上来讲，IP 地址由 4 字节（记作 abcd）组成（或 32 位二进制）。字节 a 和 b 的取值范围均为 1~254，b 和 c 的取值范围为 0~255。计算机按照原始字节处理 IP 地址。但对于人类用户而言，相较于 0x0A170225 这样难看的十六进制，点分序列形式的地址（比如 10.23.2.37）更便于读写。

IP 地址在某些方面类似于邮政地址。要与其他主机通信，必须知道该主机的 IP 地址。

让我们来学习如何查看主机的 IP 地址。

9.4.1 查看 IP 地址

一台机器可以有多个 IP 地址，对应多个物理接口、内部虚拟网络等。以下命令可用于查看 Linux 系统已启用的 IP 地址：

```
$ ip address show
```

该命令可能会产生大量输出（按照物理接口分组显示，参见 9.10 节），但应该会有类似下面的内容：

```
2: enp0s31f6: <BROADCAST,MULTICAST,UP,LOWER_UP> mtu 1500 qdisc fq_codel state
UP group default qlen 1000
    link/ether 40:8d:5c:fc:24:1f brd ff:ff:ff:ff:ff:ff
    inet 10.23.2.4/24 brd 10.23.2.255 scope global noprefixroute enp0s31f6
       valid_lft forever preferred_lft forever
```

ip 命令的输出提供了很多网络层和物理层的细节信息。（有时甚至都不包括 IP 地址！）我们随后会详细地讨论该命令的输出，不过目前先将注意力集中在第 4 行，其中指明此主机的 IPv4 地址（inet）为 10.23.2.4。地址末尾的/24 定义了 IP 地址所属的子网。让我们来看看其中的工作原理。

注意　ip 命令是目前的标准网络配置工具。你可能会在其他文档中看到 ifconfig 命令。这个古老的命令在其他 Unix 版本中已经使用了数十年，但功能较弱。为了与时下的推荐做法（以及可能默认不提供 ifconfig 的发行版）保持一致，我们选择使用 ip 命令。被 ip 替代的其他工具还包括 route 和 arp。

9.4.2　子网

按照先前的定义，子网是特定 IP 地址范围内一组相连的主机。例如，10.23.2.1 到 10.23.2.254 范围内的主机可以组成一个子网，10.23.1.1 到 10.23.255.254 范围内的所有主机也是如此。子网主机通常位于同一个物理网络，如图 9-2 所示。

子网定义分为两部分：**网络前缀**（也称为**路由前缀**）和**子网掩码**（有时称为**网络掩码**或**路由掩码**）。假设你想创建一个子网，IP 地址范围为 10.23.2.1 到 10.23.2.254。网络前缀是子网中所有地址共有的部分，在本例中是 10.23.2.0，子网掩码为 255.255.255.0。让我们看看这些数字是怎么得来的。

要想弄清楚前缀和掩码是如何共同为子网提供所有可能的 IP 地址，我们先来看看两者的二进制形式。掩码标记出了 IP 地址中属于子网的通用部分。例如，10.23.2.0 和 255.255.255.0 的二进制形式如下所示。

```
10.23.2.0:        00001010 00010111 00000010 00000000
255.255.255.0:    11111111 11111111 11111111 00000000
```

现在，我们使用粗体标记出 10.23.2.0 中与 255.255.255.0 对应的二进制位：

```
10.23.2.0:          00001010 00010111 00000010 00000000
```

包含粗体部分的地址都属于该子网。来看看未加粗的部分（最后的 8 个 0），将其中任意位设置为 1，都可以得到属于该子网的有效 IP 地址，不过不能设为全 0 或全 1。

综上所述，IP 地址为 10.23.2.1，子网掩码为 255.255.255.0 的主机与 IP 地址以 10.23.2 开头的主机位于同一子网中。你可以将整个子网写作 10.23.2.0/255.255.255.0。

现在，让我们看看如何将这种形式改写为 ip 等工具中的便捷写法（比如/24）。

9.4.3 通用子网掩码和 CIDR 记法

大多数网络工具采用了另一种不同形式的子网表示方法，称为 CIDR（Classless Inter-Domain Routing，无类域间路由）记法。按照这种记法，子网 10.23.2.0/255.255.255.0 可以写作 10.23.2.0/24。这种便捷写法利用了子网掩码遵循的一种简单模式。

观察上一节中二进制形式的掩码，你会发现所有子网掩码都是（或者说根据 RFC 1812，应该是）一组 1 之后跟着一组 0。例如，你刚才看到的 255.255.255.0 的二进制形式就是 24 个 1 之后跟着 8 个 0。CIDR 记法通过子网掩码中**前导** 1 的数量来识别子网掩码。因此，像 10.23.2.0/24 这样的组合就包括了子网前缀和子网掩码。

表 9-1 展示了一些子网掩码及其 CIDR 形式的示例。子网掩码/24 在本地终端用户网络中最常见，通常与 9.22 节介绍的私有网络配合使用。

表 9-1 子网掩码

长 格 式	CIDR 形式
255.0.0.0	/8
255.255.0.0	/16
255.240.0.0	/12
255.255.255.0	/24
255.255.255.192	/26

注意 如果你不熟悉十进制、二进制、十六进制格式之间的转换，可以使用 bc 或 dc 等计算器工具完成不同基数形式之间的转换。例如，在 bc 中运行命令 obase=2; 240，就可以打印出 240 的二进制形式。

你也许已经注意到了，如果有了 IP 地址和子网掩码，甚至都用不着再单独定义网络。你可以像 9.4.1 节中那样，将两者组合起来。ip address show 的输出中就包括 10.23.2.4/24。

识别子网及其主机是理解互联网工作原理的第一步。接下来，就是将多个子网连接起来。

9

9.5 路由和内核路由表

连接子网主要就是通过路由器（与多个子网相连的主机）发送数据的过程。回到图 9-2，考虑 IP 地址为 10.23.2.4 的主机 A。该主机与本地网络 10.23.2.0/24 相连，可以直接与该网络的主机进行通信。要想与互联网上的其他主机通信，则必须通过 IP 地址为 10.23.2.1 的路由器（主机）。

Linux 内核通过使用**路由表**来确定路由行为，从而区分这两种不同类型的目的地。可以使用 ip route show 命令显示路由表。对于 10.23.2.4 这样的简单主机，你会看到以下输出：

```
$ ip route show
default via 10.23.2.1 dev enp0s31f6 proto static metric 100
10.23.2.0/24 dev enp0s31f6 proto kernel scope link src 10.23.2.4 metric 100
```

注意　查看路由的传统工具是 route 命令，执行时加入-n 选项（route -n）。该选项告诉 route 显示 IP 地址，不显示主机名和网络名。这个选项很重要，一定要记住，你在其他网络相关命令中（比如 netstat）也会用到。

命令输出不太好读。一条路由规则一行。我们先从第 2 行开始，逐个字段讲解。

第一个字段是 10.23.2.0/24，指定了目的网络。和先前的例子一样，这是该主机所在的本地子网。这条规则的意思是，该主机可以通过自己的网络接口（目的网络右侧的 dev enp0s31f6）直接访问此本地子网。（该字段之后是有关路由的更多细节信息，包括如何发送数据包。这些内容暂时先不管。）

再看输出中的第一行，其中的目标网络为 default。这条规则也称为**默认路由**，可以匹配任意主机，我们放在 9.6 节解释。紧随其后的 via 10.23.2.1 表示使用默认路由的流量被发送至 10.23.2.1（在示例网络中，这是路由器）；dev enp0s31f6 表示使用该网络接口发送数据包。

9.6 默认网关

路由表中的 default 条目具有特殊意义，它可以匹配任意地址。在 CIDR 记法中，其对应的 IPv4 地址为 0.0.0.0/0。包含该字段的行称为默认路由，默认路由中配置的地址便是默认网关。如果其他规则都不匹配，默认路由总是能被匹配；当没有其他选择时，你可以将数据包发送给默认网关。主机并不是非得配置默认网关，但如果没有默认网关，该主机将无法与不在路由表中的其他目的主机通信。

在子网掩码为/24（255.255.255.0）的大多数网络中，路由器的地址通常为 1（例如，10.23.2.0/24 中的 10.23.2.1）。这只是一种习惯做法，未必总是如此。

> **内核如何选择路由**
>
> 路由中有一个棘手的细节。假设主机想要向 10.23.2.132 发送数据，这会匹配路由表中的两条规则：默认路由和 10.23.2.0/24。内核是怎么知道使用后者呢？记住，路由表中的顺序无关紧要，在匹配的路由规则中，内核选择具有最长目的地前缀的那个。这正是 CIDR 记法的便捷之处：10.23.2.0/24 能够匹配，其前缀长度为 24 位；0.0.0.0/0 也能匹配，但其前缀长度为 0 位（也就是没有前缀），因此优先使用 10.23.2.0/24 的规则。

9.7 IPv6 地址和网络

从 9.4 节可知，IPv4 地址由 32 位二进制（4 字节）组成。这大概能生成 43 亿个地址，这对于当前的互联网规模来说是不够的。IPv4 地址不足导致了一系列问题，因此，IETF（Internet Engineering Task Force，互联网工程任务组）开发了 IPv4 的后续版本 IPv6。在学习更多的网络工具之前，我们先来讨论 IPv6 地址空间。

IPv6 地址由 128 位二进制（16 字节）组成，分为 8 组，每组 2 字节。IPv6 地址的长格式如下所示：

```
2001:0db8:0a0b:12f0:0000:0000:0000:8b6e
```

地址为十六进制形式，每一位数字的取值范围为 0 到 f。有几种常用的地址简写法。你可以省略所有的前导 0（例如，将 0db8 写作 db8），并且可以将一组（只能有一组）连续的 0 写作::（两个冒号）。因此，先前的地址可以改写为：

```
2001:db8:a0b:12f0::8b6e
```

子网仍然用 CIDR 记法表示。对于最终用户，子网通常覆盖了地址空间中一半的可用位(/64)，但也有使用较少的情况。地址空间中每个主机唯一的部分称为接口 ID。图 9-3 显示了一个 64 位子网的地址分解示例。

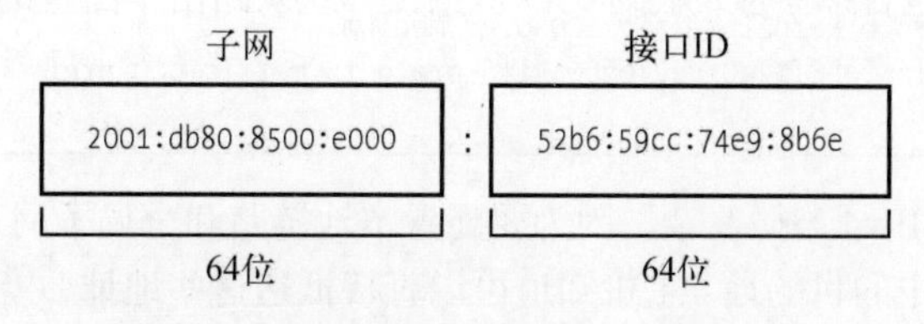

图 9-3 一个典型的 IPv6 地址的子网和接口 ID

注意　在本书中，我们更多是从普通用户的视角出发。对于服务供应商来说，情况略有不同，子网会被进一步分为路由前缀和另一个网络 ID（有时也称为子网）。目前不用担心这个问题。

关于 IPv6，现在需要知道的最后一件事是主机通常至少有两个地址。第一个在整个互联网范围内有效，称为**全局单播地址**。第二个地址用于本地网络，称为**本地链路地址**。本地链路地址的前缀始终为 fe80::/10，后跟一个全 0 的 54 位网络 ID，并以 64 位的接口 ID 结束。当你查看系统的本地链路地址时，会发现其位于 fe80::/64 子网。

注意　全局单播地址的前缀为 2000::/3。由于具有此前缀的地址的第一字节以 001 起始，因此完整形式可以是 0010 或 0011。全局单播地址始终以 2 或 3 开头。

9.7.1　查看系统的 IPv6 配置

如果系统配置了 IPv6，可以使用 ip 命令的-6 选项获取相关信息：

```
$ ip -6 address show
1: lo: <LOOPBACK,UP,LOWER_UP> mtu 65536 state UNKNOWN qlen 1000
    inet6 ::1/128 scope host
       valid_lft forever preferred_lft forever
2: enp0s31f6: <BROADCAST,MULTICAST,UP,LOWER_UP> mtu 1500 state UP qlen 1000
    inet6 2001:db8:8500:e:52b6:59cc:74e9:8b6e/64 scope global dynamic
noprefixroute
       valid_lft 86136sec preferred_lft 86136sec
    inet6 fe80::d05c:97f9:7be8:bca/64 scope link noprefixroute
       valid_lft forever preferred_lft forever
```

除了环回接口（我们随后会讲到），你还会看到另外两个地址。scope global 表示全局单播地址，scope link 表示本地链路地址。

查看路由的方法也差不多：

```
$ ip -6 route show
::1 dev lo proto kernel metric 256 pref medium
❶ 2001:db8:8500:e::/64 dev enp0s31f6 proto ra metric 100 pref medium
❷ fe80::/64 dev enp0s31f6 proto kernel metric 100 pref medium
❸ default via fe80::800d:7bff:feb8:14a0 dev enp0s31f6 proto ra metric 100 pref
medium
```

IPv6 的路由设置比 IPv4 略微复杂，因为要配置本地链路和全局子网。第二行❶用于本地连接的全局单播地址子网中的目的地。主机知道可以直接抵达这些地址，接下来的本地链路行❷也是如此。对于默认路由❸（在 IPv6 中也可以写作::/0，记住，这可以匹配所有未直接相连的地址），该配置安排流量通过路由器的本地链路地址 fe80::800d:7bff:feb8:14a0，而非其全局子网地址。随后你会看到，路由器通常不关心如何获取流量，只关心流量去往何处。使用本地链路地址作为默认网关的好处在于，如果全局IP地址发生变化，不需要再改动路由表。

9.7.2 配置双栈网络

你猜的没错，我们可以配置主机和网络同时使用IPv4和IPv6。有时也称这种形式为**双栈网络**，不过“栈”这个词的用法有待商榷，因为在这种情况下，典型的网络栈其实只有一层是重复的（真正的双栈应该是类似于IP+IPX这样）。撇开条条框框不谈，IPv4和IPv6协议是相互独立的，可以同时运行。对于这类主机，由应用程序（比如Web浏览器）决定选择使用IPv4还是IPv6来连接服务器。

最初为IPv4编写的应用程序不会自动支持IPv6。好在网络栈中位于网络层之上的各层是不变的，支持IPv6通信所需的代码量并不多，不难添加。如今大多数重要的应用程序和服务器支持IPv6。

9.8 ICMP和DNS基础工具

下面介绍一些主机交互工具。这些工具使用两种值得关注的协议：ICMP（Internet Control Message Protocol，**互联网控制报文协议**）和DNS（Domain Name Service，**域名服务**），前者可以帮助排查连通性和路由问题，后者可以将名称映射为IP地址，免去记忆一堆数字的麻烦。

ICMP是一种用于互联网配置和诊断的传输层协议，它与其他传输层协议的不同之处在于不携带任何真正的用户数据，因而在其之上也不存在应用层。相比之下，DNS是一种应用层协议，用于将人类可读的名称映射为IP地址。

9.8.1 ping

ping是最基础的网络调试命令之一。它向主机发送ICMP回送请求数据包，要求接收方主机向发送方返回数据包。如果接收方收到了数据包且允许回应，则返回一个ICMP回送响应数据包。

假设你执行命令ping 10.23.2.1，输出如下：

```
$ ping 10.23.2.1
PING 10.23.2.1 (10.23.2.1) 56(84) bytes of data.
64 bytes from 10.23.2.1: icmp_req=1 ttl=64 time=1.76 ms
64 bytes from 10.23.2.1: icmp_req=2 ttl=64 time=2.35 ms
64 bytes from 10.23.2.1: icmp_req=4 ttl=64 time=1.69 ms
64 bytes from 10.23.2.1: icmp_req=5 ttl=64 time=1.61 ms
```

第一行表明你向10.23.2.1发送了大小为56字节（如果加上头部的话，则为84字节）的数据包（默认每秒发送一个），其余几行是来自10.23.2.1的响应。命令输出中最重要的部分是序列号（icmp_seq）和往返时间（time）。返回的数据包大小等于发送的数据包大小加上8。（数据包的内容不用关心。）

序列号中出现的空缺，比如 2 和 4 之间，通常意味着存在连通性问题。数据包不应该乱序到达，因为 ping 每秒只发送一个数据包。如果响应数据包超过 1 秒才到达，说明连接速度非常慢。

往返时间是从请求数据包离开到响应数据包抵达的总时间。如果请求数据包无法到达目的地，最后一个处理该数据包的路由器会向 ping 返回一个 ICMP“主机不可达”数据包。

在有线 LAN 中，绝对不应该出现数据包丢失，往返时间也应该非常短。（示例输出来自无线网络。）你所在的网络与 ISP 之间最好也是如此，同时具有比较稳定的往返时间。

注意　出于安全考虑，有些主机会禁止响应 ICMP 回送请求数据包，所以可能会出现能打开主机上的网站，却 ping 不通该主机的情况。

可以使用-4 或-6 选项强制 ping 使用 IPv4 或 IPv6。

9.8.2　DNS 和主机

IP 地址既难记还容易改变，所以我们才会使用 www.example.com 这样的名称。系统的域名服务（DNS）库通常会自动处理名称和 IP 地址之间的转换，但有时可能需要手动处理。要查找域名对应的 IP 地址，可以使用 host 命令：

```
$ host www.example.com
example.com has address 172.17.216.34
example.com has IPv6 address 2001:db8:220:1:248:1893:25c8:1946
```

注意，这个例子输出了两个地址：IPv4 地址 172.17.216.34 和另一个长得多的 IPv6 地址。一个主机名有可能对应多个 IP 地址，host 命令的输出也许还会包含额外的信息，比如邮件交换器。

你也可以反其道而行之：查找 IP 地址对应的主机名。不过别指望这种用法有多可靠。一个 IP 地址可能与多个主机名关联，DNS 不知道如何确定 IP 地址到底对应于哪个主机名。此外，这还需要该主机的管理员手动设置反向查找，而管理员往往不会这样做。

DNS 的话题远不止 host 命令。我们会在 9.15 节介绍基本的客户端配置。

host 命令提供了-4 和-6 选项，不过它们的工作方式可能和你想的不一样。这两个选项强制 host 命令通过 IPv4 或 IPv6 获取信息，但不管用哪种网络层协议，结果应该都是一样的，输出可能同时包括 IPv4 和 IPv6。

9.9　物理层和以太网

互联网是一种**软件网络**，这是理解互联网的关键之一。到目前为止，我们讨论的一切都不针对于任何硬件。事实上，互联网之所以取得成功的一个原因就是适用于几乎所有计算机、操作系统以及物理网络。但如果想要实现与其他计算机通信，还是需要将网络层建立在某种硬件之上。

这个接口就是物理层。

在本书中，我们将讨论最常见的物理层：以太网。IEEE 802系列标准文档定义了很多种以太网，形式从有线到无线，无论形式如何，它们都存在如下一些共性。

- 以太网的所有设备均配有MAC（Media Access Control，**媒介访问控制**）地址，有时也称为**硬件地址**。该地址独立于主机的IP地址，在主机所处的以太网中是唯一的（但在更大的软件网络中，比如互联网，那就未必了）。MAC地址形如10:78:d2:eb:76:97。
- 以太网设备将数据封装为**帧**进行发送。帧包含源MAC地址和目的MAC地址。

以太网的通信范围仅限于单一网络上的硬件。假设你的主机同时连接两个以太网（安装了两个网络接口设备），除非配备以太网网桥，否则无法直接将帧从一个以太网发往另一个以太网。这正是更高一级的网络分层（比如网络层）发挥作用之处。根据惯例，一个以太网通常也是一个子网。尽管帧无法离开单个物理网络，但路由器可以从帧中提取数据，重新打包并将其发送到另一个物理网络上的主机，互联网也正是这么做的。

9.10 理解内核网络接口

物理层和网络层的结合方式必须使后者能够保持不依赖于硬件的灵活性。Linux内核对这两层有自己的划分，并提供了连接两层的通信标准，称为（**内核**）**网络接口**。当你配置网络接口时，要将网络层的IP地址设置与物理设备的硬件标识关联起来。网络接口的名称通常指明了接口的硬件种类，比如enp0s31f6（PCI插槽中的网卡）。这叫作**可预测的网络接口设备名称**，因为在系统重启后名称仍然保持不变。网络接口在系统引导期间使用传统名称，比如eth0（第一个以太网网卡）和wlan0（第一个无线网卡），但在大多数运行systemd的系统中，接口很快就被重新命名。

在9.4.1节中，你学到了如何使用`ip address show`查看网络接口设置。该命令的输出按照接口分组显示。以下是我们先前看到过的其中一个接口的相关信息：

```
2: enp0s31f6: <BROADCAST,MULTICAST,UP,LOWER_UP> mtu 1500 qdisc fq_codel state
❶ UP group default qlen 1000
  ❷ link/ether 40:8d:5c:fc:24:1f brd ff:ff:ff:ff:ff:ff
    inet 10.23.2.4/24 brd 10.23.2.255 scope global noprefixroute enp0s31f6
       valid_lft forever preferred_lft forever
   inet6 2001:db8:8500:e:52b6:59cc:74e9:8b6e/64 scope global dynamic noprefixroute
      valid_lft 86054sec preferred_lft 86054sec
   inet6 fe80::d05c:97f9:7be8:bca/64 scope link noprefixroute
      valid_lft forever preferred_lft forever
```

每个网络接口都有自己的编号，这里显示的网络接口的编号为2。接口1基本上都是环回接口（参见9.16节）。标志`UP`❶表示该接口正在工作中。除了我们已经讲过的网络层相关信息，还有物理层的MAC地址（link/ether）❷。

尽管`ip`命令会显示一些硬件信息，但其主要用途是查看和配置与接口关联的软件层（网络层）。要想深入了解网络接口背后的硬件和物理层，可以使用如 ethtool 命令显示或修改以太网网卡的设置（我们将在 9.27 节简要介绍无线网络）。

9.11　网络接口配置简介

我们已经看到了网络栈低层的所有基本元素：物理层、网络层以及 Linux 内核的网络接口。接下来，必须执行以下操作，将这些组件结合起来，帮助 Linux 机器接入互联网。

(1) 连接网络硬件，确保内核包含相关的设备驱动程序。只要有驱动程序，即便该设备尚未配置，p address show 也会显示相关信息。
(2) 执行其他的物理层设置，比如选择网络名称或密码。
(3) 为内核网络接口分配 IP 地址和子网，使得内核的设备驱动程序（物理层）和互联网子系统（网络层）能够彼此互通。
(4) 添加包括默认网关在内的其他必要路由。

如果是连在一起的工作站，相对比较简单：内核执行第(1)步，第(2)步不需要，分别使用旧的 ifconfig 和 route 命令执行第(3)步和第(4)步。我们随后会简要讲解如何使用 ip 命令实现这些步骤。

9.11.1　手动配置接口

现在来看看如何手动配置接口，不过我们不打算涉及过多的细节，因为手动配置很少用得到，而且还容易出错。这一般是做试验时才会干的事。即便是配置接口，你也可能希望使用 Netplan 这样的工具创建文本文件形式的配置，而不是使用接下来看到的一系列命令。

可以使用 ip 命令将某个接口与网络层绑定在一起。要想为内核网络接口添加 IP 地址和子网，可以使用以下命令：

```
# ip address add address/subnet dev interface
```

其中，interface 是接口名，比如 enp0s31f6 或 eth0。该命令也适用于 IPv6，只不过需要添加额外的参数（例如，指明本地链路状态）。如果你想查看所有选项，可参考 ip-address(8)手册页。

9.11.2　手动添加和删除路由

启用接口后，就可以添加路由了，通常只需要设置默认网关即可，比如：

```
# ip route add default via gw-address dev interface
```

gw-address 参数是默认网关的 IP 地址，这必须是分配给网络接口的某个本地子网地址。

要想删除默认网关，可以这样做：

```
# ip route del default
```

用其他路由覆盖默认网关很容易。假设你的主机位于子网 10.23.2.0/24，你想与子网 192.168.45.0/24 通信，同时知道主机 10.23.2.44 可作为该子网的路由器。执行以下命令，将目的地址为 192.168.45.0 的流量发往路由器：

```
# ip route add 192.168.45.0/24 via 10.23.2.44
```

删除路由的时候不用指定路由器：

```
# ip route del 192.168.45.0/24
```

在深入研究路由之前，你得知道，路由配置往往比看起来复杂得多。对于这个例子，你还必须确保有相应的路由可以使 192.163.45.0/24 的所有主机也能向 10.23.2.0/24 发送数据，否则添加的第一条路由基本上没什么用。

一般来说，尽可能让事情简单化，设置好本地网络，让主机只用一个默认路由。如果你需要多个子网并希望实现子网之间的互连，最好是将路由器配置为默认网关，由其负责子网路由。（9.21 节会展示一个这样的例子。）

9.12　在引导期间生效的网络配置

我们讨论过如何手动配置网络，而确保网络配置正确性的传统方式是让 init 运行一个脚本来进行手动配置。这可以归结为在引导事件链的某个环节处运行类似 `ip` 这样的工具。

为了规范引导期间的网络配置文件，Linux 做出过不少尝试。工具 `ifup` 和 `ifdown` 就是其中之一，例如，引导脚本可以（在理论上）运行 `ifup eth0` 来执行正确的 `ip` 命令。遗憾的是，不同的发行版对 `ifup` 和 `ifdown` 有完全不同的实现，配置文件也各不相同。

网络配置的方方面面涉及不同的网络分层，由此产生了更深层次的差异。这带来的一个后果就是，联网软件分散在内核和用户空间的多处，由不同的开发人员编写和维护。在 Linux 中，普遍认为不应该在独立的工具套件或库之间共享配置文件，因为对一个工具所做的改动可能会破坏另一个工具。

在多个位置处理网络配置增加了系统管理的难度。因此出现了各种网络管理工具，各自都有自己的一套解决配置问题的方法。然而，这些工具往往是针对特定用途的 Linux 系统而设计的。用于桌面系统的工具未必适合服务器。

一款叫 Netplan 的工具给出了解决配置问题的另一种思路。Netplan 不负责管理网络，而是提供了统一的网络配置标准以及转换工具（将网络配置转换为可供现有网络管理器使用的文件）。

Netplan 目前支持 NetworkManager 和 systemd-networkd，本章随后会讲到。Netplan 文件位于 /etc/netplan，采用 YAML 格式。

在介绍网络配置管理器之前，我们先来进一步了解网络配置管理器所面对的一些问题。

9.13　手动配置网络和启动期间配置网络的问题

尽管大多数系统过去是在启动期间配置网络（不少服务器现在仍然如此），但是现代网络的动态性意味着大多数主机没有静态（不变的）IP 地址。在 IPv4 中，当主机首次连入本地网络时，会从网络某处获取自身 IP 地址和其他网络信息，而不是事前将这些信息保存在本机。一般的网络客户端程序并不是特别关心主机的 IP 地址是什么，只要管用就行。DHCP（Dynamic Host Configuration Protocol，动态主机配置协议，参见 9.19 节）负责 IPv4 客户端的网络层基础配置。在 IPv6 中，客户端能够在一定程度上实现自我配置，我们将在 9.20 节中简要介绍。

故事到这里还没完。无线网络为接口配置带来了更多问题，比如网络名称、认证、加密技术。当你退后一步，观览全局时，会发现系统需要以某种方式解决以下问题。

- 如果主机有多个物理网络接口（比如配备了有线和无线以太网的笔记本计算机），该使用哪个接口？
- 主机该如何设置物理网络接口？对于无线网络，这包括扫描网络名称、选择网络、协商认证。
- 物理网络接口连接好之后，主机如何设置网络层？
- 如何为用户提供连接选项？如怎么样让用户选用无线网络？
- 如果主机的网络接口断开连接该怎么办？

要解决这些问题，不是简单的启动脚本能搞定的，全靠手动操作的话实在又太麻烦。答案是使用系统服务监控物理网络，根据一组对用户有意义的规则选择（并自动配置）内核网络接口。该服务还应该能够响应用户请求，使用户无须切换到 root 就能更改所处的无线网络。

9.14　网络配置管理器

有几种方法可以在基于 Linux 的系统中自动配置网络。台式机和笔记本计算机上使用最广泛的是 NetworkManager。systemd 有一个叫 systemd-networkd 的插件，能够进行基本的网络配置，可用于不需要太多灵活性的主机（比如服务器），但其不具备 NetworkManager 的动态能力。其他网络配置管理系统主要针对小型嵌入式系统，比如 OpenWRT 的 netifd、Android 的 ConnectivityManager 服务、ConnMan 和 Wicd。

我们将简要地讨论 NetworkManager，因为你最可能遇到的就是它。不过，我们不打算深入过多的细节，等你掌握了基本概念之后，NetworkManager 和其他配置系统就不难理解了。如果你对 systemd-networkd 感兴趣，systemd.network(5)手册页介绍了相关设置，配置目录为/etc/systemd/network。

9.14.1 NetworkManager 操作

NetworkManager 是一个会在系统启动时启动的守护进程。和大多数守护进程一样，它不依赖于某个桌面组件。NetworkManager 的任务是侦听来自系统和用户的事件，并根据一组规则更改网络配置。

NetworkManager 在运行时维护着两个基本层面的配置。第一个层面是可用硬件设备的相关信息，通常从内核收集并通过监控桌面总线（D-Bus）上的 udev 进行维护。第二个层面是更为具体的**连接**列表：硬件设备以及额外的物理层和网络层配置参数。例如，可以用一个连接代表无线网络。

为了激活连接，NetworkManager 通常会将任务委派给其他专门的网络工具和守护进程（比如 `dhclient`），以便从本地连接的物理网络中获取网络层配置。由于具体的网络配置工具和方案因发行版而异，NetworkManager 并未强加自己的标准，而是使用插件与之交互。例如，Debian/Ubuntu 和 Red Hat 风格的界面配置都有相应的插件。

在启动时，NetworkManager 收集所有可用的网络设备信息，搜索连接列表，然后决定激活其中某个连接。以下是激活以太网接口的过程。

(1) 如果有线连接可用，试着使用该连接。否则，尝试无线连接。
(2) 扫描可用的无线网络列表。如果先前连接过的网络可用，NetworkManager 会尝试再次连接。
(3) 如果有多个先前连接过的无线网络可用，则选择最近连接过的。

建立好连接之后，NetworkManager 负责维护该连接，直到连接断开或是有更好的网络（例如，在连接无线网络的时候插入了网线），抑或是用户强制切换网络。

9.14.2 使用 NetworkManager

大多数用户通过桌面小程序与 NetworkManager 打交道，通常在桌面右上角或右下角以图标形式出现，显示网络连接状态（有线、无线或未连接）。点击该图标时，会弹出若干连接选项，比如选择无线网络或断开当前网络连接。每种桌面环境都各自实现了这个小程序，因此在不同的桌面环境中看起来会有点不一样。

除了小程序，你也可以借助其他一些工具在 shell 命令行使用和控制 NetworkManager。要想获得当前连接状态的简要概况，使用不加任何参数的 `nmcli` 命令即可。该命令会输出接口及其配置参数列表。在有些地方和 `ip` 命令类似，只不过提供了更多细节，尤其是在查看无线连接时。

`nmcli` 命令允许你通过命令行控制 NetworkManager。该命令用法较多，除了惯常的 nmcli(1) 手册页之外，还有一个 nmcli-examples(5)手册页。

最后，`nm-online` 可以告诉你网络是否可用。如果网络可用，该命令返回 0 作为退出码；否则，返回非 0 作为退出码。（关于如何在 shell 脚本中使用退出码，详见第 11 章。）

9

9.14.3　配置 NetworkManager

NetworkManager 的一般性配置目录通常位于/etc/NetworkManager，有多种不同类型的配置。通用配置文件是 NetworkManager.conf。该文件的格式类似于 XDG 风格的.desktop 文件和 Microsoft 的.ini 文件，其中将“键-值”参数划分为不同的小节。在几乎所有的配置文件中都有[main]小节，定义了使用的插件。下面是一个简单的示例，展示了激活 Ubuntu 和 Debian 使用的 ifupdown 插件：

```
[main]
plugins=ifupdown,keyfile
```

其他发行版特定的插件有 ifcfg-rh（基于 Red Hat 的发行版）和 ifcfg-suse（SuSE）。你在这里看到的 keyfile 插件用于支持 NetworkManager 的本地配置文件。有了该插件，你就可以在/etc/NetworkManager/system-connections 中看到系统的所有已知连接。

大多数情况下不需要更改 NetworkManager.conf，因为更具体的配置选项可以在其他文件中找到。

1. 忽略接口

尽管你可能希望 NetworkManager 管理大部分网络接口，但有时候也想让其忽略某些接口。例如，大多数用户不用对环回接口（参见 9.6 节）做任何动态配置，因为该接口的配置从来都不需要改变。因为系统基础服务往往依赖于环回接口，所以最好是在引导过程中趁早配置。大多数发行版的 NetworkManager 不会处理环回接口。

你可以使用插件告诉 NetworkManager 忽略哪个接口。如果你用的是 ifupdown 插件（例如，在 Ubuntu 和 Debian 中），可以将接口配置添加到/etc/network/interfaces 文件，然后在 NetworkManager.conf 文件的[ifupdown]小节中将 managed 的值设置为 false：

```
[ifupdown]
managed=false
```

对于 Fedora 和 Red Hat 使用的 ifcfg-ch 插件，在/etc/sysconfig/network-scripts 目录中的 ifcfg-* 配置文件中查找下面这行：

```
NM_CONTROLLED=yes
```

如果没有找到这行或是值被设为 no，NetworkManager 会忽略该接口。环回接口在 ifcfg-lo 文件中是被禁用的。也可以像下面这样指定要被忽略的硬件地址：

```
HWADDR=10:78:d2:eb:76:97
```

除了这些网络配置方案，还可以使用 keyfile 插件直接在 NetworkManager.conf 文件中通过

MAC 地址指定非托管接口。下面的例子展示了两个非托管接口。

```
[keyfile]
unmanaged-devices=mac:10:78:d2:eb:76:97;mac:1c:65:9d:cc:ff:b9
```

2. 分派

NetworkManager 配置的最后一个细节涉及指定网络接口启动或关闭时的其他系统操作。例如，一些网络守护进程需要知道何时开始或停止侦听某个接口才能正常工作（比如下一章讨论的 SSH 守护进程）。

当系统的网络接口状态发生改变时，NetworkManager 会使用 `up` 或 `down` 参数运行/etc/NetworkManager/dispatcher.d 中的所有脚本。这个过程相对简单，但很多发行版有自己的网络控制脚本，所以不会把单独的分派器（dispatcher）脚本放在该目录中。例如，Ubuntu 只有一个名为 `01ifupdown` 的脚本，运行/etc/network 中相应子目录内（比如/etc/network/if-up.d）的全部文件。

与 NetworkManager 的其他部分一样，这些脚本的细节相对没那么重要。你只需要知道在修改配置时从何处下手（或者使用 Netplan，让它帮你找到正确的位置）就够了。还是那句老话，没事多读读系统里的脚本。

9.15 解析主机名

网络配置的最后一项基本任务是使用 DNS 解析主机名。你已经看到过 `host` 解析工具可以将形如 www.example.com 的名称转换为数字形式的 IP 地址 10.23.2.132。

DNS 位于应用层，完全属于用户空间，这不同于先前讲过的那些网络要素。因此，从技术上来说，有点不太适合与网络层和物理层放在一起讨论。但如果没有正确配置 DNS，你的互联网连接几乎毫无用武之地。没有哪个头脑正常的人会用 IP 地址形式公布网站和电子邮件（更不用说 IPv6 地址了），因为主机的 IP 地址随时都会变化，而且记住一堆数字也不容易。

实际上，Linux 系统的所有网络应用程序都要执行 DNS 查找。解析过程通常如下。

(1) 应用程序调用函数来查找主机名对应的 IP 地址。该函数位于系统的共享库，应用程序不需要知道个中原理，也不用担心具体实现是否会有变。

(2) 函数在运行时会根据一组规则（位于/etc/nsswitch.conf，参见 9.15.4 节）来决定查找步骤。例如，通常会有这样的规则：在使用 DNS 之前先检查/etc/hosts 文件中手动指定的地址映射。

(3) 如果函数决定使用 DNS 查找主机名，则会查询其他配置文件来获取 DNS 名称服务器。名称服务器采用 IP 地址形式给出。

(4) 函数（通过网络）向名称服务器发送 DNS 查找请求。

(5) 名称服务器回复主机名对应的 IP 地址，函数将此 IP 地址返回给应用程序。

这个过程经过了简化。在一个典型的当代系统中，会有更多的参与者尝试提高查询速度或增加灵活性。这一点我们暂且不谈，只关注基础部分。与其他种类的网络配置一样，你可能用不着改动主机名解析，但知道其工作原理总是有好处的。

9.15.1 /etc/hosts

在大多数系统中可以用/etc/hosts 文件覆盖主机名查找。该文件的内容通常如下所示：

```
127.0.0.1        localhost
10.23.2.3        atlantic.aem7.net      atlantic
10.23.2.4        pacific.aem7.net        pacific
::1              localhost ip6-localhost
```

你在其中几乎总是能看到对应于 localhost（参见 9.16 节）的一个或多个条目。其他条目展示了一种为本地子网添加主机的简单方法。

> **注意**　在以往的艰苦岁月里，有一个中央 hosts 文件，为了保持最新状态，每个人都把该文件复制到自己的机器上（参见 RFCs 606、608、623、625），但随着 ARPANET 及后来互联网的发展，已经不需要这样做了。

9.15.2 resolv.conf

DNS 服务器传统的配置文件是/etc/resolv.conf。在比较简单的情况下，典型的文件内容如下所示，其中 ISP 的名称服务器地址为 10.32.45.23 和 10.3.2.3：

```
search mydomain.example.com example.com
nameserver 10.32.45.23
nameserver 10.3.2.3
```

search 一行定义了非完整主机名（只有主机名的第一部分，例如，myserver 就是 myserver.example.com 的非完整主机名）的规则。在本例中，解析器库会尝试查找 host.mydomain.example.com 和 host.example.com。

名称查找的过程如今已经没有这么简单直观了。DNS 配置加入了很多增强和改动。

9.15.3 缓存和零配置 DNS

传统的 DNS 配置存在两个主要问题。首先，本地主机不缓存名称服务器返回的应答，频繁地向名称服务器发送请求会不必要地拖慢网络速度。为此，很多主机（以及充当名称服务器的路由器）会运行一个中介守护进程，截获名称服务器请求并缓存应答，然后尽可能使用缓存过的应答。这类守护进程中最常见的是 systemd-resolved，你可能还见过 dnsmasq 或 nscd。也可以设置

BIND（标准的 Unix 名称服务器守护进程）作为缓存。如果你在/etc/resolv.conf 文件中看到 127.0.0.53 或 127.0.0.1，或是在命令 `nslookup -debug host` 的输出中发现 127.0.0.1 作为服务器列出，通常可以断定系统运行了名称服务器缓存守护程序。不过得仔细观察。如果运行的是 systemd-resolved，你会发现 resolv.conf 甚至都不是/etc 中的文件，而是一个链接，指向/run 中自动生成的文件。

systemd-resolved 的功能比看起来要多得多，因为它可以组合多个名称查找服务，为每个接口提供不同的服务。这解决了传统名称服务器设置的第二个问题：如果你想在本地网络上查询名称，又不希望陷入一大堆乱七八糟的配置，传统名称服务器显得特别不灵活。假设你设置好了一个网络设备，希望马上就能通过名称使用该设备。这正是多播 DNS（Multicast DNS，mDNS）、本地链路多播名称解析（Link-Local Multicast Name Resolution，LLMNR）等零配置（zero-configuration）名称服务系统的部分理念。如果进程想在本地网络通过名称查找主机，只需在网络上广播请求即可；如果目标主机存在，则回应其地址。这些协议在主机名解析之外还能够提供可用服务的相关信息。

可以使用 `resolvectl status` 命令（在比较老的系统上可能叫作 systemd-resolve）检查当前的 DNS 设置。该命令会输出一份全局设置清单（通常用处不大），其中有每个接口的设置。如下所示：

```
Link 2 (enp0s31f6)
      Current Scopes: DNS
       LLMNR setting: yes
MulticastDNS setting: no
      DNSSEC setting: no
    DNSSEC supported: no
         DNS Servers: 8.8.8.8
          DNS Domain: ~.
```

在此可以看到所支持的各种名称协议以及 systemd-resolved 在查询不知晓的名称时用到的名称服务器。

我们不打算进一步深入 DNS 或 systemd-resolved，这是个庞大的主题。如果你想修改设置，先看看 resolved.conf(5)手册页，接着从/etc/systemd/resolved.conf 入手。阅读大量 systemd-resolved 的相关文档是少不了的，DNS 的一般知识可以从 Cricket Liu 和 Paul Albitz 合著的 *DNS and BIND, 5th Edition*（O'Reilly，2006）等资料中获取。

9.15.4 /etc/nsswitch.conf

在结束本节之前，还有最后一个设置需要注意。/etc/nsswitch.conf 文件是一个传统接口，用于控制系统中多处与名称相关的优先级设置（比如用户和密码信息），其中包含主机名称查找设置。你应该会在文件看到类似于下面这行：

```
hosts:          files dns
```

将 files 放在 dns 之前，确保在查找主机名称时，先检查/etc/hosts，然后再查询 DNS 服务器（包括 systemd-resolved）。这个想法不错（尤其是在查找 localhost 时，下文会提到），但应该保持/etc/hosts 文件尽可能**短小**。别想着为了提高性能，什么东西都往里面放，这么做早晚会倒霉。你可以将小型私有 LAN 中的主机加入/etc/hosts，但通常的经验做法是，如果特定主机有 DNS 条目，那就不要将其放入/etc/hosts。（/etc/hosts 文件可用于在引导过程早期阶段解析主机名，因为此时网络可能不可用。）

所有这些都是通过系统库中的标准系统调用来实现的。把所有会出现名称查找的地方全都记住不是件容易事，但是如果你需要自下而上地进行排查，不妨从/etc/nsswitch.conf 入手。

9.16　localhost

在运行 ip address show 时，注意 lo 接口：

```
1: lo: <LOOPBACK,UP,LOWER_UP> mtu 65536 qdisc noqueue state UNKNOWN group
default qlen 1000
    link/loopback 00:00:00:00:00:00 brd 00:00:00:00:00:00
    inet 127.0.0.1/8 scope host lo
       valid_lft forever preferred_lft forever
    inet6 ::1/128 scope host
       valid_lft forever preferred_lft forever
```

lo 接口是一个虚拟网络接口，称为**环回接口**（loopback），因为发往该接口的流量会“绕回”到自身。连接 127.0.0.1（或 IPv6 地址::1）的效果相当于与你当前使用的主机相连。当发往 localhost 的数据到达 lo 的内核网络接口时，内核只是将其作为传入数据重新打包，通过 lo 回送给正在侦听的服务器程序使用（默认情况下，基本上都是这样处理的）。

在启动时脚本中，你唯一能看到静态网络配置往往就是 lo 环回接口。例如，Ubuntu 的 ifup 命令会读取/etc/network/interfaces。不过这通常都是多余的，因为 systemd 会在启动时配置环回接口。

环回接口的网络掩码是/8，任何以 127 开头的地址都属于该接口。这允许你在环回地址空间中挑选多个 IPv4 地址运行不同的服务器，无须再配置额外的接口。服务器 systemd-resolved 就利用了这一点，它使用的是 127.0.0.53。这样一来，就不会干扰到运行在 127.0.0.1 上的其他名称服务器。到目前为止，IPv6 只定义了一个环回地址，不过对此已经有了更改提议。

9.17　传输层：TCP、UDP 和服务

到目前为止，我们只看到了数据包如何在互联网上从一个主机移动到另一个主机。换句话说，只回答了本章开头“往哪里”的问题。现在让我们来回答“发送什么”的问题。弄清楚计算机如何将从其他主机接收的数据包呈现给进程很重要。要让用户空间程序像内核那样处理一堆原始数据包，既困难也不方便。多个应用程序能够同时使用网络（例如，你可以同时运行电子邮件

应用和数个 Web 客户端）尤其关键。

传输层协议在网络层的原始数据包和应用程序的精细需求之间架起了桥梁。两种最流行的传输协议是 TCP（Transmission Control Protocol，传输控制协议）和 UDP（User Datagram Protocol，用户数据报协议）。本章重点讨论 TCP，因为这是目前最常用的协议，不过我们也会简单介绍 UDP。

9.17.1 TCP 端口和连接

TCP 通过端口为同一主机中的多个网络应用程序提供服务，所谓**端口**，其实就是与 IP 地址配合使用的数字。如果说主机的 IP 地址就像公寓楼的邮政地址，那么端口号就好比邮箱号码，用作进一步的细分。

在使用 TCP 时，应用程序在本机端口和远程主机端口之间建立**连接**（别和 NetworkManager 的连接搞混了）。例如，Web 浏览器会在本机的 36406 端口与远程主机的 80 端口之间建立连接。从应用程序的角度来看，36406 是本地端口，80 是远程端口。

IP 地址和端口号共同标识一个连接。可以使用 netstat 查看本机当前已建立的连接。下面的例子展示的是 TCP 连接，-n 选项用于禁止主机名解析（DNS），-t 限制仅输出 TCP 连接：

```
$ netstat -nt
Active Internet connections (w/o servers)
Proto Recv-Q Send-Q Local Address           Foreign Address         State
tcp        0      0 10.23.2.4:47626         10.194.79.125:5222      ESTABLISHED
tcp        0      0 10.23.2.4:41475         172.19.52.144:6667      ESTABLISHED
tcp        0      0 10.23.2.4:57132         192.168.231.135:22      ESTABLISHED
```

Local Address 和 Foreign Address 字段指的是主机眼中的连接，因此这里的主机有一个配置为 10.23.2.4 的接口，本地端口 47626、41475、57132 都已有连接。示例中的第一个连接显示端口 47626 连接到 10.194.79.125 的端口 5222。

要想仅显示 IPv6 连接，可以给 netstat 加上-6 选项。

1. 建立 TCP 连接

要想建立传输层连接，主机 A 的进程使用一系列特殊的数据包，从某个本地端口向主机 B 的端口发起连接。为了识别传入连接并做出响应，主机 B 必须有进程在正确的端口上时刻**侦听**。一般来说，发起连接的进程称为**客户端**，负责侦听的进程称为**服务器**（详见第 10 章）。

关于端口，重要的一点是客户端会选择当前未被使用的端口，并且几乎总是连接到服务器端的某个熟知端口。回想一下上节中 netstat 命令的输出：

```
Proto Recv-Q Send-Q Local Address           Foreign Address         State
tcp        0      0 10.23.2.4:47626         10.194.79.125:5222      ESTABLISHED
```

只要稍微知道些端口编号约定，就能看出这个连接应该是由本地客户端发起，连接到远程服务器，因为本地端口（47626）类似一个动态分配的数字，而远程端口（5222）是/etc/services中列出的一个熟知服务（具体来说是Jabber或XMPP消息服务）。在大多数桌面计算机上，你会看到很多到端口443（HTTPS的默认端口）的连接。

注意　动态分配的端口称为**临时端口**。

然而，如果输出中的本地端口属于熟知端口，那么连接可能是由远程主机发起的。在下面的例子中，远程主机172.24.54.234连接到了本地主机的端口443：

```
Proto Recv-Q Send-Q Local Address           Foreign Address         State
tcp        0      0 10.23.2.4:443           172.24.54.234:43035     ESTABLISHED
```

远程主机连接本地主机的熟知端口，这说明有服务器在本地主机侦听此端口。为了证实这一点，使用netstat列出本地主机的所有TCP端口，这次要用到-l选项，显示进程侦听的端口：

```
$ netstat -ntl
Active Internet connections (only servers)
Proto Recv-Q Send-Q Local Address           Foreign Address         State
❶ 1 tcp        0      0 0.0.0.0:80              0.0.0.0:*               LISTEN
❷ 2 tcp        0      0 0.0.0.0:443             0.0.0.0:*               LISTEN
❸ 3 tcp        0      0 127.0.0.53:53           0.0.0.0:*               LISTEN
  --略--
```

Local Address为0.0.0.0:80的这一行❶说明本地主机在端口80上侦听远程主机发起的连接。对于端口443也是如此（行❷）。服务器可以限制访问特定接口，如行❸所示，这说明仅在localhost接口侦听连接。在本例中，这个服务器是systemd-resolved。我们在9.16节讨论过为什么选择侦听127.0.0.53，而不是127.0.0.1。要想了解更多信息，可以使用lsof找出是哪个进程在侦听（参见10.5.1节）。

2. 端口号和/etc/services

怎么知道哪个端口属于熟知端口？没有一劳永逸的方法，不过倒是可以先从/etc/services着手，该文件列出了熟知端口及其名称。这是个纯文本文件。文件内容如下所示：

```
ssh             22/tcp                  # SSH Remote Login Protocol
smtp            25/tcp
domain          53/udp
```

第一列是端口名称，第二列是端口号及其所属的传输层协议（可以是TCP之外的其他协议）。

注意　除了/etc/services，还有一个由RFC 6335标准文档管理的在线端口注册库。

在 Linux 中，只有具备超级用户权限的进程才能使用 1 到 1023 范围内的端口，这些端口也称为系统端口、熟知端口或特权端口。用户进程能够侦听和使用 1024 及以上的端口。

3. TCP 的特点

TCP 作为一种广受欢迎的传输层协议，优点在于对应用程序端要求相对较少。应用程序进程只需要知道如何打开（或侦听）、读取、写入和关闭连接。应用程序面对的就是传入和传出的数据流，这个过程几乎和处理文件一样简单。

然而，在幕后还有很多工作要做。首先，TCP 实现需要知道如何将进程传出的数据流拆分成数据包。其次，更难的地方是将传入的一系列数据包转换为可供进程读取的数据流，尤其是当传入的数据包乱序到达的时候。最后，使用 TCP 的主机必须检查错误：数据包通过互联网发送时可能会丢失或损坏，TCP 实现必须检测并纠正这些问题。图 9-4 展示了主机使用 TCP 发送信息的简化流程。

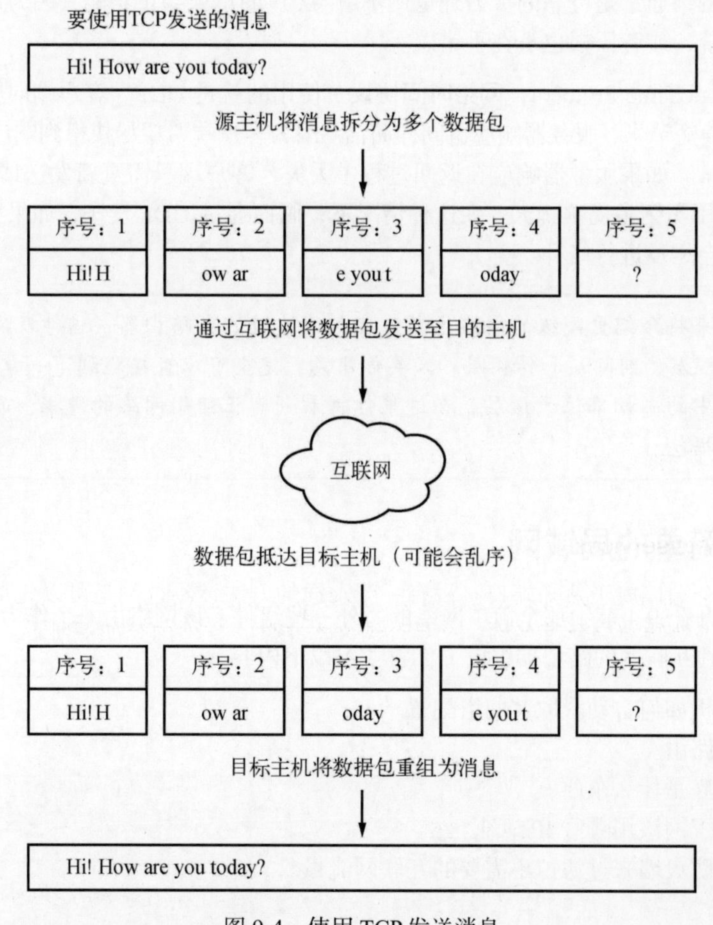

图 9-4　使用 TCP 发送消息

幸运的是，我们只需知道 Linux 主要是在内核中实现 TCP，以及使用传输层的实用程序倾向于操作内核数据结构即可，其他的什么都不需要了解。一个例子就是 9.25 节中讨论的 iptables 数据包过滤系统。

9.17.2　UDP

UDP 是一种比 TCP 简单得多的传输层协议。它仅传输单个消息，不存在数据流。不同于 TCP，UDP 不会去纠正丢失的或乱序的数据包。事实上，尽管 UDP 也使用端口，但它甚至都没有连接的概念！主机只是简单地从某个端口向服务器端口发送消息，服务器根据需要返回消息，仅此而已。不过，UDP 会对数据包进行错误检测；主机知道数据包是否有损坏，但不对此采取任何措施。

TCP 像是打电话，UDP 则像是寄信、发电报或即时消息（只不过即时消息更可靠些）。使用 UDP 的应用程序往往考虑的是尽可能快地发送消息。这类程序不想承担 TCP 的开销，因为它们认为主机之间的网络通常是可靠的。另外也用不着 TCP 的错误纠正功能，因为通信双方都有自己的错误检测系统，或者压根也不在乎错误。

NTP（Network Time Protocol，**网络时间协议**）使用的就是 UDP。客户端向服务器发送一个获取当前时间的简短请求，服务器响应也同样简洁。因为客户端希望尽快得到响应，所以 UDP 非常适合于这种场景。如果服务器响应在返回过程中丢失，客户端只需重新发送请求或直接放弃。UDP 的另一个应用实例是视频聊天。在这种情况下，画面通过 UDP 发送，如果在途中丢失了一些片段，客户端会尽量进行修补。

注意　本章接下来将介绍更高级的网络主题，比如网络过滤和路由器，这涉及网络栈中较低的分层：物理层、网际层和传输层。只要你愿意，完全可以直接跳到下一章来学习应用层，用户空间中的一切都位于该层。在这里你将看到真正使用网络的进程，而不仅仅是一堆地址和数据包。

9.18　再谈简单的局域网

现在我们来看看 9.4 节中那个简单网络的另外一些组件。该网络由一个作为子网的 LAN 和一个将子网连接到互联网的路由器组成。你将学习以下内容。

- 子网的主机如何自动获取其网络配置。
- 如何设置路由。
- 路由器到底是什么东西。
- 如何知道子网该用哪些 IP 地址。
- 如何设置防火墙来过滤掉不需要的互联网流量。

对于大部分内容，我们着眼于 IPv4（如果没有别的原因，那就是因为地址形式易懂），但如果 IPv6 有所不同时，你会看到相应的处理方法。

那就先从子网的主机如何自动获取网络配置开始吧。

9.19　理解 DHCP

在使用 IPv4 时，如果你设置主机自动从网络获取配置，那就意味着通过 DHCP（Dynamic Host Configuration Protocol，动态主机配置协议）获取 IP 地址、子网掩码、默认网关、DNS 服务器。除了不用手动输入这些参数之外，网络管理员还能从 DHCP 身上得到其他好处，比如避免 IP 地址冲突或将网络变动带来的影响最小化。几乎没有哪个网络不用 DHCP。

主机要想借助 DHCP 获得配置，就必须能向其所在网络中的 DHCP 服务器发送消息。因此，每个物理网络都必须有自己的 DHCP 服务器，对于简单网络（就像 9.1 节中的那种），通常由路由器充当 DHCP 服务器。

注意　在首次发送 DHCP 请求时，主机甚至都不知道 DHCP 服务器的地址，因此是向其所在物理网络上的全部主机广播该请求。

主机请求 DHCP 服务器为其分配 IP 地址时，其实是在请求租用某个地址一段时间。租期结束时，客户端可以请求更新租期。

9.19.1　Linux DHCP 客户端

尽管有很多不同类型的网络管理系统，但真正自己动手获取租约的 DHCP 客户端只有两种。传统的标准客户端是 ISC（Internet Software Consortium，互联网软件联盟）的 `dhclient` 程序。不过，systemd-networkd 如今也提供了内建的 DHCP 客户端。

在启动时，`dhclient` 会将其进程 ID 以及租借信息分别保存在/var/run/dhclient.pid 和/var/lib/dhcp/dhclient.leases 中。

可以在命令行中手动测试 `dhclient`，但在此之前，必须删除默认网关路由（参见 9.11.2 节）。测试时只需要简单指定网络接口名称即可（在这里是 `enp0s31f6`）：

```
# dhclient enp0s31f6
```

不像 `dhclient`，systemd-networkd DHCP 不能在命令行手动运行。相关配置（如 systemd.network(5)手册页中所述）位于/etc/systemd/network，但与其他种类的网络配置一样，也可以由 Netplan 自动生成。

9.19.2 Linux DHCP 服务器

可以让 Linux 主机运行 DHCP 服务器，以便充分控制租借出去的地址。不过，除非你管理的是包含众多子网的大型网络，否则使用自带 DHCP 服务器的专用路由器硬件就足够了。

关于 DHCP 服务器，可能最重要的事就是只在同一个子网中运行一个 DHCP 服务器，以免出现 IP 地址冲突或配置错误。

9.20 IPv6 网络自动配置

DHCP 在实践中效果良好，但其依赖于某些假定，包括存在可用的 DHCP 服务器、服务器功能正常且稳定、能够跟踪和维护租借的地址。尽管 DHCP 的 IPv6 版本称为 DHCPv6，但还有另一个更为常见的替代方案。

IETF 利用 IPv6 庞大的地址空间发明了一种不需要中央服务器的网络配置新方法，称为**无状态配置**，因为客户端无须保存租借信息等数据。

无状态 IPv6 网络配置从本地链路网络开始。回想一下，该网络的地址前缀为 fe80::/64。因为本地链路网络可用的地址众多，所以主机生成的地址在网络上不大可能出现重复。此外，网络前缀是固定的，主机可以向网络发出广播，询问是否有其他主机正在使用该地址。

一旦主机获得本地链路地址，就可以确定全局地址了。这是通过侦听路由器偶尔在本地链路网络上发送的路由器通告（Router Advertisement，RA）消息来实现的。RA 消息包括全局网络前缀、路由器 IP 地址以及可能的 DNS 信息。有了这些信息，主机就可以尝试补充全局地址的接口 ID 部分，类似于处理本例链路地址那样。

无状态配置依赖于最长 64 位（也就是说，网络掩码为/64 或更少）的全局网络前缀。

注意　路由器还发送 RA 消息以响应来自主机的路由器请求（router solicitation）消息。这些以及其他一些消息都是 IPv6 的 ICMP 协议（ICMPv6）的一部分。

9.21 将 Linux 配置为路由器

路由器只不过是配备了多个物理网络接口的计算机。你可以轻而易举地将 Linux 主机配置为路由器。

让我们来看一个例子。假设有两个 LAN 子网，分别为 10.23.2.0/24 和 192.168.45.0/24。要想连接二者，必须有一个配备了 3 个网络接口的 Linux 主机作为路由器：两个接口用于 LAN 子网，一个用于互联网上行链路，如图 9-5 所示。

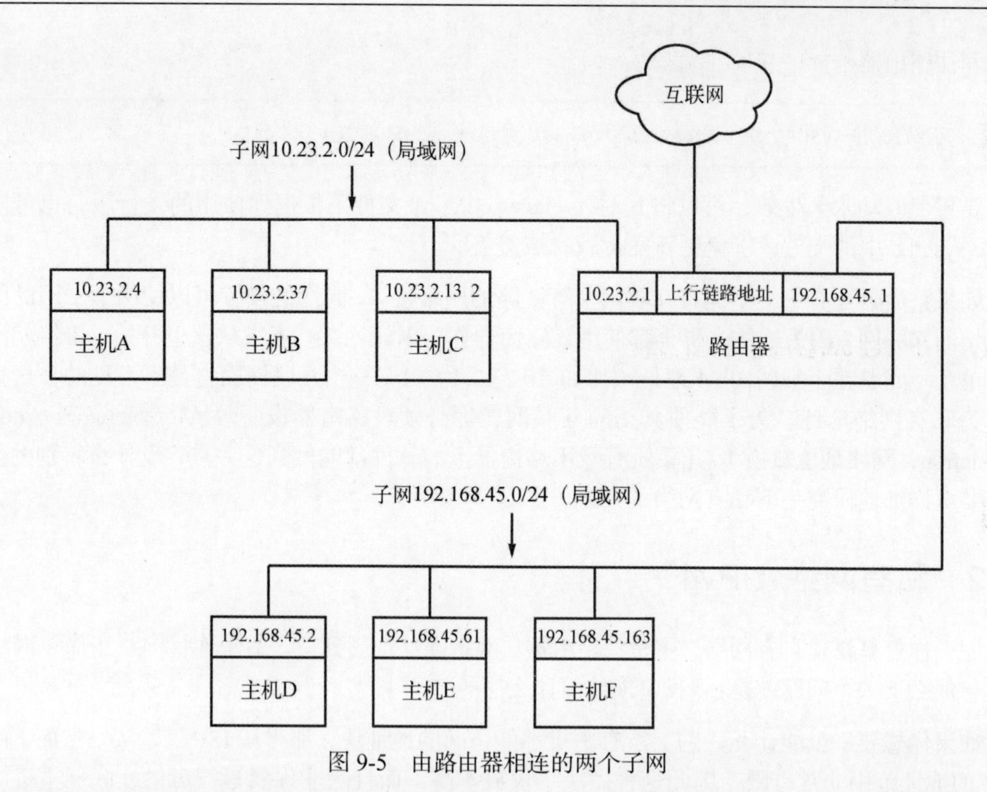

图 9-5　由路由器相连的两个子网

如你所见，这看起来和先前的简单网络也没有太大不同。路由器对应于 LAN 子网的 IP 地址分别是 10.23.2.1 和 192.168.45.1。配置好这些地址后，路由表内容应该类似于下面这样（接口名称可能和实际情况不一样，暂时忽略互联网上行链路）：

```
# ip route show
10.23.2.0/24 dev enp0s31f6 proto kernel scope link src 10.23.2.1 metric 100
192.168.45.0/24 dev enp0s1 proto kernel scope link src 192.168.45.1 metric 100
```

现在假设每个子网的主机都将该路由器设置为自己的默认网关（10.23.2.0/24 的默认网关为 10.23.2.1，192.168.45.0/24 的默认网关为 192.168.45.1）。如果 10.23.2.4 想向 10.23.2.0/24 之外的主机发送数据包，它会先将数据包发送给 10.23.2.1。例如，10.23.2.4（主机 A）向 192.168.45.61（主机 E）发送数据包，该数据包会通过主机 A 的 enp0s31f6 接口进入 10.23.2.1（路由器），然后再来到路由器的 enp0s1 接口。

然而，在一些简单的配置中，Linux 内核并不会自动将一个子网的数据包发往另一个子网。要想开启基本的路由功能，你需要使用以下命令启用路由器内核的 IP 转发（IP forwarding）：

```
# sysctl -w net.ipv4.ip_forward=1
```

只要输入该命令，主机就会开始在子网之间路由数据包（假设这些子网的主机知道如何将数据包发往路由器）。

注意　可以使用 sysctl net.ipv4.ip_forward 命令检查 IP 转发的状态。

要想使改动永久生效，可以将其写入/etc/sysctl.conf 文件。根据你使用的发行版，也可以写入/etc/sysctl.d 中的文件，以免更新发行版时被覆盖。

如果路由器还有第三个拥有互联网上行链路的网络接口，同样的设置可以使两个子网的所有主机访问互联网，因为这些主机全都使用该路由器作为默认网关。不过从这里开始，事情就没那么简单了。问题在于某些 IPv4 地址（比如 10.23.2.4）对于整个互联网而言是不可见的，这类地址称为私有网络地址。为了能使其访问互联网，你必须对路由器设置 NAT（Network Address Translation，**网络地址转换**）。几乎所有专用路由器上的软件都能做到这一点，没什么特别的，但我们要更详细地研究一下私有网络的问题。

9.22　私有网络（IPv4）

假设你打算搭建自有网络，主机、路由器、网络硬件均已到位。鉴于你目前对于简单网络的了解，那么下一个问题就是："我应该使用什么样的 IP 子网？"

如果你想要一个能让互联网上所有主机都能访问的地址块，那得从 ISP 处购买。然而，由于 IPv4 的地址范围非常有限，因此这种做法不仅成本高，而且除非你要运行可供互联网主机访问的服务器，否则也没太大用处。大多数用户根本用不着这种服务，他们需要的只是作为客户端访问互联网。

一种惯用的廉价替代方案是从 RFC 1918/6761 标准文档指定的地址范围内挑选私有子网地址，如表 9-2 所示。

表 9-2　RFC 1918/6761 定义的私有网络

网　络	子网掩码	CIDR 形式
10.0.0.0	255.0.0.0	10.0.0.0/8
192.168.0.0	255.255.0.0	192.168.0.0/16
172.16.0.0	255.240.0.0	172.16.0.0/12

你可以随心所欲地划分私有子网。如果不打算在单个网络中部署 254 个以上的主机，可以选择一个如 10.23.2.0/24 这样的小型子网，这也是我们在本章中一直使用的子网。（使用该掩码的网络有时称为 C 类子网。尽管这个术语在技术上已经过时，但仍有意义。）

有什么问题吗？真正的互联网主机对私有子网一无所知，也不会向其发送数据包，所以如果不借助一些手段，私有子网的主机是无法与外界通信的。连接互联网的路由器（配置有货真价实的非私有地址）需要某种方法来填补互联网主机和私有网络主机之间的鸿沟。

9.23 网络地址转换（IP 伪装）

NAT 是私有网络共享单个 IP 地址最常用的方法，在家庭和小型办公网络中几乎无处不在。在 Linux 中，大多数人使用的 NAT 变体称为 **IP 伪装**。

NAT 的基本思路是，路由器不仅是在子网之间移动数据包，同时还要修改数据包。互联网主机知道如何与路由器通信，但压根不知道位于路由器之后的私有网络。私有网络主机不用特别配置，使用路由器作为其默认网关即可。

NAT 的工作原理大致如下。

(1) 当内部的私有网络主机想连接外部主机时，通过路由器发送连接请求。

(2) 路由器拦截连接请求数据包，而不是将其直接送往互联网（因为互联网并不知晓私有网络，连接请求数据包会被丢弃）。

(3) 路由器确定连接请求数据包的目的地址，然后自行与目的地址建立连接。

(4) 建立好连接之后，路由器伪造“连接已建立”消息并将其返回原先的内部主机。

(5) 路由器现在成为了内部主机和外部主机之间的中介。外部主机完全不知道内部主机的存在，看起来外部主机的连接就像是由路由器发起的。

不过事情远没有听起来那么简单。普通的 IP 路由只知道网络层的源 IP 地址和目的 IP 地址。但如果路由器只和网络层打交道，内部网络的每个主机一次只能和单个目标主机建立一个连接（还有其他限制），因为数据包的网络层部分没有足够的信息可用于区分同一主机向同一目标发起的多个连接。因此，NAT 必须在网络层之外找出更多的标识信息，特别是传输层的 UDP 端口号和 TCP 端口号。UDP 非常简单，只有端口，不存在连接，但是 TCP 就复杂多了。

为了将 Linux 主机设置为 NAT 路由器，必须激活内核配置中以下所有功能：网络数据包过滤（“防火墙支持”）、连接跟踪、`iptables` 支持、全 NAT 以及 MASQUERADE 目标支持。大多数发行版的内核支持这些功能。

接下来需要执行一些看起来就挺复杂的 `iptables` 命令，让路由器能为私有子网执行 NAT。以下命令应用于 enp0s2 接口的内部以太网，该网络共享 enp0s31f6 接口的外部连接（`iptables` 语法详见 9.25 节）：

```
# sysctl -w net.ipv4.ip_forward=1
# iptables -P FORWARD DROP
# iptables -t nat -A POSTROUTING -o enp0s31f6 -j MASQUERADE
# iptables -A FORWARD -i enp0s31f6 -o enp0s2 -m state --state
ESTABLISHED,RELATED -j ACCEPT
# iptables -A FORWARD -i enp0s2 -o enp0s31f6 -j ACCEPT
```

除非你正在开发自己的软件，否则可能永远不需要手动输入这些命令，尤其是在有这么多专用路由器硬件的情况下。不过，各种虚拟化软件都可以设置 NAT，用于虚拟机和容器的联网。

尽管 NAT 的实际效果不错，但要记住，其本质上只是一种用于延长 IPv4 地址空间生命期的黑科技。IPv6 不需要 NAT，这得归功于 9.7 节中描述的庞大而复杂的 IPv6 地址空间。

9.24 路由器和 Linux

在宽带出现的早期，需求不高的用户只需将机器直接连接到互联网即可。但是没过多久，很多用户希望自己网络能共享宽带连接，尤其是 Linux 用户通常会设置一个额外的主机作为运行 NAT 的路由器。

各家厂商响应新的市场需求，推出了配备高效处理器、一定容量的闪存以及多个网络接口的专用路由器硬件，足以管理一般的简单网络，运行 DHCP 服务器等重要软件以及执行 NAT。在软件方面，很多厂商转向使用 Linux 来支持自家的路由器，添加必要的内核功能，剥离用户空间软件，并提供了基于 GUI 的路由器管理界面。

这种路由器一经面世，很多人便开始热衷于深入挖掘路由器硬件。一家名为 Linksys 的厂商被要求根据其所用的某个组件的许可条款公开软件的源代码，于是很快出现了路由器专用的 Linux 发行版，比如 OpenWRT（这些名称中的“WRT”来自 Linksys 的产品型号）。

抛开兴趣爱好，还有其他原因促使人们在路由器上安装这类发行版：稳定性优于厂商的固件，尤其是对于老旧的路由器硬件，而且往往还提供额外的功能。例如，要想将有线网络与无线网络实现桥接，很多厂商会要求你购买配套的硬件，但有了 OpenWRT，就再不用担心厂商和硬件的新旧了。这是因为路由器使用的是一个真正开放的操作系统，只要硬件支持，就没有任何问题。

你可以利用从本书学到的大量知识来研究 Linux 定制固件的内部结构，不过你会碰到些不一样的地方，尤其是在登录时。与很多嵌入式系统一样，开放固件往往使用 BusyBox 来提供许多 shell 特性。BusyBox 是一个单体可执行程序，为许多 Unix 命令提供有限的功能，比如 shell、`ls`、`grep`、`cat` 等。（这节省了大量的内存。）此外，嵌入式系统的 init 大多非常简单。话说回来，你通常也并不会觉得这些限制会是什么问题，因为 Linux 定制固件基本上都包含 Web 形式的管理员界面，和你在厂商那里看到的差不多。

9.25 防火墙

路由器应该始终内置某种防火墙，将不需要的流量阻挡在网络之外。**防火墙**是一种软件和（或）硬件配置，通常位于互联网和小型网络之间的路由器处，为小型网络抵御来自互联网 t 的不速之客。也可以在主机上设置防火墙，在数据包级别过滤所有传入和传出的数据（在应用层，服务器程序通常会尝试执行一些自己的访问控制）。独立主机上的防火墙功能有时也称为 **IP 过滤**。

系统可以在接收数据包、发送数据包或将数据包转发（路由）至其他主机或网关时对数据包进行过滤。

如果没有防火墙，系统只是简单地处理数据包并将其发送出去。防火墙在数据的第一传输点对数据包进行查验。防火墙通常根据以下标准丢弃、拒绝或接受数据包：

- 源 IP 地址，目标 IP 地址，子网；
- 源端口，目标端口（传输层信息）；
- 防火墙的网络接口。

防火墙让我们有机会接触到 Linux 内核中处理 IP 数据包的子系统。现在就让我们一探究竟。

9.25.1 Linux 防火墙基础

在 Linux 中，防火墙规则以**链**的形式出现，若干链组成一个**表**。当数据包经过 Linux 联网子系统的各个部分时，内核会将某条链的规则应用于该数据包。例如，来自物理层的新数据包被内核归类为“输入”，因此会激活与输入对应的链规则。

所有这些数据结构均由内核维护。整个系统称为 iptables，同时提供了用户空间命令 iptables 来创建和操作各种规则。

注意 有一个旨在替代 iptables 的新系统 nftables。但在本书撰写期间，iptables 仍是主流。管理 nftables 的命令是 `nft`，还有一个叫作 iptables-translate 的 iptable-nftables 转换器，可用于本书中的 `iptables` 命令。事情还没完，最近又出现了一个名为 bpfilter 的系统，带来了另一种不同的方法。尽量别被命令的具体细节所困扰，效果才是最重要的。

表可以有很多，每个表有自己的一组链，每条链又包含一系列规则，数据包的流动因而会变得非常复杂。不过，你平时打交道最多还是控制数据包基本流向的 filter 表。在该表中，共有 3 条基本链：INPUT 链用于传入的数据包，OUTPUT 链用于传出的数据包，FORWARD 链用于路由数据包。

图 9-6 和图 9-7 是经过简化后的流程图，展示了 filter 表中的规则是如何被应用于数据包的。之所以有两张图，是因为数据包可以经网络接口进入系统（图 9-6），也可以由本地进程生成（图 9-7）。

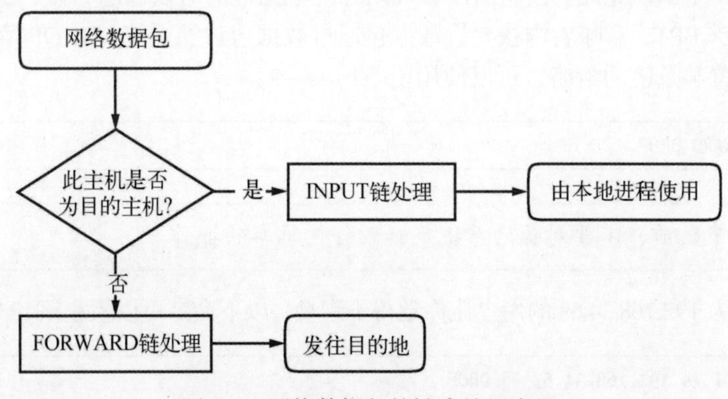

图 9-6 网络数据包的链式处理流程

图 9-7　本地进程数据包的链式处理流程

如图 9-6 和图 9-7 所示，由网络传入的数据包会被用户进程使用，未必进入 FORWARD 链或 OUTPUT 链，而由用户进程生成的数据包不会进入 INPUT 链或 FORWARD 链。

还有更复杂的情况，除了这 3 条链之外，整个处理流程还涉及很多其他步骤。例如，数据包要经过 PREROUTING 链和 POSTROUTING 链，链式处理也可以发生网络栈的下三层。要想弄清楚来龙去脉，可以在网上搜索"Linux netfilter packet flow"，但要注意，搜到的图表可能试图涵盖数据包输入以及流向的所有可能情况。像图 9-6 和图 9-7 这样将图表根据数据包的来源分解成多个部分会更容易理解。

9.25.2　设置防火墙规则

让我们来看看 iptables 在实践中的运用。以下命令可以查看 iptables 的当前配置：

```
# iptables -L
```

通常输出的是空链，如下所示：

```
Chain INPUT (policy ACCEPT)
target     prot opt source          destination

Chain FORWARD (policy ACCEPT)
target     prot opt source          destination

Chain OUTPUT (policy ACCEPT)
target     prot opt source          destination
```

每条链都有一个默认**策略**，指明当没有规则匹配数据包的时候该怎么做。在本例中，所有链的默认策略是 ACCEPT，意味着内核允许数据包通过数据包过滤系统。DROP 策略告知内核丢弃数据包。要想设置某条链的策略，可以使用 `iptables -P`：

```
# iptables -P FORWARD DROP
```

警告　在读完本节之前，不要对你的系统策略做任何草率的操作。

假设 IP 地址为 192.168.34.63 的用户让你觉得不耐烦。以下命令可以阻止该 IP 与你的主机通信：

```
# iptables -A INPUT -s 192.168.34.63 -j DROP
```

-A INPUT 用于向 INPUT 链追加规则。-s 192.168.34.63 指定了规则中的源 IP 地址，-j DROP 告知内核丢弃匹配该规则的数据包。因此，主机会将来自 192.168.34.63 的数据包全部丢弃。

要想查看生效的规则，再次执行 iptables -L：

```
Chain INPUT (policy ACCEPT)
target     prot opt source               destination
DROP       all  --  192.168.34.63        anywhere
```

麻烦来了，有人（192.168.34.63）发动他所在子网上的所有人连接你的 SMTP 端口（TCP 端口 25）。为了丢弃这些流量，执行以下命令：

```
# iptables -A INPUT -s 192.168.34.0/24 -p tcp --destination-port 25 -j DROP
```

这个例子为源地址加入了网络掩码并使用-p tcp 表明该规则仅限于 TCP 数据包。--destination-port 25 则指定了进一步的限制，意思是该规则只应用于端口 25 上的流量。INPUT 链的规则现在如下所示：

```
Chain INPUT (policy ACCEPT)
target     prot opt source               destination
DROP       all  --  192.168.34.63        anywhere
DROP       tcp  --  192.168.34.0/24      anywhere            tcp dpt:smtp
```

效果不错，但你又听到有人（192.168.34.37）说没法给你发电子邮件，因为自己的主机被你屏蔽了。执行以下命令快速修复这个问题：

```
# iptables -A INPUT -s 192.168.34.37 -j ACCEPT
```

似乎不管用。查看一下 INPUT 链的规则，搞清楚是怎么回事：

```
Chain INPUT (policy ACCEPT)
target     prot opt source               destination
DROP       all  --  192.168.34.63        anywhere
DROP       tcp  --  192.168.34.0/24      anywhere            tcp dpt:smtp
ACCEPT     all  --  192.168.34.37        anywhere
```

内核从上到下读取链中的规则，应用第一个匹配的规则。

第一个规则不匹配 192.168.34.37，但第二个规则匹配，因为该规则适用于从 192.168.34.1 到 192.168.34.254 的所有主机，并丢弃来自这些主机的数据包。如果存在匹配的规则，内核执行相应的操作，同时不再继续向下检查链中的其他规则。（你可能注意到 192.168.34.37 可以向你的主机除端口 25 之外的所有端口发送数据包，因为第二条规则只应用于端口 25。）

解决方法是将第三个规则移至顶部。首先，使用以下命令删除该规则：

```
# iptables -D INPUT 3
```

然后使用 iptables -I 将其插入链的顶部：

```
# iptables -I INPUT -s 192.168.34.37 -j ACCEPT
```

要想在链的其他位置插入规则，只需要在链名之后写上规则编号即可（例如， iptables -I INPUT 4）。

9.25.3　防火墙策略

尽管先前展示了如何插入规则以及内核如何处理 IP 链，但你还没有看到真正有效的防火墙策略。这正是我们接下来要讲的话题。

有两种基本的防火墙应用场景：一种用于保护单个主机（在每个主机系统的 INPUT 链中设置规则），一种用于保护网络（在路由器的 FORWARD 链中设置规则）。在这两种情况下，如果你使用默认的 ACCEPT 策略，同时不断插入规则，丢弃那些恶意主机发送的数据包，那么你不可能获得真正的安全。正确的做法是只许可你信任的数据包，其他数据包一概拒绝。

假设你的主机在 TCP 端口 22 上运行了 SSH 服务器。没必要也不应该随便让别的主机连接该主机的其他端口。为此，先将 INPUT 链的默认策略设置为 DROP：

```
# iptables -P INPUT DROP
```

执行以下命令，允许 ICMP 流量（用于 ping 和其他工具）：

```
# iptables -A INPUT -p icmp -j ACCEPT
```

要确保你能接收到发往自己的 IP 地址和 127.0.0.1（localhost）的数据包。假设你的主机 IP 地址为 my_addr，执行以下命令：

```
# iptables -A INPUT -s 127.0.0.1 -j ACCEPT
# iptables -A INPUT -s my_addr -j ACCEPT
```

警告　不要在仅能远程访问的主机上执行这些命令。第一个 DROP 会立即将你屏蔽，没人介入的话（例如重启主机），你无法继续访问。

如果你控制着整个子网（并信任其中的所有主机），可以将 my_addr 替换为子网地址及其掩码，如 10.23.2.0/24。

现在，尽管你仍要拒绝传入的 TCP 连接，但同时又想确保主机能向外部发起 TCP 连接。考虑到所有的 TCP 连接都是以 SYN（连接请求）数据包发起的，如果只让 TCP 的所有的非 SYN 数据包传入，问题就解决了：

```
# iptables -A INPUT -p tcp '!' --syn -j ACCEPT
```

符号!表示否定，所以! --syn 匹配所有非 SYN 数据包。

接下来，如果你正在使用基于 UDP 的远程 DNS，那么必须接受名称服务器的流量，这样你的主机才能使用 DNS 解析主机名。对/etc/resolv.conf 中指定的**所有** DNS 服务器执行以下命令（其中使用 ns_addr 代表名称服务器的地址）：

```
# iptables -A INPUT -p udp --source-port 53 -s ns_addr -j ACCEPT
```

最后，允许来自任意位置的 SSH 连接：

```
# iptables -A INPUT -p tcp --destination-port 22 -j ACCEPT
```

以上的 iptables 设置足以应对很多场景，包括所有的直连形式（尤其是宽带），攻击者在这种情况下更有可能对你的主机进行端口扫描。你也可以改用 FORWARD 链，在适合的位置使用源子网和目的子网地址来调整路由器的防火墙设置。对于更高级的配置，像 Shorewall 这样的配置工具可助你一臂之力。

这次讨论仅涉及安全策略。记住，关键在于只许可你能接受的，千万别试图去逐一排除你不能接受的。此外，IP 防火墙只是安全拼图的一部分而已（下一章你会接触到更多）。

9.26 以太网、IP、ARP 和 NDP

在以太网上的 IP 实现中，有一处基本细节我们尚未提及。回忆一下，为了通过物理层将数据包传至另一个主机，必须将 IP 数据包置于以太网帧之内。帧本身并不包含 IP 地址信息，而是使用 MAC（硬件）地址。问题来了：在为 IP 数据包构造以太网帧时，主机是怎么知道目的 IP 地址对应的 MAC 地址的？

我们通常不会过多考虑这个问题，因为联网软件提供了一种自动查找 MAC 地址的系统。在 IPv4 中，该系统称为 ARP（Address Resolution Protocol，**地址解析协议**）。使用以太网作为物理层、IP 作为网络层的主机维护着一小块 ARP 缓存，用于将 IP 地址映射为 MAC 地址。Linux 的 ARP 缓存位于内核中。要想查看主机的 ARP 缓存，可以使用 ip neigh 命令。（等你学习了 IPv6 的等效命令之后，就知道为什么命令名中包含“neigh”了。处理 ARP 缓存的旧命令是 arp。）

```
$ ip -4 neigh
10.1.2.57 dev enp0s31f6 lladdr 1c:f2:9a:1e:88:fb REACHABLE
10.1.2.141 dev enp0s31f6 lladdr 00:11:32:0d:ca:82 STALE
10.1.2.1 dev enp0s31f6 lladdr 24:05:88:00:ca:a5 REACHABLE
```

我们使用-4 选项限制只输出 IPv4 相关的信息。你可以从中看到内核所知的主机 IP 地址和硬件地址。最后一个字段指明了缓存条目的状态。REACHABLE 表示最近与该主机有过通信，STALE 表示此条目已经存在了一段时间，该刷新了。

主机重启后，APR 缓存是空的。那么这些 MAC 地址是如何进入缓存的？一切都是从主机向其他主机发送数据包那一刻开始的。如果目的 IP 地址不在 ARP 缓存中，会发生以下操作。

(1) 源主机创建一个包含 ARP 请求的特殊以太网帧，询问目的 IP 对应的 MAC 地址。
(2) 源主机向其所在的整个物理网络广播此帧。
(3) 如果子网中有主机知道正确的 MAC 地址，则由其创建一个包含此 MAC 地址的以太网帧作为应答，并将帧返回给源主机。发出应答的主机通常就是目的主机，只需简单回复自己的 MAC 地址即可。
(4) 源主机将此 IP-MAC 地址映射加入 ARP 缓存并继续其他操作。

注意　记住，ARP 仅适用于本地子网的主机。要想到达本地子网之外的目的主机，需要先将数据包发往路由器，之后的事就不用你管了。当然，主机仍需要知道路由器的 MAC 地址，这同样可以使用 ARP 来解决。

ARP 存在的唯一问题在于如果更换了配置过 IP 地址的网卡，ARP 缓存中对应的条目就会失效，因为新网卡的 MAC 地址与先前不同（例如，在测试主机的时候）。要是一段时间内没有任何通信，Unix 系统会使 ARP 缓存条目失效，因此除了无效条目带来的短暂延迟之外，应该不会有任何问题，你也可以使用以下命令立即删除 ARP 缓存条目：

```
# ip neigh del host dev interface
```

ip-neighbour(8)手册页讲解了如何手动设置 ARP 缓存条目，不过你应该用不着这么做。注意命令拼写。

注意　别把 ARP 与 RARP（Reverse Address Resolution Protocol，反向地址解析协议）搞混了。RARP 可以将 MAC 地址映射回 IP 地址。在 DHCP 被广泛使用之前，有些无盘工作站以及其他设备使用 RARP 获取配置信息，不过如今 RARP 已经很少见了。

IPv6：NDP

你可能好奇为什么处理 ARP 缓存的命令名中没有包含“arp”这样的字眼（或者，如果你以前对此有过模糊的记忆，也许好奇我们干嘛不用 arp 命令）。在 IPv6 中，有一个用于本地链接网络的新机制：NDP（Neighbor Discovery Protocol，**邻居发现协议**）。ip 命令统一了 IPv4 的 ARP 和 IPv6 的 NDP。NDP 包含两种消息。

- **邻居请求**：用于获取本地链路主机的相关信息，包括主机的硬件地址。
- **邻居通告**：用于响应邻居请求消息。

NDP 还包括其他一些组件，比如你在 9.20 节中看到过的 RA 消息。

9.27 无线以太网

无线以太网（Wi-Fi）与有线网络没有太大区别。就像有线网络硬件一样，无线网络硬件也有 MAC 地址，使用以太网帧来发送和接收数据，Linux 内核因此可以像有线网络接口那样处理无线网络接口。网络层及以上各层保持不变，主要区别在于物理层的变化，比如频率、网络 ID 和安全特性。

有线网络硬件可以很好地自动适应物理设置中的细微差别，而无线网络配置更加开放。为了使无线接口正常工作，Linux 需要额外的配置工具。

让我们来简要地了解一下无线网络的新变化。

- **传输细节**：这些属于物理特性，比如射频。
- **网络标识**：因为多个无线网络可以共享相同的基础媒介，所以必须能够区分这些网络。SSID（Service Set Identifier，服务集标识符，也被称为“网络名称”）被作为无线网络的标识符。
- **管理**：虽然可以配置无线网络，让主机可以直接通信，但大多数无线网络是通过一个或多个**接入点**来管理的，所有的流量都要经过接入点。接入点将无线网络与有线网络桥接起来，使两者看起来像一个网络。
- **认证**：你可能想要限制对无线网络的访问。为此，可以对接入点进行配置，要求在与客户端通信之前先输入密码或接受其他认证。
- **加密**：除了限制访问无线网络，通常还要加密所有无线形式的流量。

处理这些组件的 Linux 配置和实用工具分布在多个地方，有的在内核中。Linux 提供了一组无线扩展功能，可以标准化用户空间对硬件的访问。就用户空间而言，无线配置可能会变得复杂难懂，因此大多数人更喜欢使用 GUI 前端（比如 NetworkManager 桌面小程序）来完成工作。尽管如此，还是有必要了解一下幕后的故事。

9.27.1　iw

使用实用工具 iw 可以查看和更改内核空间设备和网络配置。在使用 iw 时，需要知道设备的网络接口名称，比如 wlp1s0（可预测的设备名称）或 wlan0（传统名称）。以下命令可以扫描出可用的无线网络。（如果你身处市区的话，会产生大量的输出。）

```
# iw dev wlp1s0 scan
```

注意　该命令必须在网络接口运行时才能正常工作（如果未运行，可执行 ip link set wlp1s0 up）。由于这是物理层的操作，因此无须配置任何网络层参数，比如 IP 地址。

如果网络接口已经加入了无线网络，可以使用以下命令查看该网络的详情：

```
# iw dev wlp1s0 link
```

命令输出的 MAC 地址来自当前使用的接入点。

注意　iw 命令区分物理设备名称（比如 phy0）和网络接口名称（比如 wlp1s0），允许更改两者的各种设置。你甚至可以为单个物理设备创建多个网络接口。不过，基本上只使用网络接口名称即可。

以下命令可以连接到不安全的无线网络：

```
# iw wlp1s0 connect network_name
```

连接到安全的无线网络就是另一回事了。对于不够安全的 WEP（Wired Equivalent Privacy，有线等效加密）系统，你可以使用 iw connect 命令的 keys 参数。但考虑到 WEP 的安全性，你最好别再用了，而且现在也没有多少网络支持。

9.27.2　无线安全

对于大部分无线安全设置，Linux 依赖于 wpa_supplicant 守护进程来管理无线网络接口的认证和加密，能够处理 WPA2 和 WPA3（Wi-Fi Protected Access，不要使用陈旧且不安全的 WPA）认证方案，以及几乎所有无线网络支持的加密技术。wpa_supplicant 首次启动时会读取配置文件（默认为/etc/wpa_supplicant.conf），尝试向接入点表明自己的身份并根据指定的网络名称建立通信。该系统配备了完善的文档，尤其是 wpa_supplicant(8)手册页，内容颇为详尽。

每次建立连接时手动运行守护进程是一项繁重的工作。事实上，由于选项数量众多，单是创建配置文件就已经很枯燥了。更糟糕的是，运行 iw 和 wpa_supplicant 的最终效果也只是让系统加入无线网络，甚至连网络层都没有设置。这正是 NetworkManager 之类的自动网络配置管理器发挥作用之处。尽管自动网络配置管理器本身不做任何实际工作，但它们知道用什么样的步骤和配置能让无线网络运行起来。

9.28 小结

如你所见，理解网络各层的位置及作用对于理解 Linux 网络原理和配置至关重要。虽然我们只讨论了基础知识，但物理层、网络层、传输层的高级主题都源于此。各层本身还可以被进一步细分，就像刚才看到的无线网络物理层那样。

本章讲解的大量操作发生在内核中，一些基本的用户空间控制工具能够操作内核数据结构（比如路由表），这是操作网络的传统方式。然而，就像本书中讨论的很多主题一样，由于复杂性和对灵活性的要求，有些任务不适合在内核中处理，因此就有了用户空间工具。尤其是 NetworkManager，它不仅能监控和查询内核，还可以操作内核配置。另一个例子是对动态路由协议的支持，比如 BGP（Border Gateway Protocol，边界网关协议），该协议用于大型的互联网路由器。

你现在可能对网络配置有点厌倦了。那接下来我们看看**使用**网络吧，也就是应用层。

第 10 章

网络应用和服务

本章探讨基本的网络应用，即在应用层的用户空间中运行的客户端和服务器。因为该层位于协议栈的顶部，接近最终用户，所以你会觉得本章的内容比上一章更好懂。这是当然的，毕竟你每天都要跟 Web 浏览器之类的网络客户端应用程序打交道。

网络客户端需要连接相应的网络服务器才能正常工作。Unix 网络服务器有很多种形式。服务器程序可以直接或间接地（通过辅助服务器）侦听端口。我们将介绍一些常见的服务器以及工具，帮助你理解和调试服务器操作。

网络客户端使用操作系统的传输层协议和接口，因此理解 TCP 和 UDP 就显得非常重要了。让我们从一个使用 TCP 的网络客户端开始学习网络应用。

10.1　服务的基础知识

TCP 服务很好理解，因为这种服务建立在简单的持续双向数据流之上。理解其工作原理最好的方式或许就是找一个在 TCP 的 80 端口运行的未加密 Web 服务器，直接与之通信，观察数据是如何在连接上传送的。例如，执行以下命令，连接 IANA 文档示例 Web 服务器：

```
$ telnet example.org 80
```

你应该会看到类似于这样的响应消息，表明已成功建立服务器连接：

```
Trying some address...
Connected to example.org.
Escape character is '^]'.
```

输入以下两行：

```
GET / HTTP/1.1
Host: example.org
```

> 注意 如今的 HTTP 1.1 和其前身 HTTP 1.0 一样，已尽显老态；一些新协议已经投入了使用，比如 HTTP/2、QUIC 以及新兴的 HTTP/3。

在最后一行之后连按两次回车键，服务器会返回一堆 HTML 文本。按 CTRL-D 组合键可以关闭连接。

这个练习告诉我们：

- 远程主机的 Web 服务器进程侦听 TCP 端口 80；
- telnet 是发起连接的客户端。

之所以要使用 CTRL-D 组合键关闭连接，是因为大多数网页需要多次请求才能完全载入，有必要一直打开连接。如果在协议层面研究 Web 服务器，你会发现这种行为也并不一致。例如，很多服务器如果在建立连接之后短时间内没有接收到请求，就会立即关闭连接。

> 注意 telnet 原本用于登录远程主机。你所用的发行版可能没有预装 telnet 客户端程序，下载软件包自行安装即可。尽管 telnet 远程登录服务器毫无安全性可言（你随后就会看到），但 telnet 客户端在调试远程服务方面还是有一手的。telnet 不适用于 UDP 或 TCP 之外的其他任何传输层。如果你需要一款通用的网络客户端，不妨考虑一下 netcat，参见 10.5.3 节。

10.2 更进一步

我们在上个例子中使用 telnet 和通过应用层 HTTP 协议手动连接了 Web 服务器。这种事通常都是使用 Web 浏览器来完成的。我们打算在 telnet 的基础上更进一步，选择一个懂得如何与 HTTP 通信的程序。接下来，我们将使用带有特定选项的实用工具 curl 来记录通信过程的细节：

```
$ curl --trace-ascii trace_file http://www.example.org/
```

> 注意 你所用的发行版可能并没有预装 curl，不过自行安装应该也不是什么难事。

该命令会产生大量的 HTML 输出。不用理会这些（或是将其重定向至/dev/null），查看新创建的文件 trace_file。如果顺利建立连接，文件的第一部分类似于下面所示，此时的 curl 正在尝试与服务器建立连接：

```
== Info:   Trying 93.184.216.34...
== Info: TCP_NODELAY set
== Info: Connected to www.example.org (93.184.216.34) port 80 (#0)
```

到目前为止，所有操作都发生在传输层或下层。如果连接顺利建立，curl 会尝试发送请求（“头部”）。这时候就开始涉及应用层了：

```
❶ => Send header, 79 bytes (0x4f)
❷ 0000: GET / HTTP/1.1
  0010: Host: www.example.org
  0027: User-Agent: curl/7.58.0
  0040: Accept: */*
  004d:
```

行❶是 curl 的调试输出，告诉你下一步操作是什么。剩余行显示了 curl 要发往服务器的内容（以粗体文本显示）。行首的 16 进制数字只是 curl 添加的调试偏移量，帮助你跟踪发送或接收了多少数据。

在行❷中，可以看到 curl 先向服务器发出了 GET 命令（就像 telnet 那样），接着是一些额外信息和一个空行。然后，服务器发出应答，开头部分是应答头部，以粗体显示：

```
<= Recv header, 17 bytes (0x11)
0000: HTTP/1.1 200 OK
<= Recv header, 22 bytes (0x16)
0000: Accept-Ranges: bytes
<= Recv header, 12 bytes (0xc)
0000: Age: 17629
--略--
```

和先前的输出大同小异，以<=起始的行是调试输出，以 0000:起始的行表示偏移量（在 curl 中，头部信息不计入偏移量，所以这些行的起始部分都是 0）。

服务器的应答头部会相当长，但等到某一刻，服务器就会开始发送所请求的文档，如下所示：

```
<= Recv header, 22 bytes (0x16)
0000: Content-Length: 1256
<= Recv header, 2 bytes (0x2)
❶ 0000:
<= Recv data, 1256 bytes (0x4e8)
0000: <!doctype html>.<html>.<head>.    <title>Example Domain</title>.
0040: .    <meta charset="utf-8" />.    <meta http-equiv="Content-type
--略--
```

以上输出也展示了应用层的一个重要特性。尽管调试输出中有 Recv header 和 Recv data 的字样，暗示这是来自服务器的不同类型的消息，但 curl 向操作系统获取这两种消息的方式都一样，操作系统在处理这两种消息的时候也不会区别对待，网络对于下层数据包的处理亦无差别。

这种不同完全体现在用户空间的 curl 内部。curl 知道在接收到空行❶之前，读取到的都属于 HTTP 头部信息，空行表明头部到此结束，接下来的内容就是所请求的文档。

发送这些数据的服务器也是如此。发送应答时，服务器的操作系统并不会区分头部和文档数据，仅在用户空间的服务器程序内部才会区分。

10.3 网络服务器

大多数网络服务器和 cron 之类的系统服务器守护进程差不多，只不过前者是和网络端口打交道。事实上，第 7 章介绍过的 syslogd 在使用-r 选项启动时，也可以在端口 514 上接受 UDP 数据包。

以下是部分常见的网络服务器，你的系统中可能就有。

- httpd、apache、apache2、nginix：Web 服务器。
- sshd：安全 shell 守护进程。
- postfix、qmail、sendmail：邮件服务器。
- cupsd：打印服务器。
- nfsd、mountd：网络文件系统（文件共享）服务器。
- smdb、nmbd：Windows 文件共享守护进程（参见第 12 章）。
- rpcbind：RPC（Remote Procedure Call，远程过程调用）端口映射服务。

大多数网络服务器通常是多进程的，这是它们的一个共同特征。至少有一个进程负责侦听网络端口，在接收到新的传入连接时，侦听进程使用 fork()创建一个子进程，然后由此子进程负责处理这个新连接。当该连接关闭时，子进程（通常称为**工作进程**）也随之终止。同时，原先的侦听进程继续侦听网络端口。如此一来，服务器就能轻松地处理大量连接，一般不会有太多麻烦。

这种模型也存在一些例外之处。调用 fork()增添了不小的系统开销。为此，高性能 TCP 服务器（比如 Aapche Web 服务器）会在启动时创建多个工作进程，以便在需要的时候处理连接。接收 UDP 数据包的服务器完全不需要使用 fork()，因为不存在要侦听的连接，就是简单接收数据并作出应答即可。

10.3.1 安全 shell

网络服务器的工作原理并不完全相同。为了亲身体验服务器配置和操作，让我们仔细研究一下独立的安全 shell（Secure Shell，SSH）服务器。作为最常见的网络服务之一，SSH 是远程访问 Unix 主机的事实标准。SSH 旨在提供安全的 shell 登录、远程执行程序、简单的文件共享等，它使用公钥加密验证技术和更简单的会话数据密码取代了陈旧且不安全的 telnet 和 rlogin 远程访问系统。大多数 ISP 和云供应商需要通过 SSH 访问他们的服务，很多基于 Linux 的网络设备（比如网络附加存储或 NAS 设备）也是如此。OpenSSH 是一款流行的免费 Unix SSH 实现，几乎所有的 Linux 发行版都有预装。OpenSSH 客户端程序是 `ssh`，服务器是 sshd。有两个主要的 SSH 协议版本：1 和 2。OpenSSH 只支持版本 2，由于漏洞问题加上用户量少，OpenSSH 已经放弃了对版本 1 的支持。

SSH 提供了许多有用的功能和特性，其中包括：

- 对密码和会话内容加密，避免遭受窃听；
- 隧道化其他网络连接，包括来自 X Window 系统客户端的连接。（X 的更多内容参见第 14 章）；
- 几乎所有的操作系统都有相应的客户端；
- 使用密钥进行主机认证。

注意　隧道化（tunneling）是在一个网络连接中封装并传输另一个网络连接的过程。使用 SSH 隧道化 X Window System 连接的优势在于，SSH 可以为你设置显示环境并在隧道内加密 X 的数据。

SSH 也不是没有缺点，其中之一就是你需要有远程主机的公钥才能设置 SSH 连接，而获取途径未必是安全的（为了避免被骗，你也可以人工检查）。要想了解加密原理，可以参考 Jean-Philippe Aumasson 所著的 *Serious Cryptography: A Practical Introduction to Modern Encryption*（No Starch Press, 2017）。还有两本关于 SSH 的深度图书，分别是 Michael W. Lucas 所著的 *SSH Mastery: OpenSSH, PuTTY, Tunnels, and Keys, 2nd Edition*（Tilted Windmill Press, 2018）以及 Daniel J. Barrett、Richard E. Silverman 和 Robert G. Byrnes 合著的 *SSH, The Secure Shell: The Definitive Guide, 2nd Edition*（O'Reilly, 2005）。

公钥密码学

我们一直在使用术语**公钥**，但并未提供太多的背景知识，所以有必要简单讨论一下公钥密码学。直到 20 世纪 70 年代，加密算法都是对称的，也就是说，消息的发送方和接收方拥有相同的密钥。破解密码就是窃取密钥，知道密码的人越多，泄露密码的可能性就越大。但是公钥加密有两个密钥：公钥和私钥。公钥用于加密消息，但无法解密。因此，谁得到这个密钥都无所谓，只有私钥才能解密由公钥加密过的消息。在大多数情况下，保护私钥更容易，因为只需要一份，也不必通过网络传送。

除了加密，公钥密码学的另一个应用是认证。有多种方法可以在无须传输任何密钥的情况验证某人是否持有特定公钥的私钥。

10.3.2 sshd 服务器

运行 sshd 服务器，允许其他主机远程连接你的系统，这需要相关的配置文件和主机密钥。大多数发行版将配置文件保存在配置目录/etc/ssh 中，尝试将一切配置妥当（如果你安装的是发行版配套 sshd 软件包）。（服务器配置文件名是 sshd_config，而客户端的配置文件名是 ssh_config，小心点，别搞混了。）

sshd_config 应该不用你作任何修改，不过检查一下文件内容倒也无妨。该文件由多个“键-值”对组成，如下所示：

```
Port 22
#AddressFamily any

#ListenAddress 0.0.0.0
#ListenAddress ::
#HostKey /etc/ssh/ssh_host_rsa_key
#HostKey /etc/ssh/ssh_host_ecdsa_key
#HostKey /etc/ssh/ssh_host_ed25519_key
```

以#起始的行是注释，sshd_config 文件中的大量注释指明了各种参数的默认值。sshd_config(5) 手册页包含了参数和取值的描述，其中最重要的参数如下。

- HostKey *file*：使用 file 作为主机密钥。（随后会讲到主机密钥。）
- PermitRootLogin *value*：如果 value 被设为 yes，就允许超级用户通过 SSH 登录。将 value 设为 no，则拒绝此行为。
- LogLevel *level*：按照 syslog 的 level 级别（默认为 INFO）记录日志消息。
- SyslogFacility *name*：按照 syslog 的 name 设施（默认为 AUTH）记录日志消息。
- X11Forwarding *value*：如果 value 被设为 yes，就启用 X Window System 客户端隧道化功能。
- XAuthLocation *path*：指定实用工具 xauth 所在的位置。如果未指定，则 X 隧道化功能无法正常工作。如果 xauth 不在/usr/bin 中，则将 path 设为 xauth 的完整路径。

1. 创建主机密钥

OpenSSH 有多组主机密钥。每组包含一个公钥（文件扩展名为.pub）和一个私钥（没有文件扩展名）。

警告 不要把私钥透露给任何人，哪怕是在你自己的系统上，一旦有人得到了私钥，你就会面临被入侵的风险。

SSH 版本 2 提供了 RSA 和 DSA 密钥。RSA 和 DSA 是公钥加密算法。密钥文件名如表 10-1 所示。

表 10-1　OpenSSH 密钥文件

文件名	密钥类型
ssh_host_rsa_key	RSA 私钥
ssh_host_rsa_key.pub	RSA 公钥
ssh_host_dsa_key	DSA 私钥
ssh_host_dsa_key.pub	DSA 公钥

创建密钥涉及生成公钥和私钥的数值计算。通常情况下用不着创建密钥，因为 OpenSSH 安装程序或者发行版的安装脚本会为你创建密钥，但是如果你打算使用 ssh-agent 之类的程序来提供无密码认证服务，则需要知道如何创建密钥。可以使用 OpenSSH 自带的 ssh-keygen 程序创建 SSH 协议版本 2 密钥：

```
# ssh-keygen -t rsa -N '' -f /etc/ssh/ssh_host_rsa_key
# ssh-keygen -t dsa -N '' -f /etc/ssh/ssh_host_dsa_key
```

SSH 服务器和客户端也使用名为 ssh_known_hosts 的密钥文件来保存其他主机的公钥。如果你想使用基于远程客户端身份的认证，服务器的 ssh_known_hosts 文件必须包含所有受信客户端的公钥。如果你要更换主机，有了密钥文件就很方便了。在重新设置新主机时，可以导入旧主机的密钥文件，确保用户在连接到新主机时不会出现密钥不匹配的情况。

2. 启动 SSH 服务器

尽管大多数发行版自带了 SSH，但通常不会默认启动 sshd 服务器。对于 Ubuntu 和 Debian，需要自行安装 SSH 服务器。安装程序会创建密钥、启动服务器，并在系统引导配置中加入启动 SSH 服务器。

Fedora 默认安装了 sshd，但并未启用。可以使用 systemctl 在引导时启动 sshd：

```
# systemctl enable sshd
```

如果你想在不重启系统的情况下直接启动服务器，可以这样：

```
# systemctl start sshd
```

Fedora 会在首次启动 sshd 时创建缺失的主机密钥文件。

如果你使用的是其他发行版，可能不用手动配置 sshd 启动。不过，你应该知道有两种启动模式：独立模式和按需模式。前者更为常见，其实就是以 root 身份运行 sshd 而已。sshd 服务器进程将其 PID 写入/var/run/sshd.pid（当然，通过 systemd 运行时，也能通过其 cgroup 跟踪，如第 6 章所述）。

systemd 也可以通过 socket 单元按需启动 sshd。不建议这么做，因为服务器偶尔需要生成密钥，这个过程会花费很长时间。

10.3.3 fail2ban

如果你在主机上启用了 SSH 服务器并向互联网开放，你很快就会发现有人持续不断地试图入侵。只要系统配置得当且没有使用愚蠢的密码，这些暴力攻击就不会得逞。不过，这还是挺烦人的，不仅消耗 CPU 时间，还把日志弄得乱七八糟。

为此，可以设置某种机制来阻挡重复的登录尝试。在撰写本书之时，fail2ban 软件包是最流行的处理方法之一，它其实就是一个监视日志消息的脚本。如果在一段时间内发现某个主机有一定数量的失败请求，fail2ban 就会使用 iptables 创建相关规则，拒绝该主机发出的流量。等过了一阵子之后，fail2ban 再将此规则删除。

大多数 Linux 发行版提供了 fail2ban 软件包，并为 SSH 预先配置了默认值。

10.3.4 SSH 客户端

要想登录远程主机，执行以下命令：

```
$ ssh remote_username@remote_host
```

如果你的本地用户名和 remote_host 上的用户名相同，可以忽略 remote_username@。你也可以像下面这样搭配管道与 ssh 命令，将目录 dir 复制到另一个主机：

```
$ tar zcvf - dir | ssh remote_host tar zxvf -
```

全局 SSH 客户端配置文件 ssh_config 应该位于/etc/ssh，也就是 sshd_config 文件所在的位置。和服务器配置文件一样，客户端配置文件也是由“键-值”对组成，不过你应该用不着修改文件内容。

SSH 客户端最常遇到的问题就是本地 ssh_known_hosts 或.ssh/known_hosts 中的 SSH 公钥与远程主机的密钥不匹配。错误的密钥会导致错误或警告：

```
@@@@@@@@@@@@@@@@@@@@@@@@@@@@@@@@@@@@@@@@@@@@@@@@@@@@@@@@@@@
@   WARNING: REMOTE HOST IDENTIFICATION HAS CHANGED! @
@@@@@@@@@@@@@@@@@@@@@@@@@@@@@@@@@@@@@@@@@@@@@@@@@@@@@@@@@@@
IT IS POSSIBLE THAT SOMEONE IS DOING SOMETHING NASTY!
Someone could be eavesdropping on you right now (man-in-the-middle attack)!
It is also possible that the RSA host key has just been changed.
The fingerprint for the RSA key sent by the remote host is
38:c2:f6:0d:0d:49:d4:05:55:68:54:2a:2f:83:06:11.
Please contact your system administrator.
Add correct host key in /home/user/.ssh/known_hosts to get rid of this
message.
```

```
❶ Offending key in /home/user/.ssh/known_hosts:12
RSA host key for host has changed and you have requested
strict checking.
Host key verification failed.
```

这通常意味着远程主机的管理员更改了密钥（多发生在升级硬件或云服务器的时候），如果你不确定的话，可以向管理员核实一下。不管怎样，上述消息指明了错误的密钥位于用户的 known_hosts 文件的第 12 行❶。

如果你确信没有什么猫腻，只需删除有问题的行或换成正确的公钥。

1. SSH 文件传输客户端

OpenSSH 提供了文件传输程序 scp 和 sftp，用以替代陈旧且不安全的 rcp 和 ftp。可以使用 scp 在不同的主机之间传输文件，用法类似于 cp 命令，来看几个例子。

将文件从远程主机复制到本地主机的当前目录：

```
$ scp user@host:file .
```

从本地主机向远程主机复制文件：

```
$ scp file user@host:dir
```

在远程主机之间复制文件：

```
$ scp user1@host1:file user2@host2:dir
```

sftp 的用法和过老的命令行客户端 ftp 差不多，使用的是 get 和 put 命令。远程主机必须安装 sftp-server 程序（如果远程主机也使用 OpenSSH，这个要求应该没问题）。

注意　如果 scp 和 sftp 无法满足你对功能性和灵活性的要求（如频繁地传输大量文件），不妨了解一下第 12 章介绍的 rsync。

2. 非 Unix 平台的 SSH 客户端

所有的主流操作系统都有对应版本的 SSH 客户端。该怎么选择呢？PuTTY 是一款面向 Windows 的客户端，用起来不错，还附带了安全文件复制程序。masOS 基于 Unix，也带有 OpenSSH。

10.4　systemd 之前的网络连接服务器：inetd/xinetd

在 systemd 和 socket 单元（参见 6.3.7 节）被广泛使用之前，一些服务器提供了构建网络服务的标准方法。很多小规模网络服务的连接要求差不多，如果为每种服务实现独立的服务器，效率堪忧，因为每个服务器都必须单独配置，处理端口监听、访问控制和端口。对于大多数服务而言，这套操作流程是一样的；仅在服务器接受连接后，才会有不同的处理方式。

简化服务器的传统方法之一是借助 inetd 守护进程，这是一种**超级服务器**，用于规范网络端口访问以及服务器程序和网络端口之间的接口。inetd 在启动之后会读取自己的配置文件，然后侦听文件中指定的网络端口。只要有新的网络连接传入，inetd 就会生成新的进程处理该连接。

inetd 升级版称为 xinetd，提供了更便捷的配置和更好的访问控制，不过 xinetd 基本上已经被淘汰，取而代之的是 systemd。但你可能会在较旧或未使用 systemd 的系统上看到 xinetd 的身影。

TCP 包装器：tcpd、/etc/hosts.allow 和/etc/hosts.deny

在 iptables 这样的低层防火墙普及之前，很多管理员使用 TCP 包装器库和守护进程来控制访问网络服务器。在这些实现中，inetd 运行 tcpd 程序，后者先查看传入连接以及/etc/hosts.allow 和/etc/hosts.deny 文件中的访问控制列表。tcpd 记录下该连接，如果认为连接没问题，就将其交给最终的服务程序。你也许会碰上还在使用 TCP 包装器的系统，不过我们不打算在此详谈，因为基本上已经没人用了。

10.5　诊断工具

我们来看一些有助于探究应用层的诊断工具，其中部分工具还深入到了传输层和网络层，毕竟应用层中的所有一切都离不开底层的支持。

如第 9 章所述，`netstat` 是一款基本的网络服务调试工具，能够显示各种传输层和网络层的统计数据。表 10-2 回顾了部分可用于查看连接信息的实用选项。

表 10-2　netstat 的连接信息选项

选　项	描　述
`-t`	打印 TCP 端口信息
`-u`	打印 UDP 端口信息
`-l`	打印侦听端口
`-a`	打印全部活跃端口
`-n`	禁止名称查找（提高命令输出速度，也可用于处理 DNS 故障）
`-4`、`-6`	将输出限制为 IPv4 或 IPv6

10.5.1　lsof

第 8 章讲过，`lsof` 不仅能跟踪打开的文件，还能列出当前正在使用或侦听指定端口的进程。

要想获得完整的进程列表，可以执行：

```
# lsof -i
```

如果以普通用户身份执行该命令，只会显示属于此用户的进程；如果是 root 身份，则会显示出所有进程：

```
COMMAND     PID    USER   FD   TYPE   DEVICE SIZE/OFF NODE NAME
rpcbind     700    root    6u  IPv4    10492      0t0  UDP *:sunrpc ❶
rpcbind     700    root    8u  IPv4    10508      0t0  TCP *:sunrpc (LISTEN)
avahi-dae   872   avahi   13u  IPv4 21736375      0t0  UDP *:mdns ❷
cupsd      1010    root    9u  IPv6 42321174      0t0  TCP ip6-localhost:ipp (LISTEN) ❸
ssh       14366   juser    3u  IPv4 38995911      0t0  TCP thishost.local:55457-> ❹
    somehost.example.com:ssh (ESTABLISHED)
chromium- 26534   juser    8r  IPv4 42525253      0t0  TCP thishost.local:41551-> ❺
    anotherhost.example.com:https (ESTABLISHED)
```

输出中列出了服务器和客户端程序的用户及进程 ID，从最上面的旧式 RPC 服务❶到 avahi 提供的 DNS 服务❷，甚至还有支持 IPv6 的打印机服务 cupsd❸。最后两行是客户端连接：SSH 连接❹和 Chromium Web 浏览器发起的安全 Web 连接❺。因为命令输出太多，所以最好还是配合过滤器使用（下面会讲到）。

lsof 类似于 netstat，同样会尝试将所有 IP 地址反向解析为主机名，这样会拖慢命令的输出速度。-n 选项可以禁止名称解析：

```
# lsof -n -i
```

也可以指定-P，禁止/etc/services 端口名称解析。

1. 过滤协议和端口

如果要查找特定端口（比如想知道使用特定端口的到底是哪个进程），可以使用以下命令：

```
# lsof -i:port
```

完整的语法如下：

```
# lsof -iprotocol@host:port
```

protocol、@host、:port 参数是可选的，lsof 会据此过滤输出。和大多数网络实用工具一样，host 和 port 可以是名称或数字。如果只想查看 TCP 端口 443（HTTPS 端口）上的连接，可以这样做：

```
# lsof -iTCP:443
```

要想根据 IP 版本进行过滤，可以使用-i4（IPv4）或-i6（IPv6）。可以将其作为单独的选项或是组合形成更复杂的过滤器（例如 i6TCP:443）。

可以用/etc/services 中的服务名称（比如-iTCP:ssh）代替数字端口号。

2. 过滤连接状态

lsof 的连接状态过滤器尤为方便。例如，要想仅显示侦听 TCP 端口的进程，可以这样：

```
# lsof -iTCP -sTCP:LISTEN
```

该命令可以让你知晓系统中当前运行的网络服务器进程。然而，由于 UDP 服务器既不侦听，也不创建连接，因此你必须使用-iUDP 来查看正在运行的客户端和服务器。这通常不是问题，因为系统中应该不会有多少 UDP 服务器。

10.5.2 tcpdump

系统一般不管那些目的 MAC 地址不是自己的网络流量。如果你想知道网络到底在传输什么数据，tcpdump 可以将网络接口卡置于**混杂模式**，报告进出的所有数据包。不加任何参数的 tcpdump 会产生如下输出，其中包括一个 ARP 请求和 Web 连接：

```
# tcpdump
tcpdump: listening on eth0
20:36:25.771304 arp who-has mikado.example.com tell duplex.example.com
20:36:25.774729 arp reply mikado.example.com is-at 0:2:2d:b:ee:4e
20:36:25.774796 duplex.example.com.48455 > mikado.example.com.www: S
3200063165:3200063165(0) win 5840 <mss 1460,sackOK,timestamp 38815804[|tcp]>
(DF)
20:36:25.779283 mikado.example.com.www > duplex.example.com.48455: S
3494716463:3494716463(0) ack 3200063166 win 5792 <mss 1460,sackOK,timestamp
4620[|tcp]> (DF)
20:36:25.779409 duplex.example.com.48455 > mikado.example.com.www: . ack 1 win
5840 <nop,nop,timestamp 38815805 4620> (DF)
20:36:25.779787 duplex.example.com.48455 > mikado.example.com.www: P
1:427(426) ack 1 win 5840 <nop,nop,timestamp 38815805 4620> (DF)
20:36:25.784012 mikado.example.com.www > duplex.example.com.48455: . ack 427
win 6432 <nop,nop,timestamp 4620 38815805> (DF)
20:36:25.845645 mikado.example.com.www > duplex.example.com.48455: P
1:773(772) ack 427 win 6432 <nop,nop,timestamp 4626 38815805> (DF)
20:36:25.845732 duplex.example.com.48455 > mikado.example.com.www: . ack 773
win 6948 <nop,nop,timestamp 38815812 4626> (DF)

9 packets received by filter
0 packets dropped by kernel
```

可以添加过滤器，告诉 tcpdump 更具体的要求。过滤器可以基于源主机和目的主机、网络、以太网地址、不同分层的协议等。tcpdump 识别的协议包括 ARP、RARP、ICMP、TCP、UDP、

IP、IPv6、AppleTalk、IPX。例如，以下命令告诉 tcpdump 仅输出 TCP 数据包：

```
# tcpdump tcp
```

要想查看 Web 数据包和 UDP 数据，可以这样：

```
# tcpdump udp or port 80 or port 443
```

关键字 or 指明左右两边的条件只要有任意一个为真，就可以满足过滤器。与此类似，关键字 and 则要求两个条件均为真。

注意 如果需要嗅探大量的数据包，可以考虑使用 Wireshark 等 GUI 嗅探工具代替 tcpdump。

1. 原语

在先前的例子中，tcp、udp、port 80 都是过滤器的基本组成元素，称为**原语**（primitive）。表 10-3 列出了其中最重要的一些原语。

表 10-3　tcpdump 原语

原　语	指定对象
tcp	TCP 数据包
udp	UDP 数据包
ip	IPv4 数据包
ip6	IPv6 数据包
port *port*	TCP 和/或 UDP 的源端口/目的端口 port
host *host*	发往或来自 host 的数据包
net *network*	发往或来自 network 的数据包

2. 操作符

先前用到的 or 属于**操作符**。tcpdump 能够使用多个操作符（比如 and 和 !），还可以使用括号对操作符进行分组。如果打算认真使用 tcpdump，请务必阅读 pcap-filter(7)手册页，尤其是原语部分。

注意 使用 tcpdump 时要小心。本节先前展示 tcpdump 输出仅包括 TCP（传输层）数据包和 IP 数据包（网络层）的头部信息，不过也可以让 tcpdump 输出整个数据包的内容。尽管现在大多数重要的网络流量经过了 TLS 加密，除非这是你自己的网络或得到了许可，否则绝不应该嗅探网络。

10.5.3 netcat

如果觉得 telent host port 在连接远程主机时不够灵活，不妨试试 netcat（或 nc）。netcat 能够连接远程 TCP/UDP 端口、指定本地端口、侦听端口、扫描端口、在标准 I/O 和网络连接之间进行重定向等。以下命令可以使用 netcat 对端口 port 打开一个 TCP 连接：

```
$ netcat host port
```

当另一端关闭连接时，netcat 也随之终止，如果你改变了 netcat 的标准输入源，结果会让人感到困惑，因为数据发送完之后看不到命令行提示符了（与绝大多数命令管道相反）。你可以随时按下 CTRL-C 组合键来关闭连接。（如果你希望根据标准输入流来结束程序和网络连接，可以尝试 sock 程序。）

以下命令可以侦听指定端口：

```
$ netcat -l port_number
```

如果命令执行成功，netcat 就会侦听该端口，等待连接传入，一旦建立好连接，就会打印出连接的输出并将标准输入发送到该连接。

下面是一些关于 netcat 的补充说明。

- 默认不会产生太多的调试输出。如果有问题，netcat 直接悄无声息地以失败结束，不过会设置相应的退出码。如果你需要更丰富的信息，可以添加-v（“verbose”）选项。
- netcat 默认尝试使用 IPv4 和 IPv6 进行连接。然而，在服务器模式中，netcat 默认使用 IPv4。可以使用-4（IPv4）和-6（IPv6）强制指定协议。
- -u 选项指定使用 UDP 代替 TCP。

10.5.4 端口扫描

有时你甚至不知道自己的网络主机在提供什么服务，使用了哪些 IP 地址。Network Mapper（Nmap）程序可以扫描主机或网络上的所有端口，查找并报告开放端口。大多数发行版提供了 Nmap 软件包，你也可以在网上搜索并下载（Nmap 的功能可参见 Nmap 手册页和在线资源）。

在列举你自己主机的端口时，至少从两个位置使用 Nmap 扫描会更好：本地主机和其他主机（可能位于本地网络之外）。这样能让你了解防火墙屏蔽了哪些端口。

警告 如果使用 Nmap 扫描的网络不属于你自己，一定要先取得许可。网络管理员监视着端口扫描行为，往往会屏蔽进行端口扫描的主机。

nmap host 可以对主机执行常规扫描。例如：

```
$ nmap 10.1.2.2
Starting Nmap 5.21 ( http://nmap.org ) at 2015-09-21 16:51 PST
Nmap scan report for 10.1.2.2
Host is up (0.00027s latency).
Not shown: 993 closed ports
PORT     STATE SERVICE
22/tcp   open  ssh
25/tcp   open  smtp
80/tcp   open  http
111/tcp  open  rpcbind
8800/tcp open  unknown
9000/tcp open  cslistener
9090/tcp open  zeus-admin

Nmap done: 1 IP address (1 host up) scanned in 0.12 seconds
```

如你所见，存在不少开放服务，其中很多服务在大多数发行版中默认是关闭的。事实上，这里唯一默认开启的就是端口 111，也就是 rpcbind 服务端口。

如果添加了-6 选项，Nmap 也能在 IPv6 网络扫描端口。这可以非常方便地识别不支持 IPv6 的服务。

10.6 远程过程调用

上一节端口扫描结果中的 rpcbind 服务是什么？RPC 代表 Remote Procedure Call，即远程过程调用，它在应用层中位于靠下的部分。RPC 是为了让程序员更轻松地构建客户端/服务器网络应用，由客户端程序调用的函数会在远程服务器端执行。每种类型的远程服务器程序都由一个指定的程序编号标识。

RPC 实现使用传输层协议（比如 TCP 和 UDP），需要特殊的中介服务将程序编号映射为 TCP 和 UDP 端口。服务器被称为 rpcbind，凡是想使用 RPC 服务的主机都必须运行该服务器。

要想查看主机的 RPC 服务，可以执行以下命令：

```
$ rpcinfo -p localhost
```

RPC 是一种难以消亡的协议。NFS（Network File System，网络文件系统）和 NIS（Network Information Service，网络信息服务）中都有 RPC 的身影，但在单机环境下完全用不着这些服务。每当你觉得已经找不出 rpcbind 存在的必要时，总会有新的需求出现，比如 GNMOE 中的 FAM（File Access Monitor，文件访问监控器）。

10.7 网络安全

Linux 是 PC 平台上非常流行的 Unix 变体，尤其被广泛用作 Web 服务器，因此引来了很多不受欢迎的家伙，妄图攻破计算机系统。9.25 节讨论了防火墙，但安全主题可不仅限于此。

网络安全带来了两个极端：一心想攻破系统的人（找乐子或为了钱）和精心设计防御方案的人（同样有利可图）。幸运的是，保障系统的安全并不需要你无所不知。以下是一些经验之谈。

- **尽量少运行服务**。入侵者无法侵入系统不存在的服务。如果你知道用不着哪个服务，那就别只是因为觉得“以后可能会用到”而启用该服务。
- **防火墙屏蔽得越多越好**。Unix 系统有大量你可能不知道的内部服务（比如用于 RPC 端口映射服务器的 TCP 端口 111），不要让其他系统知道这些服务的存在。跟踪和管理系统服务并非易事，因为许多不同种类的程序会侦听不同的端口。为了防止入侵者发现系统的内部服务，一定要设置有效的防火墙规则并在路由器上安装防火墙。
- **记录向互联网开放的服务**。如果你运行了 SSH 服务器、Postfix 或类似的服务，记得让软件保持最新状态并获取适合的安全警报。
- **使用服务器的“长期支持”版本**。安全团队通常将精力中在稳定的、受支持的发行版身上。开发版和测试版（比如 Debian Unstable 和 Fedora Rawhide）得到的关注要少得多。
- **不要把系统账户给不需要的人**。从本地账户获得超级用户访问权比远程入侵要容易得多。事实上，考虑到大多数系统安装了数量庞大的软件（以及由此带来的 bug 和设计缺陷），只要有了 shell 提示符，就很容易得到超级用户访问权限。别假定你的朋友知道如何保护自己的密码（或者选择足够安全的密码）。
- **不要安装可疑的二进制软件包**，其中可能包含特洛伊木马。

这就是保护自己的所有手段。但为什么非得这么做呢？针对 Linux 主机的网络攻击有三种基本类型。

- **完全入侵**。这意味着获得了主机的超级用户访问权限（完全控制权）。入侵者可以通过尝试服务攻击（比如缓冲区溢出），或是接管安全防护措施欠妥的用户账户，然后利用有缺陷的 setuid 程序来实现完全入侵。
- **DoS（Denial-of-service，拒绝服务）攻击**。这种攻击使得主机无法提供网络服务，或者在不借助任何特殊访问权限的情况下，迫使计算机以其他方式出现故障。DoS 攻击通常表现为海量的网络请求，但也可以是利用服务器程序的缺陷而导致的崩溃。这类攻击更难防范，但比较容易应对。
- **恶意软件**。Linux 用户对于恶意软件（比如电子邮件蠕虫和病毒）基本上是免疫的，因为电子邮件客户端还没有蠢到运行邮件附件中的程序。但 Linux 恶意软件确实存在。不要从你闻所未闻的地方下载和安装软件。

10.7.1 典型漏洞

需要留心两种基本类型的漏洞：直接攻击和明文密码嗅探攻击。**直接攻击**试图在不太隐蔽的情况下接管主机。最常见的一种方式是在系统中定位未受保护或易受攻击的服务。这可以简单到一个默认情况下不进行身份验证的服务，比如没有密码的管理员账户。一旦入侵者可以访问到系统的某个服务，他们就可以利用它来尝试破坏整个系统。在过去，一种常见的直接攻击是利用缓冲区溢出漏洞，原因是粗心的程序员没有检查缓冲区数组的边界。内核的 ASLR（Address Space Layout Randomization，地址空间布局随机化）技术和其他方面的保护措施在一定程度上缓解了这一问题。

明文密码嗅探攻击捕获网络上发送的明文密码，或者使用从某次数据泄露事故中得到的密码数据库。一旦攻击者知道了你的密码，那就完了。攻击者肯定会试图获得本地的超级用户访问权限（如前所述，这可比进行远程攻击容易多了），尝试使用该主机作为攻击其他主机的中介，或者两者兼有。

注意　如果你需要运行不具备原生加密支持的服务，可以尝试一下 Stunnel，这是一个类似于 TCP 包装器的加密包装器。Stunnel 尤其擅长包装通过 systemd socket 单元或 inetd 激活的服务。

由于糟糕的实现和设计，一些服务长期以来总是被选为攻击目标。应该坚决停用以下服务（它们现在全都已经过时了，在大多数系统中很少被默认启用）。

- ftpd：不管出于什么原因，所有的 FTP 服务器似乎都存在漏洞。此外，大多数 FTP 服务器使用明文密码。如果必须在主机之间传递文件，可以考虑基于 SSH 的解决方案或 rsync 服务器。
- telnetd、rlogind、rexecd：这些服务都是以明文形式传输远程会话数据（包括密码）。除非你有支持 Kerberos 的版本，否则就别用。

10.7.2 安全资源

以下是三个很好的安全资源网站。

- SANS 协会提供培训、服务以及免费的每周时事通信，其中列出了当前最严重的漏洞、示例安全策略等。
- 卡内基–梅隆大学软件工程学院 CERT 分部（The CERT Division of Carnegie Mellon University's Software Engineering Institute）是查找最严重的安全问题的不二之选。
- 由黑客及 Nmap 之父 Gordon "Fyodor" Lyon 创建的项目 Insecure.org 是了解 Nmap 和各种网络漏洞检测工具的好去处。这里比很多同类网站更加开放详尽。

如果你对网络安全感兴趣，应该全面学习 TLS（Transport Layer Security，传输层安全）及其前身 SSL（Secure Socket Layer，安全套接字层）。这些用户空间的网络分层通常被加入网络客户端和服务器，通过使用公钥加密和证书来支持网络事务。Davies 所著的 *Implementing SSL/TLS Using Cryptography and PKI*（Wiley，2011）或 Jean-Philippe Aumasson 所著的 *Serious Cryptography: A Practical Introduction to Modern Encryption*（No Starch Press，2017）都是不错的学习指南。

10.8 展望

如果你想亲自动手摆弄一些复杂的网络服务器，不妨试试最常见的 Apache 或 Ngnix Web 服务器和 Postfix 电子邮件服务器。尤其是 Web 服务器，不仅安装简单，而且大部分发行版提供了软件包。如果主机位于防火墙或具有 NAT 功能的路由器之后，你可以尽情试验各种配置，不用担心安全问题。

我们在这几章逐步从内核空间转向了用户空间。本章讨论的实用工具中仅有少数（比如 tcpdump）会和内核打交道。接下来我们要讲述套接字是如何在内核的传输层和用户空间的应用层之间架起了桥梁。这部分属于高级内容，程序员会特别感兴趣，你可以放心地直接跳至下一章。

10.9 网络套接字

我们现在要换个话题，看看进程是如何从网络读取数据以及如何向网络写入数据的。就进程而言，读/写已经建立好的网络连接可谓轻而易举：你需要的只是一些系统调用，可以参考 recv(2)和 send(2)手册页。从进程角度来看，也许最重要的是知道在使用这些系统调用时如何访问网络。在 Unix 系统中，进程使用套接字来识别与网络通信的时机和方式。套接字是进程通过内核访问网络的接口，代表了用户空间和内核空间之间的边界。套接字也常用于 IPC（Inter-Process Communication，进程间通信）。

因为进程需要以多种方式访问网络，所以也就产生了不同类型的套接字。例如，TCP 连接由流套接字（SOCK_STREAM，以程序员的视角）表示，UDP 连接由数据报套接字（SOCK_DGRAM）表示。

设置网络套接字比较复杂，有时候你需要考虑套接字类型、IP 地址、端口、传输协议。理清了所有的初始细节之后，服务器就按照一套标准方法来处理传入的网络流量了。图 10-1 展示了服务器如何处理传入的流套接字连接。

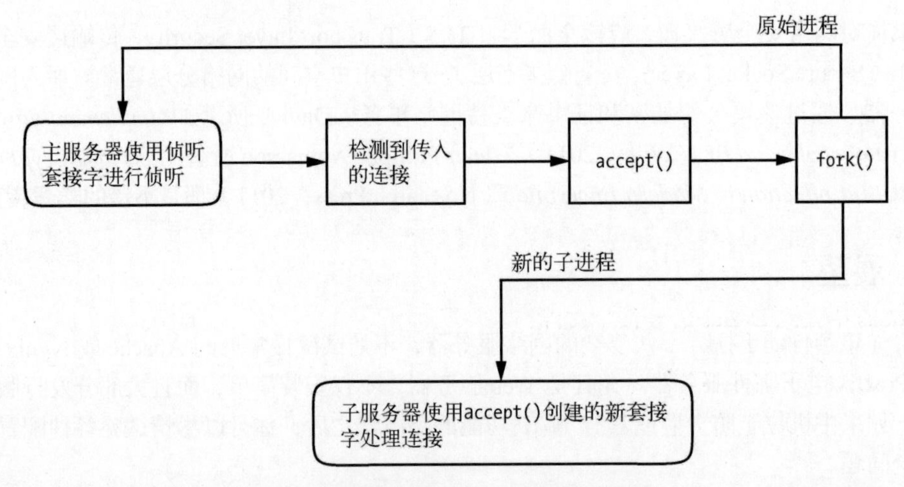

图 10-1　接受并处理传入连接的一种方法

注意，这类服务器涉及两种套接字：一种用于侦听，另一种用于读写。主进程使用侦听套接字等待传入的网络连接。当有新连接到来时，主进程使用 accept()系统调用接受该连接，为其创建读/写套接字。接下来，主进程使用 fork()系统调用创建一个新的子进程来处理此连接。原先的套接字依然扮演侦听者的角色，代表主进程继续等待更多的连接。

进程设置好特定类型的套接字之后，就可以按照适合该套接字类型的方式与之交互了。这为套接字带来了灵活性：如果你需要更改底层的传输层，不用重写设计数据发送和接收的所有代码，基本上只修改初始化代码即可。

如果你是程序员，想学习如何使用套接字接口，W. Richard Stevens、Bill Fenner 和 Andrew M. Rudoff 合著的 *Unix Network Programming, Volume 1, 3rd Edition*（Addison-Wesley Professional，2003）可谓经典之作，该书的第 2 卷也包含进程间通信的内容。

10.10　Unix 域套接字

使用网络设施的应用不一定非得牵扯到两个独立的主机。许多应用是按照客户端-服务器或 P2P 机制构建的，运行在同一主机中的进程使用进程间通信来协商该完成什么工作以及由谁来完成。例如，回想一下 systemd、NetworkManager 等守护进程使用 D-Bus 来监控和响应系统事件的做法。

进程间可以使用本地主机（127.0.0.1 或::1）的常规 IP 联网功能实现彼此通信，但典型做法是使用一种称为 **Unix 域套接字**的特殊类型套接字作为替代。当进程连接 Unix 域套接字时，操作方式和连接网络套接字时几乎一模一样：在套接字上侦听和接收连接，你甚至可以选择不同的套接字类型，实现类似于 TCP 或 UDP 的工作方式。

注意 记住，Unix 域套接字和网络套接字不是一回事，前者不依赖于网络。你甚至都不需要配置联网功能。Unix 域套接字也不是非得和套接字文件捆绑在一起。进程可以创建匿名的 Unix 域套接字并与其他进程共享地址。

有两个原因让开发人员喜欢将 Unix 域套接字用于进程间通信。首先，它允许选用文件系统中的特殊套接字文件来控制访问，没有该文件访问权的进程也就无法使用 Unix 域套接字。同时又因为不用和网络打交道，所以更简单，也不易遭受传统的网络入侵。例如，你通常会在 /var/run/dbus 中找到 D-Bus 的套接字文件：

```
$ ls -l /var/run/dbus/system_bus_socket
srwxrwxrwx 1 root root 0 Nov 9 08:52 /var/run/dbus/system_bus_socket
```

其次，Linux 内核在处理 Unix 域套接字时不必再涉及联网子系统中的诸多分层，因此效率得以大幅度提升。

为 Unix 域套接字和为普通的网络套接字编写代码没有太大区别。因为优势显著，所以一些网络服务器同时通过网络套接字和 Unix 域套接字提供通信。例如，MySQL 数据库服务器 mysqld 可以接受来自远程主机的客户端连接，但通常也使用/var/run/mysqld/mysqld.sock 提供 Unix 域套接字。

可以使用 `lsof -U` 查看系统中当前正在使用的 Unix 域套接字：

```
# lsof -U
COMMAND     PID      USER   FD   TYPE     DEVICE SIZE/OFF     NODE NAME
mysqld    19701     mysql  12u   unix 0xe4defcc0      0t0 35201227 /var/run/mysqld/mysqld.sock
chromium- 26534     juser   5u   unix 0xeeac9b00      0t0 42445141 socket
tlsmgr    30480   postfix   5u   unix 0xc3384240      0t0 17009106 socket
tlsmgr    30480   postfix   6u   unix 0xe20161c0      0t0    10965 private/tlsmgr
--略--
```

这个输出会很长，因为许多程序大量使用了匿名套接字，这些套接字在 `NAME` 列中以 `socket` 表示。

第 11 章

shell 脚本

只要能输入 shell 命令，就能编写 shell 脚本。**shell 脚本**（也称为 Bourne shell 脚本）就是写在文件中的一系列命令。shell 从文件中读取命令，效果就和你在终端中输入这些命令一样。

11.1 shell 脚本基础

Bourne shell 脚本的开头通常是下面这行，指明应该由/bin/sh 程序执行脚本文件中的命令（一定要确保脚本文件开头没有空白字符）。

```
#!/bin/sh
```

#!部分称为“shebang”，在本书的其他脚本中也会看到它的身影。你可以在#!/bin/sh 行之后列出希望 shell 执行的任何命令。例如：

```
#!/bin/sh
#
# Print something, then run ls

echo About to run the ls command.
ls
```

注意 脚本最上面的 shebang 行算是一个特例。除此之外，行首的#字符表示该行是注释。也就是说，shell 会忽略#之后的所有内容。注释是为了解释脚本中难懂的部分，或是帮助你自己在日后阅读代码时回忆起当时的思路。

和 Unix 系统的其他程序一样，shell 脚本也得设置执行权限位，同时为了让 shell 能够读取脚本文件，还必须设置读权限位。最简单的方法如下：

```
$ chmod +rx script
```

执行这个 chmod 命令后，其他用户可以读取并执行 script。如果不想这样，也可以使用绝对权限模式 700 代替（文件权限的相关内容参见 2.17 节）。

创建好 shell 脚本并设置过读权限和执行权限之后，将脚本文件放入环境变量 PATH 指定的某个目录中，然后在命令行上输入脚本名称就行了。如果脚本就在当前工作目录中，也可以使用./script 的形式，或者是使用脚本的完整路径。

通过 shebang 运行脚本和在 shell 中运行命令的效果几乎一样（但不完全相同）。例如，运行名为 myscript 的脚本会使内核运行/bin/sh myscript。

有了这些基础知识，让我们来了解一些 shell 脚本的局限。

注意 shebang 不一定非得是#!/bin/sh，也可以是系统中任何能够接受脚本输入的程序，比如使用#!/usr/bin/python 运行 Python 脚本。此外，你可能还会碰到包括/usr/bin/env 在内的不同形式的写法。比如#!/usr/bin/env python。该行指示 env 程序运行 python。这么做的原因很简单，env 会在当前命令路径中查找要运行的命令，你不用指定命令的标准位置。但这种写法也有缺点：在命令路径中找到的第一个匹配的可执行文件未必是你想要的。

shell 脚本的局限性

Bourne shell 处理命令和文件相对比较容易。在 2.14 节中，我们看到了 shell 如何重定向输出，这是 shell 脚本编程的重要一环。然而，shell 脚本只是 Unix 编程的一种工具而已，尽管功能强大，但也存在局限性。

简化任务并实现自动化（比如批量处理文件），免去在 shell 提示符下逐条输入命令之苦，是 shell 脚本的一个主要优势。但如果是要提取字符串、执行重复的算术计算、访问复杂的数据库，或者需要函数和复杂的控制结构，那最好还是使用 Python、Perl 或 awk 之类的脚本语言，甚至是 C 之类的编译语言。（这点很重要，本章会多次提到。）

最后，注意 shell 脚本的大小，尽量写得简短些。Bourne shell 脚本并不一定很大，尽管有人会写得很大。

11.2 引号和字面量

使用 shell 和 shell 脚本时，最令人困惑的是何时需要使用引号和其他标点符号，以及为什么。假设你想打印出字符串$100，于是这么做：

```
$ echo $100
00
```

为什么是 00？因为$1 有前缀$，这告诉 shell 它是一个 shell 变量（我们马上就会讲到）。你觉得如果加上双引号，shell 就会原封不动地打印出$1：

```
$ echo "$100"
00
```

还不管用。于是你请教了朋友，他说得改用单引号才行：

```
$ echo '$100'
$100
```

怎么单引号就行了呢？

11.2.1　字面量

引号通常用于创建**字面量**，即在传入命令之前，shell 不应该处理（或更改）的字符串。除了上例中的$，我们有时也会想把*原封不动地（不让 shell 扩展）传给 grep 之类的命令，或是在命令中使用分号（;）。

在编写脚本和使用命令行的时候，记住 shell 要做的处理。

(1) 在执行命令之前，shell 会查找变量、通配符等，并对其进行替换。

(2) shell 将替换后的结果传给命令。

涉及字面量的问题比较微妙。假设你想找出/etc/passwd 中匹配正则表达式 r.*t 的所有条目（行中只要有 r，然后是 0 个或多个其他字符，接着是 t 即可，这样就能找出如 root、ruth、robot 这样的用户名）。命令如下：

```
$ grep r.*t /etc/passwd
```

该命令大部分时候管用，但有时又会神奇地失败。怎么回事？答案可能就在当前目录中。如果该目录包含 r.input 和 r.output 这样的文件，那么 shell 就会将 r.*t 扩展为 r.input r.output，由此得到以下命令：

```
$ grep r.input r.output /etc/passwd
```

避免此类问题的关键在于先找出会惹麻烦的字符，然后把这些字符放入正确的引号内。

11.2.2 单引号

创建字面量最简单的方法就是将整个字符串放入单引号（'），在 grep 和*字符的例子中可以这样：

```
$ grep 'r.*t' /etc/passwd
```

shell 会将单引号内的所有字符（包括空格）视为单个命令行参数。所以下面的命令并不可行，因为这相当于让 grep 命令在标准输入中搜索字符串 r.*t /etc/passwd（grep 只有一个参数，故会读取标准输入）：

```
$ grep 'r.*t /etc/passwd'
```

如果需要字面量，单引号是首选，这样可以保证 shell 不会执行任何替换操作，语法上也显得更简洁。然而，如果需要更多的灵活性，不妨考虑双引号。

11.2.3 双引号

双引号（"）与单引号类似，但 shell 会扩展双引号内出现的任何变量。你可以执行以下命令，然后将双引号改为单引号并再次执行一遍，观察两次结果之间的不同。

```
$ echo "There is no * in my path: $PATH"
```

在执行该命令时，shell 替换了$PATH，但并没有替换*。

注意 如果在处理大量文本时要用到双引号，不妨考虑 **here 文档**，参见 11.9 节。

11.2.4 单引号字面量

在 Bourne shell 中，向命令传入单引号字面量时，事情会比较棘手。一种方法是在单引号前放置反斜线：

```
$ echo I don\'t like contractions inside shell scripts.
```

反斜线和单引号必须出现在一对单引号之外。像'don\'t 这样的字符串会导致语法错误。但是单引号可以出现在双引号内，真是够奇怪。来看下面的例子（输出结果和先前的命令一样）：

```
$ echo "I don't like contractions inside shell scripts."
```

如果你拿不定主意，想要一种通用规则来确保引用整个字符串时不会出现替换，可以按照以下做法。

(1) 将所有的'（单引号）改为'\''（单引号、反斜线、单引号、单引号）。

(2) 将整个字符串放入单引号内。

因此，对于 this isn't a forward slash: \这样麻烦的字符串，可以这么做：

```
$ echo 'this isn'\''t a forward slash: \'
```

注意　再重复一遍，shell 会将引号中的字符串视为单个参数。因此，a b c 是 3 个参数，而 a "b c" 是 2 个参数。

11.3　特殊变量

大多数 shell 脚本理解命令行参数，知道怎么处理脚本中的命令。要想将脚本从简单的命令列表变成更加灵活的 shell 脚本程序，得知道如何使用 Bourne shell 特殊变量。这些特殊变量和 2.8 节中描述的其他 shell 变量差不多，只不过有些特殊变量的值无法修改。

注意　读完接下来的几节，你就会明白为什么 shell 脚本在编写过程中会积累越来越多的特殊字符。如果在阅读 shell 脚本的过程中碰上了一行看起来完全无法理解的代码，那就把代码拆开，化整为零，逐个击破。

11.3.1　单个参数：$1、$2 等

$1、$2 等以非 0 正整数命名的变量包含了脚本参数的值。例如，有一个名为 pshow 的脚本：

```
#!/bin/sh
echo First argument: $1
echo Third argument: $3
```

执行下列脚本，看它怎样打印参数：

```
$ ./pshow one two three
First argument: one
Third argument: three
```

shell 内建命令 shift 可以删除第一个参数（$1）并将后续参数依次前移，使得$2 变成$1、$3 变成$2，以此类推。例如，有一个名为 shiftex 的脚本：

```
#!/bin/sh
echo Argument: $1
shift
echo Argument: $1
shift
echo Argument: $1
```

运行该脚本，观察结果：

```
$ ./shiftex one two three
Argument: one
Argument: two
Argument: three
```

如你所见，shiftex 打印出第一个参数，然后移动剩余的参数，再重复同样的过程，依次打印出所有 3 个参数。

11.3.2 参数数量：$#

$#变量包含了脚本参数的数量，当你使用 shift 循环提取参数时，该变量尤为重要。如果$#为 0，则表示没有参数，所以$1 的值为空。（循环在 11.6 节介绍。）

11.3.3 全部参数：$@

$@变量包含脚本的所有参数，利用它可以非常方便地将参数传给脚本内部的命令。例如，Ghostscript 命令（gs）通常又长又复杂。你希望能有一种便捷的方法，使用标准输出流以 150 dpi 栅格化 PostScript 文件，同时还能为 gs 传入其他选项。可以像下面这样编写的脚本，允许处理额外的命令行选项：

```
#!/bin/sh
gs -q -dBATCH -dNOPAUSE -dSAFER -sOutputFile=- -sDEVICE=pnmraw $@
```

注意 如果 shell 脚本中的某行太长，不方便在文本编辑器中阅读和编辑，可以使用反斜线（\）拆分该行。例如，上述脚本可以更改如下。

```
#!/bin/sh
gs -q -dBATCH -dNOPAUSE -dSAFER \
    -sOutputFile=- -sDEVICE=pnmraw $@
```

11.3.4 脚本名称：$0

$0 变量包含脚本名称，可用于生成诊断消息。假设脚本需要报告保存在$BADPARM 变量中的无

11

效参数，可以使用以下命令打印诊断消息：

```
echo $0: bad option $BADPARM
```

所有的诊断消息都应该写入标准错误。2.14.1 节中讲过，2>&1 将标准错误重定向至标准输出。要想写入标准错误，反过来写作 1>&2 即可。对于上一个例子，可以这样做。

```
echo $0: bad option $BADPARM 1>&2
```

11.3.5　进程 ID：$$

$$变量包含 shell 的进程 ID。

11.3.6　退出码：$?

$?变量包含 shell 执行的上一个命令的退出码。退出码对于掌握 shell 脚本编写至关重要，参见下一节的讨论。

11.4　退出码

Unix 程序在结束时会为启动该程序的父进程产生一个退出码，这是一个数字值，也称为**错误码**或**退出值**。如果退出码为 0，通常意味着程序顺利结束。如果程序出现错误，通常会返回一个非 0 的数字（也未必总是如此，参见后文）作为退出码。

shell 在特殊变量$?中保存着最后一次所执行命令的退出码，可以在命令行上检查该变量的内容：

```
$ ls / > /dev/null
$ echo $?
0
$ ls /asdfasdf > /dev/null
ls: /asdfasdf: No such file or directory
$ echo $?
1
```

成功的命令返回 0，不成功的命令返回 1（当然了，例子中假定你的系统中并没有名为/asdfasdf 的目录）。

如果打算使用命令的退出码，那就必须在执行完该命令之后立即使用，不然就先保存起来（因为下一个命令的退出码会覆盖上一个命令的退出码）。如果连续两次执行 echo $?，第二个命令的输出肯定为 0，因为第一个 echo 命令顺利结束。

在编写 shell 脚本时，你可能会碰到脚本由于错误（比如无效的文件名）需要终止的情况。使用 exit 1 退出脚本，并将退出码 1 返回给运行该脚本的父进程。（如果脚本存在多种非正常退出的情况，可以使用不同的非 0 退出码。）

注意，有些程序（比如 diff 和 grep）使用非 0 退出码表示正常情况。如果 grep 找到了匹配模式的文本，就会返回 0；如果没有找到，则返回 1。对于这类程序，退出码 1 并不代表错误，所以 grep 和 diff 在碰到问题时会使用退出码 2。如果你认为某个程序可能会使用非 0 退出码表示顺利结束，请参考命令的手册页。退出码的含义通常位于 EXIT VALUE 或 DIAGNOSTICS 小节。

11.5 条件判断

Bourne shell 为各种条件判断提供了特殊的语言构件，包括 if/then/else 和 case 语句。例如，下面这个简单的脚本使用 if 条件检查该脚本的第一个参数是否为 hi：

```
#!/bin/sh
if [ $1 = hi ]; then
   echo 'The first argument was "hi"'
else
   echo -n 'The first argument was not "hi" -- '
   echo It was '"'$1'"'
fi
```

以上脚本中的单词 if、then、else、fi 都是 shell 关键字，其他的则都是命令。这种区分极为重要，因为很容易将条件[$1 = "hi"]误认为是特殊的 shell 语法。事实上，字符[是 Unix 系统的一个程序名。所有的 Unix 系统中都有名为[的程序，用于测试 shell 脚本条件。该程序还有另外一个名字叫 test，test 和[的手册页都是一样的。（你很快会看到 shell 并不总是执行[，不过目前可以将其视为独立的命令。）

在这里，理解 11.4 节中的退出码至关重要。让我们看看上述脚本究竟是如何工作的。

(1) shell 执行 if 关键字之后的命令并获取该命令的退出码。

(2) 如果退出码为 0，shell 执行 then 关键字之后的命令，直到 else 或 fi 关键字处停止。

(3) 如果退出码不为 0 且存在 else 子句，shell 执行 else 关键字之后的命令。

(4) 条件判断在 fi 处结束。

我们已经知道了 if 之后的测试其实是一个命令，所以再来看看分号（;）。分号只是表示命令结束的一个常规 shell 标记，之所以出现在那里，是因为我们将 then 关键字与 if 放在了同一行。如果没有分号，shell 会将 then 视为[命令的参数，这往往会导致难以跟踪的错误。可以像下面这样将 then 关键字单独放在一行来避免使用分号。

```
if [ $1 = hi ]
then
   echo 'The first argument was "hi"'
fi
```

11.5.1　防范空参数列表

上例中的条件判断存在一个潜在的问题：$1 可能为空，因为用户运行脚本时可以不指定参数。如果$1 为空，条件测试部分就变成了[= hi]，[命令会因错误而终止。可以通过将参数放入引号内来解决这个问题，有两种常见写法，任选一种即可。

```
if [ "$1" = hi ]; then
if [ x"$1" = x"hi" ]; then
```

11.5.2　其他测试命令

除了[之外，还有很多其他命令也可用于测试。来看一个使用 grep 的例子。

```
#!/bin/sh
if grep -q daemon /etc/passwd; then
    echo The daemon user is in the passwd file.
else
    echo There is a big problem. daemon is not in the passwd file.
fi
```

11.5.3　elif

还有一个 elif 关键字，支持将 if 条件串联在一起，如下所示：

```
#!/bin/sh
if [ "$1" = "hi" ]; then
    echo 'The first argument was "hi"'
elif [ "$2" = "bye" ]; then
    echo 'The second argument was "bye"'
else
    echo -n 'The first argument was not "hi" and the second was not "bye"-- '
    echo They were '"'$1'"' and '"'$2'"'
fi
```

记住，控制流只通过第一个满足的条件，如果使用参数 hi bye 运行该脚本，只会输出参数 hi 的确认消息。

注意　不要过多使用 elif，case 结构（参见 11.5.6 节）往往更适合。

11.5.4 逻辑结构

你时不时会看到两种便捷的单行条件判断结构：&&（与）和||（或）。&&结构如下所示：

```
command1 && command2
```

这里，shell 先执行 command1，如果其退出码为 0，再执行 command2。

||与此类似。如果||之前的命令返回非 0 退出码，shell 会再执行另一个命令。

&&和||结构多用于 if 测试，无论使用哪种结构，最后执行的命令的退出码决定了 shell 如何处理条件判断。在&&结构中，如果第一个命令失败，shell 会将该命令的退出码用于 if 语句，但如果第一个命令成功，shell 则使用第二个命令的退出码。在||结构中，如果第一个命令成功，shell 使用该命令的退出码，如果第一个命令失败，则使用第二个命令的退出码。

例如：

```
#!/bin/sh
if [ "$1" = hi ] || [ "$1" = bye ]; then
    echo 'The first argument was "'$1'"'
fi
```

如果条件判断中包含测试命令（[），可以使用-a 和-o 代替&&和||，如下所示：

```
#!/bin/sh
if [ "$1" = hi -o "$1" = bye ]; then
   echo 'The first argument was "'$1'"'
fi
```


可以通过在测试前放置!操作符来否定测试结果（也就是逻辑非）。例如：

```
#!/bin/sh
if [ ! "$1" = hi ]; then
   echo 'The first argument was not hi'
fi
```

在这个特例中，也可以改用!=，但是!能和下一节中介绍的各种条件测试结合使用。

11.5.5 测试条件

你已经看到了[是如何工作的：如果测试结果为真，退出码为 0；如果测试结果为假，退出码为非 0。你也知道如何用[str1 = str2]测试字符串是否相等。但是别忘了，shell 脚本擅长文件操作，很多实用的[测试涉及文件属性。例如，下面这行可以检查 file 是否为普通文件（非目录或特殊文件）：

```
[ -f file ]
```

脚本的循环中经常会出现类似下面这样的-f 测试，用于检查当前目录内的所有内容（关于循环的更多知识参见 11.6 节）：

```
for filename in *; do
    if [ -f $filename ]; then
        ls -l $filename
        file $filename
    else
        echo $filename is not a regular file.
    fi
done
```

注意　由于 test 命令在脚本中的广泛应用，Bourne shell 的很多版本（包括 bash）内建了该命令。由于不用在每次测试时执行独立的命令，因此可以提高脚本运行速度。

测试操作数量众多，基本上可以分为三类：文件测试、字符串测试、算术测试。手册页包含了完整的文档，不过 test(1)手册页可作快速参考之用。接下来的几节描述了主要的测试操作（一些用得不多的测试操作就不再赘述了）。

1. 文件测试

大多数文件测试（比如-f）是**单目**操作，因为这种操作只需要一个参数，即待测试的文件。例如下面这两个重要的文件测试。

- -e：如果文件存在，返回真。
- -s：如果文件不为空，返回真。

有些测试操作可以检查文件的类型，这意味着能够判断文件是否为普通文件、目录或特殊的设备文件，如表 11-1 所示。另外还有多个单目测试操作可以检查文件权限，如表 11-2 所示（关于文件权限，可参见 2.17 节）。

表 11-1　文件类型操作符

操作符	测试用途	操作符	测试用途
-f	常规文件	-b	块设备
-d	目录	-c	字符设备
-h	符号链接	-S	套接字

注意　如果 test 命令用于符号链接，则测试对象为链接所指向的实际对象，而非链接本身（除了-h 测试）。也就是说，如果 link 是一个指向普通文件的符号链接，[-f link]会返回真（退出码为 0）。

表 11-2 文件权限操作符

操作符	权限	操作符	权限
-r	可读	-u	setuid
-w	可写	-g	setgid
-x	可执行	-k	粘滞（sticky）

最后，有 3 个**双目**操作符（需要两个文件作为参数）可用于文件测试，不过并不常用。考虑以下命令，其中包含-nt（“newer than”）：

```
[ file1 -nt file2 ]
```

如果 file1 的修改日期比 file2 更近，返回真。-ot（“older than”）的效果则正好相反。如果你需要检测硬链接是否相同，可以使用-ef：两个文件共享同样的 i 节点号和设备的话，该操作符返回真。

2. 字符串测试

之前讲过，如果两个字符串相同，双目字符串操作符=返回真。而操作符!=是在两个字符串不相同时返回真。另外还有两个单目字符串操作符。

- -z：如果参数为空，返回真（[-z ""]返回 0）。
- -n：如果参数不为空，返回真（[-n ""]返回 1）。

3. 算术测试

注意，等号（=）测试的是字符串相等性，而不是数值相等性。因此，[1 = 1]返回 0（真），而[01 = 1]返回假。在测试数值时，使用-eq 代替等号：[01 -eq 1]会返回真。表 11-3 列出了数值比较操作符的完整清单。

表 11-3 算术比较操作符

操作符	当第一个参数_____第二个参数时返回真	操作符	当第一个参数_____第二个参数时返回真
-eq	等于	-gt	大于
-ne	不等于	-le	小于或等于
-lt	小于	-ge	大于或等于

11.5.6 case

case 关键字形成了另一种条件结构，在匹配字符串时非常有用。case 不执行任何测试命令，因此不评估退出码。但是，它可以执行模式匹配。来看下面这个例子：

```
#!/bin/sh
case $1 in
    bye)
        echo Fine, bye.
        ;;
    hi|hello)
        echo Nice to see you.
        ;;
    what*)
        echo Whatever.
        ;;
    *)
        echo 'Huh?'
        ;;
esac
```

shell 的处理步骤如下。

(1) 脚本将$1 与每个)字符前面的实例进行匹配。

(2) 如果某个实例匹配$1，shell 执行该实例下面的命令，直到;;为止，这时流程直接跳至 esac 关键字。

(3) 整个条件判断在 esac 处结束。

case 值可以是单个字符串（就像上例中的 bye），或者是由|分隔的多个字符串（如果$1 等于 hi 或 hello，则 hi|hello 返回真），也可以使用*或?模式（what*）。要想匹配指定 case 值之外的其他值，可以像上例那样在最后的 case 分支处使用单个*。

注意　使用双分号（;;）结束每个 case 分支，不然会导致语法错误。

11.6　循环

Bourne shell 提供了两种循环：for 和 while。

11.6.1　for 循环

for 循环（一种“for each”循环）是最常见的。来看下面的例子：

```
#!/bin/sh
for str in one two three four; do
    echo $str
done
```

在上述代码中，for、in、do、done 全都是 shell 关键字。shell 的处理步骤如下。

(1) 将 in 关键字之后由空格分隔的 4 个值中的首个值（one）赋给变量 str。

(2) 执行 do 和 done 之间的 echo 命令。

(3) 返回到 for 所在的行，将 str 设置为下一个值（two），执行 do 和 done 之间的 echo 命令，这个过程一直重复，直到遍历完 in 关键字之后的所有值。

该脚本输出如下。

```
one
two
three
four
```

11.6.2　while 循环

就像 if 条件判断一样，Bourne shell 的 while 循环也会用到退出码。例如，以下脚本执行了 10 次迭代操作：

```
#!/bin/sh
FILE=/tmp/whiletest.$$;
echo firstline > $FILE

while tail -10 $FILE | grep -q firstline; do
    # add lines to $FILE until tail -10 $FILE no longer prints "firstline"
    echo -n Number of lines in $FILE:' '
    wc -l $FILE | awk '{print $1}'
    echo newline >> $FILE
done

rm -f $FILE
```

这里要测试 grep -q firstline 的退出码，只要退出码不为 0（在本例中，如果 firstline 没有出现在文件$FILE 的后 10 行中，则不为 0），循环就结束。

你可以使用 break 语句跳出 while 循环。Bourne shell 还提供了类似于 while 的 until 循环，区别在于后者是在退出码为 0，而不是非 0 时结束循环。while 和 until 循环不应该频繁使用。事实上，如果你发现自己需要使用 while，那说明可能应该换一种更适合的语言，比如 Python 或 awk。

11.7　命令替换

Bourne shell 能将命令的标准输出返回到命令行。也就是说，你可以把命令放入$()，使该命令的输出成为另一个命令的参数，也可以把命令输出保存在变量中。

下面的例子将命令的输出存入变量 FLAGS。第二行以粗体显示的代码就是命令替换。

```
#!/bin/sh
FLAGS=$(grep ^flags /proc/cpuinfo | sed 's/.*://' | head -1)
echo Your processor supports:
for f in $FLAGS; do
    case $f in
        fpu)    MSG="floating point unit"
                ;;
        3dnow)  MSG="3DNOW graphics extensions"
                ;;
        mtrr)   MSG="memory type range register"
                ;;
        *)      MSG="unknown"
                ;;
    esac
    echo $f: $MSG
done
```

这个例子有点复杂，因为涉及在命令替换中使用单引号和管道。grep 命令的输出被传给 sed 命令（关于 sed 命令，详见 11.10.3 节），后者删除匹配正则表达式.*:的所有行并将处理结果传给 head。

命令替换容易用过头。例如，不要在脚本中使用$(ls)，让 shell 扩展通配符*更快。另外，如果你想对 find 命令的查找结果调用某个命令，不妨考虑通过管道将查找结果传给 xargs，而不是使用命令替换，或是使用 find 命令的-exec 操作也可以（两者参见 11.10.4 节）。

注意　命令替换的传统语法是将命令放入反引号（``）内，很多 shell 脚本是这么写的。$()语法是一种比较新的形式，但作为 POSIX 标准，它更易于人们阅读和书写。

11.8　临时文件管理

有时候需要创建临时文件暂存后续命令要用到的输出。在创建这种文件时，要确保文件名足够独特，以免其他程序意外写入该文件。有时候在文件名中简单地加入 shell 的 PID（$$）也管用，但如果要求绝对不能出现文件名冲突的话，实用工具 mktemp 通常是更好的选择。

下面展示了如何使用 mktemp 创建临时文件。这个脚本会输出过去两秒内发生的设备中断：

```
#!/bin/sh
TMPFILE1=$(mktemp /tmp/im1.XXXXXX)
TMPFILE2=$(mktemp /tmp/im2.XXXXXX)

cat /proc/interrupts > $TMPFILE1
sleep 2
cat /proc/interrupts > $TMPFILE2
diff $TMPFILE1 $TMPFILE2
rm -f $TMPFILE1 $TMPFILE2
```

mktemp 的参数是一个模板。mktemp 将 XXXXXX 转换为一系列独特的字符并使用该名称创建一个空文件。注意，脚本使用变量保存文件名，如果你想修改文件名，只用改一行代码即可。

注意 并非所有的 Unix 变体都自带 mktemp。如果担心可移植性问题，最好是安装 GNU coreutils 软件包。

使用临时文件的脚本经常会碰到一个问题：如果脚本意外中止，会留下没来得及删除的临时文件。上个例子中，在执行第二个 cat 命令之前按 CTRL-C 组合键就会在/tmp 中留下一个临时文件。应该尽可能避免出现这种情况。可以使用 trap 命令创建信号处理器，捕获 CTRL-C 组合键产生的信号并删除临时文件，如下所示：

```
#!/bin/sh
TMPFILE1=$(mktemp /tmp/im1.XXXXXX)
TMPFILE2=$(mktemp /tmp/im2.XXXXXX)
trap "rm -f $TMPFILE1 $TMPFILE2; exit 1" INT
--略--
```

必须在信号处理器中明确使用 exit 终止脚本，否则 shell 还会像往常一样继续执行信号处理器之后的命令。

注意 如果没有为 mktemp 指定参数，模板将以/tmp/tmp.作为前缀。

11.9 here 文档

假设你想打印一大段文本或是将大量文本传给其他命令。与其使用多个 echo 命令，还不如利用 shell 的 here 文档特性，如下面的脚本所示：

```
#!/bin/sh
DATE=$(date)
cat <<EOF
Date: $DATE

The output above is from the Unix date command.
It's not a very interesting command.
EOF
```

其中的粗体部分控制着 here 文档。<<EOF 告诉 shell 将后续所有行重定向到<<EOF 之前命令（本例中 cat）的标准输入。当自成一行的 EOF 标记出现时，重定向过程就停止。该标记可以是任意字符串，只要保证 here 文档的起止处都使用相同的标记即可。此外，按照惯例，标记采用全大写字母。

注意 here 文档中的 shell 变量$DATE。shell 会扩展 here 文档内的变量，如果你要打印的报告中有很多变量，这一点特别有用。

11.10 重要的 shell 脚本实用工具

有些程序在 shell 脚本中特别管用。像 basename 这样的实用工具，只有在与其他程序结合使用时才能真正发挥功用，因此在 shell 脚本之外并不常见到。不过，另一些实用工具，比如 awk，在命令行中同样有用武之地。

11.10.1 basename

如果需要去掉文件名中的扩展名部分或是路径中的目录部分，可以使用 basename 命令。尝试以下命令，观察输出结果：

```
$ basename example.html .html
$ basename /usr/local/bin/example
```

在这两个例子中，basename 均返回 example。第一个命令去掉了 example.html 的.html 后缀，第二个命令去掉了完整路径中的目录部分。

下面的例子展示了在脚本中如何使用 basename 将 GIF 文件转换为 PNG 格式。

```
#!/bin/sh
for file in *.gif; do
    # exit if there are no files
    if [ ! -f $file ]; then
        exit
    fi
    b=$(basename $file .gif)
    echo Converting $b.gif to $b.png...
    giftopnm $b.gif | pnmtopng > $b.png
done
```

11.10.2 awk

awk 并不是一个功能单一的命令，而是一种强大的编程语言。遗憾的是，awk 如今成了一门失落的艺术，正在被更大型的语言（比如 Python）所取代。

市面上有一些以 awk 为主题的专著，比如 Alfred V. Aho、Brian W. Kernighan 和 Peter J. Weinberger 合著的 *The AWK Programming Language*（Addison-Wesley，1988）。然而，很多人使用 awk 做的唯一一件事就是从输入流中提取某个字段：

```
$ ls -l | awk '{print $5}'
```

该命令打印出 ls 输出的第 5 个字段（文件大小），结果就是一列文件大小。

11.10.3 sed

sed（stream editor，流编辑器）是一种自动化文本编辑器，它获取输入流（文件或标准输入），根据表达式进行修改，然后将结果打印到标准输出。sed 在很多方面类似于 Unix 原配的文本编辑器 ed。sed 提供了大量操作、匹配工具以及定位功能。和 awk 一样，市面上也不乏 sed 的专著，包括由 Arnold Robbins 撰写，同时涵盖了 awk 和 sed 的 *sed & awk Pocket Reference, 2nd Edition*（O'Reilly，2002）。

sed 不算是个小程序，对其展开深入的讲解超出了本书的范围，不过了解它的工作原理并不是件难事。一般来说，sed 将地址和操作合为一个参数。地址指定了若干行，命令决定了如何处理这些行。

sed 的惯常用法是替换匹配某个正则表达式（参见 2.5.1 节）的文本：

```
$ sed 's/exp/text/
```

如果你想将文件/etc/passwd 中每行的第一个冒号替换为%，然后将结果发送至标准输出，可以这么做：

```
$ sed 's/:/%/' /etc/passwd
```

要想替换/etc/passwd 中的所有冒号，可以在操作末尾添加修饰符 g（global）：

```
$ sed 's/:/%/g' /etc/passwd
```

以下命令以行为基础进行操作：读取/etc/passwd，删除第 3 行至第 6 行，将结果发送至标准输出。

```
$ sed 3,6d /etc/passwd
```

在这个例子中，3,6 是地址（行范围），d 是操作（delete，删除）。如果你忽略地址，sed 默认处理输入流中的每一行。两个最常见的 sed 操作应该是 s（搜索并替换）和 d。

也可以使用正则表达式作为地址。以下命令删除匹配正则表达式 exp 的所有行：

```
$ sed '/exp/d'
```

在上述所有示例中，sed 都是写入到标准输出，这也是最常见的用法。如果不指定文件参数，sed 会读取标准输入，你会经常在 shell 管道中看到这种形式。

11

11.10.4　xargs

如果将大量文件名作为命令参数，该命令或 shell 可能会报告缓冲区无法容纳所有的参数。xargs 通过对标准输入流中的文件逐个执行命令解决这个问题。

很多人将 xargs 与 find 命令结合使用。例如，以下脚本能够帮助你核实当前目录下所有以.gif 结尾的文件是否为 GIF 图像：

```
$ find . -name '*.gif' -print | xargs file
```

其中，由 xargs 执行 file 命令。不过，这种方式可能会导致错误或引发安全问题，因为文件名也许包含空格和换行符。所以，应该改为下列形式。这样就可以将 find 输出的分隔符，以及 xargs 参数的分隔符由换行符改为 NULL 字符。

```
$ find . -name '*.gif' -print0 | xargs -0 file
```

xargs 会启动大量进程，如果要处理的文件数量比较多，那就别指望有太好的性能表现。

如果文件名可能以连字符（-）开头，则需要在 xargs 命令结尾添加两个连字符（--），以此告诉程序，在双连字符之后的所有参数都是文件名，而非选项。不过要注意，不是所有的程序都支持双连字符的用法。

在使用 find 时，也可以改用-exec 操作来代替 xargs。然而，这种语法有些麻烦，需要提供用于替换文件名的花括号{}以及表示命令结束的字面量;。下面使用 find 来完成先前的任务。

```
$ find . -name '*.gif' -exec file {} \;
```

11.10.5　expr

如果需要在 shell 脚本中执行算术操作（甚至是一些字符串操作），可以使用 expr 命令。例如，命令 expr 1 + 2 会打印出 3。（详细信息可参见 expr --help。）

expr 命令在执行算术操作时又笨又慢。如果你要频繁用到算术操作，应该考虑使用 Python 等语言代替 shell 脚本。

11.10.6　exec

exec 命令是 shell 的内建特性，可以使用在其之后指定的程序替换当前 shell 进程。该命令执行 exec()系统调用（参见第 1 章）。这个特性是为了节省系统资源，不过要注意，此操作有去无回：当你在 shell 脚本中执行 exec，脚本以及运行该脚本的 shell 都会被指定的新命令替换掉。

要想在 shell 窗口中做测试，可以尝试执行 exec cat。在按下 CTRL-D 或 CTRL-C 组合键终止 cat 程序后，shell 窗口也会随之消失，因为它的子进程已经不存在了。

11.11 子 shell

假设你想略微修改 shell 环境，但又不希望改动是永久性的，可以使用 shell 变量更改并恢复部分环境（比如路径或工作目录），但这种方法很笨拙。更简单的做法是使用子 shell，这是一个可以运行命令的全新 shell 进程。子 shell 复制了原始 shell 的环境，在其退出时，对子 shell 环境所作的全部改动也都一并消失，原始 shell 不受任何影响。

将需要由子 shell 执行的命令放入括号内即可使用子 shell。例如，下列命令在 uglydir 中执行 uglyprogram，同时不会对原始 shell 造成任何影响：

```
$ (cd uglydir; uglyprogram)
```

如果永久性修改命令路径 PATH，有可能会产生问题，下面的例子展示了如何临时向命令路径添加新条目：

```
$ (PATH=/usr/confusing:$PATH; uglyprogram)
```

使用子 shell 对环境变量进行一次性修改属于常见操作，甚至还有一种内置语法可以不用子 shell：

```
$ PATH=/usr/confusing:$PATH uglyprogram
```

管道和后台进程也可以与子 shell 结合使用。下面的例子使用 tar 对整个 orig 目录树进行归档，然后将归档解包到新目录 target，这相当于复制了 orig 中的文件和子目录（这种做法保留了文件以及目录的所有权和权限，而且通常比使用 cp -r 之类的命令更快）：

```
$ tar cf - orig | (cd target; tar xvf -)
```

警告 在运行该命令之前，务必仔细检查，确保 target 目录存在，并且与 orig 目录是完全分开的（可以在脚本中使用[-d orig -a ! orig -ef target]进行检查）。

11.12 在脚本中包含其他文件

如果需要在 shell 脚本中包含其他文件的代码，可以使用点号（.）命令。例如，执行文件 config.sh 中的命令：

```
. config.sh
```

这种方法也称为**文件源引**（sourcing），可用于读取变量（例如，从共享配置文件中读取）和其他定义。这不同于运行另一个脚本。在运行脚本时（作为命令），脚本是在一个全新的 shell 中启动的，除了产生的输出和退出码，你什么都拿不回来。

11.13　读取用户输入

read 命令从标准输入读取一行文本并将其保存在变量中。例如，以下命令将输入存入$var：

```
$ read var
```

这个内建的 shell 命令可以与本书中没有提及的其他 shell 特性结合使用。有了 read，你可以创建简单的交互操作（比如提示用户输入），不必再要求他们在命令行上列出所有信息，同时还能在执行危险操作之前提醒用户确认。

11.14　什么时候（不）使用 shell 脚本

shell 拥有众多特性，很难将所有重点浓缩在短短一章内。如果你对 shell 的其他用途感兴趣，不妨参阅一些 shell 编程专著，比如 Stephen G. Kochan 与 Patrick Wood 合著的 *Unix Shell Programming, 3rd Edition*（SAMS Publishing，2003），或是 Brian W. Kernighan 与 Rob Pike 合著的 *The UNIX Programming Environment*（Prentice Hall，1984）一书中关于 shell 脚本的讨论。

然而，在某个时刻（特别是当你开始过度使用内建的 read 命令时），你得反问一下自己所用的工具是否对路。牢记 shell 脚本的强项：操作简单的文件和命令。如前所述，如果你发现自己写出的代码晦涩难懂，尤其是涉及复杂的字符串或算术运算时，不妨考虑一下 Python、Perl、awk 等脚本语言。

第 12 章

在网络上传输和共享文件

本章讨论在网络主机之间分发和共享文件的各种方法。我们先学习 scp 和 sftp 之外的一些文件复制方法，接着再来看看真正的文件共享，即把一个主机上的目录挂接到另一个主机。

由于分发和共享文件的方法实在太多，这里列出了具体的场景以及解决方案。

让其他主机临时读取你的 Linux 主机上的文件或目录	Python SimpleHTTPServer（12.1 节）
跨主机分发（复制）文件，尤其是定期分发	rsync（12.2 节）
定期将 Linux 主机的文件共享给 Windows 主机	Samba（12.4 节）
在 Linux 主机上挂载 Windows 共享目录	CIFS（12.4 节）
以最少的设置实现 Linux 主机之间的小规模文件共享	SSHFS（12.5 节）
从受信的本地网络上的 NAS 或其他服务器挂载更大的文件系统	NFS（12.6 节）
在 Linux 主机上挂载云存储	各种基于 FUSE 的文件系统（12.7 节）

注意，我们不会讨论如何在多个位置的大量用户之间进行大规模共享。尽管也能实现，但这种解决方案通常需要相当大的工作量，超出了本书的范围。我们会在本章结尾讨论其中的缘由。

不像本书的很多其他章节，本章的最后一部分没有什么难度。事实上，可能最有价值的就是理论性最强的那几节。12.3 节和 12.8 节可以帮助你理解**为什么**一开始就在这里列出了这么多的可选方案。

12.1 快速复制

假设你想将文件从自己网络上的一个 Linux 主机复制到另一个主机，也不想复制回来，只要快就行。Python 提供了一种简便的实现方法，只需切换到文件目录中并执行：

```
$ python -m SimpleHTTPServer
```

该命令会启动一个简单的 Web 服务器，网络主机都可以通过浏览器查看当前目录。这个 Web 服务器默认运行在端口 8000，如果你的主机 IP 地址为 10.1.2.4，在目标主机上使用浏览器打开 http://10.1.2.4:8000，就可以复制文件了。

警告　此方法假定你的本地网络是安全的。不要在公共网络或其他不信任的网络环境中这么做。

12.2 rsync

如果要复制的文件不止一两个，需要使用在目标主机上有服务器支持的工具。例如，你可以使用 scp -r 把整个目录结构复制到另一个地方，前提是远程主机提供 SSH 和 SCP 服务器支持（这在 Windows 和 macOS 上都没有问题）。我们已经在第 10 章中见识过了：

```
$ scp -r directory user@remote_host[:dest_dir]
```

这种方法确实管用，但不是很灵活。特别是在传输结束后，远程主机未必能够得到精确的目录副本。如果 directory 在远程主机上已经存在并包含一些额外的文件，这些文件在传输结束后依然会留在原地。

如果这类操作需要定期执行（尤其是你打算将该过程自动化），那就应该选择兼具分析和验证功能的专用同步系统。作为 Linux 的标准同步工具，rsync 提供了良好的性能和很多实用的传输方式。在本节中，我们将介绍一些基本的 rsync 操作模式并了解其独特之处。

12.2.1 rsync 基础

要想让 rsync 在两个主机之间工作，必须在源端和目的端都安装 rsync 程序，而且主机之间还得能够相互访问。如果你打算使用 SSH 来传输文件，最简单的方法是使用远程 shell 账户。不过请记住，rsync 甚至还能方便地在单个主机的不同位置之间复制文件和目录，比如从一个文件系统复制到另一个文件系统。

从表面来看，rsync 和 scp 并没有太大的不同。事实上，你可以把同样的参数照搬过来。例如，要将一组文件复制到 host 的主目录：

```
$ rsync file1 file2 ... host:
```

在现今的系统上，rsync 默认使用 SSH 连接远程主机。

注意以下错误消息：

```
rsync not found
rsync: connection unexpectedly closed (0 bytes read so far)
rsync error: error in rsync protocol data stream (code 12) at io.c(165)
```

这表明远程 shell 未能在系统中找到 rsync。如果 rsync 确实存在，但没有在用户的命令路径 PATH 中，可以使用--rsync-path=path 手动指定其所在位置。

如果两个主机上的用户名不一样，可以在命令行的远程主机名参数处添加 user@，其中 user 为你在 host 的用户名：

```
$ rsync file1 file2 ... user@host:
```

除非指定其他选项，不然 rsync 只复制文件。如果指定上述选项并提供目录 dir 作为参数，你会看到以下消息：

```
skipping directory dir
```

要想传输整个目录结构（包括符号链接、权限、模式、设备），应该使用-a 选项。如果想复制到远程主机的主目录之外的位置，可以将目录名添加到远程主机名之后：

```
$ rsync -a dir host:dest_dir
```

复制目录比较费事，如果你不是十分确定会发生什么，最好使用-nv 选项组合。-n 选项告诉 rsync 以“演练”模式操作，也就是说仅作模拟，不实际复制任何文件。-v 选项则表示详细模式，显示文件传输的相关细节：

```
$ rsync -nva dir host:dest_dir
```

命令输出如下。

```
building file list ... done
ml/nftrans/nftrans.html
[more files]
wrote 2183 bytes read 24 bytes 401.27 bytes/sec
```

12.2.2 精确复制目录结构

默认情况下，rsync 在复制文件和目录的时候并不考虑目标目录原先的内容。如果传输的目录 d 包含文件 a 和 b，而目的主机中已经有了同名目录，其中包含 c，那么在传输结束后，目的主机的目录 d 中包含文件 a、b、c。

要想生成和源目录一模一样的副本，必须删除目标目录内多出的那些文件，比如本例中的d/c。这可以使用--delete选项来实现：

```
$ rsync -a --delete dir host:dest_dir
```

警告　这属于危险操作，最好还是检查一下目标目录，看看会不会误删文件。记住，如果对文件传输有顾虑，先使用-nv选项作演练，确认结果有没有问题。

12.2.3　使用尾部斜线

在rsync命令中指定源目录时尤其要小心。想想我们一直使用的命令：

```
$ rsync -a dir host:dest_dir
```

该命令结束后，host的dest_dir内会出现目录dir。图12-1展示了rsync如何处理包含文件a和b的目录。

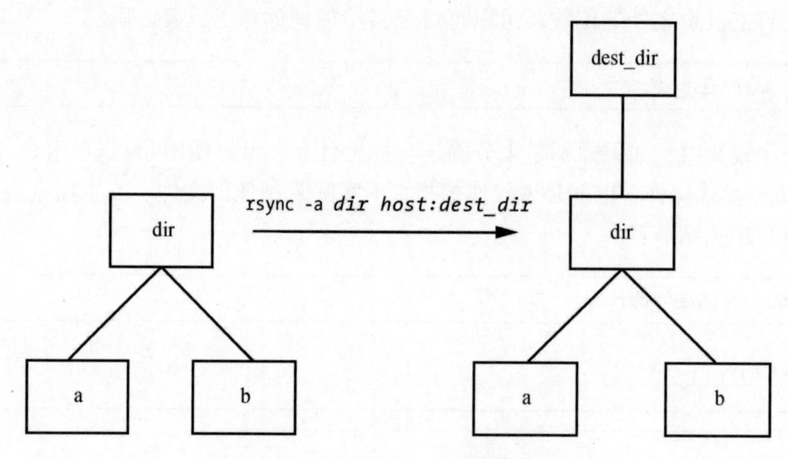

图12-1　通常的rsync复制过程

但如果在源目录名的尾部加上斜线（/），则是另一番景象：

```
$ rsync -a dir/ host:dest_dir
```

这时候，rsync会将dir内的所有文件复制到host的dest_dir目录，但不会在其中创建dir子目录。因此，你可以将dir/看作类似于本地文件系统中的cp dir/* dest_dir操作。

假设你有一个包含文件a和b的目录dir（dir/a和/dir/b）。使用带有尾部斜线的rsync命令将该目录传输到host的dest_dir目录：

```
$ rsync -a dir/ host:dest_dir
```

传输完成后，dest_dir 包含 a 和 b 的副本，但并没有子目录 dir。但如果将命令中 dir 尾部的/去掉，dest_dir 中就会出现包含 a 和 b 的 dir 副本。于是，远程主机上就生成了 dest_dir/dir/a 和 dest_dir/dir/b。图 12-2 展示了 rsync 在使用尾部斜线时是如何处理目录层次结构的。

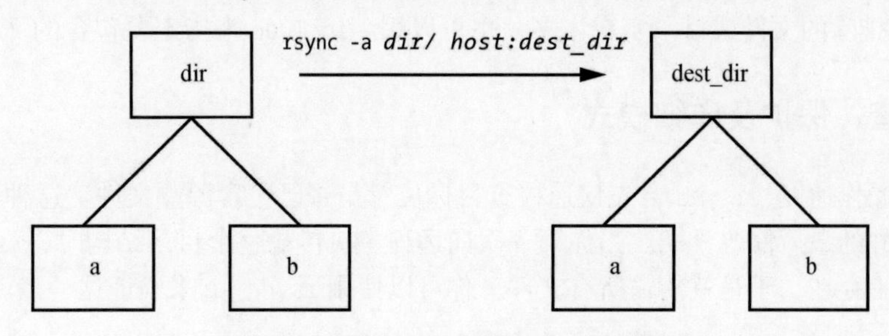

图 12-2 rsync 命令使用尾部斜线的效果

如果在向远程主机传输文件和目录时不小心加上了尾部斜线，没什么大不了的，无非就是麻烦一点。你需要再登入远程主机，创建 dir 目录，然后将文件移入 dir。但要是同时还指定了--delete 选项，那可能就要出大事了，这样很容易会误删无关的文件，一定要格外小心。

警告 由于存在这种潜在的风险，一定要留意 shell 的文件名自动补全特性。在命令行上按下 TAB 键之后，很多 shell 会在目录名尾部添加斜线。

12.2.4 排除文件和目录

rsync 有一个重要的功能：在传输时排除某些文件和目录。假设你想将本地目录 src 传至 host，但是希望排除名为.git 的文件。可以这么做：

```
$ rsync -a --exclude=.git src host:
```

注意，该命令会排除所有名为.git 的文件和目录，因为--exclude 指定的是模式，而不是直白的文件名。要想排除具体的条目，可以指定以/开头的绝对路径，如下所示：

```
$ rsync -a --exclude=/src/.git src host:
```

注意 /src/.git 中的第一个/不是系统的根目录，而是要传输的文件所在的目录，即基准目录。

这里还有一些按模式进行排除的使用技巧。

- 可以根据需要使用多个--exclude。

12

- 如果要重复使用某个模式，可以将其写入文本文件（一个模式占一行），然后在命令中指定--exclude-from=file。
- 要想排除名为 item 的目录，但不排除同名的文件，可以使用尾部斜线：--exclude=item/。
- 模式基于完整的文件名或目录名，可以包含简单的通配符。例如，t*s 匹配 this，但不匹配 ethers。
- 如果要排除的文件或目录实在太多，也可以用--include 来指定要包含的文件或目录。

12.2.5　检查、保护及详细模式

为了加快操作速度，rsync 会先快速检查目标位置是否已包含源端文件。这种检查结合了文件大小以及文件的最后修改日期。当你第一次向远程主机传输整个目录结构时，rsync 发现这些文件在远端并不存在，于是就传输所有文件。你可以使用 rsync -n 来验证这一点。

传输过一次之后，再次执行 rsync -v。这时你会发现这次的传输列表为空，因为文件在两端都已经有了，而且修改日期也一样。

当源端和远端文件存在差异时，rsync 会传输源端文件，覆盖远端已有的文件。那么，之前提到的快速检查功能估计就不够用了，可能需要更确切地保证文件是一模一样的，以免 rsync 错误地略过某些文件，或者说你想要再多加一层保护措施。下面是一些用得着的选项。

- --checksum（缩写为-c）：通过计算文件的校验和（通常是文件的唯一签名）来检查一致性。在传输过程中，该选项会造成少量的 I/O 和 CPU 资源消耗，但如果你处理的敏感数据或文件往往大小一样，那么该选择是必须的。
- --ignore-existing：不覆盖已经存在的文件。
- --backup（缩写为-b）：不覆盖已经存在的文件，而是在传输新文件之前，重命名这些已有文件，为文件名添加~后缀。
- --suffix=s：将--backup 选项使用的后缀由~改为 s。
- --update（缩写为-u）：如果远端同名文件的日期早于源端文件，则将其覆盖。

不使用特殊选项的话，rsync 只会安静地运行，仅在出现问题时才产生输出。可以使用 rsync -v 进入详细模式，或者使用 rsync -vv 获得更详细的信息。（只要你愿意，可以添加任意多个 v，不过两个应该就足够了。）要想查看完整的传输汇总，可以使用 rsync --stats。

12.2.6　压缩数据

很多用户喜欢配合使用-z 选项和-a 选项，在传输前先压缩数据：

```
$ rsync -az dir host:dest_dir
```

在某些情况下，压缩能够提高性能，比如当你通过低速连接（比如缓慢的上行链路）上传大

量数据，或是主机之间存在高网络延迟的时候。但是，对于高速的局域网，限制两端主机的因素变成了压缩和解压缩数据所耗费的 CPU 时间，此时不压缩数据反而可能会更快。

12.2.7 限制带宽

当你向远程主机传输大量数据时，很容易阻塞网络上行链路。尽管这不会占用下行链路带宽（通常很大），但如果放手让 rsync 尽其所能地运行，你仍会觉得网速非常缓慢，原因在于向外发送的 TCP 数据包（比如 HTTP 请求）此时不得不与 rsync 争夺本已捉襟见肘的上行链路带宽。

--bwlimit 选项能够缓解上行链路的压力。例如，要想将 rsync 占用的带宽限制在 100 000 Kbps，可以使用以下命令。

```
$ rsync --bwlimit=100000 -a dir host:dest_dir
```

12.2.8 向本地主机传输文件

rsync 命令并不仅限于将文件从本地主机复制到远程主机。也可以反过来，使用远程主机和远程路径作为命令行的第一个参数，将文件从远程主机复制到本地主机。例如，要想将远程主机的 src_dir 复制到本地主机的 dest_dir，可以这样：

```
$ rsync -a host:src_dir dest_dir
```

注意 之前提到过，只要略去两个参数的 host:部分，就可以使用 rsync 在本地主机上复制目录。

12.2.9 有关 rsync 的更多话题

无论什么时候需要复制大量文件，rsync 都应该是首选之一。如果要向多个主机复制同一批文件，以批处理模式执行 rsync 尤为方便，不仅可以加快长时间传输的速度，还能断点续传。

rsync 还能用于备份。例如可以将 Amazon 的 S3 等网络存储挂接到 Linux 系统，然后使用 rsync --delete 定期同步，实现一套高效的备份系统。

rsync 的命令行选项还有很多。可以通过 rsync --help 先获得一个大概的印象。更详细的信息可参考 rsync(1)手册页以及 rsync 的主页。

12.3 文件共享

你的网络中应该不只有你一台 Linux 机器，多个网络主机之间免不了要共享文件。在本章剩下的部分中，我们首先介绍 Windows 和 macOS 之间的文件共享，你将进一步了解到 Linux 是如何适应全新的环境的。为了在 Linux 主机之间共享文件或是访问 NAS（Network Attached Storage，网络区域存储）设备中的文件，我们会在最后讨论怎样以客户身份使用 SSHFS 和 NFS（Network File System，网络文件系统）。

12.3.1　文件共享的使用和性能

无论使用哪种文件共享系统，都要问自己一个问题：为什么共享文件？在传统的基于 Unix 的网络中，有两个主要原因：便利和缺少本地存储。用户可以登录多个网络主机，每个主机都能访问该用户的主目录。相较于为网络中的各个主机购买和维护大量本地存储，选择将存储集中在少量中央服务器的做法显然要经济得多。

这种模式的优势被一个已存在多年的劣势所掩盖：与本地存储相比，网络存储的性能往往不尽如人意。某些类型的数据访问表现还不错。例如，现代硬件和网络可以毫无障碍地传输流媒体，部分原因在于这种数据访问模式具有很高的可预测性。发送大文件或流媒体的服务器能够有效地预载和缓冲数据，因为它知道客户端可能会顺序访问数据。

然而，如果是更为复杂的操作或同时访问多个不同的文件，你会发现 CPU 往往是在等待网络。延迟是罪魁祸首之一。这是从随机（任意）访问网络文件开始，直至接收到数据所花费的时间。在向客户端发送数据之前，服务器必须接受并解析请求，然后定位并载入数据。第一步往往是最慢的，而几乎每一次访问新文件都要经历这一步。

这里想传达的意思是，当你考虑网络文件共享时，问问自己的初衷是什么。如果要处理的是无须频繁随机访问的大量数据，应该没什么问题。但如果你从事的是视频编辑或重要的软件系统开发，最好还是选择本地文件存储。

12.3.2　文件共享安全

人们以往并不是特别重视文件共享协议的安全性。这会影响到文件共享的实现方式以及实现位置。如果你怀疑传输共享文件的网络不安全，可以考虑添加授权/认证和加密。良好的授权和认证意味着持有正确凭证的各方才能访问文件，同时还避免有人伪造服务器，加密则确保没有人能在文件传输过程中盗取数据。

最容易配置的文件共享方案往往也是最不安全的。遗憾的是，还没有标准化的方法来确保这类访问的安全性。但如果你搭配得当，诸如 stunnel、IPSec、VPN 等工具可以保护基础文件共享协议以下的各层。

12.4　使用 Samba 共享文件

如果你有 Windows 主机，可以使用标准的 Windows 网络协议 SMB（Server Message Block，服务器消息块）访问 Linux 系统的文件和打印机。macOS 同样支持 SMB 文件共享，不过也可以使用 12.5 节介绍的 SSHFS。

Unix 的标准文件共享软件套件叫 Samba。Samba 不仅允许网络中的 Windows 主机访问 Linux 系统，而且还可以反过来：通过 Samba 客户端软件，在 Linux 主机上打印和访问 Windows 服务器上的文件。

Samba 服务器的设置步骤如下。

(1) 创建 smb.conf 文件。

(2) 向 smb.conf 添加文件共享配置。

(3) 向 smb.conf 添加打印机共享配置。

(4) 启动 Samba 守护进程 nmdb 和 smbd。

在使用发行版软件包安装 Samba 时，系统应该会使用合理的服务器默认值来执行这些步骤。但它不知道你想将 Linux 主机的哪些资源共享给客户端。

注意 本章对 Samba 的讨论不会面面俱到，仅限于让单个子网中的 Windows 主机能够通过网上邻居浏览 Linux 主机。由于各式各样的访问控制和网络拓扑结构，Samba 的配置方法简直数不胜数。配置大规模服务器的种种细节，请参考 Gerald Carter、Jay Ts 和 Robert Eckstein 合著的 *Using Samba, 3rd Edition*（O'Reilly，2007），另外也可以访问 Samba 的主页。

12.4.1 服务器配置

Samba 的核心配置文件是 smb.conf，大多数发行版将其放在 etc 目录，比如/etc/samba。但该文件也可能位于 lib 目录，比如/usr/local/samba/lib，所以你可能得四处找找。

smb.conf 文件格式类似于你在别处看到的 XDG 风格（比如 systemd 的配置格式），文件分为若干节，以方括号表示，比如`[global]`和`[printers]`。smb.conf 中的`[global]`节包含适用于整个服务器和所有共享资源的常规选项。这些选项主要与网络配置和访问控制有关。以下示例中的`[global]`节展示了如何设置服务器名称、描述和工作组：

```
[global]
# server name
netbios name = name
# server description
server string = My server via Samba
# workgroup
workgroup = MYNETWORK
```

这些参数的作用如下。

- `netbios name`：服务器名称。如果忽略该选项，Samba 则使用 Unix 主机名。NetBIOS 是 SMB 主机经常用于相互通信的 API。

12

- server string：服务器的简短描述。默认值是Samba的版本号。
- workgroup：Windows工作组名称。如果你处于某个Windows域，将该选项设置为此域名。

12.4.2 服务器访问控制

你可以向smb.conf添加选项，限制访问Samba服务器的主机和用户。下面列出的选项可以在[global]节以及控制单个共享资源的各个节（在本章随后部分讨论）中设置。

- interfaces：设置Samba侦听（接受连接）的网络或接口。例如：

```
interfaces = 10.23.2.0/255.255.255.0
interfaces = enp0s31f6
```

- bind interfaces only：使用interfaces选项时，将此设置为yes，使得服务只开放给能通过interfaces指定的接口直接访问的那些主机。
- valid users：允许指定用户访问。例如：

```
valid users = jruser, bill
```

- guest ok：置为true，允许匿名网络用户访问共享资源。在此之前，一定要先确定所处的是私有网络环境。
- browseable：设置网络浏览器是否能够查看共享资源。如果将共享资源的此选项设置为no，你仍然能够访问，但必须知道共享资源的确切名称。

12.4.3 密码

一般来说，Samba服务器必须使用密码认证。遗憾的是，Unix的基础密码系统与Windows的不同，所以，除非你指定明文网络密码或使用Windows域服务器认证密码，否则必须设置另一套密码系统。本节将展示如何使用Samba的TDB（Trivial Database，普通数据库）后端建立适用于小型网络的替代密码系统。

首先，在smb.conf的[global]节中使用以下选项定义Samba密码数据库的特性：

```
# use the tdb for Samba to enable encrypted passwords
security = user
passdb backend = tdbsam
obey pam restrictions = yes
smb passwd file = /etc/samba/passwd_smb
```

这些配置允许使用smbpasswd命令操作Samba密码数据库。obey pam restrictions选项确保使用smbpasswd命令修改密码的用户必须遵循PAM（Pluggable Authentication Modules，可拔插认

证模块，参见第 7 章）指定的普通密码改动规则。对于 passdb backend 选项，你可以有选择地在冒号之后指定 TDB 文件的路径，例如 tdbsam:/etc/samba/private/passwd.tdb。

注意 如果你能访问 Windows 域，可以设置 security = domain，让 Samba 使用该域的认证系统，这样就不必使用密码数据库了。然而，要想让域用户能够访问运行 Samba 服务器的主机，每个域用户必须在该主机上有一个同名的本地账户。

1. 添加和删除用户

让 Windows 用户能够访问 Samba 服务器的第一件事就是使用 smbpasswd -a 命令将该用户添加到密码数据库：

```
# smbpasswd -a username
```

username 参数必须是 Linux 系统的有效用户名。

和 Linux 系统的 passwd 程序一样，smbpasswd 会要求你输入新密码两次。密码通过必要的安全性检查之后，新用户就创建好了。

smbpasswd 的-x 选项可用于删除用户：

```
# smbpasswd -x username
```

要想临时冻结用户，可以使用-d 选项。-e 选项可用于随后再次激活该用户。

```
# smbpasswd -d username
# smbpasswd -e username
```

2. 修改密码

你可以以超级用户的身份使用 smbpasswd 命令，只指定用户名，不指定任何选项或关键词，以此修改 Samba 密码：

```
# smbpasswd username
```

如果 Samba 服务器正在运行，任何用户都可以在命令行只输入 smbpasswd 来修改自己的 Samba 密码。

最后，还有一处配置要留意。如果在 smb.conf 文件中看到类似于下面这行，那可要小心了：

```
unix password sync = yes
```

这会使得 smbpasswd 在修改 Samba 密码的同时也修改用户的 Linux 密码。这种结果让人相当困惑，尤其是当用户将自己的 Samba 密码改得和 Linux 密码不一样之后，却发现没法登录 Linux

12

系统了。有些发行版的 Samba 服务器软件包会将默认值设为 yes。

12.4.4　手工启动服务器

如果你是通过发行版提供的软件包安装的 Samba，一般不用担心服务器启动。可以检查 systemctl --type=service 进行核实。然而，如果是从源代码安装，则需要使用以下选项运行 nmbd 和 smbd，其中 smb_config_file 是 smb.conf 文件的完整路径：

```
# nmbd -D -s smb_config_file
# smbd -D -s smb_config_file
```

nmbd 守护进程是一个 NetBIOS 名称服务器，smdb 负责处理共享请求。-D 选项指定了采用守护进程模式。如果你在 smdb 运行的同时修改了 smb.conf 文件，可以使用 HUP 信号提醒守护进程注意配置文件有变化，不过最好还是让 systemd 负责管理服务器，这样的话，上述工作就可以让 systemctl 代劳了。

12.4.5　诊断信息和日志文件

如果 Samba 服务器启动时出错，错误消息会出现在命令行。但是，运行期间的诊断消息会被保存在 log.nmbd 和 log.smbd 日志文件中，这些文件通常位于/var/log 目录，例如/var/log/samba。在此还可以找到其他日志文件，比如每个客户端的独立日志。

12.4.6　文件共享配置

要想将目录导出给 Samba 客户端（也就是与客户端共享目录），可以像下面那样，在 smb.conf 文件中添加一节即可，其中，label 是共享资源的名称（比如 mydocuments），path 是目录的完整路径：

```
[label]
path = path
comment = share description
guest ok = no
writable = yes
printable = no
```

这些选项在共享目录配置中的含义如下。

- guest ok：如果设置为 yes，则允许访客访问共享资源。public 选项与其是同义词。
- writable：如果设置为 yes 或 true，则表示共享资源为可读写。不要让访客访问可读写的共享资源。
- printable：对于共享目录，该选项显然得设置为 no 或 false。

- veto files：该选项禁止导出任何与指定模式匹配的文件。每个模式必须放在正斜线内（形如/pattern/）。下面的例子禁止导入目标文件以及名为 bin 的文件或目录。

```
veto files = /*.o/bin/
```

12.4.7 主目录

如果你想将主目录导出给用户，可以向 smb.conf 文件添加[home]一节。该节类似于下面这样：

```
[homes]
comment = home directories
browseable = no
writable = yes
```

在默认情况下，Samba 读取已登录用户的/etc/passwd 条目来决定[home]中的用户主目录。如果不想让 Samba 这么做（也就是说，你希望将 Windows 主目录与普通的 Linux 主目录放在不同的位置），可以在 path 选项中使用%S 进行替换。例如，将用户的主目录改为/u/user：

```
path = /u/%S
```

Samba 会将%S 替换为当前用户名。

12.4.8 打印机共享

可以在 smb.conf 文件中添加[printers]一节，将打印机导出给 Windows 客户端。下面是使用标准 Unix 打印系统 CUPS 时的配置：

```
[printers]
comment = Printers
browseable = yes
printing = CUPS
path = cups
printable = yes
writable = no
```

要想使用 printing = CUPS，Samba 必须针对 CUPS 库进行配置和链接。

注意 根据配置，你可能还希望使用 guest ok = yes 选项允许访客访问打印机，而不是向需要访问打印机的每个用户提供 Samba 密码或账户。使用防火墙规则很容易将打印机访问限制在单个子网内。

12.4.9 Samba 客户端

Samba 客户端程序 smbclient 可以访问远程的 Windows 共享资源。当你必须与 Windows 服务器打交道，但后者又没有提供 Unix 友好的通信方式时，这个程序就能派上用场了。

smbclient 的-L 选项可以获取到远程服务器 SERVER 的共享资源列表：

```
$ smbclient -L -U username SERVER
```

如果你的 Linux 用户名和 SERVER 中所用的用户名一致，那就不必添加-U username。

该命令运行时，smbclient 会向你询问密码。如果想以访客身份访问共享资源，直接按 ENTER 键即可。否则，输入在 SERVER 中使用的密码。密码没问题的话，就可以看到共享资源列表了：

```
Sharename  Type     Comment
---------  ----     -------
Software   Disk     Software distribution
Scratch    Disk     Scratch space
IPC$       IPC      IPC Service
ADMIN$     IPC      IPC Service
Printer1   Printer  Printer in room 231A
Printer2   Printer  Printer in basement
```

Type 字段给出了各个共享资源的类型，留意 Disk 和 Printer 类型即可（IPC 用于远程管理）。该列表包含两个共享磁盘和两个共享打印机。使用 Sharename 字段的名称就可以访问对应的共享资源。

1. 作为客户端访问文件

如果只是偶尔需要访问共享磁盘中的文件，可以使用以下命令（还是老样子，如果你的 Linux 用户名和 Samba 服务器用户名一样，就不用指定-U username 了）：

```
$ smbclient -U username '\\SERVER\sharename'
```

命令没问题的话，会出现一个命令行提示符，表明现在可以传输文件了：

```
smb: \>
```

在这种文件传输模式中，smbclient 的用法类似于 Unix 中的 ftp，可以执行以下命令。

- get file：将 file 从远程服务器复制到当前本地目录。
- put file：将 file 从本地复制到远程服务器。
- cd dir：将远程服务器的目录复制到 dir。

- lcd localdir：将当前本地目录更改为 localdir。
- pwd：打印出远程服务器的当前目录，包括服务器和共享资源名称。
- !command：在本地主机执行 command。!pwd 和!ls 这两个命令特别方便，可用于确定本地端的目录和文件状态。
- help：显示完整的文件列表。

2. 使用 CIFS 文件系统

如果你想更方便地访问 Windows 服务器上的文件，可以使用 mount 将共享资源直接挂载到 Linux 系统目录树。命令语法如下（注意，使用 SERVER:sharename，而不是\\SERVER\sharename）：

```
# mount -t cifs SERVER:sharename mountpoint -o user=username,pass=password
```

要想像这样使用 mount，必须安装 CIFS（Common Internet File System，通用 Internet 文件系统）。大多数发行版提供了独立的软件包。

12.5 SSHFS

讲过了 Windows 文件共享系统，接下来我们将讨论 Linux 系统之间的文件共享。对于不是特别复杂的场景，不妨考虑便捷的 SSHFS。SSHFS 其实就是一种用户空间文件系统，可以打开 SSH 连接，将远端文件以挂载点的形式呈现在本地主机中。大多数发行版并没有默认安装 SSHFS，你可能得自行安装。

SSHFS 的命令语法和之前介绍过的 SSH 命令看起来差不多。当然，你需要提供远程主机的共享目录和所需的挂载点：

```
$ sshfs username@host:dir mountpoint
```

就像 SSH 一样，如果本地用户名和远程主机用户名一致，可以忽略 username@。如果你只想挂载远程主机的主目录，也可以忽略:dir。该命令会根据需要向你询问远端密码。

因为 SSHFS 属于用户空间文件系统，所以如果是普通用户，在卸载的时候必须使用 fusermount：

```
$ fusermount -u mountpoint
```

超级用户使用 umount 也可以卸载 SSHFS。为了确保所有权和安全性的一致，这种文件系统最好以普通用户身份挂载。

SSHFS 具有以下优势。

- 最少的设置。对于远程主机的唯一要求就是启用 SFTP，大多数 SSH 服务器已经默认启用了。

- 不依赖任何特定的网络配置。只要能打开 SSH 连接，SSHFS 就能工作，不管是在安全的本地网络还是不安全的远程网络。

SSHFS 的劣势如下。

- 性能一般。在加密、转换、传输方面存在大量开销（不过也没你想的那么糟糕）。
- 有限的多用户设置。

如果你觉得 SSHFS 还行，那么它绝对值得一试，因为设置起来实在是太简单了。

12.6 NFS

NFS 是 Unix 系统之间共享文件时最常用的传统系统之一，针对不同的场景有很多不同的版本。可以通过 TCP 和 UDP 提供 NFS 服务，同时还有大量的身份认证和加密选项（遗憾的是，其中大部分选项没有默认启用）。由于选项众多，NFS 可是个不小的话题，因此我们还是只关注最基础的部分。

挂载 NFS 服务器上的远程目录的语法和挂载 CIFS 目录一样：

```
# mount -t nfs server:directory mountpoint
```

从技术上来说，其实用不着-t nfs 选项，因为 mount 应该能推测出你的意图，不过研究一下 nfs(5)手册页中的各种选项也无妨。你会发现使用 sec 选项的多种安全策略。许多小型封闭网络的管理员会选择使用基于主机的访问控制。更复杂的方法，比如基于 Kerberos 的身份认证，需要对系统的其他部分进行额外配置。

如果你发现自己正在频繁使用网络文件系统，可以设置自动挂载器，让系统仅在实际用到它们的时候再挂载，避免引导时出现依赖性问题。传统的自动挂载器叫 automount，新版本改名为 amd，但是该功能如今在很大程度上已经被 systemd 中的 automount 单元类型取代了。

NFS 服务器

设置 NFS 服务器与其他 Linux 主机共享文件的过程要比配置客户端复杂得多。你需要运行服务器守护进程（mountd 和 nfsd）并设置/etc/exports 文件来指定要共享的目录。我们不打算在此讲解 NFS 服务器，主要是因为在网络上共享存储更方便的方法是购买一台 NAS 设备，让它来处理这些事情。这类设备很多是基于 Linux 的，所以自然也支持 NFS 服务器。厂商为了提高自家 NAS 设备的价值，还提供了专属的管理工具，帮助用户轻松完成 RAID 和云备份等烦琐任务的配置。

12.7 云存储

说到云备份，网络文件存储的另一个选择就是云存储，比如 AWS S3 或 Google Cloud Storage。这些系统达不到本地网络存储的性能表现，但具备两个重大的优势：无须维护和不用担心备份。

除了云存储供应商都会提供的 Web（以及可编程）界面，几乎所有类型的云存储都能挂载到 Linux 系统。与我们迄今为止所见到的大多数文件系统不同，这些文件系统基本上都是作为 FUSE（Filesystem in Userspace，用户空间文件系统）接口实现的。对于部分流行的云存储供应商（比如 S3），选择甚至不止一种。这很正常，因为 FUSE 处理程序只不过是一个用户空间守护进程，充当数据源和内核之间的中介。

本书不涉及云存储客户端的设置细节，因为各家的客户端都不一样。

12.8 网络文件共享的现状

你此时可能会觉得关于 NFS 和文件共享的这番讨论总体上似乎有些欠缺，也许吧，但仅限于文件共享系统本身。我们在 12.3.1 节和 12.3.2 节讨论过性能和安全问题。尤其是 NFS 的基础安全级别非常低，需要付出大量额外工作进行改进。CIFS 系统在这方面要好一些，因为现代软件已经内建了必要的加密层。然而，性能限制没那么容易克服，更不用说当系统暂时无法访问其网络存储时会有多么糟糕的表现了。

人们为此进行了多番尝试。设计于 20 世纪 80 年代的 AFS（Andrew File System，Andrew 文件系统），就是围绕解决这些问题而构建的一个影响广泛的系统。那为什么大家不用 AFS 或类似的东西呢？

这个问题没有统一的答案，但很大程度上归结于部分设计缺乏灵活性。例如，安全机制需要使用 Kerberos 身份认证系统。虽然该系统随处可见，但从未成为 Unix 系统的标准配置，而且还需要大量的设置和维护工作（必须为其设置服务器）。

大型机构完全可以满足像 Kerberos 这样的需求。这正是 AFS 蓬勃发展的背景：大学和金融机构是 AFS 的大本营。但对于小用户来说，不碰 AFS 反而更容易，他们更喜欢像 NFS 或 CIFS 这种更简单的方案。这种限制甚至蔓延到了 Windows。从 Windows 2000 开始，微软改用 Kerberos 作为其服务器产品默认的身份认证机制，但小型网络通常不会使用这种服务器的 Windows 域。

除了要求身份认证，还有一个技术问题。很多网络文件系统客户端传统上是内核代码，尤其是 NFS。不幸的是，网络文件系统的要求非常复杂，于是问题就出现了。身份认证功能本身并不在内核中。由内核实现的客户端也严重限制了网络文件系统潜在的开发者，阻碍了整个系统的发展。在有些情况下，客户端代码位于用户空间，但在底层总是难免要对内核进行一些特定调整或修改。

目前，我们发现在 Linux/Unix 世界中还没有一种真正标准的网络文件共享方式（至少如果你不是一个大型站点或者你不愿意投入相当数量的工作）。不过，事情未必一直都是这样。

当供应商开始提供云存储时，传统形式的网络文件共享就落寞了。在云端，访问方法建立在 TLS 等安全机制之上，这使得无须设置 Kerberos 等大型系统就能访问存储。如上一节所述，通过 FUSE 访问云存储的选择有很多。客户端不再依赖内核，任何形式的身份认证、加密或相关处理都可以放在用户空间内轻松完成。

所有这些都意味着，未来可能会看到一些文件共享设计在安全性和其他领域（如文件名转换方面）融入更多的灵活性。

第 13 章

用户环境

13

本书主要关注 Linux 系统中支撑服务器进程和交互式用户会话的部分。但是，系统和用户终归要在某处交汇。启动文件在此时扮演了重要的角色，因为 shell 和其他交互式程序的默认值都是由其设置的。启动文件决定了用户登录时的系统表现。

大多数用户没有仔细关注过启动文件，只是在添加某些便利功能（比如别名）的时候才会和启动文件打交道。随着时间推移，这些文件中散落着毫无必要的环境变量和测试条件，从而导致各种烦人（或是相当严重）的问题。

用过一段时间的 Linux 系统之后，你可能会注意到主目录中逐渐积累了大量启动文件。因为文件名总是以点号（.）开头，所以有时也称其为**点号文件**。`ls` 的默认输出以及大多数文件管理器不会显示点号文件。不少启动文件都是在初次运行某个程序时自动生成的，完全不需要去改动。本章主要涉及 shell 启动文件，这是你最有可能修改或重新编写的文件。让我们先看看在处理这些文件时需要注意什么。

13.1 启动文件创建指南

在设计启动文件时，一定要牢记用户。如果你是系统唯一的用户，那并没有太多要关心的，因为无论什么错误，影响的也只是你自己，修复错误也不难。但如果你创建的启动文件打算作为系统或网络所有新用户的默认文件，或是要被拿来用于其他主机，那么设计过程就变得颇为艰巨了。如果启动文件中存在一处错误，并且该文件被分发给了 10 个用户，结果就得修复 10 次这个错误。

为其他用户创建启动文件时，记住两个基本目标。

- 简单：启动文件的数量尽可能少，内容尽可能简洁明了，使其易守难攻。启动文件中多一项内容，就多一个突破口。
- 易读：多用注释，让用户明晰文件每部分的用途。

13.2　什么时候修改启动文件

在修改配置文件之前，先问问自己是不是真的要这么做。以下是几个修改启动文件的正当理由。

- 更改默认的命令行提示符。
- 支持一些重要的本地安装软件（尽量先考虑使用包装器脚本）。
- 现有的启动文件有问题。

如果你的 Linux 发行版一切正常，也不要放松警惕。默认启动文件有时也会和/etc 中的其他文件交互。

也就是说，如果你对修改默认配置没有兴趣，也可以不阅读本章，接下来让我们介绍一些重要的启动文件。

13.3　shell 启动文件的要素

哪些条目可以写入 shell 启动文件？比如命令路径和提示符，这些是显而易见的。但命令路径中究竟应该有什么，合理的提示符应该是什么样子？启动文件包含多少内容才算过多？

本节讨论 shell 启动文件的要素，包括命令路径、提示符、别名和权限掩码。

13.3.1　命令路径

shell 启动文件中最重要的部分就是命令路径。该路径涵盖的目录应该包含普通用户要用到的所有程序。命令路径中至少应该依次有以下目录：

```
/usr/local/bin
/usr/bin
/bin
```

该顺序确保了你可以使用位于/usr/local 的特定版本覆盖默认的标准程序。

大多数 Linux 发行版会将用户软件安装在/usr/bin 中。有些例外是多年来逐渐造成的，比如把游戏放在/usr/games 中，把图形化应用程序放在单独的位置。所以先检查一下系统的默认设置，确保系统中所有的常用程序都可以在上述目录中找到。不然系统可能就要有麻烦了。别为了迁就每一个新软件的安装目录而改变默认路径。为了应对分散的安装目录，一个省事的方法是在/usr/local/bin 中使用符号链接。

很多用户会创建自己的 bin 目录来保存 shell 脚本和程序，可以将下列目录放在命令路径的最前面：

```
$HOME/bin
```

注意 一种新的惯用做法是将二进制文件置于$HOME/.local/bin中。

如果你对系统实用工具（比如 `sysctl`、`fdisk`、`lsmod`）感兴趣，可以将 sbin 目录加入命令路径：

```
/usr/local/sbin
/usr/sbin
/sbin
```

将点号加入命令路径

命令路径中存在一处细小但存在争议的元素：点号。有了点号（.）的话，不用在程序名之前添加./就能运行当前目录中的程序。在编写脚本或编译程序时，这似乎挺方便，但不推荐这么做，原因有以下两点。

- 安全问题。坚决不要把点号放在命令路径最前面。考虑一个可能会发生的事情：攻击者将一个名为 `ls` 的特洛伊木马散布在网上。即使是把点号放在命令路径末尾，仍可能会因为错误地敲成 `sl` 或 `ks` 而中招。
- 不一致性。命令路径中的点号意味着命令的行为会由于当前目录变化而发生变化。

13.3.2 手册页路径

传统的手册页路径是由 `MANPATH` 环境变量决定的，但最好别碰该变量，不然会覆盖/etc/manpath.config中的系统默认值。

13.3.3 提示符

有经验的用户都不想看到冗长复杂且不实用的提示符。相比之下，不少管理员和发行版却喜欢把各种东西一股脑地全塞进默认提示符，以至于很多 shell 的默认提示符要么混乱不堪，要么几乎没什么用。例如，默认的 bash 提示符包含的是 shell 名称和版本号。提示符应该反映用户的需求。如果真的有用，可以将当前工作目录、主机名、用户名放进提示符中。

最重要的是，避免使用对 shell 具有特殊含义的字符，比如：

```
{ } = & < >
```

注意 要格外小心>字符，如果不小心复制并粘贴了 shell 窗口的部分内容，可能会导致当前目录中出现莫名其妙的空文件（>会将输出重定向至文件）。

13

这个简单设置使 bash 提示符以自定义符号$结尾（传统的 csh 提示符以%结尾）：

```
PS1='\u\$ '
```

shell 会将\u 表达式替换为当前用户名（参见 bash(1)手册页的 PROMPTING 部分）。其他常用的表达式包括以下几个。

- \h：主机名（不包括域名的简短形式）。
- \!：历史记录编号。
- \w：当前目录。因为当前目录可能会很长，所以你可以使用\W，只显示最后一部分目录。
- \$：普通用户显示为$，root 用户显示为#。

13.3.4　别名

别名是用户环境的一个棘手的问题。它是 shell 的一种特性，能在执行命令之前用一个字符串替换另一个字符串。别名可以作为一种便捷方式，减少键盘输入。但是，别名存在以下缺点。

- 在处理参数时比较麻烦。
- 令人感到困惑。shell 的内建命令 which 可以告诉你某个命令是否为别名，但无法告诉你这个别名是在哪里定义的。
- 在子 shell 和非交互式 shell 中不受待见，无法被传入子 shell。

在定义别名时，一个典型错误是加入了现有命令的参数。例如，将 ls 定义为 ls -F 的别名。往好处说，在不需要-F 选项的时候很难将其去掉。往坏处说，这会给不明所以的用户造成严重的后果，因为他们不知道自己使用的不是默认参数。

有鉴于此，最好不要使用别名。编写 shell 函数或是全新的 shell 脚本也不是什么难事。计算机能够快速启动和执行 shell，因此别名和全新命令用起来没什么差异。

如果想更改部分 shell 环境，别名的确管用。你没法使用 shell 脚本修改环境变量，因为脚本是作为子 shell 运行的（不过可以通过定义 shell 函数来解决）。

13.3.5　权限掩码

如本书第 2 章所述，shell 的内建命令 umask（权限掩码）能够设置默认权限。将 umask 命令加入启动文件可以确保程序使用所需的权限创建文件。以下是两个合理的掩码选择。

- 077。这是最严格的权限掩码。该掩码不给其他任何用户对新文件和目录的访问权，通常适合不希望其他用户查看自己文件的多用户系统环境。但如果将 077 作为默认的权限掩码，有时也会产生问题，比如用户想共享文件，但又不知道怎么正确地设置权限。（新手往往会将文件设置为全员可写模式。）

- ❑ 022。该掩码允许其他用户读取新文件和目录。对于单用户系统，这是一个很好的选择，因为很多以伪用户运行的守护进程无法读取由更为严格的 077 掩码创建的文件和目录。

注意 某些应用（尤其是邮件程序）会覆盖权限掩码设置，将其改为 077，因为它们认为这些文件只应该由文件所有者访问。

13.4 启动文件顺序和示例

知道了应该把什么放入 shell 启动文件之后，该看一些具体的示例了。令人意外的是，创建启动文件最困难，也是最令人困惑的部分是确定使用哪个启动文件。本节涵盖了两种最流行的 Unix shell：bash 和 tcsh。

13.4.1 bash shell

在 bash 中，可供选择的启动文件包括.bash_profile、.profile、.bash_login、.bashrc。哪一个适合保存命令路径、手册页路径、提示符、别名、权限掩码呢？答案是.bashrc，以及指向.bashrc 的符号链接.bash_profile，因为存在不同类型的 bash shell 实例。

两种主要的 shell 实例是交互式 shell 和非交互式 shell，但我们只对前者感兴趣，因为后者（比如用于运行 shell 脚本的 shell）通常不读取任何启动文件。我们用来运行终端命令的就是交互式 shell，你在本书中也已经见过了，而交互式 shell 又可以分为登录 shell 和非登录 shell。

1. 登录 shell

在传统上，登录 shell 就是你使用/bin/login 等程序通过终端首次登录系统时得到的那个 shell。使用 SSH 远程登录也会得到登录 shell。说白了，登录 shell 就是初始 shell。可以通过执行 `echo $0` 来判断某个 shell 是否为登录 shell。如果输出的第一个字符是-，则说明该 shell 为登录 shell。

当 bash 作为登录 shell 时，会先运行/etc/profile。然后依次查找文件.bash_profile、.bash_login、.profile，先找到哪个就运行哪个。

尽管听起来挺奇怪，但的确可以将非交互式 shell 作为登录 shell 运行，强制其读取并运行启动文件。为此，在启动 shell 时要加入`-l`或`--login`选项。

2. 非登录 shell

非登录 shell 是登录之后运行的另一个 shell。除了不是登录 shell，它和交互式 shell 没区别。窗口系统中的终端程序（`xterm`、GNOME Terminal 等）启动的就是非登录 shell，除非你特别要求是登录 shell。

在启动非登录 shell 时，bash 先运行/etc/bash.bashrc，然后运行用户的.bashrc。

3. 两种 shell 带来的影响

之所以存在两种启动文件，其原因要追溯到过去，那时候用户通过传统终端登录并得到一个登录 shell，然后使用窗口系统应用或 screen 程序启动非登录子 shell。对于非登录子 shell，重复设置用户环境并运行一堆已经运行过的程序完全是一种浪费。使用登录 shell，可以把各式各样的启动命令放在.bash_profile 这样的文件中运行，只把别名和其他轻松活儿留给.bashrc。

如今，大多数桌面用户通过图形化显示管理器登录（详见第 14 章）。为了保留登录与非登录模型，基本上启动的都是非登录 shell。如果不是这样，就需要在自己的.bashrc 中设置整个环境（命令路径、手册页路径等），不然在终端窗口 shell 中不会有任何个人环境设置。然而，如果你想通过控制台或远程登录，则还需要有.bash_profile，因为这些登录 shell 不会读取.bashrc。

4. .bashrc 示例

为了同时满足登录 shell 和非登录 shell，该如何创建一个可用作.bash_profile 的.bashrc 启动文件呢？来看一个非常基础（但也完全够用）的例子：

```
# Command path.
PATH=/usr/local/bin:/usr/bin:/bin:/usr/games
PATH=$HOME/bin:$PATH

# PS1 is the regular prompt.
# Substitutions include:
# \u username \h hostname \w current directory
# \! history number \s shell name \$ $ if regular user
PS1='\u\$ '

# EDITOR and VISUAL determine the editor that programs such as less
# and mail clients invoke when asked to edit a file.
EDITOR=vi
VISUAL=vi

# PAGER is the default text file viewer for programs such as man.
PAGER=less

# These are some handy options for less.
# A different style is LESS=FRX
# (F=quit at end, R=show raw characters, X=don't use alt screen)
LESS=meiX

# You must export environment variables.
export PATH EDITOR VISUAL PAGER LESS

# By default, give other users read-only access to most new files.
umask 022
```

在这个启动文件中，`$HOME/bin` 位于命令路径开头，该目录中的可执行文件优先于系统版本运行。如果还需要系统的可执行文件，可以加入`/sbin` 和`/usr/sbin`。

如前所述，可以创建指向.bashrc 的符号链接.bash_profile，以共享前者的内容。或者创建一个只有一行内容的.bash_profile，更清晰地表达出两者之间的关系。

```
. $HOME/.bashrc
```

5. 检查是登录 shell 还是非登录 shell

有了和.bash_profile 匹配的.bashrc，一般就不用再为登录 shell 执行额外的命令了。然而，如果还想为交互 shell 和非交互 shell 定义不同的操作，可以在.bashrc 中添加以下测试，检查 shell 的$-变量是否包含 i 字符。

```
case $- in
 *i*) # interactive commands go here
    command
    --略--
    ;;
 *) # non-interactive commands go here
    command
    --略--
    ;;
esac
```

13.4.2　tcsh shell

几乎所有 Linux 系统上的标准 csh 都是 tcsh，这是一种增强型的 C shell，提供了命令行编辑、多模式文件名、命令补全等常见特性。即使不把 tcsh 作为新用户的默认 shell（将 bash 作为默认 shell），也应该提供 tcsh 的启动文件，以防用户有此需要。

对于 tcsh，不用担心登录 shell 和非登录 shell 之间的区别。在启动时，tcsh 会查找.tcshrc 启动文件。如果没找到，再查找 csh shell 的.cshrc 启动文件。采用这种顺序的原因在于可以将那些无法在 csh 中使用的 tcsh 扩展功能放入.tcshrc 文件。尽管基本上没什么人会用 csh，但还是应该坚持使用.cshrc，而非.tcshrc。如果碰巧遇到有使用 csh 的用户，.cshrc 也能应对。

.cshrc 示例

下面是一个.cshrc 示例文件。

```
# Command path.
setenv PATH $HOME/bin:/usr/local/bin:/usr/bin:/bin

# EDITOR and VISUAL determine the editor that programs such as less
# and mail clients invoke when asked to edit a file.
setenv EDITOR vi
setenv VISUAL vi

# PAGER is the default text file viewer for programs such as man.
```

```
setenv PAGER less

# These are some handy options for less.
setenv LESS meiX

# By default, give other users read-only access to most new files.
umask 022

# Customize the prompt.
# Substitutions include:
# %n username %m hostname %/ current directory
# %h history number %l current terminal %% %
set prompt="%m%% "
```

13.5　默认用户设置

为新用户编写启动文件以及选择默认值的最好方法是在系统上新建一个测试用户进行试验。要使用空的主目录创建测试用户，不要把已有的启动文件复制到测试用户的主目录中。从头开始编写新的启动文件。

如果觉得写好了，就用测试用户以各种方式（控制台、远程等）登录。确保尽可能多地测试，包括窗口系统操作和手册页。如果没有问题，再创建另一个测试用户，从第一个测试用户处复制启动文件。如果仍然一切正常，那么就得到了一套可以向新用户分发的启动文件。

本节概述了适用于新用户的默认设置。

13.5.1　默认 shell

Linux 系统的新用户都应该使用 bash 作为默认 shell，原因如下。

- 用户使用的 shell 和编写 shell 脚本时的一样（csh 不适合写脚本）。
- bash 是 Linux 发行版的默认 shell。
- bash 使用 GNU readline 库接受输入，很多工具也使用该接口。
- bash 对于 I/O 重定向和文件处理的控制不仅精细，而且易于理解。

然而，很多 Unix 老手还是选择使用 csh 或 tcsh，因为他们熟悉，舍不得换。当然，你有权选择喜欢的 shell，但如果没什么偏好，那就用 bash 吧，并把 bash 作为新用户的默认 shell。（用户可以根据个人喜好，使用 chsh 命令更改所用的 shell。）

注意　还有很多其他种类的 shell（rc、ksh、zsh、es 等）。有些不适合新手使用，不过 zsh 和 fish 倒是颇受新用户欢迎。

13.5.2　编辑器

在传统系统中，默认编辑器是 vi 或 emacs，它们也是唯一可以保证在几乎所有 Unix 系统上都有（或至少可用）的编辑器。这意味着从长远来看，两者给新用户带来的麻烦最小。不过 Linux 发行版通常将 nano 配置为默认编辑器，因为它对初学者更友好。

与 shell 启动文件一样，也不要把默认的编辑器启动文件弄得太大。在.exrc 启动文件中设置 set showmatch（使 vi 显示匹配的括号）没坏处，但不要有明显改变编辑器行为或外观的设置，比如 showmode、自动缩进、换行边距等。

13.5.3　分页器

分页器是一种程序，比如 less，可以一次显示一页文本。将默认的 PAGER 环境变量设置为 less 肯定没错。

13.6　启动文件的陷阱

启动文件要注意以下事项。

- 不要将任何图形化程序的命令放入 shell 启动文件。不是所有的 shell 都运行在图形环境中。
- 不要在 shell 启动文件中设置 DISPLAY 环境变量。我们还没介绍图形环境，但这会造成图形会话异常。
- 不要在 shell 启动文件中设置终端类型。
- 别舍不得在默认启动文件中添加注释。
- 别在启动文件中向标准输出打印东西。
- 绝不要在 shell 启动文件中设置 LD_LIBRARY_PATH（参见 15.1.3 节）。

13.7　更多与启动相关的话题

因为本书只讨论 Linux 系统底层，所以不会涉及窗口环境的启动文件。这确实是一个大问题，因为供你登录现代 Linux 系统的显示管理器有自己的一套启动文件，比如.xsession、.xinitrc，以及无尽的 GNOME 和 KDE 相关启动项的组合。

选择窗口环境看起来令人眼花缭乱，而且没有通用标准。下一章就会讲到各种可能性。当你确定好系统的用途，可能会修改与图形环境相关的文件。这没问题，但是不要影响到新用户。“保持简单”这一原则对于 shell 启动文件和 GUI 启动文件都适用。事实上，你可能压根就不用改动 GUI 启动文件。

第 14 章

Linux 桌面和打印概览

本章简要介绍一些典型 Linux 桌面系统中的组件。在 Linux 系统的各种软件中，桌面领域最为丰富多彩，因为其中有太多的环境和应用可供选择，而且大多数发行版也提供了桌面系统供用户使用。

不像 Linux 的其他部分（比如存储和联网），创建桌面并不涉及庞大的层级结构。相反，每个桌面组件执行特定的任务，根据需要与其他组件进行通信。有些组件的确共享相同的基础库（特别是图形工具包的库），可以把它们看作简单的抽象层，不过也就仅此而已。

本章概括性介绍桌面组件，但其中有两部分介绍得比较详细：多数桌面背后的核心基础设施和 D-Bus。后者用于 Linux 系统多个部分之间的进程通信服务。动手实践和例子也仅限于诊断工具，尽管这些工具在日常工作中用得不多（大多数 GUI 不需要用 shell 命令来交互），但这有助于理解系统的底层机制，或许还能从中找点乐趣。此外，我们还会简单讲一下打印功能，毕竟桌面工作站经常需要共享打印机。

14.1 桌面组件

Linux 桌面配置提供了极大的灵活性。Linux 用户体验（桌面给人的感觉）大多数来自应用或应用的组件。如果你不喜欢某个应用，通常都能找到替代品。要是实在找不到，还可以自己写一个。Linux 开发人员往往对桌面的运行方式有各种各样的偏好，这就造成了很多选择。

为了协同工作，所有应用都需要具备某种共性。在撰写本书时，Linux 桌面核心正处于过渡状态。从开始到最近，Linux 桌面一直使用的都是 X（X Window System，也称为 Xorg，因其维护组织而得名）。然而，这种情况如今正在改变，很多发行版已经开始使用基于 Wayland 协议的软件集来构建窗口系统。

为了理解是什么推动了底层技术的变化，我们先来了解一些图形基础知识。

14.1.1 帧缓冲

所有图形显示机制的底层都是**帧缓冲**（framebuffer），这是一块内存区域，图形硬件从中读取并向屏幕传输所要显示的内容。帧缓冲内的一部分字节代表显示器的各个像素，如果想改变某些东西的外观，就需要向帧缓冲写入新值。

窗口系统必须解决的一个问题是如何管理帧缓冲的写入。在现代系统中，窗口（或窗口组）属于单个进程，所有的图形更新操作都是独立的。如果允许用户移动和叠放窗口，应用如何知道在哪里绘制自己的图形，如何确保一个应用不能覆盖其他窗口的图形？

14.1.2 X窗口系统

X窗口系统采用的方法是使用服务器（称为**X服务器**）作为桌面的某种"内核"，负责管理从窗口渲染、显示配置到处理设备输入（比如键盘和鼠标）等一切事务。X服务器并不决定任何东西的行为或显示方式。相反，用户界面是由X**客户端**程序处理的。X客户端程序（比如终端窗口和Web浏览器）连接到X服务器并请求绘制窗口。作为回应，X服务器会找出在哪里放置窗口，在哪里渲染客户端图形，并在一定程度上负责将图形渲染到帧缓冲区。X服务器还会在适当的时候将输入传给客户端。

因为充当了所有事务的中介，所以X服务器可能会成为一个严重的瓶颈。此外，它还包括很多不再使用的功能，而且本身也太老了，其历史可以追溯到20世纪80年代。但X服务器颇为灵活，纳入了很多新特性，算是延长了自己的寿命。我们将在本章后续部分介绍X窗口系统交互的基础知识。

14.1.3 Wayland

与X不同，Wayland明显采用了去中心化设计。没有大型显示服务器为图形客户端管理帧缓冲，也不再集中控制图形渲染。相反，每个客户端的窗口都有专门的缓冲（可以看作某种子帧缓冲），一种称为**合成器**（compositor）的软件将所有客户端的缓冲组合成需要的形式，然后再复制到屏幕的帧缓冲。由于通常有硬件支持，因此合成器的效率非常高。

在某些方面，Wayland的图形模型与大多数X客户端多年来一直采用的做法并没有太大区别。客户端不再需要X服务器的任何帮助，而是自己把所有的数据渲染成位图，然后再将位图发送至X服务器。X有一个已经使用了多年的合成扩展，也算是在某种程度上对此方法的认可。

为了将输入引向正确的应用，大多数Wayland设置和很多X服务器使用libinput库来规范客户端事件。Wayland协议用不着这个库，但对于桌面系统，它几乎无处不在。我们将在14.3.2节讨论libinput。

14.1.4　窗口管理器

X 和 Wayland 系统的一个主要不同在于**窗口管理器**，这是一种决定如何在屏幕上排列窗口的软件，对用户体验至关重要。在 X 中，窗口管理器属于客户端，充当服务器的助手，负责绘制窗口装饰（比如标题栏和关闭按钮）、处理这些装饰的输入事件，以及告知服务器把移动窗口移至何处。

但在 Wayland 中，窗口管理器基本上扮演服务器的角色，负责将所有客户端的窗口缓冲合成为显示帧缓冲，并处理输入设备事件的传送。因此，它做的工作比 X 中的窗口管理器还要多，不过很多代码在窗口管理器实现之间是通用的。

两种系统都有不少的窗口管理器实现，得益于悠久的历史，X 的实现数量要多得多。然而，大多数流行的窗口管理器，比如 Mutter（来自 GNOME）和 Kwin（来自 KDE），经过扩展后也已经提供了 Wayland 合成支持。无论底层技术如何，永远都不可能出现一个标准的 Linux 窗口管理器。这是因为用户的喜好和需求多种多样，而且不断变化，新的窗口管理器随时都可能出现。

14.1.5　工具包

桌面应用都具有某些共同元素，比如按钮和菜单，我们称之为**部件**。为了加快开发速度并提供通用外观，程序员使用图形**工具包**来提供这些共有元素。对于 Windows 或 macOS 这样的操作系统，厂商提供了通用的工具包，大多数程序员直接拿来使用。在 Linux 中，最常见的工具包是 GTK+，但是也经常看到基于 Qt 或其他框架的部件。

工具包通常由共享库和支持文件（比如图像和主题信息）组成。

14.1.6　桌面环境

尽管工具包为用户提供了统一的外观，但是桌面的某些细节需要不同应用之间一定程度的协作。例如，一个应用可能需要与另一个应用共享数据，或是更新桌面公共通知栏。为了满足这些需求，工具包和其他库被打包在一起，形成了**桌面环境**。GNOME、KDE、Xfce 都是常见的 Linux 桌面环境。

工具包是大多数桌面环境的核心，但为了创建统一的桌面，环境还必须包括构成主题的大量支持文件，例如图标和配置。所有这些都与描述设计约定的文档（例如，应用的菜单和标题应该如何出现、应用对某些系统事件应该作何反应，等等）结合在一起。

14.1.7　应用

在桌面之上就是各种应用了，比如 Web 浏览器和终端窗口。X 应用有的简单（比如古老的 `xclock` 程序），有的复杂（比如 Chrome 浏览器和 LibreOffice 套件）。这些应用大多是独立的，但是经常使用进程间通信来获悉相关事件。例如，当你插上新的存储设备、收到电子邮件或即时消息时，应用可以作出反应。此类通信多发生在 D-Bus 上，我们在 14.5 节会介绍。

14.2 你运行的是 Wayland 还是 X

讨论实际操作之前，得先确定使用的是哪种图形系统。这只需启动 shell 并检查 $WAYLAND_DISPLAY 环境变量的值即可。如果该值类似于 wayland-0，说明运行的是 Wayland。如果该变量未设置，则说明运行的是 X（应该说“可能是”，因为存在一些例外情况，但你应该不太可能在这个测试中遇到）。

这两种图形系统并不是互斥的。即便使用的是 Wayland，也可以同时运行 X 兼容服务器。在 X 中同样可以启动 Wayland 组合器，不过这样多少有点奇怪（随后会详谈）。

14.3 近观 Wayland

我们就从 Wayland 开始，毕竟这是新兴的标准，目前已经在许多发行版上默认使用。遗憾的是，可供深挖 Wayland 的工具可不像 X 那样多，部分原因在于前者的设计以及历史沉淀不足。我们尽力而为吧。

不过让我们先来谈谈 Wayland 是什么以及不是什么。Wayland 这个名字指的是合成窗口管理器和图形客户端程序之间的通信协议。如果你想去找一个大块头的 Wayland 核心软件包，那就别指望了，但是大多数客户端用来实现协议的 Wayland 库还是有的（至少目前如此）。

还有一个名为 Weston 的参考合成窗口管理器（reference compositing window manager）和一些相关的客户端和实用工具。这里的“参考”意味着 Weston 具备合成器的必要功能，但由于界面简陋，并不适合普通用户使用。合成窗口管理器的开发人员可以查看 Weston 的源代码，了解如何正确实现关键功能。

14.3.1 合成窗口管理器

虽然听起来很奇怪，但你可能并不知道自己实际用的是哪个 Wayland 合成窗口管理器。也许能从界面的信息选项中找到管理器名称，但这个位置并不固定。然而，通过跟踪与客户机通信的 Unix 域套接字，几乎总能找到正在运行的合成器进程。套接字名与 WAYLAND_DISPLAY 环境变量的值一样，多为 wayland-0，通常可以在/run/user/中找到，其中是你的用户 id（如果没找到，检查 $XDG_RUNTIME_DIR 环境变量）。切换到 root，使用 ss 命令找到侦听该套接字的进程，输出会有点乱：

```
# ss -xlp | grep wayland-
u_str          LISTEN         0                    128
/run/user/1000/wayland-0 755881
* 0           users:(("gnome-shell",pid=1522,fd=30),("gnome-
shell",pid=1522,fd=28))
```

没事，挑着看就行了，其中，合成器进程是 gnome-shell，PID 为 1522。可惜这里又出现了另一个间接层：GNOME shell 是 Mutter 的一个插件，后者是 GNOME 桌面环境使用的合成窗口管理器。（这里将 GNOME shell 称为插件只是一种时髦的说法，是说它将 Mutter 作为库来调用。）

注意　Wayland 系统的一个比较特殊之处是窗口装饰（比如标题栏）的绘制机制。在 X 中，该任务由窗口管理器全盘负责，但在 Wayland 的最初实现中，则是交给了客户端应用，这有时会导致同一屏幕上的窗口呈现出很多不同种类的装饰。现在有一部分叫作 XDG-Decoration 的协议，允许客户端与窗口管理器协商，询问后者是否愿意绘制装饰。

在 Wayland 的上下文中，你可以将显示区（display）看作对应于帧缓冲的可视空间。如果一台计算机连接了不止一个显示器，那么显示区可以跨多个显示器。

虽然不多见，但的确可以同时运行多个合成器。一种实现方法是在多个独立的虚拟终端运行不同的合成器。在这种情况下，第一个合成器的名称为 wayland-0，第二个为 wayland-1，以此类推。

可以通过 weston-info 命令较深入地了解合成器，该命令会显示合成器可用接口的一些特征信息。然而，除了显示区和一些输入设备之外，别指望有太多别的信息。

14.3.2　libinput

为了将键盘等设备的输入从内核传到客户端，Wayland 合成器需要收集这些输入，并将其以标准化的形式导向适当的客户端。libinput 库支持从各种/dev/input 内核设备中收集输入并进行处理。在 Wayland 中，合成器通常不会按原样传递输入事件，而是先将事件转换成 Wayland 协议，再发送给客户端。

通常没有人会对 libinput 这种东西感兴趣，不过它自带的一个小工具 libinput 可以检查内核提供的输入设备和事件。

尝试用以下命令查看可用的输入设备（你可能会看到大量输出，逐页翻找吧）：

```
# libinput list-devices
--略--
Device:           Cypress USB Keyboard
Kernel:           /dev/input/event3
Group:            6
Seat:             seat0, default
Capabilities:     keyboard
Tap-to-click:     n/a
Tap-and-drag:     n/a
Tap drag lock:    n/a
Left-handed:      n/a
--略--
```

可以从这些部分输出中看到设备类型（Keyboard）和内核 evdev 设备所在的位置（/dev/input/event3）。当侦听类似于这样的事件时，该设备就会看到：

```
# libinput debug-events --show-keycodes
-event2   DEVICE_ADDED     Power Button                      seat0 default
group1  cap:k
--略--
-event5   DEVICE_ADDED     Logitech T400                     seat0 default
group5  cap:kp left scroll-nat scroll-button
-event3   DEVICE_ADDED     Cypress USB Keyboard              seat0 default
group6  cap:k
--略--
 event3   KEYBOARD_KEY      +1.04s      KEY_H (35) pressed
 event3   KEYBOARD_KEY      +1.10s      KEY_H (35) released
 event3   KEYBOARD_KEY      +3.06s      KEY_I (23) pressed
 event3   KEYBOARD_KEY      +3.16s      KEY_I (23) released
```

执行该命令时，四处移动鼠标，在键盘上按几个键，就会看到描述这些事件的相关输出。

记住，libinput 库只是一个捕获内核事件的系统。因此在 Wayland 和 X 窗口系统中都可以使用。

14.3.3 Wayland 的 X 兼容性

在讨论 X 窗口系统之前，我们先看一下它与 Wayland 的兼容性。X 的应用数不胜数，而任何试图从 X 转移到 Wayland 的努力都会因为缺乏 X 的支持而受到很大阻碍。有两种方法可以弥补这一差距。

一种方法是让应用支持 Wayland，即创建原生的 Wayland 应用。大多数运行在 X 上的图形应用使用了 GNOME 和 KDE 的工具包。因为这些工具包已经支持 Wayland，所以将 X 应用转变为原生的 Wayland 应用并不难。除了注意对窗口装饰和输入设备配置的支持之外，开发人员只需要处理应用中零散的 X 库依赖就行了，这种情况并不多见。很多重要的应用已经完成了这项工作。

另一种方法是通过 Wayland 的兼容层运行 X 应用。实现方法是将整个 X 服务器作为 Wayland 客户端运行。该服务器叫作 Xwayland，实际上只是 X 客户端下面的另一层，由大多数合成器启动序列默认运行。Xwayland 服务器需要转换输入事件并单独维护自己的窗口缓冲。引入另一个像这样的中介总是会略微拖慢速度，不过基本上没什么影响。

不过反过来就不行了。你无法以同样的方式在 X 上运行 Wayland 客户端（理论上确实可以编写出这样的系统，但意义不大）。但是，在 X 窗口内运行合成器是可行的。如果你正在运行 X，只需在命令行执行 weston 就能调出一个合成器。你可以在终端窗口内运行任何 Wayland 应用，如果已经正确地启动了 Xwayland，甚至还能在合成器中运行 X 客户端。

如果让这个合成器继续运行，然后返回到常规 X 会话，你可能会发现某些实用工具并未按照预想的那样工作，它们没有显示为 X 窗口，而是出现在了合成器窗口中。原因在于 GNOME、KDE 等系统的许多应用现在支持 X 和 Wayland。这类应用首先寻找 Wayland 合成器，在默认情况下，如果 WAYLAND_DISPLAY 环境变量未设置，libwayland 中负责搜索显示区的代码会默认使用 wayland-0。只要 wayland-0 能用，那就用它。

避免这种问题最好的办法就是别在 X 中运行合成器，也不要与 X 服务器同时运行。

14.4　近观 X 窗口系统

与基于 Wayland 的系统相比，X 窗口系统在历史上一直规模庞大，基本发行版包括 X 服务器、客户端支持库以及客户端。随着 GNOME、KDE 等桌面环境的出现，X 的角色也逐渐发生了变化，现在更侧重于核心服务器（负责管理渲染和输入设备），以及简化的客户端库。

X 服务器的名称为 X 或 Xorg，很容易在系统中找出。检查进程列表，通常会看到带有多个选项的 X 服务器：

```
Xorg -core :0 -seat seat0 -auth /var/run/lightdm/root/:0 -nolisten tcp vt7
-novtswitch
```

其中的:0 称为 **X 显示区**，标识符代表可以使用普通键盘和/或鼠标访问的一个或多个显示器。显示区通常只对应单个显示器，但是可以将多个显示器放在同一个显示区下。对于在 X 会话中运行的进程，DISPLAY 环境变量被设置为显示区标识符。

注意　显示区可以被进一步划分为多个屏幕，比如:0.0 和:0.1，不过这种情况极为罕见，因为 X 扩展（比如 RanR）能够将多个显示器组合成一个更大的虚拟屏幕。

在 Linux 中，X 服务器在虚拟终端上运行。在这个例子中，vt7 参数表明此 X 服务器运行在 /dev/tty7（X 服务器通常在第一个可用的虚拟终端上启动）。可以利用多个虚拟终端同时运行多个 X 服务器，每个服务器都有唯一的显示区标识符。通过 CTRL-ALT-FN 组合键或 chvt 命令可以在服务器之间切换。

14.4.1　显示管理器

一般不会在命令行启动 X 服务器，因为这种方式没有定义任何在服务器上运行的客户端。如果启动服务器，只能得到一个空白屏幕。启动 X 服务器最常见的方法是使用**显示管理器**，该程序启动服务器并在屏幕上显示登录框。当你登录时，显示管理器会运行一组客户端，比如窗口管理器和文件管理器，这样就可以开始使用这台计算机了。

显示管理器有很多，比如 gdm（用于 GNOME）和 kdm（用于 KDE）。之前调用 X 服务器时，参数列表中的 lightdm 是一个跨平台的显示管理器，能够启动 GNOME 或 KDE 会话。

如果你不想使用显示管理器，坚持选择在虚拟控制台启动 X 会话，可以执行 startx 或 xinit 命令。然而，由此得到的会话可能非常简单，看起来和显示管理器创建的会话完全不一样。这是因为两者的机制和启动文件不同。

14.4.2 网络透明性

网络透明性是 X 的特性之一。因为客户端使用协议与服务器通信，所以客户端和服务器可以分别位于不同的网络主机，由 X 服务器在端口 6000 侦听 TCP 连接。连接该端口的客户端通过认证后向服务器发送窗口。

可惜这种方法通常没有提供任何加密，缺少安全性。为了堵住这个漏洞，大多数发行版现在禁止了 X 服务器的侦听功能（使用服务器的-nolisten tcp 选项）。然而，如第 10 章所述，通过将 X 服务器的 Unix 域套接字连接到远程主机的套接字，仍然可以使用 SSH 隧道从远程主机运行 X 客户端。

注意 对于 Wayland，没有简单的远程运行方法，因为客户端有自己的屏幕内存，合成器必须直接访问这些内存才能显示。然而，很多新兴系统，如 RDP（Remote Desktop Protocol，远程桌面协议），能够与合成器协同工作，共同提供远程功能。

14.4.3 探索 X 客户端

尽管人们通常不会通过命令行使用图形用户界面，不过有几个工具可以帮助你探索 X 窗口系统的各个组成部分。尤其是可以在客户端运行时进行检查。

最简单的工具是 xwininfo。如果执行时不加任何参数，该命令会要求你点击一个窗口：

```
$ xwininfo
xwininfo: Please select the window about which you
          would like information by clicking the
          mouse in that window.
```

点击过窗口之后，命令会打印出关于该窗口的信息清单，比如位置和大小：

```
xwininfo: Window id: 0x5400024 "xterm"

  Absolute upper-left X:  1075
  Absolute upper-left Y:  594
--略--
```

注意这里的窗口 ID。X 服务器和窗口管理器使用此标识符来跟踪窗口。xlsclients -l 命令可以打印出所有的窗口 ID 和客户端列表。

14.4.4　X 事件

X 客户端通过事件系统获得输入以及服务器状态信息。X 事件的工作方式和其他进程间异步通信事件类似，比如 udev 事件和 D-Bus 事件。X 服务器从输入设备等源头接收信息，然后将输入作为事件重新分发给对此感兴趣的 X 客户端。

你可以通过 xev 命令体验一下事件。执行 xev 会打开一个新窗口，可以在其中移动鼠标指针、点击、敲击键盘。xev 会随着你的操作输出从服务器处接收到的 X 事件描述。例如，下面是移动鼠标时产生的输出：

```
$ xev
--略--
MotionNotify event, serial 36, synthetic NO, window 0x6800001,
    root 0xbb, subw 0x0, time 43937883, (47,174), root:(1692,486),
    state 0x0, is_hint 0, same_screen YES

MotionNotify event, serial 36, synthetic NO, window 0x6800001,
    root 0xbb, subw 0x0, time 43937891, (43,177), root:(1688,489),
    state 0x0, is_hint 0, same_screen YES
```

注意括号中的坐标。第一组是鼠标指针在窗口内的 *x* 坐标和 *y* 坐标，第二组（`root:`）是鼠标指针在整个显示区的位置。

其他底层事件包括键盘敲击和点击鼠标事件，而鼠标是否进入或退出窗口，或者窗口是否从窗口管理器处获得或失去焦点属于高级事件。例如，下面是离开事件和失去焦点事件：

```
LeaveNotify event, serial 36, synthetic NO, window 0x6800001,
    root 0xbb, subw 0x0, time 44348653, (55,185), root:(1679,420),
    mode NotifyNormal, detail NotifyNonlinear, same_screen YES,
    focus YES, state 0

FocusOut event, serial 36, synthetic NO, window 0x6800001,
    mode NotifyNormal, detail NotifyNonlinear
```

xev 的一个常见用途是在重新映射键盘时提取不同键盘的键码和键符号。以下是按 L 键时的输出，这里的键码是 46：

```
KeyPress event, serial 32, synthetic NO, window 0x4c00001,
    root 0xbb, subw 0x0, time 2084270084, (131,120), root:(197,172),
    state 0x0, keycode 46 (keysym 0x6c, l), same_screen YES,
    XLookupString gives 1 bytes: (6c) "l"
    XmbLookupString gives 1 bytes: (6c) "l"
    XFilterEvent returns: False
```

可以使用 `-id id` 选项将 xev 与某个现有的窗口 ID 关联起来：将 `id` 替换为从 `xwininfo` 命令得到的 ID（一个以 `0x` 起始的 16 进制数）。

14.4.5 X 输入和偏好设置

X 最令人困惑的是其偏好设置方法不止一种，而且有些方法还未必管用。例如，Linux 系统中一种常见的键盘偏好设置是将 CAPS LOCK 键重新映射到 CTRL 键。实现方法不止一种，如使用古老的 xmodmap 命令进行微调，或者使用实用工具 setxkbmap 的全新键盘映射。但怎么知道该用哪个呢？你需要知道系统的哪一块负责这个问题，但这有些困难。记住，桌面环境可能会提供自己的设置和覆盖选项。总结起来，底层设施有以下几点是需要关注的。

1. 输入设备（通用）

X 服务器使用 **X 输入扩展**来管理众多不同设备的输入。有两种基本类型的输入设备：键盘和鼠标，而且你想连接多少设备都行。为了同时处理同一类型的多个设备，X 输入扩展创建了一个**虚拟核心设备**，用于将设备输入传给 X 服务器。

可以使用 xinput --list 命令查看系统的设备配置：

```
$ xinput --list
| Virtual core pointer                      id=2    [master pointer  (3)]
|   ↳ Virtual core XTEST pointer            id=4    [slave  pointer  (2)]
|   ↳ Logitech Unifying Device              id=8    [slave  pointer  (2)]
⌊ Virtual core keyboard                     id=3    [master keyboard (2)]
    ↳ Virtual core XTEST keyboard           id=5    [slave  keyboard (3)]
    ↳ Power Button                          id=6    [slave  keyboard (3)]
    ↳ Power Button                          id=7    [slave  keyboard (3)]
    ↳ Cypress USB Keyboard                  id=9    [slave  keyboard (3)]
```

每个设备都有一个与之关联的 ID，可用于 xinput 和其他命令。在以上输出中，ID 为 2 和 3 的是核心设备，ID 为 8 和 9 的是真实设备。注意，计算机的电源按钮也被视为 X 输入设备。

大多数 X 客户端侦听核心设备的输入，因为没必要关心是哪个设备发出的事件。大多数客户端完全不知道 X 输入扩展的存在。不过，客户端可以使用该扩展来识别特定的设备。

每个设备都有一组相关的属性。可以使用 xinput 以及设备编号查看这些属性：

```
$ xinput --list-props 8
Device 'Logitech Unifying Device. Wireless PID:4026':
        Device Enabled (126): 1
        Coordinate Transformation Matrix (128): 1.000000, 0.000000, 0.000000,
0.000000, 1.000000, 0.000000, 0.000000, 0.000000, 1.000000
        Device Accel Profile (256):     0
        Device Accel Constant Deceleration (257):       1.000000
        Device Accel Adaptive Deceleration (258):       1.000000
        Device Accel Velocity Scaling (259):    10.000000
--略--
```

--set-prop 选项能够修改多个属性。更多信息参见 xinput(1)手册页。

2. 鼠标

xinput 命令能够处理与设备相关的设置，其中不少最实用的选项都与鼠标（指针）有关。很多设置可以通过直接修改属性来做到，但其实还有更简单的方法，就是使用 xinput 的 --set-ptr-feedback 和--set-button-map 选项。例如，你想反转一个三键鼠标 dev 的按钮顺序（方便左利手用户），尝试以下命令。

```
$ xinput --set-button-map dev 3 2 1
```

3. 键盘

将多国键盘布局全部集成进窗口系统不太现实。所以 X 在其核心协议中一直有一个内部键盘映射功能，可以通过 xmodmap 命令进行操作，不过近来的系统都使用 XKB（X Keyboard Extension，X 键盘扩展）来获得更精细的控制。

XKB 非常复杂，以至于不少人在需要快速修改时仍然使用 xmodmap。XKB 基本设计思想如下：先定义一个键盘映射，使用 xkbcomp 命令对其进行编译，然后通过 setxkbmap 命令在 X 服务器中加载并激活该映射。该系统有以下两个特别值得注意的特性。

- 可以定义部分映射来补充现有映射。这对于将 CAPS LOCK 键更改为 CTRL 键等任务特别方便，桌面环境中有很多图形化键盘偏好设置工具使用的是 XKB。
- 可以为连接的每个键盘定义单独的映射。

4. 桌面背景

X 服务器的**根窗口**是显示区的背景。旧的 X 命令 xsetroot 允许设置根窗口的背景色和其他特征，不过基本上没有什么效果，因为根窗口压根不可见。大多数桌面环境为了实现“动态壁纸”和桌面文件浏览等特性，会在其他所有窗口之后放置一个大窗口。有一些方法可以在命令行更改背景（例如，有些 GNOME 提供了 gsettings 命令），但如果你真打算这样做，那只能说是太闲了。

5. xset

最古老的偏好设置命令可能就是 xset 了。该命令如今用得不多，不过可以执行 xset q 来快速获得一些特性的状态。也许其中最有用的就是屏幕保护程序和 DPMS（Display Power Management Signaling，显示器电源管理信号）设置。

14.5　D-Bus

D-Bus（Desktop Bus，**桌面总线**）是一个消息传递系统，是 Linux 桌面最重要的发展成果之一。D-Bus 之所以重要，在于它作为一种进程间通信机制，允许桌面应用之间相互通信，而且大多数 Linux 系统用它来通知进程有系统事件发生，比如插入 USB 驱动器。

D-Bus 本身包含一个库，通过协议和支持函数来标准化进程间通信。这个库只是普通 IPC 设施（比如 Unix 域套接字）的一个高级版。D-Bus 的功效源于名为 dbus-daemon 的中央“枢纽”。需要响应事件的进程可以连接到 dbus-daemon 并注册接收某些类型的事件。发起连接的进程也会产生事件。例如，进程 udisks-daemon 监视 udev 的磁盘事件，并将其发送给 dbus-daemon，后者再将事件转发给对磁盘事件感兴趣的应用。

14.5.1 系统和会话实例

D-Bus 如今作为 Linux 系统不可或缺的一部分，应用范围已经超出了桌面。例如，systemd 和 Upstart 都有 D-Bus 信道。然而，在核心系统中添加对桌面工具的依赖违背了 Linux 的设计原则。

为了解决这个问题，实际上可以运行两种 dbus-daemon 实例（进程）。一种是**系统实例**，在系统引导时由 init 通过--system 选项启动。系统实例通常以 D-Bus 用户身份运行，配置文件为 /etc/dbus-1/system.conf（最好别修改）。进程可以通过 Unix 域套接字/var/run/dbus/system_bus_socket 连接到系统实例。

另一种是可选的**会话实例**，在启动桌面会话时才会运行。你运行的桌面应用会连接到这种实例。

14.5.2 D-Bus 消息监控

观察 dbus-daemon 的系统实例和会话实例之间区别的最佳方式是监视总线上的事件。尝试使用 dbus-monitor 的系统模式：

```
# dbus-monitor --system
signal sender=org.freedesktop.DBus -> dest=:1.952 serial=2 path=/org/
freedesktop/DBus; interface=org.freedesktop.DBus; member=NameAcquired
   string ":1.952"
```

此处的启动消息表明显示器已连接并获得了名称。以这种方式运行时，看不到太多活动，因为系统实例通常并不是很繁忙。要想看到事件，可以插入 USB 存储设备试试。

相比之下，会话实例的事件就很多了。假设你已经登录桌面会话，输入以下命令：

```
$ dbus-monitor --session
```

现在试着使用一个桌面应用，比如文件管理器。如果桌面支持 D-Bus，应该会看到大量消息。记住，不是所有的应用都会产生消息。

14.6 打印

在 Linux 系统中打印一份文档要经历多个步骤。

(1) 打印程序通常会将文档转换为 PostScript 格式。这一步不是必需的。

(2) 打印程序将文档发送给打印服务器。

(3) 打印服务器接收到文档，将其添加到打印队列。

(4) 等轮到该文档时，打印服务器将文档发送至打印过滤器。

(5) 如果文档不是 PostScript 格式，打印过滤器可能会进行转换。

(6) 如果目标打印机不支持 PostScript，打印机驱动程序会将文档转换为打印机兼容格式。

(7) 打印机驱动程序向文档添加可选指令，比如纸盘和双面选项。

(8) 打印服务器通过后端将文档发送到打印机。

整个过程中最令人困惑的部分是为什么这些步骤都围绕着 PostScript。PostScript 其实是一种编程语言，当你用它打印文件时，实际上是向打印机发送了一段程序。PostScript 是类 Unix 系统中的打印标准，就像.tar 格式是归档标准一样。（有些应用现在使用 PDF 作为输出，转换起来也不太难。）

我们稍后再讨论打印格式，先来看看队列系统。

14.6.1 CUPS

Linux 和 macOS 的标准打印系统是 CUPS。CUPS 服务器守护进程叫作 `cupsd`，你可以使用 `lpr` 命令作为简单的客户端向 `cupsd` 发送文件。

CUPS 的一个重要特性是实现了 IPP（Internet Print Protocol，Internet 打印协议），允许客户端与服务器在 TCP 端口 631 上执行类似于 HTTP 的事务操作。事实上，如果系统运行了 CUPS，你可以连接到 http://localhost:631/来查看当前配置并检查打印机作业。大多数网络打印机和打印服务器支持 IPP，Windows 也是如此，这使得设置远程打印机的任务变得容易多了。

由于默认设置不太安全，你可能无法使用 Web 界面管理系统。作为替代方案，发行版可能会提供图形设置界面来添加和修改打印机。这些工具负责处理配置文件（通常位于/etc/cups）。一般来说，由于配置过程比较复杂，最好让工具为你代劳。即使是碰到了问题，需要手动配置，通常也最好使用图形工具创建打印机，起码能省点事。

14.6.2 格式转换和打印过滤器

很多打印机，包括几乎所有低端型号，无法识别 PostScript 或 PDF。为了支持这类打印机，Linux 打印系统必须将文档转换成打印机特定的格式。CUPS 将文档发送给 RIP（Raster Image Processor，光栅图像处理器）来生成位图。RIP 基本上都是使用 Ghostscript（`gs`）程序来完成大部分实际工作，但这个过程有些复杂，因为位图必须适应打印机的格式。所以，CUPS 使用的打印机驱动程序会查询特定打印机的 PostScript 打印机定义（PostScript Printer Definition，PPD）文件，确定分辨率、纸张尺寸等设置。

14.7 其他桌面主题

Linux 桌面环境有意思的地方在于可以根据个人喜好决定取舍。如需了解有哪些桌面项目，可以参考相关邮件列表和项目链接。

Linux 桌面的另一项重大发展是 Chromium OS 开源项目，及其在 Chromebook PC 上的 Google Chrome OS 版本。这是一个 Linux 系统，使用了本章介绍的大部分桌面技术，不过是以 Chromium/Chrome 浏览器为中心。传统桌面上的许多东西在 Chrome OS 中被抛弃了。

桌面环境虽然很有意思，但是我们要先告一段落了。如果本章内容激起了你的兴趣，将来你也想从事这方面的工作，那么就需要了解开发人员所使用的工具，这正是下一章要讲的。

第 15 章

开发工具

Linux 颇受程序员的欢迎，这不仅因为它有大量的工具和环境，而且文档详尽，并且透明。在 Linux 中，不是只有程序员才能使用开发工具，这是好事，因为开发工具在 Linux 系统管理中发挥着比在其他系统中更大的作用。最起码我们应该能够说出它们的名字，知道如何运行它们。

本章篇幅不长，但内容不少，不过你也不用全都掌握。我们给出的例子都非常简单，就算没写过代码也能看懂。有些部分可以先跳过，随后再看。关于共享库的讨论可能是本章最重要的部分，不过要想理解共享库的用途，得先知道一些程序构建的背景知识。

15.1 C 编译器

要想深入理解 Linux 程序的本源，懂得使用 C 语言编译器是必不可少的。大多数 Linux 实用工具和很多应用程序是用 C 或 C++编写的。本章的例子主要使用 C 语言，不过相关内容也适用于 C++。

C 程序遵循传统的开发过程：编写程序、编译、运行。也就是说，要想运行写好的 C 代码，必须先将其**编译**成 CPU 能够理解的底层二进制形式。人类可读的代码称为**源代码**，可以包含多个文件。与 C 相对的是后面要介绍的脚本语言，脚本语言无须编译。

注意 大多数发行版默认不包含 C 代码编译工具。如果本章介绍的有些工具你找不到，对于 Debian/Ubuntu，可以安装 build-essential 软件包。对于 Fedora/CentOS，可以执行 `yum groupinstall "Development Tools"`。如果不行，可以搜索“gcc”或“C compiler”。

尽管 LLVM 项目新推出的 `clang` 编译器日渐流行，但大多数 Unix 系统上的 C 编译器可执行文件还是 GNU C 编译器 `gcc`（按惯例通常叫 `cc`）。C 源代码文件以.c 结尾。来看下面这个独立的

C 源代码文件 hello.c，摘自 Brian W. Kernighan 与 Dennis M. Ritchie 合著的 *The C Programming Language, 2nd Edition*（Prentice Hall，1988）：

```
#include <stdio.h>

int main() {
    printf("Hello, World.\n");
}
```

将源代码保存为 hello.c，使用以下命令运行编译器：

```
$ cc hello.c
```

结果得到了一个可执行文件 a.out，你可以像系统中的其他可执行文件一样运行该文件。不过也许应该给可执行文件选择另一个名字（比如 hello）。为此，使用编译器的-o 选项：

```
$ cc -o hello hello.c
```

小程序只要编译一个文件就行了。其实我们也可以引入其他库或包含目录，但在讨论这些之前，让我们先看看略大一点的程序。

15.1.1 编译多个源文件

大多数 C 程序很大，不适合放入一个源代码文件中。庞大的文件会导致内容杂乱无章，无法管理，编译器甚至有时都难以处理大文件。因此，开发人员通常将源代码分成多个部分，分别放入独立的文件。

在编译大多数.c 文件时，并不会创建出可执行文件，而是要对每个文件使用编译器的-c 选项生成包含二进制**目标代码**的**目标文件**，然后由这些目标文件最终组合成可执行文件。要了解这个过程，假设有两个文件：main.c（主程序）和 aux.c（负责实际工作），文件内容分别如下所示：

main.c：

```
void hello_call();

int main() {
    hello_call();
}
```

aux.c：

```
#include <stdio.h>

void hello_call() {
```

```
    printf("Hello, World.\n");
}
```

以下编译器命令完成了构建程序的大部分工作：创建目标文件。

```
$ cc -c main.c
$ cc -c aux.c
```

命令结束之后，得到了两个目标文件：main.o 和 aux.o。

目标文件是处理器几乎可以理解的二进制文件，但这还不够。首先，操作系统不知道如何启动目标文件。其次，还可能需要将多个目标文件和一些系统库组合在一起，形成完整的程序。

要想从一个或多个目标文件构建出功能完善的可执行文件，必须使用**链接器**，即 Unix 中的 `ld` 命令。不过，程序员很少在命令行上单独使用 `ld`，因为 C 编译器可以调用链接器程序。为了从先前的两个目标文件构建出可执行文件 myprog，执行以下命令进行链接：

```
$ cc -o myprog main.o aux.o
```

注意　尽管可以单独编译多个源文件，但从前面的例子不难看出，在编译过程中很难跟踪所有源文件。随着源文件数量的增加，这一问题会愈发明显。15.2 节中介绍的 `make` 系统是编译管理和自动化的传统 Unix 标准。在接下来的两节中，我们将讨论文件的管理问题，你会发现拥有一个像 `make` 这样的系统是多么重要。

再看文件 aux.c。如前所述，该文件中的代码负责程序的实际工作。而在构建程序时，像 aux.o 这样不可或缺的文件可能会有很多。另外，其他程序也可能用到我们写的程序，这些目标文件能否复用？这就是我们接下来要讲的。

15.1.2　链接库

通过编译源代码所得到的目标代码往往还不足以创建出有用的程序。一个完备的程序离不开**库**。C 库是可以用于构建程序的通用预编译组件的集合。说白了，库其实就是一堆目标文件（加上若干头文件，15.1.4 节会讲到）。例如，有一个标准数学库，提供了三角函数等实现，很多程序会用到。

库主要是链接期间使用的，此时链接程序（`ld`）基于目标文件创建可执行文件。链接时使用库，通常称为**链接某库**。这也是最可能出问题的地方。例如有一个程序要用到 curses 库，但你忘了告诉编译器链接该库，链接器就会报错：

```
badobject.o(.text+0x28): undefined reference to 'initscr'
```

错误信息中的粗体部分最重要：链接器在检查 badobject.o 目标文件时，找不到以粗体显示的函数，因此无法创建可执行文件。在这个例子中，你可能会猜到自己没有链接 curses 库，因为丢失的函数名为 initsrc()。在网上搜索该函数名，基本上都能找到相关手册页或该库的其他参考资料。

注意 未定义的引用并不总是意味着丢失了库，也可能是链接命令中少写了程序的某个目标文件。库函数和目标文件函数通常不难区分，你自己写的函数自己肯定知道，至少也能搜到。

为了修复这个问题，必须先找到 curses 库，然后再使用编译器的-l 选项链接该库。库分散在系统的多个位置，不过大多数库在名为 lib 的子目录内（/usr/lib 是系统的默认位置）。对于先前的例子，基础的 curses 库文件是 libcurses.a，所以库名为 curses。将这些组合在一起，链接该程序的命令如下：

```
$ cc -o badobject badobject.o -lcurses
```

对于非标准库，一定要使用选项-L 告诉链接器它的位置。假设 badobject 程序需要/usr/junk/lib 中的 libcrud.a。为了编译并生成可执行执行，要执行以下命令：

```
$ cc -o badobject badobject.o -lcurses -L/usr/junk/lib -lcrud
```

注意 如果想在库中搜索特定函数，可以使用带有--defined-only 符号过滤器的 nm 命令。这会产生大量的输出。试试这个命令：nm --defined-only libcurses.a。在很多发行版中，也可以使用 less 命令查看库的内容。（也可能需要通过 locate 命令来找出 libcurses.a。很多发行版现在按照特定的架构将库放在/usr/lib 内的各个子目录中，比如/usr/lib/x86_64-linux-gnu/。）

系统中有一个库叫 C 标准库，包含作为 C 编程语言一部分的基础组件，其文件是 libc.a。在编译程序时，总是会链接这个库，除非你明确指明不链接。系统中的大部分程序使用该库的共享版本，让我们来介绍一下共享库的工作原理。

15.1.3 共享库

名称以.a 结尾的库文件（比如 libcurses.a）称为**静态库**。当让将程序链接静态库时，链接器会把必要的机器代码从库文件复制到可执行文件中。链接完成后，最终的可执行文件在运行时就再也不需要原先的库文件了，因为可执行文件已经包含了库代码的副本，如果以后.a 文件发生变化，可执行文件的行为也不会受到影响。

然而，库文件的大小一直在持续不断地增加，可执行文件要用到的库的数量也是与日俱增，这使得使用静态库时比较浪费磁盘空间和内存。除此之外，如果日后发现静态库的功能不完善或不安全，已经链接该库的可执行文件是无法修改的，除非将其全部找到并重新编译。

共享库可以解决这些问题。链接共享库的程序并不会将库代码复制到最终的可执行文件，而只是在其中加入对库函数名称的**引用**。在运行程序时，系统仅在必要时才将库函数代码载入进程内存空间。内存中相同的共享库可以在多个进程之间共用。如果需要改动共享库代码，通常也无须重新编译程序。在更新 Linux 发行版的软件时，所更新的软件包就包含共享库。有时候更新管理器会要求重启系统，就是为了确保系统的所有部分都用上新版本的共享库。

使用共享库的代价是管理难度大，链接复杂。但是，只要明白以下四点，你就能搞定它。

- 如何列出程序所需的共享库。
- 程序如何查找共享库。
- 如何让程序链接共享库。
- 如何避免常见的共享库陷阱。

接下来的几节将告诉你如何使用和管理系统的共享库。如果对共享库的工作原理感兴趣，或是想对链接器作一般性的了解，可以参阅 John R. Levine 所著的 *Linkers and Loaders*（Morgan Kaufmann, 1999）以及 David M. Beazley、Brian D. Ward 和 Ian R. Cooke 合著的 *The Inside Story on Shared Libraries and Dynamic Loading*（Computing in Science & Engineering, September/October 2001），或者是一些在线资源，比如 Program Library HOWTO。ld.so(8)手册页也值得一读。

1. 如何列出依赖的共享库

共享库文件通常和静态库文件位于同样的位置。Linux 系统的两个标准库目录分别是/lib 和/usr/lib，不过还有很多库文件散落在系统各处。/lib 目录不应该包含静态库。

共享库文件的后缀名为.so（shared object），比如 libc-2.15.so 和 libc.so.6。要想查看程序使用的共享库，执行 `ldd prog` 命令，其中 `prog` 是可执行文件名。来看 `bash` 的例子：

```
$ ldd /bin/bash
    linux-vdso.so.1 (0x00007ffff31cc000)
    libgtk3-nocsd.so.0 => /usr/lib/x86_64-linux-gnu/libgtk3-nocsd.so.0
(0x00007f72bf3a4000)
    libtinfo.so.5 => /lib/x86_64-linux-gnu/libtinfo.so.5 (0x00007f72bf17a000)
    libdl.so.2 => /lib/x86_64-linux-gnu/libdl.so.2 (0x00007f72bef76000)
    libc.so.6 => /lib/x86_64-linux-gnu/libc.so.6 (0x00007f72beb85000)
    libpthread.so.0 => /lib/x86_64-linux-gnu/libpthread.so.0
(0x00007f72be966000)
    /lib64/ld-linux-x86-64.so.2 (0x00007f72bf8c5000)
```

为了获得最佳性能和灵活性，可执行文件通常不知道所用共享库的位置，只知道库名称，可能还有一点这些库的位置提示。有一个名为 `ld.so` 的小程序（**运行时动态链接器/加载器**），负责在程序运行期间为其查找并加载共享库。在先前的 `ldd` 输出中，`=>`的左侧是共享库名称，这是可执行文件知道的。`=>`的右侧则显示了由 ld.so 找到的共享库位置。

最后一行输出显示了 ld.so 的实际位置：/lib/ld-linux-x86-64.so.2。

2. ld.so 如何查找共享库

共享库常见的痛点之一就是动态链接器找不到某个库。动态链接器要找的第一个位置通常是可执行文件预先配置好的**运行时库搜索路径**（runtime library search path，以下简称 rpath）（如果存在的话）。我们马上就会讲到如何创建 rpath。

接下来，动态链接器会查找系统缓存/etc/ld.so.cache，看看库是否位于标准位置。这是一个快速缓存，内容皆来自缓存配置文件/etc/ld.so.conf 所指定的目录内的库文件名。

注意 就像你见过的很多 Linux 配置文件一样，ld.so.conf 也可能包含/etc/ld.so.conf.d 等目录中的多个文件。

ld.so.conf（或者其所包含的文件）中的每一行都是要放入缓存的目录名。这个目录列表一般不长，内容类似下面这样：

```
/lib/i686-linux-gnu
/usr/lib/i686-linux-gnu
```

标准库目录/lib 和/usr/lib 是默认包含的，不用将其写入/etc/ld.so.conf。

如果更改了 ld.so.conf，或是改动了某个共享库目录，必须使用以下命令手动重新构建/etc/ld.so.cache 文件：

```
# ldconfig -v
```

-v 选项会输出被 ldconfig 添加到缓存的目录的详细信息和它所监测到的改动。

ld.so 还会从环境变量 LD_LIBRARY_PATH 中查找共享库，我们很快就会讲到。

不要养成向/etc/ld.so.conf 随意添加东西的习惯。你应该对系统缓存中包含哪些共享库做到心里有数。把各种稀奇古怪的共享库一股脑地塞进缓存，可能会造成冲突，导致系统杂乱无章。如果编译的软件所需的共享库路径不确定，可以为可执行文件指定内建的运行时库搜索路径，即 rpath，下面就来看看实现方法。

3. 如何让可执行文件链接共享库

假设在/opt/obscure/lib 中有一个共享库 libweird.so.1，你需要让 myprog 链接该库。/etc/ld.so.conf 中应该没有这个陌生的路径，所以需要将此路径告知链接器。按照以下命令链接程序：

```
$ cc -o myprog myprog.o -Wl,-rpath=/opt/obscure/lib -L/opt/obscure/lib -lweird
```

-Wl,-rpath 选项告诉链接器将指定目录加入可执行文件的运行时库搜索目录。然而，即便是使用了-Wl,-rpath，仍需要-L 选项。

如果需要修改现有的可执行文件的运行时库搜索路径，可以使用 patchelf 程序，不过这件事最好还是在编译时完成。（ELF，即 Executable and Linkable Format，是 Linux 系统可执行文件和库使用的标准格式。）

4. 如何避免共享库的问题

共享库提供了出色的灵活性，还有一些令人难以置信的妙招。但这有可能造成滥用，导致系统混乱等问题。

- 找不到库。
- 性能低下。
- 库不匹配。

环境变量 LD_LIBRARY_PATH 是造成上述问题的罪魁祸首，其内容是以冒号分隔的一系列目录名，ld.so 会**最先**在其中搜索共享库。如果你没有程序源代码，也没法使用 patchelf，或者只是不想重新编译可执行文件，都可以用这招快速解决库移动后的依赖问题。但这可能会造成混乱。

千万不要在 shell 启动文件中或编译可执行文件时设置 LD_LIBRARY_PATH。如果动态运行时链接器遇到此变量，通常必须搜索其中指定的各个目录的全部内容，次数之多远超出你的想象。这会导致严重的性能损失，但更重要的是，还可能会遇到冲突和不匹配的库，因为运行时链接器会为**每个程序**查找这些目录。

如果你**必须**使用 LD_LIBRARY_PATH 运行一些缺少源代码的糟糕程序（或是实在不愿重新编译程序，比如 Firefox 或其他庞然大物），可以使用包装器脚本。假设可执行文件是/opt/crummy/bin/crummy.bin，要用到/opt/crummy/lib 中的一些共享库。可以编写一个包装器脚本 crummy，如下所示：

```
#!/bin/sh
LD_LIBRARY_PATH=/opt/crummy/lib
export LD_LIBRARY_PATH
exec /opt/crummy/bin/crummy.bin $@
```

不使用 LD_LIBRARY_PATH 能避免大多数共享库问题。但是，开发人员偶尔还会碰上另一个值得注意的问题：库的 API 由于次要版本升级的变化，导致已安装的软件无法正常工作。最佳解决方法是预防。要么使用一致的方法来安装共享库，加入-Wl,-rpath，创建运行时链接路径；要么使用静态库。

15.1.4　使用头（包含）文件和目录

C 语言的**头文件**是用于保存类型和函数声明的附加源文件。例如，stdio.h 就是一个头文件（参见 15.1 节中那个简单的程序）。

不少编译问题和头文件有关。大多数这类错误发生在编译器找不到头文件和库的时候。甚至会有程序员忘了在代码中添加包含头文件所需的#include 指令，导致一些源代码编译失败。

1. 包含文件相关问题

正确使用头文件并不容易。有时可以幸运地通过 locate 找到，但有时又会出现多个同名的包含文件位于不同的目录，弄不清该用哪个的情况。编译器如果找不到包含文件，会产生类似于下面这样的错误消息：

```
badinclude.c:1:22: fatal error: notfound.h: No such file or directory
```

该消息报告编译器没有找到 badinclude.c 文件所引用的 notfound.h 头文件。如果我们查看 badinclude.c（第 1 行，错误消息中已经指明了），会发现下面这行：

```
#include <notfound.h>
```

像这样的#include 指令并没有指定头文件在哪里，而只是说头文件应该位于默认位置或编译器命令行指定的位置。这些位置的目录名中大多包含 include 字样。Unix 的默认包含目录是 /usr/include，编译器总是在该目录中查找，除非明确指定其他目录。当然，如果包含文件就在默认位置，应该不会出现上述错误消息，所以让我们看看如何让编译器查看其他包含目录。

假设 notfound.h 位于/usr/junk/include。使用-I 选项告诉编译器将该目录加入搜索路径：

```
$ cc -c -I/usr/junk/include badinclude.c
```

编译器现在应该不会在 badinclude.c 中引用头文件那行代码处出错了。

注意 关于如何查找丢失的包含文件，详见第 16 章。

要注意#include 中双引号（""）和尖括号（<>）的区别：

```
#include "myheader.h"
```

双引号表示指定的头文件不在系统的包含目录中，而是与源文件位于同一目录。如果使用双引号时出了问题，编译的源代码可能不完整。

2. C 预处理器

实际上，查找包含文件的并不是 C 编译器，而是 **C 预处理器**。预处理器是编译器在解析源代码之前先对源代码运行的程序。预处理器将源代码改写为编译器可以理解的形式，提高源代码可读性（同时还提供了一些便捷方法）。

源代码中的预处理器命令称为**指令**，以#字符起始，有以下三种。

- **包含文件**：#include 指令指示预处理器把指定文件全包含进来。注意，编译器的-I 选项会告诉预处理器在指定目录中搜索包含文件，正如在上一节中看到的那样。
- **宏定义**：形如#define BLAH something 的行告知预处理器将源代码中出现的所有 BLAH 替换为 something。按惯例，宏名称全部用大写字母，但有人会给宏起一个像函数和变量的名字，这已经见怪不怪了。（这种做法时不时会惹出乱子。很多程序员对滥用预处理器实在是乐此不疲。）

> **注意**　不一定非得在源代码中定义宏，也可以向编译器传入参数-DBLAH=something，实现与#define 同样的功能。

- **条件**：可以用#ifdef、#if、#endif 标记出某些代码片段。#ifdef MACRO 指令检查预处理器宏 MACRO 是否有定义，#if condition 测试 condition 是否为真。对于这两条指令，如果 if 之后的条件为假，预处理器不会将#if 和下一个#endif 之间的任何程序文本传给编译器。如果你打算阅读 C 代码，最好习惯这种写法。

  下面看一个条件指令的例子。预处理器碰到以下代码时，检查宏 DEBUG 是否有定义，如果有就将 fprintf()函数传给编译器；否则，就跳过 fprintf()这一行，继续处理#endif 之后的代码：

```
#ifdef DEBUG
    fprintf(stderr, "This is a debugging message.\n");
#endif
```

> **注意**　C 预编译器不理解 C 语法、变量和函数，只理解宏和指令。

在 Unix 中，C 预处理是 cpp，不过也可以使用 gcc -E 运行。一般很少需要单独运行预处理器。

15.2　make

对于多个源代码文件组成的程序，或是需要奇怪的编译器选项的程序，单靠手动编译实在是太麻烦了。这个问题已存在多年，解决方法是使用传统的 Unix 编译管理工具 make。如果你用的是 Unix 系统，对 make 应该多少有所了解，因为系统实用工具有时依赖于 make。不过要说明的是，本章涉及的内容仅仅是冰山一角。市面上有很多关于 make 的专著，比如 Robert Mecklenburg 所著的 *Managing Projects with GNU Make, 3rd Edition*（O'Reilly，2005）。此外，大多数 Linux 软件包是使用以 make 或类似工具为核心的包装程序构建的。除了 make，还有很多别的构建系统，我们将在第 16 章介绍 autotools。

make 是一个庞大的系统，但工作原理并不是很难理解。如果看到名为 Makefile 或 makefile 的文件，就说明你正在和 make 打交道。（尝试运行 make，看看你能不能构建出什么东西。）

make 背后的基本思想是**目标**，也就是你想要实现的东西。目标可以是文件（.o 文件、可执行文件等）或标签。此外，有些目标依赖于其他目标。例如，你需要一组完整的.o 文件才能链接可执行文件。这些需求称为**依赖关系**。

make 按照**规则**构建目标，比如某个规则指定如何将.c 源文件编译成.o 目标文件。make 内建了多个规则，你也可以定制自己的规则。

15.2.1 一个简单的 Makefile

基于 15.1.1 节中的示例文件，下面这个非常简单的 Makefile 会根据 aux.c 和 main.c 构建出程序 myprog：

```
❶ # object files
❷ OBJS=aux.o main.o

❸ all: ❹myprog

myprog: ❺$(OBJS)
        ❻$(CC) -o myprog $(OBJS)
```

该 Makefile 中第一行❶的#表示注释。

下一行是宏定义，将 OBJS 变量设置为两个目标文件名❷。这一步对于后续操作非常重要。目前先记住如何定义宏以及如何引用宏（$(OBJS)）。

接下来是 Makefile 所包含的第一个目标 all❸。该目标始终是默认的，这正是你在命令行上只运行 make 时所要构建的目标。

构建目标的规则位于冒号之后。对于 all，需要满足 myprog 这个条件❹。这就是该 Makefile 中的第一处依赖关系：all 依赖于 myprog。注意，myprog 可以是实际的文件，也可以是另一个规则的目标。在本例中，两者皆是（既是 all 的规则，也是 OBJS 的目标）。

为了构建 myprog，Makefile 在依赖关系中使用了宏$(OBJS)❺。这个宏会被扩展为 aux.o 和 main.o，表明 myprog 依赖这两个文件（二者必须为实际的文件，因为 Makefile 没有其他与其同名的目标）。

注意 $(CC)之前的空白字符❻是制表符。make 对制表符的使用非常严苛。

这个 Makefile 假定两个 C 源文件 aux.c 和 main.c 位于同一个目录中。对 Makefile 运行 make 会产生以下输出，展示了期间 make 所执行的命令：

```
$ make
cc    -c -o aux.o aux.c
cc    -c -o main.o main.c
cc -o myprog aux.o main.o
```

15

依赖关系如图 15-1 所示。

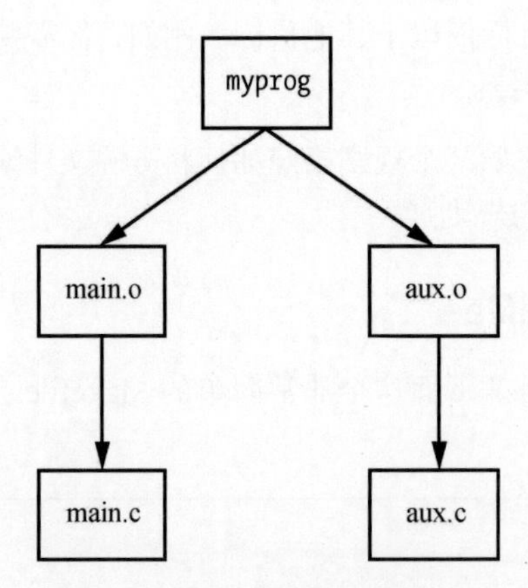

图 15-1　Makefile 的依赖关系

15.2.2　内建规则

make 怎么知道要将 aux.c 编译为 aux.o？毕竟，aux.c 并没有出现在 Makefile 中。答案是 make 有一些内建的规则。当你想要.o 文件时，它知道该查找.c 文件，而且还知道如何对.c 文件执行 cc -c，完成创建.o 文件的目标。

15.2.3　构建最终程序

生成 myprog 的最后一步有点棘手，不过思想很简单。得到$(OBJS)中的两个目标文件之后，就可以按照最后一行运行 C 编译器了（其中的$(CC)被扩展为编译器名称）：

```
	$(CC) -o myprog $(OBJS)
```

如前所述，$(CC)之前的空白字符是制表符。必须在任何系统命令之前插入一个制表符。

注意以下错误消息：

```
Makefile:7: *** missing separator. Stop.
```

像这样的错误意味着 Makefile 存在问题。制表符是分隔符，如果缺少分隔符或存在其他干扰，就会出现以上错误。

15.2.4　更新依赖关系

最后，还需要知道一个 make 的基本概念：一般来说，目标需要与其依赖项一并更新。此外，make 会采用最少的必要步骤来实现这一点，这节省了大量的时间。如果在之前的示例中先后两次执行 make，第一个命令将构建 myprog，第二个命令则生成以下输出：

```
make: Nothing to be done for 'all'.
```

在第二次执行 make 时，它查看规则，注意到 myprog 已经存在。自上次构建之后，其依赖关系并没有发生变化，所以决定不再重新构建 myprog。可以按照以下步骤做一个实验。

(1) 执行 touch aux.c。

(2) 再次执行 make。这一次，make 发现 aux.c 比已经位于目录中的 aux.o 更新，因此再次编译 aux.o。

(3) myprog 依赖于 aux.o，aux.o 现在比已存在的 myprog 更新，因此 make 必须再次生成 myprog。

这是非常典型的连锁反应。

15.2.5 命令行参数和选项

懂得如何使用 make 的命令行参数和选项很有用。

最有用的一个选项就是在命令行上指定单个目标。对于先前的 Makefile，如果你只想要 aux.o 文件，可以执行 make aux.o。

在命令行上也能定义宏。例如，要想改用 clang 编译器，可以这样：

```
$ make CC=clang
```

这里，make 使用指定的 CC 定义代替默认编译器 cc。命令行宏在测试预处理器定义和库时非常方便，尤其是配合我们马上要讨论的 CFLAGS 和 LDFLAGS 宏。

事实上，甚至不需要 Makefile 就能运行 make。如果内建的 make 规则匹配某个目标，你可以直接让 make 尝试创建该目标。假设有一个名为 blah.c 的源文件，尝试执行 make blah。make 的运行过程如下所示：

```
$ make blah
cc    blah.o     -o blah
```

这样使用 make 仅适用于最简单的 C 程序，如果你的程序需要库或特殊的包含目录，可能应该写一个 Makefile，在没有 Makefile 的情况下运行 make，实际上在处理 Fortran、Lex 或 Yacc 并且不知道编译器或实用工具如何工作时最有用。为什么不让 make 为我们做这些呢？即使 make 没有成功创建目标，也可以对如何使用相应工具给出提示。

以下两个 make 选项尤为方便。

- -n：打印出构建可执行文件所必需的命令，但并不会使 make 真的执行这些命令。
- -f *file*：告知 make 读取 file，而非 Makefile 或 makefile。

15.2.6　标准宏和变量

make 提供了很多特殊的宏和变量。很难区分清楚宏和变量之间的差别，不过**宏**的意思是指在 make 开始构建目标之后一般不会发生变化的东西。

如先前所见，你可以在 Makefile 开头设置宏。最常用的宏如下。

- CFLAGS：C 编译器选项。当从.c 文件创建目标文件时，make 将此作为参数传给编译器。
- LDFLAGS：类似于 CFLAGS，不过是在链接器从目标文件创建可执行文件时使用。
- LDLIBS：如果你使用 LDFLAGS，但不想将库名选项与搜索路径放在一起，可以将库名选项写入该文件。
- CC：C 编译器。默认为 cc。
- CPPFLAGS：C 预处理器选项。当 make 以某种方式运行 C 预处理器时，会将该宏扩展后的内容作为参数传递。
- CXXFLAGS：GNU make 将其作为 C++编译器选项。

make 的**变量**会随着目标的构建而改变。变量以$符号起始。设置变量的方法有多种，不过部分最常用的变量会在目标规则内被自动设置好。你可能会碰到以下变量。

- $@：在规则内，该变量被扩展为当前目标。
- $<：在规则内，该变量被扩展为此规则的第一个依赖。
- $*：在规则内，该变量被扩展为当前目标的基本名称或词干。如果你构建的是 blah.o，则扩展结果为 blah。

下面的例子展示了一种常见的操作模式，即使用 myprog 从.in 文件生成.out 文件的规则：

```
.SUFFIXES: .in
.in.out: $<
	myprog $< -o $*.out
```

在很多 Makefile 中遇到诸如.c.o:之类的规则，它定义了运行 C 编译器以创建目标文件的自定义方式。

Linux 上最全面的 make 变量清单可以在 make info 手册中找到。

注意　记住，GNU make 提供了很多其他变体没有的扩展、内建规则和特性。只要你使用的是 Linux，这没什么问题，但是如果改用了 Solaris 或 BSD，还期望能有同样的效果，有可能会让你大吃一惊。不过，这正是 GNU autotools 等多平台构建系统旨在解决的问题。

15.2.7　常规目标

大多数开发人员会在他们的 Makefiles 中加入一些额外的通用目标，用于执行与编译相关的辅助任务。

- clean：clean 目标无处不在。make clean 通常指示 make 删除所有的目标文件和可执行文件，以便你可以重新开始或打包软件。来看一个 myprog Makefile 的示例规则。

```
clean:
	rm -f $(OBJS) myprog
```

- distclean：通过 GNU autotools 系统创建的 Makefile 总是会有一个 distclean 目标，用于删除不属于原始发布版的所有内容，包括 Makefile。详细信息可参见第 16 章。在极少数情况下，开发人员会改用 realclean 来清除可执行程序。
- install：将文件和编译过的程序复制到 Makefile 认为适合的系统位置。该操作有危险，在实际执行任何命令之前，一定要先执行 make -n install，看看会发生什么。
- test 或 check：有些开发人员会使用 test 或 check 目标来确保构建完成之后一切正常。
- depend：通过使用编译器的-M 选项来检查源代码，以此生成依赖关系。该目标算是个生面孔，因为它往往会修改 Makefile 本身。这种做法如今不多见，但如果碰到某些操作要求使用 depend，你最好还是照做。
- all：如前所述，这通常是 Makefile 中的第一个目标。你经常会看到引用此目标，而非实际的可执行文件。

15.2.8 Makefile 的组织形式

尽管 Makefile 的风格多样，但大多数程序员遵循一些通用的规范。比如 Makefile 的第一部分（宏定义）应该是按照软件包进行分组的库和包含文件：

```
MYPACKAGE_INCLUDES=-I/usr/local/include/mypackage
MYPACKAGE_LIB=-L/usr/local/lib/mypackage -lmypackage

PNG_INCLUDES=-I/usr/local/include
PNG_LIB=-L/usr/local/lib -lpng
```

不同的编译器和链接器选项通常会被写作宏的形式：

```
CFLAGS=$(CFLAGS) $(MYPACKAGE_INCLUDES) $(PNG_INCLUDES)
LDFLAGS=$(LDFLAGS) $(MYPACKAGE_LIB) $(PNG_LIB)
```

目标文件通常按照可执行文件进行分组。例如有一个能创建出可执行文件 boring 和 trite 的软件包。两者各自都有自己的.c 源文件，需要用到 util.c 中的代码。你可能会看到以下形式：

```
UTIL_OBJS=util.o

BORING_OBJS=$(UTIL_OBJS) boring.o
TRITE_OBJS=$(UTIL_OBJS) trite.o

PROGS=boring trite
```

Makefile的其余部分会是这样：

```
all: $(PROGS)

boring: $(BORING_OBJS)
        $(CC) -o $@ $(BORING_OBJS) $(LDFLAGS)

trite: $(TRITE_OBJS)
        $(CC) -o $@ $(TRITE_OBJS) $(LDFLAGS)
```

可以将这两个可执行文件目标合并为一个规则，但这通常不是一种好做法，因为这样会使规则难以拆分和复用，甚至会造成错误的依赖关系。如果 boring 和 trite 处于同一规则中，那么二者就都会依赖于对方的.c 文件（trite 依赖 boring.c，boring 依赖 trite.c），这样的话，就算只改动了其中一个.c 文件，make 也会重新构建 boring 和 trite。

注意　如果需要为目标文件定义一个特殊的规则，请将此规则置于可执行文件构建规则之前。如果多个可执行文件使用同一个目标文件，那就将此规则置于所有可执行文件规则之前。

15.3　Lex 和 Yacc

在编译要读取配置文件或命令的程序时，你可能会碰到 Lex 和 Yacc。这些工具是编程语言的基石。

- Lex 是一个**分词器**，可以将文本转换为**词元**（token）。其 GNU/Linux 版本名为 flex。在使用 Lex 时，可能需要链接器的-ll 或-lfl 选项。
- Yacc 是一个**解析器**，尝试根据语法来读取词元。GNU 的解析器是 bison，要想兼容 Yacc，可以执行 bison -y。你也许会用到链接器选项-ly。

15.4　脚本语言

很久以前，除了 Bourne shell 和 awk 之外，Unix 系统管理员一般并不太在意脚本语言。shell 脚本（参见第 11 章）仍然是 Unix 的重要组成部分，但是 awk 已经逐渐淡出了脚本舞台。不过同时也涌现出了不少强大的后来者，很多系统程序其实已经从 C 切换到了脚本语言（比如 whois 程序的简化版）。让我们来了解一些脚本语言的基础知识。

关于脚本语言，首先要知道的就是脚本的第一行和 Bourne shell 的 shebang 行看起来差不多。例如，Python 脚本就是以此行开始：

```
#!/usr/bin/python
```

或者采用以下写法，运行在命令路径中找到的第一个 Python 版本，而不是直接使用/usr/bin

中的 Python：

```
#!/usr/bin/env python
```

就像在第 11 章中看到的那样，以#!起始的可执行文件就是脚本。#!之后是脚本语言解释器所在的路径。Unix 处理脚本时会运行#!之后的程序，并将文件的其余部分作为标准输入。因此，即便是像下面这样，依然也是脚本：

```
#!/usr/bin/tail -2
This program won't print this line,
but it will print this line...
and this line, too.
```

shell 脚本的第一行经常会出现一个最常见的错误：无效的脚本语言解释器路径。假设你将先前的脚本命名为 myscript。如果 tail 位于/bin，而非/usr/bin 呢？在这种情况下，运行 myscript 会产生以下错误消息：

```
bash: ./myscript: /usr/bin/tail: bad interpreter: No such file or directory
```

别指望在脚本第一行指定的多个参数能够正常工作。也就是说，上例中指定的-2 也许没问题，但如果你再添加另一个参数，系统会将-2、空格以及这个新参数共同视为一个参数。这可能会因系统而异，别在这种无关紧要的事情上浪费时间。

下面来看其他几种脚本语言。

15.4.1 Python

Python 也是一种脚本语言，拥有大批坚定的粉丝，自身功能强大，能够处理文本、访问数据库、联网以及多线程编程。Python 还提供了高效的交互模式和组织良好的对象模型。

Python 的解释器是 python，通常位于/usr/bin 中。不过，Python 的用途可不仅限于命令行脚本。从数据分析到 Web 应用开发，到处都能看到它的身影。David M. Beazley 所著的 *Python Distilled*（Addison-Wesley，2021）是一本不错的入门书。

15.4.2 Perl

Perl 作为较早的第三方 Unix 脚本语言之一，是编程工具中最早的“瑞士军刀”。尽管近年来 Perl 已经被 Python 远远甩在了身后，但其在文本处理、转换和文件操作方面依然宝刀不老，你会发现许多工具是用 Perl 编写的。Randal L. Schwartz、brian d foy 和 Tom Phoenix 合著的 *Learning Perl, 7th Edition*（O'Reilly，2016）是一本教程式的入门书，chromatic 所著的 *Modern Perl, 4th Edition*（Onyx Neon Press，2016）可作为更全面的参考书。

15.4.3　其他脚本语言

下面这几种脚本语言你可能也碰到过。

- PHP：超文本处理语言，多用于编写动态网站。有些人也使用 PHP 编写独立脚本。
- Ruby：颇受面向对象的狂热粉丝和很多 Web 开发人员的喜爱。
- JavaScript：该语言主要由 Web 浏览器用于处理动态页面。由于存在很多缺陷，大多数程序员老手并不认为它是一种独立的脚本语言，但是在从事 Web 编程时，基本上是绕不开 JavaScript 的。近年来，一种名为 Node.js 的实现在服务器端编程和脚本编程中变得日益普及，其可执行文件是 node。
- Emacs Lisp：这是 Emacs 文本编辑器使用的 Lisp 编程语言的一种变体。
- MATLAB 和 Octave：MATLAB 是一套商业的矩阵和数学编程语言及库。Octave 是与之非常相似的自由软件项目。
- R：非常流行的统计分析语言。更多信息参见官网和 Norman Matloff 所著的 *The Art of R Programming*（No Starch Press，2011）。
- Mathematica：另一种包含库的商业数学编程语言。
- m4：一种宏处理语言，通常仅见于 GNU autotools 中。
- Tcl：Tcl（Tool command language，工具命令语言）是一种简单的脚本语言，多见于 Tk 图形用户界面工具包和自动化工具 Expect。尽管 Tcl 的流行程度已不同往日，但不要因此低估其威力。很多经验丰富的开发人员偏爱 Tk，尤其是用它做嵌入式开发。详见 http://www.tcl.tk/。

15.5　Java

Java 是一种类似于 C 的编译型语言，语法更简单，具备强大的面向对象编程能力。它在 Unix 系统中具有一些优势，例如，经常作为 Web 应用程序环境，并且在专门应用中很受欢迎。Android 应用通常就是用 Java 编写的。尽管在典型的 Linux 桌面上并不常见，但你还是应该对 Java 的工作原理有所了解，至少对于独立的 Java 应用程序更是如此。

有两种 Java 编译器：原生编译器和字节码编译器，前者为系统生成机器码（就像 C 编译器），后者供字节码解释器使用（有时也称为**虚拟机**，不过并不是第 17 章讲的那种虚拟机）。在 Linux 中，你碰到的都是字节码。

Java 字节码文件以.class 结尾。JRE（Java Runtime Environment，Java 运行时环境）包含了运行 Java 字节码所需的一切。使用以下命令运行字节码文件：

```
$ java file.class
```

你可能还会碰到以.jar 结尾的字节码文件，它是由多个.class 文件打包而成的。使用以下命令运行.jar 文件：

```
$ java -jar file.jar
```

有时候需要将 JAVA_HOME 环境变量设置为 Java 安装前缀。如果运气不好，可能还得将程序所需类的目录添加到 CLASSPATH 环境变量中。该变量的内容是一系列以冒号分隔的目录，类似于可执行文件的 PATH 环境变量。

如果想将.java 文件编译成字节码，需要用到 JDK（Java Development Kit，Java 开发包）。可以运行 JDK 的 javac 编译器来创建.class 文件：

```
$ javac file.java
```

JDK 还提供了 jar，这个程序可以创建和提取.jar 文件，类似于 tar。

15.6 展望：编译软件包

编译器和脚本语言的世界不仅广阔，而且还在不断扩张。在撰写本书之际，诸如 Go、Rust 等新的编译型语言在应用程序和系统编程领域越来越受欢迎。

LLVM 编译器基础设施集极大地简化了编译器的开发。如果你对编译器的设计和实现感兴趣，有两本书很不错，一本是 Alfred V. Aho 等人合著的 *Compilers: Principles, Techniques, and Tools, 2nd Edition*（Addison-Wesley，2006），另一本是 Dick Grune 等人合著的 *Modern Compiler Design, 2nd Edition*（Springer，2012）。要了解脚本语言的发展，最好参阅在线资源，因为各种实现实在太多了。

既然你已经掌握了系统编程工具的基础知识，那么就可以看看它们的用途了。下一章将讲述如何在 Linux 上从源代码构建软件包。

第 16 章

从 C 源代码编译软件

16

大多数非专有的第三方 Unix 软件包是以源代码形式提供的，供用户构建和安装。造成这种现象的原因之一是 Unix（以及 Linux）版本繁多，架构各异，很难为所有可能的平台分发二进制软件包。另一个同样重要的原因是，在整个 Unix 社区广泛分发源代码，鼓励用户修复软件错误和贡献新特性，也让**开源**有了意义。

无论是内核、C 库，还是 Web 浏览器，但凡你能在 Linux 系统上看到的东西，几乎都能得到源代码。你甚至可以通过源代码（重新）安装部分系统来更新和扩充整个系统。不过，在更新系统的时候，没必要一切都从源代码安装，除非你真的享受这个过程或者有其他原因。

更新 Linux 发行版核心部分（比如/bin 中的程序）并不难，而且发行版修复安全问题的速度通常非常迅速，这一点特别重要。但别指望发行版能为你包办一切。以下这些原因解释了为什么需要自行安装某些软件包。

- 控制配置选项。
- 自行决定软件安装位置。甚至可以安装同一个软件包的多个不同版本。
- 控制安装的版本。发行版并不总是能保持所有软件包处于最新版本，特别是软件包的附加组件（比如 Python 库）。
- 更好地理解软件包的工作方式。

16.1 软件构建系统

Linux 上的编程环境众多，从传统的 C 语言到解释型脚本语言（比如 Python）。除了 Linux 发行版提供的工具之外，每种编程环境通常至少有一套独特的软件包构建和安装系统。

本章讲解如何使用其中的 GNU autotools 套件生成的配置脚本来编译和安装 C 源代码。该系统表现稳定，很多基础 Linux 实用工具在使用。因为它以 make 等现有工具为基础，所以在掌握了实际操作之后，就可以将这些知识套用在其他构建系统上。

从 C 源代码安装软件包通常涉及以下步骤。

(1) 将源代码归档解包。

(2) 配置软件包。

(3) 运行 make 或其他构建命令来构建程序。

(4) 运行 make install 或发行版特定的安装命令来安装软件包。

注意 在继续阅读本章之前，应该先熟悉第 15 章介绍的基础知识。

16.2 解包 C 源代码归档文件

软件包的源代码通常以.tar.gz、.tar.bz2 或.tar.xz 文件形式分发，应该按照 2.18 节介绍的方法解包文件。不过在解包之前，应该先使用 tar tvf 或 tar ztvf 核实一下归档内容，因为有些软件包不会在解包目录中创建自己的子目录。

如果输出类似于以下这样，则意味着可以放心解包：

```
package-1.23/Makefile.in
package-1.23/README
package-1.23/main.c
package-1.23/bar.c
--略--
```

然而，也可能并非所有的文件都放在同一目录（如上例的 package-1.23）中：

```
Makefile
README
main.c
--略--
```

直接解包这样的归档文件会把当前目录搞乱。为了避免这种情况，应该先创建一个新目录，然后在该目录中解包。

最后提醒一句，小心那些含有绝对路径名的归档文件：

```
/etc/passwd
/etc/inetd.conf
```

这种情况很少见，但如果让你碰到了，赶紧把这个文件删了，里面可能包含木马或者恶意代码。

解包之后，摆在你眼前的是一大堆文件，让我们先来弄清楚这些文件都是干什么用的，尤其是名为 README 和 INSTALL 的文件。一定要先查看 README 文件，因为该文件往往包含了软件包的描述信息、简要手册、安装提示以及其他有用的信息。很多软件包还带有 INSTALL 文件，提供了软件包的编译和安装操作指南。要特别注意特殊的编译器选项和定义。

除了 README 和 INSTALL 文件，其他文件可以粗略地分为三类。

- 与 make 系统相关的文件，比如 Makefile、Makefile.in、configure 和 CMakeLists.txt。有些很古老的软件包自带的 Makefile 可能还需要你自己修改，不过现在大多数会使用 GNU autoconf 或 CMke 之类的配置工具。此外，还有脚本或配置文件（比如 configure 或 CMakeList.txt），能够根据系统设置和配置选项，帮助从 Makefile.in 生成 Makefile。
- 以.c、.h、或.cc 结尾的源代码文件。C 源代码文件在软件包中到处都有。C++源代码文件通常以.cc、.C 或.cxx 结尾。
- 以.o 结尾的目标文件或二进制可执行文件。一般来说，分发的源代码中不会有任何目标文件，但是在极少数情况下，如果软件包维护者无权发布某些源代码而只能提供目标文件的话，就需要作一些特殊处理了。在大部分时候，源代码中包含目标文件（或二进制可执行文件）意味着软件包的内容组织欠佳，应该执行 make clean，重新进行编译。

16.3　GNU autoconf

尽管 C 源代码的可移植性相当不错，但无法仅靠一个 Makefile 来适应所有平台的差异。这个问题的早期解决方案是为每种操作系统提供单独的 Makefile，或者提供一个易于修改的 Makefile。这种方法演变成了使用脚本根据对构建包的系统的分析生成 Makefile。

GNU autoconf 是一个流行的 Makefile 自动生成系统。使用该系统的软件包带有名为 configure、Makefile.in、config.h.in 的文件。.in 文件是模板，其思路是运行 configure 脚本来检测各种系统特征，然后对.in 文件内容进行替换，生成真正的构建文件。对于最终用户来说，这个过程很简单，若要从 Makefile.in 生成 Makefile，直接执行 configure 即可：

```
$ ./configure
```

该脚本会先检查系统，这时你应该会看到很多诊断输出。如果一切顺利，configure 会创建一个或多个 Makefiles 和一个 config.h 文件，还有一个缓存文件 config.cache，这样以后就不用再进行某些测试了。

现在就可以运行 make 来编译软件包了。configure 这一步顺利不代表 make 这一步也没问题，不过成功概率还是很高的。（关于配置和编译失败的故障排除技巧，参见 16.6 节。）

让我们来动手体验一下这个过程吧。

注意　系统此时必须安装好所有必需的构建工具。对于 Debian 和 Ubuntu，最简单的方法是安装 build-essential 软件包。在类 Fedora 系统中，可以执行 yum groupinstall "Development Tools"。

16.3.1 autoconf 示例

在讨论自定义 autoconf 的行为之前，先来看一个简单的例子。我们要在用户主目录中安装 GNU coreutils 软件包（避免扰乱系统）。从网上搜索并下载软件包（最新版本通常最佳），解包、进入软件包目录并进行配置：

```
$ ./configure --prefix=$HOME/mycoreutils
checking for a BSD-compatible install... /usr/bin/install -c
checking whether build environment is sane... yes
--略--
config.status: executing po-directories commands
config.status: creating po/POTFILES
config.status: creating po/Makefile
```

现在运行 make：

```
$ make
  GEN      lib/alloca.h
  GEN      lib/c++defs.h
--略--
make[2]: Leaving directory '/home/juser/coreutils-8.32/gnulib-tests'
make[1]: Leaving directory '/home/juser/coreutils-8.32'
```

接下来，找一个已创建好的可执行文件，比如./src/ls，尝试运行一下，然后执行 make check 对软件包进行测试。（测试过程需要一段时间，不过值得一看。）

最后，可以安装软件包了。先使用 make -n 演练一遍，看看 make install 究竟做了哪些操作：

```
$ make -n install
```

查看输出，如果没有什么问题（比如软件包安装在了 mycoreutils 目录之外的地方），就可以实际安装了：

```
$ make install
```

主目录中现在应该有一个子目录 mycoreutils，其中包含 bin、share 和其他子目录。检查一下 bin 中的程序（你刚刚构建了不少在第 2 章中学过的基础工具）。因为 mycoreutils 目录被配置为独立于系统其他部分，所以完全可以将其删除，不必担心会损害系统。

16.3.2 使用打包工具安装

在大多数发行版上，可以将新软件作为软件包安装，以后通过发行版的打包工具进行维护。基于 Debian 的发行版（比如 Ubuntu）也许是最简单的，就像下面这样，使用 checkinstall，而不单是使用make install：

```
# checkinstall make install
```

该命令会显示与待构建的软件包相关的设置，可以根据需要更改。在安装过程中，checkinstall会跟踪要安装的所有文件，并将其放入一个.deb文件中。然后，你可以使用dpkg来安装（和删除）这个新软件包。

创建RPM软件包有点费事，因为必须先为软件包生成目录树。这可以使用rpmdev-setuptree命令实现。这一步完成之后，剩下的步骤交给rpmbuild就行了。最好还是按照在线教程操作。

16.3.3　configure脚本选项

你已经见过了configure脚本最有用的选项之一：使用--prefix指定安装目录。默认情况下，由autoconf生成的Makefile的install目标使用前缀/usr/local。也就是说，二进制可执行文件会被安装在/usr/local/bin中，库则安装在/usr/local/lib中，以此类推。可以像下面这样更改前缀：

```
$ ./configure --prefix=new_prefix
```

configure的大部分版本提供了--help，可以列出其他配置选项。只不过这个配置选项清单实在是太长了，有时候很难从中找出重点，下面列出了一些基础选项。

- --bindir=*directory*：将可执行文件安装在directory目录中。
- --sbindir=*directory*：将系统可执行文件安装在directory目录中。
- --libdir=*directory*：将库安装在directory目录中。
- --disable-shared：不构建共享库。取决于具体的库，这能够减少后续的麻烦（参见15.1.3节）。
- --with-*package*=*directory*：告知configure需要用到directory中的包。当某个必需的库位于非标准位置时，该选项非常方便。遗憾的是，不是所有的configure脚本都能识别这种选项，而且它的语法也不明确。

使用单独的构建目录

如果你想试验某些选项，可以创建单独的构建目录。为此，在系统任意位置创建一个新目录，在其中运行软件包源代码目录内的configure脚本。configure会在新的构建目录中创建一堆符号链接，全都指向原始软件包目录中的源代码树。（有些开发人员更希望你用这种方式构建软件包，因为这样不仅不会修改原始的源代码树，而且还有助于使用相同的源代码为多个平台或配置选项集进行构建。）

16.3.4 环境变量

修改一些会被 configure 脚本作为 make 变量的环境变量可以影响 configure 的行为。最重要的环境变量是 CPPFLAGS、CFLAGS 和 LDFLAGS。但是要小心，configure 对环境变量很挑剔。比如，对于头文件目录，应该使用 CPPFLAGS 而不是 CFLAGS，因为 configure 经常会撇开编译器，单独运行预处理器。

在 bash 中，向 configure 传递环境变量最简单的方法就是把变量赋值放在./configure 之前。例如，要想定义预处理器的 DEBUG 宏，可以使用以下命令：

```
$ CPPFLAGS=-DDEBUG ./configure
```

你也可以将变量作为选项传给 configure。例如：

```
$ ./configure CPPFLAGS=-DDEBUG
```

如果 configure 不知道到哪里去找第三方的包含文件和库，使用环境变量就尤为方便了。例如，以下命令会使预处理器搜索 include_dir：

```
$ CPPFLAGS=-Iinclude_dir ./configure
```

如 15.2.6 节所述，以下命令会使链接器查找 lib_dir：

```
$ LDFLAGS=-Llib_dir ./configure
```

如果要用到 lib_dir 的共享库（参见 15.1.3 节），上一个命令可能无法设置运行时动态链接器路径。对于这种情况，除了-L，还要再加入-rpath 链接器选项：

```
$ LDFLAGS="-Llib_dir -Wl,-rpath=lib_dir" ./configure
```

设置变量的时候要注意，一个小失误就可能使编译器出错，导致 configure 失败。假设你忘了键入-I 中的-：

```
$ CPPFLAGS=Iinclude_dir ./configure
```

这会产生以下错误：

```
configure: error: C compiler cannot create executables
See 'config.log' for more details
```

查看由此次错误生成的 config.log，相关部分如下所示。

```
onfigure:5037: checking whether the C compiler works
configure:5059: gcc Iinclude_dir conftest.c >&5
gcc: error: Iinclude_dir: No such file or directory
configure:5063: $? = 1
configure:5101: result: no
```

16.3.5　autoconf 目标

configure 成功执行后，你会发现它生成的 Makefile 中除了标准的 all 和 install 之外，还有很多有用的目标。

- make clean：如第 15 章所述，它会删除所有的目标文件、可执行文件和库。
- make distclean：与 make clean 类似，但它会删除所有自动生成的文件，包括 Makefiles、config.h、config.log 等。这样做是为了在运行 make distclean 之后，使源代码树看起来像刚解包出来一样。
- make check：有些软件包会附带一系列测试，以验证编译后的程序是否能正常运行。make check 可以运行这些测试。
- make install-strip：与 make install 类似，但它会在安装时删除可执行文件和库中的符号表以及其他调试信息。剥离后的二进制文件所占空间会小得多。

16.3.6　autoconf 日志文件

如果配置过程中出现错误，且原因不明显，可以排查 config.log。遗憾的是，config.log 文件通常很大，很难从中精确地找出问题源头。

一般做法是跳转到 config.log 的尾部（例如，在 less 中按大写的 G），然后向上翻页，直到发现问题。然而，就算是在文件尾部，还是会有大量内容，因为 configure 会将包括输出变量、缓存变量以及其他定义在内的整个环境信息保存在该文件中。因此，跳转到尾部后就别向上翻页了，而是应该反向搜索字符串（比如“for more details”）或 configure 最后输出的报错信息（在 less 中使用?命令发起反向搜索）。错误很有可能就在搜索结果的上方。

16.3.7　pkg-config

系统中往往会有大量的第三方库，如果全都放在同一个地方，只会搞得一团糟。然而，倘若各个库都使用单独的前缀安装，又会导致在构建需要这些第三方库的软件包时出现问题。例如，在编译 OpenSSH 时要用到 OpenSSL 库。该怎么告知 OpenSSH 的 configure 去哪里找 OpenSSL 库以及究竟需要哪些库呢？

很多库现在不仅使用 pkg-config 程序来宣告包含文件和库的位置，而且还指定了编译和链接程序所需的确切选项。语法如下：

```
$ pkg-config options package1 package2 ...
```

例如，要查找常用压缩库所需的库，可以执行以下命令：

```
$ pkg-config --libs zlib
```

输出如下：

```
-lz
```

查看 pkg-config 知晓的所有库及其简要描述，执行以下命令。

```
$ pkg-config --list-all
```

1. pkg-config 的工作原理

在幕后，pkg-config 通过读取以.pc 结尾的配置文件来查找软件包信息。例如，下面是 Ubuntu 系统中 OpenSSL 套接字库的 openssl.pc（位于/usr/lib/x86_64-linux-gnu/pkgconfig 中）：

```
prefix=/usr
exec_prefix=${prefix}
libdir=${exec_prefix}/lib/x86_64-linux-gnu
includedir=${prefix}/include

Name: OpenSSL
Description: Secure Sockets Layer and cryptography libraries and tools
Version: 1.1.1f

Requires:
Libs: -L${libdir} -lssl -lcrypto
Libs.private: -ldl -lz
Cflags: -I${includedir} exec_prefix=${prefix}
```

你可以修改该文件，例如，在库选项中加入-Wl,-rpath=${libdir}来设置运行时库搜索路径。然而，更大的问题是 pkg-config 一开始是如何找到.pc 文件的。默认情况下，pkg-config 会在以其安装位置作为前缀的 lib/pkgconfig 目录中查找。例如，以/usr/local 为前缀安装的 pkg-config 会在/usr/local/lib/pkgconfig 中查找.pc 文件。

注意 在很多软件包中是找不到.pc 文件的，除非安装软件包的开发版。例如，要想获得 Ubuntu 系统的 openssl.pc，必须安装 libssl-dev 软件包。

2. 如何在非标准位置安装 pkg-config 文件

可惜的是，pkg-config 默认并不会读取其安装位置前缀目录之外的任何.pc 文件。这意味着非标准位置的.pc 文件（比如/opt/openssl/lib/pkgconfig/openssl.pc）超出了现有的 pkg-config 的查找范围。以下是两种解决方法。

- 将.pc 文件的符号链接（或副本）集中到 pkgconfig 目录中。
- 设置 PKG_CONFIG_PATH 环境变量，在其中加入另外的 pkgconfig 目录。这种方法在系统范围层面效果不好。

16.4　安装实践

知道**如何**构建和安装软件固然不错，但是清楚在**何时何处**安装更重要。Linux 发行版总是试图在安装系统的时候塞进更多的软件，最好多检查一下，看看是不是自己动手安装会更好。自己动手安装软件的优势如下。

- 可以指定软件包的默认设置。
- 能更好地理解软件的用法。
- 想装哪个版本，就装那个版本。
- 便于备份定制软件包。
- 便于在网络上分发自行安装软件包（只要架构一致且安装位置相对独立）。

劣势如下。

- 如果要安装的软件包已经有了，可能会覆盖掉重要的文件，从而造成问题。使用/usr/local 安装前缀可以避免这种情况，我们很快会讲到。即使还没安装过，你也应该检查一下发行版是否提供该软件包。如果确实有，你得记住，免得以后不小心装错了。
- 比较费时间。
- 自行安装的软件包不会自动升级。发行版会保证大多数软件包处于最新状态，无须你过多操心。这对于要和网络打交道的软件包来说尤为重要，你肯定希望始终获得最新的安全更新。
- 如果你压根就不用，那么安装软件包纯粹就是在浪费时间。
- 软件包有可能出现配置错误。

除非你正在构建一个高度定制化的系统，否则安装 coreutils 这样的软件包（ls、cat 等）没有多大意义。另外，如果你对 Apache 之类的网络服务器饶有兴趣，那么获得完全自主权的最佳方式就是自己安装服务器。

安装位置

GNU autoconf 和其他很多软件包的默认前缀是/usr/local，这是用于本地安装软件的传统目录。操作系统在升级时会忽略/usr/local，安装在那里的任何东西都不会丢失，对于小型的本地软件安装，/usr/local 还不错。唯一的问题是，如果自行安装了很多软件，这里会变得乱七八糟。成千上万个奇怪的小文件会进入/usr/local 目录结构，你可能都不知道这些文件是从哪来的。

如果事情真的变得难以控制，那么你就应该按照 16.3.2 节所述来创建自己的软件包了。

16.5　打补丁

软件源代码的大多数更改可以从开发者的在线版本（比如 Git 仓库）的分支获得。但我们偶尔还是要通过打补丁的方式修复源代码的 bug 或添加新特性。你可能看到过有人用 diff 这个词来指代补丁（patch），因为生成补丁的正是 diff 程序。

补丁文件的开头部分类似于下面这样：

```
--- src/file.c.orig     2015-07-17 14:29:12.000000000 +0100
+++ src/file.c   2015-09-18 10:22:17.000000000 +0100
@@ -2,16 +2,12 @@
```

补丁通常包含对多个文件的更改。在补丁中搜索连续出现的三个连字符（---），看看需要改动哪些文件。一定要记得查看补丁的开头，确定所需的工作目录。注意，上例引用了 src/file.c，因此，在打补丁之前，应该切换到包含 src 的目录，而不是 src 目录。

执行 patch 命令打补丁：

```
$ patch -p0 < patch_file
```

如果一切顺利，patch 会直接退出，你就得到了更新后的文件。不过，patch 也有可能会询问以下问题：

```
File to patch:
```

这通常意味着你进错了目录，但也可能说明源代码和补丁里的不匹配。对于这种情况，只能算你倒霉。就算是找到了要打补丁的那部分文件，但由于另一些文件未能更新，源代码照样无法编译。

有时候，补丁可能会引用特定的版本号，比如像这样：

```
--- package-3.42/src/file.c.orig     2015-07-17 14:29:12.000000000 +0100
+++ package-3.42/src/file.c   2015-09-18 10:22:17.000000000 +0100
```

如果你用的版本略有不同（或者只是重命名了目录），可以让 patch 去掉前导路径。假设你位于包含 src 的目录中（和先前一样）。使用-p1 告知 patch 忽略路径中 package-3.42/部分（也就是去掉一部分前导路径）。

```
$ patch -p1 < patch_file
```

16.6　编译和安装过程中的故障排除

如果你理解了第 15 章中所描述的编译错误、编译警告、链接错误以及共享库问题之间的区别，修复构建软件时出现的小故障对你来说应该不会有太多麻烦。本节列举了一些常见问题。尽管在使用 autoconf 进行构建时不太可能遇到这些问题，不过了解一下也无妨。

在梳理具体问题之前，先确定自己能读懂不同类型的 make 输出。区分错误和被忽略的错误很重要。下面就是一个你需要检查的真实错误：

```
make: *** [target] Error 1
```

有些错误提示是 Makefiles 怀疑有错，但即便出错也没什么危害。通常可以忽略这类消息：

```
make: *** [target] Error 1 (ignored)
```

而且，在处理比较大的软件包时，GNU make 往往会多次调用自身，make 的各个实例在错误消息中被标记为[N]，其中 N 是数字。可以通过查看紧随编译错误消息之后的 make 错误来快速定位问题。例如：

```
compiler error message involving file.c
make[3]: *** [file.o] Error 1
make[3]: Leaving directory '/home/src/package-5.0/src'
make[2]: *** [all] Error 2
make[2]: Leaving directory '/home/src/package-5.0/src'
make[1]: *** [all-recursive] Error 1
make[1]: Leaving directory '/home/src/package-5.0/'
make: *** [all] Error 2
```

前三行提供了你需要的信息。问题集中在 file.c 身上，该文件位于/home/src/package-5.0/src 中。可惜有太多的其他输出，导致难以找出关键细节。学习如何过滤掉后续的 make 错误对找出问题根源大有帮助。

具体错误

以下列举了一些你可能会遇到的常见构建错误。

问题

编译错误消息：

```
src.c:22: conflicting types for 'item'
/usr/include/file.h:47: previous declaration of 'item'
```

解释及修复方法

程序员在 src.c 的第 22 行错误地重声明了 item。通常删除该行（用注释、#ifdef 或其他有效方法）即可解决这个问题。

问题

编译错误：

```
src.c:37: 'time_t' undeclared (first use this function)
--略--
src.c:37: parse error before '...'
```

解释及修复方法

程序员忘记了一个关键的头文件。手册页是查找缺失的头文件的最好方法。先查看错误行（在本例中是 src.c 的第 37 行），可能是一个类似于下面所示的变量声明：

```
time_t v1;
```

在程序中向前搜索 v1，看它是怎么与函数一起使用的。例如：

```
v1 = time(NULL);
```

现在执行 man 2 time 或 man 3 time，查找系统和库调用 time()。在本例中，手册页的第 2 节就有你需要的东西：

```
SYNOPSIS
    #include <time.h>

    time_t time(time_t *t);
```

这意味着 time()需要 time.h。将#include <time.h>放在 scr.c 开头，重新再编译。

问题

编译器（预处理器）错误消息：

```
src.c:4: pkg.h: No such file or directory
(long list of errors follows)
```

解释及修复方法

编译器对 src.c 运行 C 预处理器，但是没有找到 pkg.h 包含文件。源代码可能依赖待安装的库，或是没有为编译器提供非标准包含路径。通常，只需要将-I（包含路径选项）加入 C 预处理器选项（CPPFLAGS）即可。（可能还要用到链接器选项-L。）

16

如果看起来不像是缺少库，还有一种极小的可能是你所编译的源代码不支持当前操作系统。查看 Makefile 和 README 文件确认相关平台的详情。

如果使用的是基于 Debian 的发行版，尝试对头文件使用 apt-file 命令：

```
$ apt-file search pkg.h
```

这也许能找到所需的开发软件包。对于使用 yum 的发行版，使用以下命令代替：

```
$ yum provides */pkg.h
```

问题

make 错误消息：

```
make: prog: Command not found
```

解释及修复方法

需要 prog 才能构建软件包。如果 prog 是 cc、gcc 或 ld，说明系统没有安装开发工具。另外，如果 prog 已经安装，尝试修改 Makefile，指定 prog 的完整路径。

在少数源代码配置不当的情况下，make 先构建 prog，然后立即使用 prog，同时假定当前目录（.）位于命令路径中。如果$PATH 不包含当前目录，可以编辑 Makefile，将 prog 改为./prog。或者将.临时加入到命令路径。

16.7 展望

我们只介绍了构建软件的基础知识。上手之后，可以尝试完成以下任务。

- 学习如何使用 autoconf 以外的构建系统，比如 CMake 和 SCons。
- 构建自己的软件。如果你正在编写软件，想挑选一种构建系统并学习其用法。对于 GNU autoconf，可以参考 John Calcote 所著的 *Autotools, 2nd Edition*（No Starch Press，2019）。
- 编译 Linux 内核。内核的构建系统与其他工具的完全不同。它有专门的配置系统，可以定制你自己的内核和模块。这个过程并不难，只要理解引导加载程序的工作原理，就不会有任何问题。不过在编译内核时一定要小心，确保备份旧内核，以防新内核无法引导。
- 研究发行版特定的源代码包。Linux 发行版将自己的软件源代码作为特殊的源代码包维护。有时，你会发现一些有用的补丁，可用于扩展软件包的功能或修复 bug。源代码包管理系统包括各种自动构建工具，比如 Debian 的 debuild 和基于 RPM 的 mock。

构建软件是学习编程和软件开发的基础。在本章和上一章中学到的工具可以帮助你解开系统软件来源的谜团。接下来你应该可以轻松地查看、修改源代码，并打造出自己的软件。

第 17 章 虚拟化

虚拟一词在计算系统中的含义比较模糊。它主要用于指代一个中介，这个中介将复杂或分散的底层转化为可供多个用户使用的简化接口。不妨考虑一个我们已经见到过的例子：虚拟内存。虚拟内存允许多个进程访问一大片内存，而每个进程拥有的内存都好像自己专属的。

这样讲可能还是不太好理解，更好的解释方法也许是从虚拟化的典型用途入手：创建隔离环境，在不引发冲突的情况下运行多个系统。

因为虚拟机在更高的层面上相对容易理解，所以我们就选择从这个角度开始虚拟化之旅。不过，我们只进行一般性的讨论，目的在于解释使用虚拟机时可能会遇到的一些术语，不会深入过多的技术细节。

我们会简要介绍一些容器的底层实现。容器的基础技术在先前的章节中都已经讲过了。本章将介绍这些组件是被如何组装起来的。此外，采用交互式方法研究容器相对比较容易。

17.1 虚拟机

虚拟机所基于的概念和虚拟内存一样，只不过前者虚拟的是计算机的**全部**硬件，而后者虚拟的仅仅是内存。在这个模型中，用户在软件的帮助下创建出一台全新的计算机（包括处理器、内存、I/O 接口等），在其中运行完整的操作系统（包括内核）。这种虚拟机更具体地称为**系统虚拟机**，已经有数十年历史了。例如，IBM 的大型机传统上就使用系统虚拟机来创建多用户环境，每个用户在自己的虚拟机中运行 CMS（Conversational Monitor System，一种简单的单用户操作系统）。

可以通过纯软件创建虚拟机（通常称为**仿真器**），或者通过尽可能多地利用底层硬件的方式创建虚拟机。出于学习 Linux 的目的，本章选择后一种方式，因为其性能更加优越。但要注意，很多流行的仿真器支持老型号的计算机和游戏系统，比如 Commodore 64 和 Atari 2600。

虚拟机多种多样，你会碰到大量的术语。我们对虚拟机的探索主要集中在这些术语与典型的Linux用户体验之间的关系，另外还会讨论在虚拟硬件中可能遇到的一些差异。

注意 所幸的是，使用虚拟机远比描述虚拟机要简单。例如，在 VirtualBox 中可以使用 GUI 创建和运行虚拟机，甚至还可以使用命令行工具 VBoxManage 在脚本中自动化该过程。云服务提供的 Web 界面也有助于管理。由于这种易用性，我们将更多地专注于理解虚拟机的技术和术语，而不是操作细节。

17.1.1 hypervisor

监督计算机上的一个或多个虚拟机是由称为 **hypervisor** 或**虚拟机监控器**（Virtual Machine Monitor，VMM）的软件负责的，其工作方式类似于操作系统管理进程。有两种 hypervisor，你使用虚拟机的方式取决于 hypervisor 的类型。对于大多数用户来说，最熟悉的是 **2 类 hypervisor**，因为它运行在像 Linux 这样的普通操作系统上。VirtualBox 就属于 2 类 hypervisor，无须进行大量修改就可以运行。在阅读本书时，你可能已经用它测试和研究过不同种类的 Linux 系统了。

另外，**1 类 hypervisor** 本身更像是操作系统（尤其是内核），专门为快速有效地运行虚拟机而构建。这类 hypervisor 可能偶尔会选用常规的配套系统（比如 Linux）来协助完成管理任务。尽管你可能永远不会在自己的硬件上运行 1 类 hypervisor，但你其实一直都在和它打交道。所有的云计算服务都是作为 1 类 hypervisor（比如 Xen）的虚拟机运行的。当你访问网站时，几乎肯定会碰到运行在这种虚拟机上的软件。在 AWS 等云服务上创建操作系统实例其实就是在 1 类 hypervisor 上创建虚拟机。

通常，带有操作系统的虚拟机称为**客户机**，运行 hypervisor 的则称为**宿主机**。对于 2 类 hypervisor，宿主机就是原生系统。对于 1 类 hypervisor，宿主机则是 hypervisor 本身，可能会与专门的配套系统结合。

17.1.2 虚拟机中的硬件

理论上，hypervisor 为客户机提供硬件接口并不难。例如，要提供一个虚拟磁盘设备，可以在宿主机的某个位置创建一个大文件，通过标准设备 I/O 仿真提供磁盘访问。这种方法是严格意义上的硬件虚拟机。然而，其性能表现不尽如人意。为了能够满足各种需求，虚拟机需要做一些改变。

你遇到的真实硬件和虚拟硬件之间的大多数差异是桥接的结果，桥接允许客户机更直接地访问宿主机资源。绕过宿主机和客户机之间的虚拟硬件称为**半虚拟化**。网络接口和块设备最有可能实现半虚拟化。例如，云计算实例中的/dev/xvd 设备是一个 Xen 虚拟磁盘，使用 Linux 内核驱动程序直接与 hypervisor 通信。有时使用半虚拟化就是图方便。例如，对于支持桌面的系统

（比如 VirtualBox），可以使用驱动程序来协调虚拟机窗口和宿主机环境之间的鼠标移动。

不管是什么机制，虚拟化的目标始终是解决问题，以便让客户机操作系统能够像对待任何其他设备一样对待虚拟硬件。这确保了设备之上的各层都得以正常工作。例如，在 Linux 客户系统中，你希望内核能够将虚拟磁盘作为块设备来访问，这样就可以使用往常的工具进行磁盘分区和文件系统创建了。

虚拟机的 CPU 模式

虚拟机的大部分工作原理细节超出了本书的范围，但是 CPU 值得一提，因为我们曾经讨论过内核模式和用户模式之间的区别。这些模式的具体名称因处理器而异（例如，x86 处理器使用了一种称为**特权环**的系统），但概念总是相通的。在内核模式中，处理器几乎可以为所欲为；而在用户模式中，一些指令是不允许的，内存访问也受到限制。

第一批 x86 架构的虚拟机在用户模式运行。这带来了一个问题，因为运行在虚拟机内的内核需要处于内核模式。为了解决这个问题，hypervisor 可以检测（"捕获"）到来自虚拟机的受限指令并作出反应。再加上一些额外处理，hypervisor 就能仿真这些受限指令，使虚拟机能够在不适合的架构上以内核模式运行。因为内核执行的大多数指令并非受限指令，可以正常运行，故对性能的影响很小。

在这种 hypervisor 出现后不久，处理器制造商意识到，如果能够通过消除指令陷阱和仿真的需求来协助 hypervisor，这样的处理器一定会有市场。于是，Intel 和 AMD 各自以 VT-x 和 AMD-V 的名义推出了这种新的处理器功能，两者现在得到了大多数 hypervisor 的支持。在某些情况下，它们是必需的。

如果想了解更多关于虚拟机的知识，Jim Smith 与 Ravi Nair 合著的 *Virtual Machines: Versatile Platforms for Systems and Processes*（Elsevier，2005）是一本不错的入门书。该书中还讲到了我们没有讨论过的**进程虚拟机**，比如 JVM（Java Virtual Machine，Java 虚拟机）。

17.1.3 虚拟机的常见用途

Linux 虚拟机的用途通常有以下几种。

- **测试和试验**：如果需要在正常或生产操作环境之外尝试一些东西，虚拟机有很多用例。例如，当你开发生产软件时，在开发用机之外的机子上测试软件是必不可少的。另一种用法是在安全且"可弃用"的环境中试验新软件（比如一款新发行版）。有了虚拟机，不用购买新硬件就能实现这些需求。
- **应用程序兼容**：如果需要在非当前操作系统中运行软件，虚拟机就能派上用场了。
- **服务器和云服务**：如前所述，所有的云服务都是基于虚拟机技术。如果需要搭建 Web 服务器等因特网服务器，最快的方法就是向云供应商购买虚拟机实例。云供应商也提供专用服务器（比如数据库），这其实只是运行在虚拟机上的预配置软件集合。

17.1.4　虚拟机的缺点

多年来，虚拟机一直是服务隔离和扩展的首选方法，因为只用几次点击或一个 API 就可以生成虚拟机，无须安装和维护硬件就可以非常方便地创建服务器。尽管如此，在日常操作中，有些方面仍然很麻烦。

- **安装和（或）配置系统和应用程序麻烦且耗时**。Ansible 等工具可以使这一过程自动化，但从头开始搭建系统仍然要花费大量时间。如果你正在使用虚拟机测试软件，这个时间会迅速累积。
- **即使配置正确，虚拟机启动和重启也相对较慢**。有一些方法可以解决这个问题，但是你仍然要从头引导整个 Linux 系统。
- **必须维护一个完整的 Linux 系统，在每个虚拟机上保持更新和安全性**。这些系统都有 systemd 和 sshd，以及应用程序所依赖的所有工具。
- **应用程序可能会与虚拟机上的标准软件产生冲突**。有些应用程序的依赖关系莫名其妙，未必总是能同产品机上的软件和平共处。此外，像库这样的依赖关系可能会随着系统升级而改变，使得之前没问题的软件无法正常工作。
- **将服务隔离在单独的虚拟机上会造成浪费且成本高昂**。标准的行业惯例是在一个系统上运行一个应用服务，这样兼具了稳健性和可维护性。此外，有些服务还可以进一步细分。如果你运行多个网站，最好将它们置于不同的服务器上。然而，这又与降低成本相悖，特别是使用云服务的时候。别忘了，云服务可是按照每个虚拟机实例收费的。

这些问题与你在真实硬件上运行服务时遇到的问题没有什么不同，在小规模运维实践中也不一定是障碍。然而，一旦你开始运行更多的服务，问题就会变得愈加明显，时间和资金成本也会攀升。这时候，也许该考虑使用容器来提供服务了。

17.2　容器

虚拟机非常适合隔离整个操作系统及其运行的应用程序，但有时需要一种轻量级的替代方案。如今流行的容器技术能够满足这种需求。在深入细节之前，我们先来看看容器的发展历史。

计算机网络的传统运作方式是在同一台物理机上运行多种服务。例如，名称服务器也可以充当电子邮件服务器并执行其他任务。然而，你不应该相信包括服务器在内的任何软件一定是安全或稳定的。为了增强系统的安全性，防止服务之间相互干扰，有一些基本的方法可以为服务器守护进程设置屏障。

服务隔离的一种方法是使用 `chroot()`系统调用将真实的系统根目录更改为其他目录。比如说，程序可以将自己的根目录更改为/var/spool/my_service，这样它就不能再访问该目录以外的任何文件了。其实，有一个程序 `chroot` 可以让你用新的根目录运行程序。这种隔离有时被称为 chroot 囚牢，因为进程（通常）无法从中逃脱。

另一种限制是内核的资源限量（rlimit）特性，可用于指定一个进程能够消耗多少 CPU 时间或者能够创建多大的文件。

正是在这些概念之上，诞生了改变进程的运行环境并限制其使用资源的容器技术。可以宽泛地将容器定义为一组进程的受限运行时环境，这意味着这些进程无法接触到该环境之外的任何东西，通常称为**操作系统级虚拟化**。

关键是要记住，运行一个或多个容器的系统仍然只有一个底层的 Linux 内核。然而，容器内的进程可以使用不同于底层系统的用户空间环境。

容器的限制性是基于多种内核特性实现的。运行在容器内的进程具备以下一些重要的特点。

- 有自己的 cgroup。
- 有自己的设备和文件系统。
- 无法看到系统的其他进程或与其交互。
- 有自己的网络接口。

将所有这些组合到一起是一项复杂的任务。手动操作不是不可能，但很难。仅是处理进程的 cgroup 就很棘手。不用担心，有许多工具可以帮助你创建和管理容器，最受欢迎的是 Docker 和 LXC。本章重点介绍 Docker，但我们也会涉及 LXC，看看二者有何不同。

17.2.1 Docker、Podman 和权限

运行本书中的例子要用到容器工具。这些示例是用 Docker 构建的，通常可以用发行版的软件包安装，不会有任何麻烦。

Podman 是 Docker 的替代方案。两者的主要不同在于 Docker 在使用容器时需要运行服务器，而 Podman 不需要。这影响了两种系统设置容器的方式。大多数的 Docker 配置需要超级用户权限来访问容器用到的内核特性，并由 dockerd 守护进程负责相关工作。相比之下，普通用户就能运行 Podman，这叫 rootless 操作。使用这种方式时，Podman 会采用不同的技术实现隔离效果。

也可以以超级用户身份运行 Podman，这会使其切换到 Docker 使用的一些隔离技术。相反，新版的 dockerd 也支持 rootless 模式。

幸运的是，Podman 与 Docker 的命令行是兼容的。这意味着你可以将例子中的 `docker` 替换成 `podman`，命令仍然可以正常执行。不过，在实现上还是有区别的，尤其是当你在 rootless 模式下运行 Podman 时，我们会在适当的地方加以说明。

17.2.2 Docker 的例子

熟悉容器最简单的方法就是自己亲自动手。下面的 Docker 示例展示了使容器得以奏效的主要特性，但是深入讲解其用户手册超出了本书的范围。读完这一章后，看懂线文档应该不是问题，

如果你想找一本详尽的指南，不妨试试 Nigel Poulton 所著的 *Docker Deep Dive*（2016）。

首先，你需要创建一个镜像，其中包含文件系统和其他一些容器运行所需的关键功能。镜像基本上都是基于从网上的仓库获得的预构建镜像。

注意　很容易把镜像和容器混为一谈。可以将镜像视为容器的文件系统。进程并不在镜像中运行，而是在容器中运行。这样理解不算准确（特别是当你修改 Docker 容器中的文件时，镜像并没有被改动），但已经够用了。

在系统上安装 Docker（发行版提供的软件包应该就行），创建一个新目录并切换到该目录，生成文件 Dockerfile，在其中加入以下几行：

```
FROM alpine:latest
RUN apk add bash
CMD ["/bin/bash"]
```

该配置使用轻量级的 Alpine 发行版。我们所做的唯一改动就是添加了 bash shell。这样做不仅仅是为了增加交互能力，也是为了创建一个独特的镜像，看看整个过程的来龙去脉。也可以使用公共镜像，不对其做任何改动（也很常见）。在这种情况下，就不需要 Dockerfile 了。

使用以下命令构建镜像，该命令读取当前目录中的 Dockerfile 并将标识符 hlw_test 应用于镜像：

```
$ docker build -t hlw_test .
```

注意　为了以普通用户身份执行 Docker 命令，你可能需要将自己添加到系统的 docker 组。

你会看到大量的输出。不要忽略这些信息，第一次的时候通读一遍有助于理解 Docker 的工作原理。我们把这个过程分解为几个步骤，分别与 Dockerfile 文件的各行对应。第一步是从 Docker 仓库中获取 Alpine 分发容器的最新版本：

```
Sending build context to Docker daemon  2.048kB
Step 1/3 : FROM alpine:latest
latest: Pulling from library/alpine
cbdbe7a5bc2a: Pull complete
Digest: sha256:9a839e63dad54c3a6d1834e29692c8492d93f90c59c978c1ed79109ea4b9a54
Status: Downloaded newer image for alpine:latest
 ---> f70734b6a266
```

注意其中出现的大量 SHA256 摘要和短标识符。因为 Docker 需要跟踪很多零碎的对象，所以看多了就习惯了。在这一步中，Docker 为基础 Alpine 分发镜像创建了一个标识符为 f70734b6a266 的新镜像。随后可以引用该镜像，但估计你也用不着，因为这不是最终的镜像。Docker 后续会在它的基础上构建更多的镜像。不作为最终成品的镜像称为**中间镜像**。

注意 如果使用的是 Podman，输出会有所不同，不过步骤都是一样的。

Dockerfile 文件中的下一部分是在 Alpine 中安装 bash shell。在阅读以下输出时，你会发现这就是 apk add bash 命令的结果：

```
Step 2/3 : RUN apk add bash
 ---> Running in 4f0fb4632b31
fetch http://dl-cdn.alpinelinux.org/alpine/v3.11/main/x86_64/APKINDEX.tar.gz
fetch http://dl-cdn.alpinelinux.org/alpine/v3.11/community/x86_64/APKINDEX.
tar.gz
(1/4) Installing ncurses-terminfo-base (6.1_p20200118-r4)
(2/4) Installing ncurses-libs (6.1_p20200118-r4)
(3/4) Installing readline (8.0.1-r0)
(4/4) Installing bash (5.0.11-r1)
Executing bash-5.0.11-r1.post-install
Executing busybox-1.31.1-r9.trigger
OK: 8 MiB in 18 packages
Removing intermediate container 4f0fb4632b31
 ---> 12ef4043c80a
```

这一切是怎么发生的呢？仔细想想，你可能没有在自己的机器上运行 Alpine。那么，如何运行已经属于 Alpine 的 apk 命令呢？

关键在于 Running in 4f0fb4632b31 这行。此时还没有请求容器，但是 Docker 已经用上一步得到的中间 Alpine 镜像建立了一个新容器。容器也有标识符，但容器的标识符和镜像标识符看起来没有什么不同。更令人困惑的是，Docker 将临时容器称为**中间容器**，这和中间镜像可不一样。中间镜像在构建完成之后仍然存在，中间容器则不然。

创建好 ID 为 4f0fb4632b31 的（临时）容器之后，Docker 在该容器中执行 apk 命令来安装 bash，然后将对文件系统的修改保存为一个新的中间镜像（12ef4043c80a）。注意，Docker 在结束后也会删除中间容器。

最后，从新镜像启动容器时，Docker 会执行运行 bash shell 所需的最后修改：

```
Step 3/3 : CMD ["/bin/bash"]
 ---> Running in fb082e6a0728
Removing intermediate container fb082e6a0728
 ---> 1b64f94e5a54
Successfully built 1b64f94e5a54
Successfully tagged hlw_test:latest
```

注意 Dockerfile 中的 RUN 命令执行的任何操作都发生在镜像构建期间，而不是在之后使用该镜像启动容器的时候。CMD 命令用于容器运行时，这就是它出现在最后的原因。

在这个例子中，你得到了 ID 为 1b64f94e5a54 的最终镜像，因为做过标记（在两个单独的步骤中），也可以用 hlw_test 或 hlw_test:latest 来引用它。执行 docker images，核实你的镜像和 Alpine 镜像是否存在。

```
$ docker images
REPOSITORY      TAG          IMAGE ID          CREATED           SIZE
hlw_test        latest       1b64f94e5a54      1 minute ago      9.19MB
alpine          latest       f70734b6a266      3 weeks ago       5.61MB
```

1. 运行 Docker 容器

现在已经可以启动容器了。使用 Docker 在容器中运行程序有两种基本方法：创建容器，然后在其中运行程序（分两步进行），或者将这两步合二为一。让我们直奔主题，从刚刚构建的镜像开始：

```
$ docker run -it hlw_test
```

这应该会得到一个 bash shell 提示符，用于在容器内执行命令。该 shell 以 root 用户身份运行。

注意　如果你忘了-it 选项（交互式、连接到终端），则无法得到提示符，容器会立即终止。这些选项在日常使用中不太常见（尤其是-t）。

如果你属于好奇心强的那种人，可能会想在容器中四处探索一下。比如执行几个命令（像 mount 和 ps），瞧瞧文件系统。你很快会注意到，尽管容器中的大部分东西看起来和典型的 Linux 系统差不多，但有些地方不一样。例如查看完整的进程列表，会发现只有两项：

```
# ps aux
PID   USER     TIME  COMMAND
    1 root     0:00 /bin/bash
    6 root     0:00 ps aux
```

在容器中，shell 的进程 ID 为 1（在正常的系统中，ID 为 1 的进程应该是 init），除了执行的 ps 命令之外，再没有别的进程了。

请务必记住，这些进程只是你在正常（宿主）系统上可以看到的进程。如果你在宿主系统打开另一个 shell 窗口，会发现容器进程就在进程列表中，不过得花点工夫查找：

```
root       20189  0.2  0.0   2408  2104 pts/0      Ss+ 08:36   0:00 /bin/bash
```

这就是我们遇到的首个用于容器的内核特性：针对特定进程的 Linux 内核**名称空间**。一个进程可以为自身及其子进程创建一组全新的进程 ID（从 PID 1 开始），然后能看到的就只有这些 PID。

2. overlay 文件系统

接下来我们研究容器中的文件系统。你会发现它比较简朴，原因在于它是基于 Alpine 发行版构建的。我们使用 Alpine 不仅仅是因为其小巧，还因为它可能与你的习惯有所不同。当你查看根文件系统的挂载方式时，就会发现与普通的设备挂载方式截然不同：

```
overlay on / type overlay (rw,relatime,lowerdir=/var/lib/docker/overlay2/l/
C3D66CQYRP4SCXWFFY6HHF6X5Z:/var/lib/docker/overlay2/l/K4BLIOMNRROX3SS5GFPB
7SFISL:/var/lib/docker/overlay2/l/2MKIOXW5SUB2YDOUBNH4G4Y7KF❶,upperdir=/
var/lib/docker/overlay2/d064be6692c0c6ff4a45ba9a7a02f70e2cf5810a15bcb2b728b00
dc5b7d0888c/diff,workdir=/var/lib/docker/overlay2/d064be6692c0c6ff4a45ba9a7a02
f70e2cf5810a15bcb2b728b00dc5b7d0888c/work)
```

这是 overlay 文件系统，允许你将现有的目录一层一层地组合起来创建文件系统，同时将文件系统的所有更改都集中存储在一处。你可以在宿主系统中看到该文件系统（并访问其中的目录），还会看到 Docker 使用的挂载点。

注意 在 rootless 模式下，Podman 使用 FUSE 版本的 overlay 文件系统。如果是这种情况，你无法从文件系统挂载中看到这些详细信息，但可以通过检查宿主系统上的 fuse-overlayfs 进程获得类似信息。

在挂载输出中，你会看到 `lowerdir`、`upperdir`、`workdir` 目录参数。`lowerdir` 实际上是以冒号分隔的一系列目录，如果在宿主系统上查找这些目录，会发现最后一个❶是在镜像构建的第一步中设置好的基础 Alpine 发行版（在其中可以看到发行版的根目录）。前两个目录则对应另外两次构建步骤。因此，这些目录按照从左到右的顺序依次“堆叠”。

`upperdir` 位于 `lowerdir` 之上，对挂载的文件系统所做的改动都保存在这里。在挂载的时候，该目录不一定非得为空。但对于容器而言，其中的内容没有太大意义。`workdir` 是文件系统驱动程序在向 `upperdir` 写入更改之前的工作场地，挂载时必须为空。

可以想象，涉及大量构建步骤的容器镜像会有很多层。有时候这是个问题，因此有各种策略来最小化层数，例如组合 `RUN` 命令以及多阶段构建。这里我们就不再赘述了。

3. 联网

尽管可以选择让容器与宿主机在同一个网络中运行，但安全起见，应该在网络栈中施加某种隔离。Docker 提供了多种方法来实现这一点，但默认（也是最常见的）方法是通过桥接网络，这项技术用到了另一种名称空间，即网络名称空间（netns）。在开始工作之前，Docker 会在宿主系统中创建一个新的网络接口（一般是 docker0），通常分配给一个私有网络，比如 172.17.0.0/16，在这种情况下，该接口被分配的 IP 地址为 172.17.0.1。该网络用于主机及其容器之间的通信。

然后，在创建容器时，Docker 会创建一个新的网络名称空间，其中几乎空无一物。新的名称空间（将会是容器的名称空间之一）最初只有一个新的私有环回（lo）接口。为了将名称空间投入实用，Docker在宿主机上创建一个**虚拟接口**，模拟两个实际网络接口之间的链接（每个接口都有自己的设备），并将其中一个设备放入新的名称空间。通过对其中的设备设置Docker网络的地址（本例中为 172.17.0.0/16），进程就可以在该网络上发送数据包，并在宿主机上接收数据包。由于不同名称空间中的不同接口可能使用相同的名称（例如，容器和主机的网络接口都可能是eth0），这可能会造成混淆。

因为用到了私有网络（网络管理员可能不希望盲目地对容器进行路由操作），这样一来，使用该名称空间的容器进程就无法访问外部世界。为了能够到达外部主机，主机上的 Docker 网络配置了 NAT。

图 17-1 展示了一种典型设置，其中包括带有接口的物理层、Docker 子网的网络层以及将该子网连接到宿主机其余部分及其外部连接的 NAT。

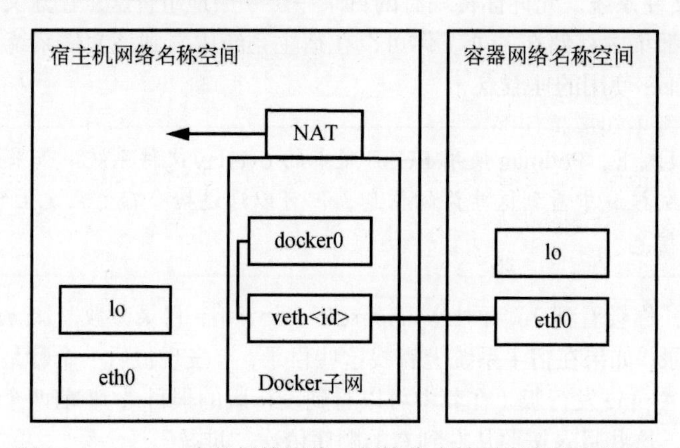

图 17-1 Docker 内的桥接网络，粗线代表结对绑定的虚拟接口

注意 可能需要检查 Docker 接口网络的子网。它有时会与电信公司的路由器硬件分配的 NAT 网络产生冲突。

Podman的rootless联网操作与Docker不同，因为设置虚拟接口需要超级用户权限。Podman仍然要使用新的网络名称空间，但它还需要一个能在用户空间操作的接口。这就是TAP接口（通常为tap0），配合转发守护进程 slirp4netns，容器进程就可以到达外部世界。不过这方面的功能有限。例如，容器之间不能相连。

联网方面的话题还有很多，包括如何将容器网络栈的端口暴露给外部服务使用，但最重要的是要理解网络拓扑结构。

4. Docker 操作

现在，我们可以继续讨论 Docker 支持的各种其他类型的隔离和限制，但这会花费不少时间，你可能也已经明白大概了。容器并不是某个特性的产物，而是一组特性共同造就的。这样的结果就是 Docker 必须跟踪我们在创建容器时做的所有操作，事后还必须负责清理工作。

只要还有进程在运行，Docker 就将容器定义为“运行中”。可以使用 docker ps 查看当前正在运行中的容器：

```
$ docker ps
CONTAINER ID   IMAGE      COMMAND       CREATED         STATUS       PORTS   NAMES
bda6204cecf7   hlw_test   "/bin/bash"   8 hours ago     Up 8 hours           boring_lovelace
8a48d6e85efe   hlw_test   "/bin/bash"   20 hours ago    Up 20 hours          awesome_elion
```

一旦容器所有的进程全部终止，Docker 就会将其设为退出状态，但仍会保留容器（除非启动容器的时候使用了--rm 选项）。这包括对文件系统所做的改动。可以使用 docker export 轻松访问文件系统。

这一点要记住，因为 docker ps 默认不显示退出的容器，必须使用-a 选项才能看到所有的容器。一不留神会积累一大堆已退出的容器，如果容器中运行的应用程序生成了大量数据，你可能直到磁盘空间耗尽都不知道是什么原因。可以使用 docker rm 删除已终止的容器。

这同样适用于旧镜像。制作镜像往往是一个重复的过程，当使用与现有镜像相同的标签来标记新镜像时，Docker 不会删除原始镜像。旧镜像只是失去了那个标签而已。如果你执行 docker images 来显示系统所有的镜像，结果就一目了然了。以下示例显示了无标签镜像的先前版本：

```
$ docker images
REPOSITORY    TAG       IMAGE ID       CREATED         SIZE
hlw_test      latest    1b64f94e5a54   43 hours ago    9.19MB
<none>        <none>    d0461f65b379   46 hours ago    9.19MB
alpine        latest    f70734b6a266   4 weeks ago     5.61MB
```

可以使用 docker rmi 删除镜像，这同时还会删除该镜像构建过程中用到的中间镜像。如果不删除镜像，它们会日积月累，取决于镜像内容及其构建方式，这可能会占用系统大量的存储空间。

总的来说，Docker 进行了大量细致的版本控制和检查点工作。与 LXC 等工具相比，加入这一层管理反映了一种特殊的哲学，你很快就会看到这一点。

5. Docker 服务进程模型

Docker 容器存在一个潜在的混乱之处，那就是容器内部进程的生命周期。在一个进程完全终止之前，其父进程应该用 wait()系统调用来收集（或 reap）它的退出码。然而在有些情况下，由于父进程不知道该如何处理，容器中已经死掉的进程可能仍未消失。再加上很多镜像的配置方式，这可能导致你得出结论：不应该在 Docker 容器中运行多个进程或服务。事实并非如此。

一个容器中当然可以有多个进程。当你运行命令时，本例中的 shell 会启动一个新的子进程。唯一真正重要的是，父进程会在子进程退出时负责清理工作。大多数父进程会这样做，但在某些情况下，可能会碰到例外，尤其是父进程都不知道自己有子进程的时候。这可能出现在生成多级进程的情况下，最终由容器内的 PID 1 作为孤儿子进程的父进程。

为了解决这个问题，如果你有一个简单的单一用途服务，它只是生成一些进程，并且在容器应该终止时似乎还会剩下一些逗留进程，那么可以为 `docker run` 添加`--init` 选项。这会创建一个非常简单的 init 进程，在容器中以 PID 1 的身份运行并充当父进程，它知道当子进程终止时该怎么处理。

然而，如果你在容器中运行了多项服务或任务（比如某个作业服务器的多个工作进程），不妨使用 Supervisor （supervisord）等进程管理守护进程来代替脚本，负责启动并监控这些进程。这种做法不仅提供了必要的系统功能，还可以更好地控制服务进程。

就此而言，如果你正在考虑这种容器模型，那么还有另外一种选择，不涉及 Docker。

17.2.3　LXC

我们的讨论围绕着 Docker 展开，不仅因为它是最流行的容器镜像构建系统，还在于它能够让用户轻松入门，熟悉容器提供的隔离功能。然而，能够创建容器的可不止 Docker，其他工具也可以胜任，而且采用了不同的方法，其中，数 LXC 历史最久。事实上，Docker 的第一个版本就是以 LXC 为基础。如果你理解了 Docker 的工作原理，应对 LXC 的技术概念应该不会有什么问题，所以我们就不再举例了。相反，我们要谈谈两者在实践上的一些差异。

术语“LXC”有时指代用于实现容器的一组内核特性，但大多数人用它来特指包含多种 Linux 容器操作工具的库和包。与 Docker 不同，LXC 涉及大量的手动设置。例如，你必须创建自己的容器网络接口，还需要提供用户 ID 映射。

LXC 最初是为了在容器内尽可能多地容纳整个 Linux 系统（init 以及其他所有）。在安装了特殊版本的发行版后，你可以在容器内安装你所需要的任何东西。这一部分与你所看到的 Docker 没有太大区别，但需要做更多的设置，而在 Docker 中，你只用下载一堆文件就可以开始了。

因此，你会发现 LXC 的灵活性更好，能够适应不同的需求。例如，LXC 默认不使用 Docker 的 overlay 文件系统，但用户可以自行添加。因为 LXC 是基于 C API 构建的，所以如果需要，你也可以在自己的程序中利用这种细致的控制。

有一个名为 LXD 的配套管理软件包可以帮助你完成一些精细的 LXC 手动操作（比如网络创建和镜像管理），同时还提供一套 REST API，可以代替 C API 来访问 LXC。

17.2.4　Kubernetes

容器如今已经流行于多种 Web 服务器，你可以跨多个主机从单个镜像启动一组容器，这提供了出色的冗余性。遗憾的是，管理这些容器是个难题。你需要执行以下任务。

- ❑ 跟踪能够运行容器的主机。
- ❑ 启动、监控、重启这些主机中的容器。
- ❑ 配置容器启动。
- ❑ 根据需要配置容器联网。
- ❑ 加载新版本的容器镜像并有条不紊地更新所有正在运行的容器。

这还只是部分任务，也没有表达出每个任务的复杂性，开发相关的管理软件迫在眉睫。在所有的解决方案中，Google 的 Kubernetes 占据了主导地位。也许最大的一个原因就是它能够运行 Docker 容器镜像。

Kubernetes 有两个基本面，很像"客户端-服务器"应用。服务器涉及可用来运行容器的主机，而客户端主要是若干命令行工具，用于启动和操作一组容器。容器（以及容器组）的配置文件涉及面广泛，你很快就会发现，客户端的大部分工作就是创建适合的配置。

你可以自行研究配置。如果不想自己设置服务器，可以使用 Minikube 工具在自己的机器上安装一个运行 Kubernetes 集群的虚拟机。

17.2.5 容器的缺点

想一下 Kubernetes 这样的服务是如何工作的，你就会意识到，使用容器的系统并不是没有成本的。至少仍然需要一个或多个主机来运行容器，而且还必须是功能完备的 Linux 主机（无论是基于真实硬件还是虚拟机）。除此之外，维护成本也是少不了的，尽管维护这种核心基础设施可能比配置不少定制软件更简单。

成本有不同的表现形式。如果选择自己管理基础架构，这将是一项重大的时间投资，而且硬件、托管、维护成本一个都不会少。如果你选择使用像 Kubernetes 集群这样的容器服务，那就得掏钱让别人为你工作。

在考虑容器本身时，记住以下几点。

- ❑ **容器可能会造成存储方面的浪费**。为了让容器内的应用程序正常运行，容器必须包含 Linux 操作系统的所有必要支持程序，比如共享库。这会逐渐占用巨大的存储空间，尤其是没有特意为容器选择基础发行版的时候。接着再考虑程序本身：它有多大？当你使用包含同一容器多个副本的 overlay 文件系统时，这种情况会有所缓解，因为相同的基础文件是共享的。但是，如果应用程序创建了大量的运行时数据，overlay 文件系统的上层会变得很大。
- ❑ **需要考虑 CPU 时间等其他系统资源**。尽管可以配置容器消耗的资源限额，但最终还要受底层系统资源的约束，内核和块设备仍然存在。如果超载，容器、底层系统，或者两者都会受到影响。

- **可能需要以不同方式处理数据存储的问题**。在像 Docker 这样使用 overlay 文件系统的容器系统中，对文件系统所做的运行时改动在进程终止后会被丢弃。在很多应用程序中，所有的用户数据都存入了数据库，这个问题于是就被简化为数据库管理。但日志怎么办？就一个运行良好的服务器而言，日志不可或缺，仍然需要一种方法来存储日志。单独的日志服务对于任何大规模的生产环境来说都是必需的。
- **大多数容器工具和操作模型更适合 Web 服务器**。如果你正在运行一个典型的 Web 服务器，那可以找到大量的支持和信息。尤其是 Kubernetes 提供了众多的安全特性来防止服务器代码失控。这是一个优势，因为它替大多数质量低下（实话实说）的网络应用程序补了窟窿。然而，当你试图运行另一种服务时，有时会产生一种要把方桩子塞进圆洞里的感觉。
- **粗心大意地构建容器会导致体积膨胀、配置问题以及功能故障**。尽管你创建了一个隔离的环境，但这并不能避免你在这个环境中犯错。你可能不太担心 systemd 的复杂性，但其他很多事情还是会出错。当任何一种系统出现问题时，缺乏经验的用户往往会胡乱添加一些东西，试图解决问题。这种情况一直持续（往往是毫无意识的），直到最后系统算是勉强能用，但同时又产生了很多额外的问题。你得明白你自己所做的改动。
- **版本控制成为问题**。我们在例子中使用了 `latest` 标签。这应该是容器的最新（稳定）版本。但这也意味着，当根据发行版或软件包的最新版本构建容器时，底层的东西可能会发生变化，造成应用程序无法正常工作。标准做法是使用基础容器的特定版本标签。
- **信任也是个问题**。这尤其适用于由 Docker 构建的镜像。当你将 Docker 镜像库作为容器基础时，你信任的是另一层管理，即该镜像库没有引入比平时更多的安全问题，并且在你有需要时不会撂挑子。这与 LXC 形成了对比，后者在一定程度上鼓励用户自行构建。

考虑到这些问题，你可能会认为与其他管理系统环境的方式相比，容器有很多缺点。然而，事实并非如此。无论你选择哪种方式，这些问题都会以某种形式存在，而且其中有些问题在容器中更容易管理。记住，容器不是万能药。如果你的程序在普通系统上要花费很长时间才能启动（系统启动完成之后），那么你也别指望它在容器中能快起来。

17.3　基于运行时的虚拟化

本章要介绍的最后一种虚拟化是基于应用开发环境的。这不同于我们到目前为止见到过的系统虚拟机和容器，因为它没有采用将应用程序放在不同主机上的思路。相反，这是一种只适用于特定应用程序的隔离。

出现这种虚拟环境的原因在于，同一系统上的多个应用程序可能使用相同的编程语言，可能存在冲突。例如，在典型的发行版中，使用 Python 的地方不止一处，并且还有很多附加包。如果你想在自己的软件包中使用系统版本的 Python，但是想要另一个版本的附加包，这就麻烦了。

让我们看看 Python 的虚拟环境特性是如何创建只包含特定包的 Python 版本的。先为环境创建一个新目录：

```
$ python3 -m venv test-venv
```

注意　读到这里的时候，可能已经可以用 python 代替 python3 了。

进入该目录。你会在其中看到各种类似系统目录的目录，比如 bin、include 和 lib。为了激活虚拟环境，需要 source（而不是直接运行）test-venv/bin/activate 脚本：

```
$ . test-venv/bin/activate
```

使用 source 的原因在于所谓的激活本质上就是设置环境变量，这无法通过直接运行激活脚本的方式来实现。此时运行的 Python 将是 test-venv/bin 目录中的版本（它本身只是一个符号链接），VIRTUAL_ENV 环境变量被设置为环境的基准目录。要退出虚拟环境，执行 deactivate 即可。

就这么简单。设置了这个环境变量之后，你就能在 test-venv/lib 中得到全新的库，在该环境中安装的任何东西都进入该库，而非系统库。

并非所有编程语言都像 Python 这样允许创建虚拟环境，不过还是值得了解一下，哪怕只是为了消除对“虚拟”这个词的困惑。

版权声明